BIAOMIAN CHULI JISHU GAILUN

# 表面处理技术概论

## （第2版）

### 刘光明　主编

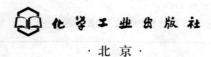
化学工业出版社

·北京·

《表面处理技术概论》（第2版）作为表面处理技术的入门书籍和高校材料专业学生的专业导论课程教材，挑选了表面工程领域中最常用的一些技术作为本教材的内容，着重介绍了传统的表面技术知识，包括电镀与化学镀、涂料与涂装技术、转化膜技术、气相沉积技术、热喷涂与堆焊、化学热处理、热浸镀、高能束表面处理技术。

　　为紧跟学科发展的前沿、体现新技术进展，第2版添加了锌镍合金电镀、PCB板化学镀、水性电泳漆以及钛合金微弧氧化等新内容。为方便读者阅读，对书中部分理论较深的内容进行了简化，使之更为简洁、易懂。

　　本书可作为高等学校材料科学与工程、材料物理与化学、材料学等相关专业的本、专科学生教材或者参考书，也可供有关工程技术人员参考使用。

**图书在版编目（CIP）数据**

表面处理技术概论/刘光明主编. —2版. —北京：
化学工业出版社，2018.9（2025.2重印）
ISBN 978-7-122-32569-3

Ⅰ.①表… Ⅱ.①刘… Ⅲ.①金属表面处理
Ⅳ.①TG17

中国版本图书馆 CIP 数据核字（2018）第 147312 号

---

责任编辑：陶艳玲
责任校对：王　静　　　　　　　　　　　　装帧设计：韩　飞

---

出版发行：化学工业出版社（北京市东城区青年湖南街 13 号　邮政编码 100011）
印　　装：三河市双峰印刷装订有限公司
787mm×1092mm　1/16　印张 20¼　字数 511 千字　　2025 年 2 月北京第 2 版第 6 次印刷

---

购书咨询：010-64518888　　　　　　　售后服务：010-64518899
网　　址：http://www.cip.com.cn
凡购买本书，如有缺损质量问题，本社销售中心负责调换。

---

定　　价：**68.00 元**

## ▶ 前言

本书自 2011 年出版以来，历时 6 年并经多次重印，受到广大技术人员的欢迎，并在多所高校作为教材使用。在使用过程中读者和教师反馈了一些宝贵意见，在此深表谢意。

当今表面技术发展日新月异，锌镍合金电镀已在工业生产中得以规模生产，光固化电泳漆也进入市场，激光表面处理在生产中得到更广泛应用……，同时表面处理的环保要求也越来越高。本书作为表面处理技术的入门书籍，高校材料专业学生的专业导论课程教材，需紧跟学科发展的前沿、体现新技术进展。为此，本书编写组在第 1 版的基础上对部分内容进行了更新。第 2 版添加了锌镍合金电镀、PCB 板化学镀、水性电泳漆以及钛合金微弧氧化等新内容。为方便读者阅读，对书中部分理论较深的内容进行了简化，使之更为简洁、易懂。表面处理涂（镀）层制备及检测标准也是表面处理技术的重要组成部分，本次在书后添加附录，介绍了表面处理中的两种常用仪器，添加了与本书章节对应的部分国家标准，以方便读者查询，在实验及工程中可按照相关标准实施操作。

本书第 2 版编写过程中武汉科思特仪器股份有限公司、法国凯璞科技集团、深圳宏达秋科技有限公司、深圳市志邦科技有限公司、深圳市思源达科技有限公司等单位提供了一些宝贵的数据资料，在此表示感谢！

在本书的第 2 版编撰过程中得到了第 1 版编写组人员的支持，南昌航空大学研究生谢小武、黄丽琴、洪嘉、朱亦晨、刘红、蓝秀玲、朱阳存、傅乐熙、李飙、赵超等做了一些具体工作，在此一并致谢！

由于编者水平有限，不足之处在所难免，恳请广大读者批评指正并提出宝贵意见。

编者
2018 年 7 月

## ▶ 第1版前言

人类应用表面处理技术已有上千年的历史，从19世纪工业革命开始表面处理技术开始迅速发展，尤其是最近几十年来，表面处理技术更是获得飞速的发展，涌现了大量的现代表面技术，在工、农业生产，生物、医学、人们日常生活中得到越来越多的应用。表面工程技术已经发展成为横跨材料学、摩擦学、物理学、化学、界面力学和表面力学、材料失效与防护、金属热处理学、焊接学、腐蚀与防护、光电子学等学科的边缘型、综合型、复合型学科。表面工程技术具有学科的综合性、手段的多样性、广泛的功能性、潜在的创新性、极强的实用性和巨大的增效性，因而受到各行业的重视，产生的经济效益令人瞩目。

由于表面处理技术应用范围越来越广，在许多工程应用中的重要地位日益凸显。包括化工、环境、冶金、机械制造和设计、金属材料工程等相关工科专业在教学中都会不同程度地涉及表面技术的知识。为此，我们结合教师多年来在教学、科研和生产实践中的成果，参考国内外该领域中的著作与技术资料编写了此书。鉴于表面技术涉及的内容非常丰富，本书挑选了表面工程领域中最常用的一些技术作为本教材的内容，着重介绍了传统的表面技术知识，也特别介绍了表面工程领域的前沿动态和最新进展。本书第1章由刘光明博士（南昌航空大学）和孙建春博士（重庆科技学院）执笔；第2章由朱明博士（西安科技大学）执笔；第3章由刘红波博士（深圳职业技术学院）执笔；第4章由曾荣昌博士（山东科技大学）执笔；第5章由李多生博士（南昌航空大学）执笔；第6章由罗英（江西师范科技学院）和尹孝辉博士（安徽工业大学）执笔；第7章由李超博士（辽宁大学）执笔；第8章由刘光明博士（南昌航空大学）执笔；第9章由周圣丰博士（南昌航空大学）执笔。全书由刘光明博士统稿。

在全书编写过程中得到了杜楠教授、赵晴教授、张国光博士和周雅教授等人的支持和帮助，在此致以衷心感谢。

在本书的编写过程中，编者参考了大量国内外相关文献，在此向原作者表示衷心的感谢！

本书可作为高等院校材料学、材料物理与化学、材料科学与工程等专业的本科生教材或参考书，也可供相关专业的师生和有关工程技术人员参考。

鉴于参编人员水平所限，书中难免有不当之处，恳请读者批评指正。

编者
南昌航空大学
2011年1月

# ▶ 目 录

## 第 3 章　涂料与涂装技术　　66

## 第 4 章　转化膜技术　　107

## 第 5 章　气相沉积技术　　151

## 第 6 章　热喷涂与堆焊　　182

## 第 9 章　高能束表面处理技术　　270

## 附录　几种常见的涂层性能测试方法及国家标准　　301

## 参考文献　　310

# 第1章

# 绪　论

采用表面处理改变材料表面特性达到防腐目的的技术可以追溯到古代。三千多年前，我国使用的大漆就是很好的例子。秦始皇墓二号坑出土的青铜剑经过两千多年岁月的考验，仍光亮如新。经分析，青铜剑表面有一层厚约为 $10\mu m$ 的含铬氧化层。

表面工程是近代表面技术与古典工艺相结合、繁衍、发展起来的，它包括表面改性、薄膜和涂层三大技术。它拥有表面分析、表面性能、表面层结合机理、表面失效机理、涂（膜）层材料、涂（膜）层工艺、施涂设备、测试技术、检测方法、标准、评价、质量与工艺过程控制等形成表面膜层工程化规模生产的成套技术和内容。

现代的表面工程是一个十分庞大的技术系统，涵盖范围包括防腐蚀技术、表面摩擦磨损技术、表面特征转换（例如表面声、光、磁、电的转换）技术、表面美化装饰技术等。现代表面技术可以按照设想改变物体的表面特性，获得一种全新的、与物体本身不同的特性，以适应人们的需求。电子束、离子束、激光束以及等离子体技术于 20 世纪六七十年代进入表面加工技术领域，发挥了它们特有的作用，使表面加工技术发生了划时代的进步，既推动了许多工业部门的飞速发展，又形成了自己的体系，出现了表面工程系统技术。有关表面改性转化技术、薄膜技术、涂镀层技术、表面工程应用技术的学术会议日益增多，国际上出现了表面工程研究热潮，表面工程技术成为美国工程科学院向美国国会提出的 21 世纪要加强发展的九大科学技术项目之一，它所研究的范围，几乎涉及了国民经济的各个领域和工业部门。现在表面工程已经发展成为横跨材料学、摩擦学、物理学、化学、界面力学和表面力学、材料失效与防护、金属热处理学、焊接学、腐蚀与防护学、光电子学等学科的边缘性、综合性、复合型学科。目前，我国国民经济和基础建设处于快速发展阶段，需要大量的表面新技术，例如，国家重点工程建设中的大飞机、高速铁路的建设都需要运用大量表面新技术。

表面工程具有学科的综合性、手段的多样性、广泛的功能性、潜在的创新性、极强的实用性和巨大的增效性，因而受到各行业的重视，产生的经济效益令人瞩目。目前，我国部分表面技术的设备、材料和工艺已达到了国际先进水平。通过表面工程在设备维修领域和制造领域推广应用，已取得了巨大的经济效益。

## 1.1　表面技术的分类和内容

（1）表面技术分类

表面技术有着十分广泛的内容，仅从一个角度进行分类难以概括全面，目前也没有统一的分类方法，我们可以从不同角度进行分类。

① 按具体表面技术方法划分。包括表面热处理、化学热处理、物理气相沉积、化学气相沉积、离子注入、电子束强化、激光强化、火焰喷涂、电弧喷涂、等离子喷涂、爆炸喷涂、静电喷涂、流化床涂敷、电泳涂装、堆焊、电镀、电刷镀、自催化沉积（化学镀）、热浸镀、化学转化、溶胶－凝胶技术、自蔓延高温合成、搪瓷等。每一类技术又进一步细分为多种方法，例如火焰喷涂包括粉末火焰喷涂和线材火焰喷涂，粉末喷涂又有金属、陶瓷和塑料粉末喷涂等。

② 按表面层的使用目的划分。大致可分为表面强化、表面改性、表面装饰和表面功能化四大类。表面强化又可以分为热处理强化、机械强化、冶金强化、涂层强化和薄膜强化等，着重提高材料的表面硬度、强度和耐磨性；表面改性主要包括物理改性、化学改性、三束（激光、电子束和离子束）改性等，着重改善材料的表面形貌以及提高其表面耐腐蚀性能；表面装饰包括各种涂料涂装和精饰技术等，着重改善材料的视觉效应并赋予其足够的耐候性；表面功能化则是指使表面层具有上述性能以外的其他物理化学性能，如电学性能、磁学性能、光学性能、敏感性能、分离性能、催化性能等。

③ 按表面层材料的种类划分。一般分为金属（合金）表面层、陶瓷表面层、聚合物表面层和复合材料表面层四大类。许多表面技术都可以在多种基体上制备多种材料表面层。如热喷涂、自催化沉积、激光表面处理、离子注入等；但有些表面技术只能在特定材料的基体上制备特定材料的表面层，如热浸镀。不过，并不能据此判断一种表面技术的优劣。

④ 从材料科学的角度，按沉积物的尺寸进行，表面工程技术可以分为以下四种基本类型。

a. 原子沉积。以原子、离子、分子和粒子集团等原子尺度的粒子形态在基体上凝聚，然后成核、长大，最终形成薄膜。被吸附的粒子处于快冷的非平衡态，沉积层中有大量结构缺陷。沉积层常和基体反应生成复杂的界面层。凝聚成核及长大的模式，决定着涂层的显微结构和晶型。电镀、化学镀、真空蒸镀、溅射、离子镀、物理气相沉积、化学气相沉积、等离子聚合、分子束外延等均属此类。

b. 颗粒沉积。以宏观尺度的熔化液滴或细小固体颗粒在外力作用下于基体材料表面凝聚、沉积或烧结。涂层的显微结构取决于颗粒的凝固或烧结情况。热喷涂、搪瓷涂敷等都属此类。

c. 整体覆盖。欲涂覆的材料于同一时间施加于基体表面。如包箔、贴片、热浸镀、涂刷、堆焊等。

d. 表面改性。用离子处理、热处理、机械处理及化学处理等方法处理表面，改变材料表面的组成及性质。如化学转化镀、喷丸强化、激光表面处理、电子束表面处理、离子注入等。

（2）表面技术的主要内容

表面技术内容种类繁多，随着科技不断发展，新的技术也不断涌现，下面仅就一些常见的表面技术做简单介绍。

① 电镀与电刷镀　利用电解作用，使具有导电性能的工件表面作为阴极与电解质溶液接触，通过外电流的作用，在工件表面沉积与基体牢固结合的镀覆层。该镀覆层主要是各种金属和合金。单金属镀层有锌、镉、铜、镍、铬、锡、银、金、钴、铁等数十种；合金镀层有锌-铜、镍-铁、锌-镍等一百多种。电镀方式也有多种，有槽镀如挂镀、吊镀、滚镀、刷镀等。电镀在工业上应用很广泛。电刷镀是电镀的一种特殊方法，又称接触镀、选择镀、涂

镀、无槽电镀等。其设备主要由电源、刷镀工具（镀笔）和辅助设备（泵、旋转设备等）组成，是在阳极表面裹上棉花或涤纶棉絮等吸水材料，使其吸饱镀液，然后在作为阴极的零件上往复运动，使镀层牢固沉积在工件表面上。它不需将整个工件浸入电镀溶液中，所以能完成许多槽镀不能完成或不容易完成的电镀工作。

②　化学镀　是在无外电流通过的情况下，利用还原剂将电解质溶液中的金属离子化学还原在呈活性催化的工件表面，沉积出与基体牢固结合的镀覆层。工件可以是金属，也可以是非金属。镀覆层主要是金属和合金，最常用的是镍和铜。

③　涂装　它是用一定的方法将涂料涂覆于工件表面而形成涂膜的全过程。涂料（俗称漆）为有机混合物，一般由成膜物质、颜料、溶剂和助剂组成，可以涂装在各种金属、陶瓷、塑料、木材、水泥、玻璃等制品上。涂膜具有保护、装饰或特殊性能（如绝缘、防腐标志等），应用十分广泛。

④　堆焊和熔结　堆焊是在金属零件表面或边缘熔焊上耐磨、耐蚀或特殊性能的金属层，修复外形不合格的金属零件及产品，提高使用寿命，降低生产成本，或者用它制造双金属零部件。熔结与堆焊相似，也是在材料或工件表面熔敷金属涂层，但用的涂敷金属是一些以铁、镍、钴为基，含有强脱氧元素硼和硅而具有自熔性和熔点低于基体的自熔性合金，所用的工艺是真空熔敷、激光熔敷和喷熔涂敷等。

⑤　热喷涂　它是将金属、合金、金属陶瓷材料加热到熔融或部分熔融，以高的动能使其雾化成微粒并喷至工件表面，形成牢固的涂覆层。热喷涂的方法有多种，按热源可分为火焰喷涂、电弧喷涂、等离子喷涂（超音速喷涂）和爆炸喷涂等。经热喷涂的工件具有耐磨、耐热、耐蚀等功能。

⑥　电火花涂敷　这是一种直接利用电能的高密度能量对金属表面进行涂敷处理的工艺，即通过电极材料与金属零部件表面间的火花放电作用，把作为火花放电极的导电材料（如WC、TiC）熔渗于零件表面层，从而形成含电极材料的合金化涂层，提高工件表层的性能，而工件内部组织和性能不改变。

⑦　热浸镀　它是将工件浸在熔融的液态金属中，使工件表面发生一系列物理和化学反应，取出后表面形成金属镀层。工件金属的熔点必须高于镀层金属的熔点。常用的镀层金属有锡、锌、铝、铅等。热浸镀工艺包括表面预处理、热浸镀和后处理三部分。按表面预处理方法的不同，它可分为熔剂法和保护气体还原法。热浸镀的主要目的是提高工件的防护能力，延长使用寿命。

⑧　真空蒸镀　它是将工件放入真空室，并用一定方法加热镀膜材料，使其蒸发或升华，飞至工件表面凝聚成膜。工件材料可以是金属、半导体、绝缘体乃至塑料、纸张、织物等；而镀膜材料也很广泛，包括金属、合金、化合物、半导体和一些有机聚合物等。加热镀膜材料方式有电阻、高频感应、电子束、激光、电弧加热等。

⑨　溅射镀　它是将工件放入真空室，并用正离子轰击作为阴极的靶（镀膜材料），使靶材中的原子、分子逸出，飞至工件表面凝聚成膜。溅射粒子的动能约 $10eV$，为热蒸发粒子的 100 倍。按入射正离子来源不同，可分为直流溅射、射频溅射和离子束溅射。入射正离子的能量还可用电磁场调节，常用值为 $10eV$ 能量。溅射镀膜的致密性和结合强度较好，基片温度较低，但成本较高。

⑩　离子镀　它是将工件放入真空室，并利用气体放电原理将部分气体和蒸发源（镀膜材料）逸出的气相粒子电离，在离子轰击工件的同时，把蒸发物或其反应产物沉积在工件表面成膜。该技术是一种等离子体增强的物理气相沉积，镀膜致密，结合牢固，可在工件温度

低于 550℃时得到良好的镀层，绕镀性也较好。常用的方法有阴极电弧离子镀、热电子增强电子束离子镀、空心阴极放电离子镀。

⑪ 化学气相沉积（简称 CVD）　它是将工件放入密封室，加热到一定温度，同时通入反应气体，利用室内气相化学反应在工件表面沉积成膜。源物质除气态外，也可以是液态和固态。所采用的化学反应有多种类型，如热分解、氢还原、金属还原、化学输运反应、等离子体激发反应、光激发反应等。工件加热方式有电阻、高频感应、红外线加热等。主要设备有气体的发生、净化、混合、输运装置，以及工件加热、反应室、排气装置。主要方法有热化学气相沉积、低压化学气相沉积、等离子体化学气相沉积、金属有机化合物气相沉积、激光诱导化学气相沉积等。

⑫ 化学转化膜　化学转化膜的实质是金属处在特定条件下人为控制的腐蚀产物，即金属与特定的腐蚀液接触并在一定条件下发生化学反应，形成能保护金属不易受水和其他腐蚀介质影响的膜层。它是由金属基体直接参与成膜反应而生成的，因而膜与基体的结合力比电镀层要好得多。目前工业上常用的有铝和铝合金的阳极氧化、铝和铝合金的化学氧化、钢铁氧化处理、钢铁磷化处理、铜的化学氧化和电化学氧化、锌的铬酸盐钝化等。

⑬ 化学热处理　它是将金属或合金工件置于一定温度的活性介质中保温，使一种或几种元素渗入它的表层，以改变其化学成分、组织和性能的热处理工艺。按渗入的元素可分为渗碳、渗氮、碳氮共渗、渗硼、渗金属等。渗入元素介质可以是固体、液体和气体，但都要经过介质中化学反应、外扩散、相界面化学反应（或表面反应）和工件中扩散四个过程。

⑭ 高能束表面处理　它是主要利用激光、电子束和太阳光束作为能源，对材料表面进行各种处理，显著改善其组织结构和性能。

⑮ 离子注入表面改性　它是将所需的气体或固体蒸气在真空系统中电离，引出离子束后在数千电子伏至数十万电子伏加速下直接注入材料，达一定深度，从而改变材料表面的成分和结构，达到改善性能之目的。其优点是注入元素不受材料固溶度限制，适用于各种材料，工艺和质量易控制，注入层与基体之间没有不连续界面。它的缺点是注入层不深，对复杂形状的工件注入有困难。

目前，表面技术领域的一个重要趋势是综合运用两种或更多种表面技术的复合表面处理技术。随着材料使用要求的不断提高，单一的表面技术因有一定的局限性而往往不能满足需要。目前已开发的一些复合表面处理，如等离子喷涂与激光辐照复合、热喷涂与喷丸复合、化学热处理与电镀复合、激光淬火与化学热处理复合、化学热处理与气相沉积复合等，已经取得良好效果。

另外，表面加工技术也是表面技术的一个重要组成部分。例如对金属材料而言，有电铸、包覆、抛光、蚀刻等，它们在工业上获得了广泛的应用。

## 1.2　表面工程技术的作用

① 金属材料及其制品的腐蚀一般都是从材料表面、亚表面或因表面因素而引起的，它们带来的破坏和经济损失是十分惊人的。例如，仅腐蚀一项，据统计全世界钢产量的 1/10 由于腐蚀而损耗。2014 年中国腐蚀总成本超过 2 万亿元（人民币），约占当年国内生产总值的 3.34%，相当于每个中国人当年承担 1555 元的腐蚀成本。由于腐蚀具有隐蔽性、突发性等特点，不仅消耗资源、污染环境，还造成工业事故。例如 2013 年 11 月 22 日山东省青岛市黄岛区输油管道发生爆炸，造成 62 人遇难、136 人受伤，直接经济损失达 7.5 亿元，该

事故直接原因是输油管道与排水暗渠交汇处管道腐蚀减薄、管道破裂。腐蚀是世界各国面临的共同问题，每年腐蚀成本约占各国国内生产总值的 3%～5%，大于自然灾害、各类事故损失的总和。

材料腐蚀是材料受环境介质的化学作用或电化学作用而变质和破坏的现象。按腐蚀反应进行的方式分为化学腐蚀和电化学腐蚀。前者发生在非离子导体介质中；后者发生在具有离子导电性的介质中。按材料破坏特点分为全面腐蚀、局部腐蚀和应力作用下的腐蚀断裂。按腐蚀环境又分为微生物腐蚀、大气腐蚀、土壤腐蚀、海洋腐蚀和高温腐蚀等。通常，腐蚀控制的方法有：a. 根据使用的环境，正确地选用金属材料或非金属材料；b. 对产品进行合理的结构设计和工艺设计，减少产品在加工、装配、贮存等环节中的腐蚀；c. 采用各种改善腐蚀环境的措施，如在封闭或循环的体系中使用缓蚀剂，以及脱气、除氧和脱盐等；d. 采用电化学保护方法，包括阴极保护和阳极保护技术；e. 施加保护涂层，包括金属涂层和非金属涂层。其中施加涂层保护是最常见的防腐技术之一。通过表面处理技术在工件表面施加涂层如采用电镀、涂装、热喷涂可隔绝腐蚀环境与基体的接触，在钢铁表面电镀锌、热浸镀锌还可以对基体进行电化学保护，延长材料的服役寿命。

另外，磨损及疲劳断裂等重要损伤造成的损失也非常巨大。而采用表面改性、涂覆、薄膜及复合处理等工艺技术，加强材料表面防护，提高材料表面性能，控制或防止表面损坏，可延长设备、工件的使用寿命，获得巨大的经济效益。

② 表面技术不仅是现代制造技术的重要组成与基础工艺之一，同时又为信息技术、航天技术、生物工程等高新技术的发展提供技术支撑。诸如离子注入半导体掺杂已成为超大规模集成电路制造的核心工艺技术。手机上的集成电路、激光盘、电视机的屏幕、计算机内的集成块等均赖以表面改性、薄膜或涂覆技术才能实现。生物工程中髋关节的表面修补，用超高密度高分子聚乙烯上再镀钴铬合金，寿命达 15～25 年，用羟基磷灰石（简称 HAP）粒子与金属 Ni 共沉积在不锈钢基体上，植入人体后具有良好的生物相容性。又如人造卫星的头部锥体，表面工作温度几千摄氏度，甚至 10000℃，采用了隔热涂层、防火涂层和抗烧蚀涂层等复合保护基体金属，才能保证其正常运行。

③ 利用表面工程技术，使材料表面获得它本身没有而又希望具有的特殊性能，而且表层很薄，用材十分少，性价比高，节约材料和节省能源，减少环境污染，是实现材料可持续发展的重要措施。

④ 随着表面技术与科学的发展，表面工程的作用有了进一步扩展。根据需要可赋予材料及其制品具有绝缘、导电、阻燃、红外吸收及防辐射、吸收声波、吸声防噪、防沾污性等多种特殊功能。也可为高新技术及其制品的发展提供一系列新型表面材料，如金刚石薄膜、超导薄膜、纳米多层膜、纳米粉末、碳60、非晶态材料等。

⑤ 随着人们生活水平的提高及工程美学的发展，表面工程在金属及非金属制品表面装饰作用也更引人注目。

## 1.3  表面工程技术的发展趋势

堆焊与表面工程专业委员会在 2001 年第十次全国焊接会议上，回顾了表面工程技术的发展历程，概括了该领域的发展轨迹。展望了它将对 21 世纪科学技术总体水平和经济发展所起的促进作用，做了如下总结。

（1）表面工程新技术不断涌现

传统的表面技术，随着科学技术的进步而不断创新。在电弧喷涂方面，发展了高速电弧喷涂，使喷涂质量大大提高。在等离子喷涂方面，已研究出射频感应耦合式等离子喷涂、反应等离子喷涂、用三阴极枪等离子喷枪喷涂及微等离子喷涂。在电刷镀方面研究出摩擦电喷镀及复合电刷镀技术。在涂装技术方面开发出了粉末涂料技术。在黏结技术方面，开发了高性能环保型黏结技术、纳米胶黏结技术、微胶囊技术。在高能束应用方面发展了激光或电子束表面熔覆、表面淬火、表面合金化、表面熔融等技术。在离子注入方面，继强流氮离子注入技术之后，又研究出强流金属离子注入技术和金属等离子体浸没注入技术。在解决产品表面工程问题时，新兴的表面技术与传统的表面技术相互补充，为表面工程工作者提供了宽广的选择余地。

（2）研究复合表面技术

在单一表面技术发展的同时，综合运用两种或多种表面技术的复合表面技术（也称第二代表面技术）有了迅速的发展。复合表面技术通过多种工艺或技术的协同效应使工件材料表面体系在技术指标、可靠性、寿命、质量和经济性等方面获得最佳的效果，克服了单一表面技术存在的局限性，解决了一系列工业关键技术和高新技术发展中特殊的技术问题。强调多种表面工程技术的复合，是表面工程的重要特色之一。复合表面工程技术的研究和应用已取得了重大进展，如热喷涂和激光重熔的复合、热喷涂与刷镀的复合、化学热处理与电镀的复合等。

（3）完善表面工程技术设计体系

表面工程技术设计是针对工程对象的工况条件和设备中零部件等寿命的要求，综合分析可能的失效形式与表面工程的进展水平，正确选择表面技术或多种表面技术的复合，合理确定涂层材料及工艺，预测使用寿命，评估技术经济性，必要时进行模拟实验，并编写表面工程技术设计书和工艺卡片。

目前，表面工程技术设计仍基本停留在经验设计阶段。有些行业和企业针对自己的工程问题开发出了表面工程技术设计软件，但局限性很大。随着计算机技术、仿真技术和虚拟技术的发展，建立有我国特色的表面工程技术设计体系既有条件又迫在眉睫。

欲建立较为完善的表面工程技术设计体系，当务之急是建立大型的表面工程数据库，广泛搜集包括材料成分与服役性能的关系，涂层性能与服役性能的关系，工况条件及其变化对表面层性能的要求，工艺方法以及相关工艺参数，工艺设备等一切有关表面工程的数据，评估现有理论和经验公式的成熟性，然后通过数学建模并应用计算机技术逐步建立和完善表面工程技术设计体系。要达到这个目标，仅靠某个单位或个人的力量显然是无法完成的。必须集合全行业的力量，通过充分的信息交换，实现资源共享、成果共享。

（4）开发多种功能涂层

表面工程大量的任务是使零件、构件的表面延缓腐蚀、减少磨损、延长疲劳寿命。随着工业的发展，在治理这三种失效之外提出了许多特殊的表面功能要求。例如舰船上甲板需要有防滑涂层；现代装备需要有隐身涂层；军队官兵需要防激光致盲的镀膜眼镜；太阳能取暖和发电设备中需要高效的吸热涂层和光电转换涂层；建筑业中的玻璃幕墙需要有阳光控制膜等。此外，隔热涂层、导电涂层、减振涂层、降噪涂层、催化涂层、金属染色技术等也有广泛的用途。在制备功能涂层方面，表面技术也可大显身手。

近年来，石墨烯作为一种新兴的功能性材料，在涂料中能够形成稳定的导电网格，有效提高锌粉的利用率。而且，它有利于延长防腐应用过程中的重涂年限，有效减少资源浪费与环境污染，符合绿色发展的战略要求。同时石墨烯兼具良好的导电性，还可用于制备导静电涂料，一般应用于对防火、防爆等要求很高的领域，比如石油、化工、煤矿、航空等。

（5）研究开发新型涂层材料

表面涂层材料是表面技术解决工程问题的重要物质基础。当前发展的涂层新材料，有些是单独配制或熔炼而成的，有些则是在表面技术的加工过程中形成的，后一类涂层材料的诞生，进一步显示了表面工程的特殊功能。汽车涂装技术中使用的阴极电泳涂料，其有机溶剂、颜料含量降低，且不含有害金属铅。以聚氯乙烯树脂为主要基料与增塑剂配成的无溶剂涂料，构成了现代汽车涂装中所用的抗石击涂料和焊缝密封胶，有效地防止了车身底板和焊缝出现过早腐蚀，并保证了车身的密封性。等离子喷涂 $B_4C$ 涂层，具有很高的硬度和优异的抗辐射性能，是理想的核反应堆壁面材料。$Fe_3Al$ 是一种抗高温冲蚀的好材料，而且成本较低，被誉为"穷人用的不锈钢"，但是过去只能用铸造的方法来获取。现在采用高速电弧喷涂的方法制备出了 $Fe_3Al$ 基涂层，突破了 $Fe_3Al$ 无法应用于零件表面的难题。以 $Fe_3Al$ 为基础再与多种硬质粉末相复合，可以制备出抗高温氧化、硫化及抗冲蚀磨损的涂层，在军用装备和电站锅炉管道上有广阔的应用前景。

（6）发展高能束堆焊技术

堆焊作为一种经济有效的表面改性方法是现代材料加工与制造业不可缺少的工艺手段。为了最大限度地发挥堆焊技术的优越性，优质、高效、低稀释率历来是国内外堆焊技术的重要研究方向。以激光堆焊为代表的高能束堆焊技术的特点是可以实现热输入的准确控制，涂层厚度大、热畸变小、成分和稀释率可控性好，可以获得组织致密、性能优越的堆焊层，因而成为国内外学者的研究热点，近年来得到了迅速发展。例如电子束堆焊，其能源利用率很高，可达 30% 以上，基材的加热不受金属蒸气的影响，熔敷金属冷却速度快，熔敷层的耐磨性显著提高。

聚焦光束表面堆焊是近年来发展起来的新型表面堆焊技术。聚焦光束加热的特点是金属材料对它的吸收率高，能源利用率达到 20% 以上；聚焦光束单道处理宽度大，设备造价仅为同功率激光的三分之一，工艺成本低。聚焦光束自动送粉堆焊技术的研究是高能束粉末堆焊技术的重要发展方向之一。

（7）深化表面工程技术基础理论和测试方法研究

摩擦学是表面工程的重要基础理论之一。近年来，针对具体的工程问题，摩擦学工作者在摩擦副失效点判定、磨损失效的主要模式、磨损失效原因分析及对策等方面积累了丰富的经验，并在重大工程问题上做出了重要贡献。当前研究摩擦学问题的手段越来越齐全、先进，可以模拟各种条件进行试验研究，这些试验手段和已积累的研究方法、评估标准，有力地支持了表面工程技术的发展。国外大量实践证明，工程摩擦学问题的投入与节约的效果相比约是 1：50 的关系。

在材料的腐蚀与防护研究方面，针对大气腐蚀、海洋环境腐蚀、化工储罐腐蚀、高温环境腐蚀、地下长输管线腐蚀、热交换设备腐蚀、建筑物中的钢筋水泥腐蚀等，应用各种现代材料进行了腐蚀机理和防护技术研究，提出了从结构到材料到维护一整套防腐治理措施。这些研究成果，对表面工程技术设计有很高的参考价值。

表面技术在零件表面上制备涂覆层，必须掌握涂覆层与基体的结合强度、涂覆层的内应力等力学性能。这是表面工程技术设计的核心参数之一，也是研究和改进表面技术的重要依据。对于涂覆层厚度大于 0.15mm 的膜层（如热喷涂涂层），尚可用传统的机械方法进行测试，但是对于涂覆层厚度小于 0.15mm 的膜层（如气相沉积几个微米的膜层）传统的机械方法已无能为力。目前，气相沉积技术又发展得很快，应用面越来越广，这就使研究新的测试方法更加紧迫。近年来，一些学者用划痕法、X 射线衍射法、纳米压入法、基片弯曲法等思路和手段对薄膜的力学行为进行了深入研究，取得了长足的进步，但要达到形成相对严密自成体系的评价方法和技术指标尚有较大差距。

（8）扩展表面工程技术的应用领域

表面工程技术已经在机械产品、信息产品、家电产品和建筑装饰中获得富有成效的应用。但是其深度广度仍很不够。表面工程的优越性和潜在效益仍未很好发挥，需要做大量的宣传推广工作。表面技术在生物工程中的延伸已引起了人们的注意，前景十分广阔。如髋关节的表面修补，最常用的复合材料是在超高密度高分子聚乙烯上再镀钴铬合金，使用寿命可达 15～25 年，近些年又发展了羟基磷灰石（简称 HAP）材料，它是一种重要的生物活性材料，与骨骼、牙齿的无机成分极为相似，具有良好的生物相容性，埋入人体后易与新生骨结合。但是 HAP 材料脆性大，有的学者就用表面工程技术使 HAP 粒子与金属 Ni 共沉积在不锈钢基体上，实现了牢固结合。备受家用电器厂家欢迎的是预涂型彩色钢板，它是在金属材料表面涂上一层有机材料的新品种，具有有机材料的耐腐蚀、色彩鲜艳等特点，同时又具有金属材料的强度高、可成型等特点，只须对其作适当的剪切、弯曲、冲压和连接即可制成多种产品外壳，不仅简化了加工工序，也减少了家用电器厂家加工设备的投资，成为制作家用电器外壳的极佳材料。汽车制造业的表面加工任务很重，呼吁表面工程由现在汽车制造厂家处理，变为在原材料制造时就同时进行的出厂前主动处理。这种变革不是表面处理任务的简单转移，更重要的是一种节能、节材、有利环保的举措。它可以简化除油、除锈工序，还可以利用轧钢后的余热，降低能耗。在欧洲一些国家的钢厂中，就对半成品进行表面处理，如热处理、热浸镀、磷化、钝化等。

（9）积极为国家重大工程建设服务

在新型军用飞机的研制过程中，先进的胶粘技术、特种热处理技术、表面改性技术、薄膜技术以及涂层技术都发挥了重要作用。吸波材料的研制成功为装备隐形提供了重要的物质基础。离子注入、离子刻蚀和电子曝光技术的结合，形成了集成电路微细加工技术，成为制作超大规模集成电路的重要技术基础。

长江三峡工程与其说是土木工程，不如说是钢铁工程，在大坝全长 2309.47m 中钢铁结构闸门就占全长的 72％。在三峡工程中，所有机械设备、金属结构、水工闸门以及隧洞、桥梁、公路、码头、储运设备都离不开表面工程。在国家科技攻关项目，如"六五"、"七五"、"八五"和"九五"攻关项目的安排上以及三峡工程重新论证和设计审查中，表面工程的应用始终是一项研究和讨论的重要课题之一。从表面技术和涂覆材料的选择、喷涂工艺的制定到表面电化学保护等，都在三峡重大装备研制项目中占有重要地位。

（10）纳米表面工程正在形成

近年来，纳米材料技术正在以令人吃惊的速度迅猛发展。众所周知，特殊的表面性能是纳米材料的重要独特性能之一。表面工程无论在工艺方法和应用领域方面都与纳米材料技术有着不可分割的密切联系。如在传统的电刷镀溶液中，加入纳米粉体材料。可以制备出性能优异的纳米复合镀层。在传统的机油添加剂中，加入纳米粉体材料，可以提高减摩性能并具有良好的自修复性能。

通过控制非晶物质的再结晶，可以制成纳米块材。在热喷涂过程中，高速飞行的粒子撞击冷基体，冷却速度极高，能够制备出非晶态涂层。控制随后的再结晶温度和时间，可以得到纳米结构涂层。用这种方法已经得到了 WC-Co 和 NiCrBSi 自熔剂合金的纳米涂层。因此可以说表面工程是促进纳米技术，特别是纳米材料结构化发展的主力军之一。由于表面工程对纳米材料的成功应用，以及用表面工程技术制备纳米结构涂层的发展，正在形成纳米表面工程技术新领域。

（11）促进再制造工程的发展

20 世纪全球经济高速发展，与此同时，对自然资源的任意开发和对环境的无偿利用造成全球的生态破坏、资源浪费和短缺、环境污染等重大问题。其中机电产品制造业是最大的资源使用者，也是最大的环境污染源之一。为解决这一时代课题，再制造工程应运而生。再制造工程技术属绿色先进制造技术，是对先进制造技术的补充和发展。报废产品的再制造是其产品全寿命周期管理的延伸和创新，是实现可持续发展的重要技术途径，再制造产业是可带来新的经济增长点的新兴产业。表面技术是再制造的关键之一，起着基础性的作用。可以说没有表面技术，实现不了再制造。机械设备经长期使用出现功耗增大、振动加剧、严重泄漏、维修费用过高，一般应该列为报废。这些现象的发生都是零件磨损、腐蚀、变形、老化，甚至出现裂纹这些失效的结果所造成的。磨损在零件表面发生，腐蚀从零件表面开始，疲劳裂纹由表面向内延伸，老化是零件表面与介质反应的结果，即使变形，也表现为表面相对位置的错移。所以"症结"都是表面问题。对这些问题，表面工程可以大显身手。

（12）向自动化、智能化的方向快速迈进

目前表面处理正快速向智能化方向迈进。以汽车车身涂装线为例，涂装工艺采用三涂层体系，即电泳底漆涂层、中间涂层、面漆涂层，涂层总厚度为 $110\sim130\mu m$，涂装厂房为三层，一层为辅助设备层，二层为工艺层，三层为空调机组层，厂房是全封闭式，通过空调系统调节工艺层内的温度和湿度，并始终保持室内对环境的微正压，保持室内清洁度，各工序间自动控制，流水作业，确保涂装高质量。随着机器人和自动控制技术的发展，在其他表面技术的施工中（如热喷涂）已逐步实现自动化和智能化。

（13）降低对环保的负面效应

从宏观上讲，表面工程在节能、节材、环境保护方面有重大效能，但是对具体的表面技术，如涂装、电镀、热处理等均有"三废"的排放问题，仍会造成一定程度的污染。现在，在民用领域有氰电镀已经基本上被无氰电镀所代替，部分电镀锌工艺已被耐蚀性更好的电镀锌镍合金取代，一些有利于环保的镀液相继被研制出来；镀锌工件的六价铬钝化也被三价铬钝化逐步取代；油性涂料被水性涂料取代。当前，在表面工程领域，正在逐步实现封闭循环，达到零排放，实现"三废"综合利用的目标。在表面处理排放方面国家也制定了如《清洁生产标准 电镀行业》（HJ/T 314—2006），《电镀废水治理工程技术规范》（HJ 2002—2010）的标准。总的来看，表面行业在降低对环保负面效应方面，仍是任重道远，有许多工作要做。

# 第2章

# 电镀与化学镀

电镀是利用电化学的方法将金属离子还原为金属，并沉积在金属或非金属制品表面上，形成符合要求的平滑致密的金属覆盖层的一种表面加工工艺。其实质是给各种制品穿上一层金属"外衣"，这层金属"外衣"就叫做电镀层，它的性能在很大程度上取代了原来基体的性质。电镀作为表面处理手段其应用范围遍及工业、农业、军事、航空、化工和轻工业等领域。

概括起来，根据需要进行电镀的目的主要有三个。

① 提高金属制品的耐腐蚀能力，赋予制品表面装饰性外观。据不完全统计，全世界每年因腐蚀而报废的钢铁产品约占钢铁年产量的1/3，因此防止金属腐蚀的任务十分艰巨。电镀层是一种有效的提高金属耐腐蚀性能的手段之一，也是最主要采用的手段之一。随着现代科技的发展，金属制品和部件越来越多，而且大多数外露于周围环境中，因此，为了防止金属制品腐蚀所需要的电镀层的数量很大。当前，人们对以防护制品免遭腐蚀为目的的镀层又提出了一定装饰要求，例如自行车、摩托车、钟表、家用电器、建筑五金等所使用的镀层，都具有防护与装饰的双重作用。此外，有些专以装饰为目的的镀层，例如门把手等表面的防金镀层，也必须具有一定的防护性能。所以说镀层的装饰性和防护性是分不开的。

② 赋予制品表面某种特殊功能，例如提高硬度、耐磨性、导电性、磁性、钎焊性、抗高温氧化性、减少接触面的滑动摩擦，增强反光能力、防止射线的破坏和防止钢铁件热处理时的渗碳和渗氮等。随着科学技术的不断发展，新的交叉学科不断涌现，对材料性能的要求也提出了许多新的特殊要求。在许多情况下，往往只需要一个符合性能要求的表面层就可以解决对材料的性能需要。耐磨镀层主要是依靠提高制品表面的硬度来提高其抗磨损能力，在工业上多采用镀硬铬，如各种轴和曲轴的轴颈、印花辊的辊面、发动机的汽缸内壁和活塞环、冲压模具的内腔等。不少技术部门需要使用高熔点的金属材料制造特殊用途的零部件，但这些材料有可能在高温下被氧化，而使零部件损坏，为解决此问题，可以在零件表面电镀高温抗氧化层，如铬合金镀层。在电子工业中则需要大量使用能够提高表面导电性的镀层，而在电子计算机设备中的磁环、磁鼓、磁盘、磁膜等储存部件，均需使用磁性材料，目前多采用以电镀法形成的镀层来满足这方面的要求。

③ 提供新型材料，以满足当前科技与生产发展的需要，例如制备具有高强度的各种金属基复合材料，合金、非晶态材料，纳米材料等。在金属材料中加入具有高强度的第二相，可使结构材料的强度显著提高。例如，用70%体积的镍和30%体积的碳化硅颗粒制备的复合镀层，其耐磨性能较纯镍镀层要高很多。制备金属基复合材料的方法有很多种，与其他方法相比，电镀法具有工艺设备简单，操作比较容易控制，不需要高温、高压、高真空等繁难

技术，而且能源消耗低。所以，电镀（电铸）法制备新型材料有着广阔的前途，在当前新技术的发展与应用中有重大的意义。

现代电化学是由意大利化学家 L. V. Brugnatelli 在 1805 年发明的。Brugnatelli 利用了他的同事 Alessandro Volta 五年前的一项发明，用电极进行了第一次电沉积。1839 年，英国和俄罗斯科学家独立地设计了金属电沉积工艺，这种工艺类似于 Brugnatelli 的发明，用于印刷电路板的镀铜。不久之后，英国伯明翰的 John Wright 发现氰化钾是一个合适电镀黄金和白银的电解液。1840 年，Wright 的同事，乔治埃尔金顿和亨利埃尔金顿被授予第一个电镀专利。他们两人在伯明翰创建了电镀工厂，从此该技术开始传播到世界各地。随着电化学科学的成熟，其与电镀过程的关系渐渐被人们理解，其他类型的非装饰金属电镀工艺被开发出来。到 20 世纪 50 年代，商业电镀镍、铜、锡和锌也相继被开发出来。在两位埃尔金顿的发明专利基础上，电镀槽及其他装备被扩大到可以电镀许多大型物体和特定工件。

在 19 世纪后期，受益于发电机的广泛应用，电镀工业得到了蓬勃发展。随着发电机电流控制程度的提高，使许多需要提高耐磨和耐蚀性能的金属机械部件、五金件及汽车零部件得到处理，并可以批量处理，同时零部件的外观也得到了改善。两次世界大战和不断增长的航空业推动了电镀的进一步发展和完善，包括镀硬铬、铜合金电镀、氨基磺酸镀镍以及其他许多电镀过程。电镀设备也从以前的手动操作的沥青内衬木制槽发展到现在的全自动化设备，每小时能处理成千上万公斤的零部件。后来，美国物理学家理查德费曼将金属电镀应用到塑料电镀，使其成为塑料表面装饰及防护涂层制备的主要手段之一。

新中国成立前中国的电镀工业可以说是一个空白，只是在上海、天津等少数几个沿海城市有一些小的电镀作坊，也大多是外国资本家控制，技术落后，工人的劳动条件恶劣，仅能为一些日用小商品的生产服务。新中国成立后，随着大规模经济建设的开展，机器制造业迅速发展，大型的汽车和拖拉机制造厂、飞机制造厂、电子工厂以及仪器仪表工厂等相继建立。在所有机器制造企业中，大都有电镀车间投入使用，为电镀工业在中国的发展提供了物质基础。

随着国家的改革开放，科学技术的进步，近二十年来中国的电镀工业又有了新的发展。首先，镀层的品种在不断增加，使用和研究过的镀层可达数百种。其次，需要在其表面镀覆金属层的基体材料品种也越来越多，除了通常在钢铁和铜等基体材料上电镀外，还实现了在轻金属（铝、镁及其合金）及锌基合金压铸件上的电镀，还发展了在非金属材料上的电镀。除了常见的在塑料上的电镀外，还可以将金属层镀在玻璃、陶瓷、石膏以及纤维等上面。

## 2.1　电镀的基本原理

### 2.1.1　电镀的基本过程

电镀的基本过程（以镀镍为例）是将零件浸在金属盐的（如 $NiSO_4$）溶液中作为阴极，金属板作为阳极，接通电源后，在零件表面就会沉积出金属镀层。图 2-1 为电镀过程的示意图。例如在硫酸镍电镀溶液中镀镍时，在阴极上发生镍离子得电子还原为镍金属的反应，这是主要的电极反应，其反应式为

$$Ni^{2+} + 2e^- \longrightarrow Ni \tag{2-1}$$

另外，镀液中的氢离子也会在阴极表面发生还原为氢的副反应

$$2H^+ + 2e^- \longrightarrow H_2 \uparrow \tag{2-2}$$

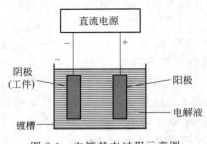

图 2-1 电镀基本过程示意图

析氢副反应可能会引起电镀零件的氢脆，造成电镀效率降低等不良后果。

在镍阳极上发生金属镍失去电子变为镍离子的氧化反应

$$Ni \longrightarrow Ni^{2+} + 2e^- \tag{2-3}$$

有时还有可能发生如下的副反应

$$4OH^- \longrightarrow 2H_2O + O_2 + 4e^- \tag{2-4}$$

在电镀过程中，电极反应是电流通过电极/溶液界面的必要条件，正因为如此，阴极上的还原沉积过程由以下几个过程构成。

① 溶液中的金属离子（如水化金属离子或络合离子）通过电迁移、对流、扩散等形式到达阴极表面附近；

② 金属离子在还原之前在阴极附近或表面发生化学转化；

③ 金属离子从阴极表面得到电子还原成金属原子；

④ 金属原子沿表面扩散到达生长点进入晶格生长，或与其他离子相遇形成晶核长大成晶体。

在形成金属晶体时又分两个步骤进行：结晶核的生成和长大。晶核的形成速度和成长速度决定所得到镀层晶粒的粗细。

电结晶是一个有电子参与的化学反应过程，需要有一定的外电场的作用。在平衡电位下，金属离子的还原和金属原子的氧化速度相等，金属镀层的晶核不可能形成。只有在阴极极化条件下，即比平衡电位更负的情况下才能生成金属镀层的晶核。所以说，为了产生金属晶核，需要一定的过电位。电结晶过程中的过电位与一般结晶过程中的过饱和度所起的作用相当。而且过电位的绝对值越大，金属晶核越容易形成，越容易得到细小的晶粒。

不是所有的金属离子都能从水溶液中沉积出来，如果在阴极上氢离子还原为氢的副反应占主要地位，则金属离子难以在阴极上析出。根据实验，金属离子自水溶液中电沉积的可能性，可从元素周期表中得出一定的规律，如表 2-1 所示。

**表 2-1  金属自水溶液中电沉积的可能性**

| 周期\族 | ⅠA | ⅡA | ⅢB | ⅣB | ⅤB | ⅥB | ⅦB | ⅧB | | | ⅠB | ⅡB | ⅢA | ⅣA | ⅤA | ⅥA | ⅦA | Ⅴ0 |
|---|---|---|---|---|---|---|---|---|---|---|---|---|---|---|---|---|---|---|
| 3 | Na | Mg | | | | | | | | | | | Al | Si | P | S | Cl | Ar |
| 4 | K | Ca | Sc | Ti | V | Cr | Mn | Fe | Co | Ni | Cu | Zn | Ga | Ge | As | Se | Br | Kr |
| 5 | Rb | Sr | Y | Zr | Nb | Mo | Tc | Ru | Rh | Pd | Ag | Cd | In | Sn | Sb | Te | I | Xe |
| 6 | Cs | Ba | La | Hf | Ta | W | Re | Os | Ir | Pt | Au | Hg | Tl | Pb | Bi | Po | At | Rn |
| | 可自水溶液获得汞齐沉积 | | | 从水溶液中难以或不能获得纯态沉积 | | | 自水溶液中可以电沉积 | | | | 自络合物溶液中可以电沉积 | | | | | | 非金属 | |

由表 2-1 可知，能够从水溶液中电沉积的金属主要分布在铬分族以右的第 4、5、6 周期中，大约有 30 种。铬分族本身的 Mo 及 W 需要在其他元素的诱导下发生沉积。必须指出，这种分界不是绝对的，如电镀合金，或在有机溶剂及熔融盐中沉积金属，就会出现不同的结果。

### 2.1.2  电镀电源

前面已经说过，所谓的电镀是在电流的作用下，溶液中的金属离子在阴极还原并沉积在阴极表面的过程。所以，在基体表面制备电镀层就必须具备能够提供电流的电源设备。

用直流电向电镀槽供电时，多数工厂使用低压直流发电机和各种整流器。大多数的电镀设备都使用电压为 6～12V 的不同功率的电源。只有铝及其合金在阳极氧化时需要电压为 60～120V 的直流电源。电镀槽电流的供给也是多样的，当必须使电流密度保持一定的范围时，最好用单独的电源向镀槽供电，也可以用一个电源向几个镀槽供电。

直流发电机具有使用可靠、输出电压稳定、直流波形平滑，可提供大电流，维修方便等优点，但因其耗能较大、噪声高，使用受到限制，许多电镀厂家已经不再使用。

应用在电镀上的整流器有硅整流器、可控硅整流器等。整流器应具有转换率高、调节方便、维护简单，噪声小、无机械磨损等特点，并可直接安装在镀槽旁，节约了导电金属材料。

随着电镀技术的发展，先后出现了许多特种电镀技术。这些电镀技术都需要有专门的电镀电源，这些电源有些是在传统的电源上做一些改进，有些是具有新的特点的电源，比如脉冲电源、电刷镀电源等。

## 2.1.3　电镀电极

（1）阳极

电镀时发生氧化反应的电极为阳极。它有不溶性阳极和可溶性阳极之分。不溶性阳极的作用是导电和控制电流在阴极表面的分布；可溶性阳极除了有这两种作用外，还具有向镀液中补充放电金属离子的作用。后者在向镀液补充金属离子时，最好是阳极上溶解入溶液的金属离子的价数与阴极上消耗掉的相同，一般都采用与镀层金属相同的块体金属做可溶性阳极。如酸性镀锡时，阴极上消耗掉的是 $Sn^{2+}$，要求阳极上溶解入溶液的也是 $Sn^{2+}$；在碱性镀锡时，阴极上消耗掉的是 $Sn^{4+}$，要求阳极上溶解入溶液的也是 $Sn^{4+}$。同时还希望阳极上溶解入溶液中的金属离子的量与阴极上消耗掉的基本相同，以保持主盐浓度在电镀过程中的稳定。

阳极的纯度、形状及它在溶液中的悬挂位置和它在电镀时的表面状态等对电镀层质量都有影响。

（2）阴极

在电镀过程中的阴极为欲镀零件。电镀过程是发生在金属与电镀液相接触的界面上的电化学反应过程。要想使反应过程能够在金属表面顺利进行，必须保证镀液与制品基体表面接触良好，也就是说基体表面不允许有任何油污、锈或氧化皮，同时基体表面还应力求平整光滑，这样才能使镀液很好地浸润基体表面，才能使镀层与基体表面结合牢固。由于金属制品的材料种类很多，其原始表面状态也是各式各样的。因此，必须根据具体情况，在电镀前正确地选择与安排预处理工序及操作顺序。金属制品镀前常用的预处理工艺可以分为以下几类。

① 机械处理　主要用于对粗糙表面进行机械整平，清除表面一些明显的缺陷。包括磨光、机械抛光、滚光、喷砂等。

磨光是利用粘有金刚砂或氧化铝等磨料的磨轮在高速旋转下以 10～30m/s 的速度磨削金属表面，除去表面的划痕、毛刺、焊缝、砂眼、氧化皮、腐蚀痕和锈斑等宏观缺陷，提高表面的平整程度。根据要求，一般需选取磨料粒度逐渐减小的几次磨光。磨光轮按照其本身材料的不同可以分为硬轮和软轮两类。如零件表面硬、形状简单或要求轮廓清晰时用硬轮（如毡轮）。表面软、形状复杂的则宜用软轮（如布轮）。

抛光是用抛光轮和抛光膏或抛光液对零件表面进一步轻微磨削以降低粗糙度。抛光轮转速较磨光轮更快。抛光轮分为非缝合式、缝合式和风冷布轮。一般形状复杂或最后精抛光的零件用非缝合式；形状简单用缝合式；大型平面、大圆管零件用风冷布轮。

滚光是零件与磨削介质（磨料和滚光液）在滚筒内低速旋转而滚磨出光的过程，常用于小零件的成批处理。滚筒多为多边桶形。滚光液为酸或碱中加入适量乳化剂、缓蚀剂等。常用磨料有钉子头、石英砂、皮革角、铁砂、贝壳、浮石和陶瓷片等。

喷砂是用净化的压缩空气将砂流喷向金属制件表面，在高速砂流强力的撞击下打掉其表面污垢物的过程。喷砂是为了除掉金属零件表面的毛刺、氧化皮、旧油漆层以及铸件表面上的熔渣等杂质。工业生产上进行喷砂主要是手工操作和半自动化操作。常用的喷砂机有吸入式和压力式。吸入式设备简单，但效率低，适用于小零件。压力式喷砂用于大中型零件的大批量生产，适用性广、效率高。国内广泛使用的空气压力喷砂室，适用于各种形状复杂的中小型零件。国内应用最多的砂料是石英砂（二氧化硅）。它虽然容易粉化，但不污染零件。采用铝矾土（氧化铝）喷砂，因其不易粉化，劳动条件好，砂料还可以循环使用。人造金刚砂因价格过于昂贵而较少使用。

② 化学处理　包括除油与浸蚀。其过程是在适当的溶液中，利用零件表面与溶液接触时所发生的各种化学反应，除去零件表面的油污、锈及氧化皮。

金属制品经过各种加工处理其表面不可避免的粘附一层油污。如机械加工过程中使用的润滑油、半成品在库存期间所涂的防腐油；在磨、抛光过程中沾带的抛光膏和人手上的分泌物等。这些油污包括矿物油、动物油和植物油。按照其化学性质可分为皂化油（能够与碱起皂化反应的油，包括动物油和植物油）和非皂化油（不能与碱起皂化反应，包括矿物油）两大类。根据油污的不同性质，可以选择不同的除油剂。一般来说除油剂是各种化学试剂的混合物，配方比较多，但主要的化学物质大致相同。现在市面上有很多针对不同零件的专用除油剂出售。

③ 电化学处理　采用通电的方法强化化学除油和浸蚀的过程，处理速度快，效果好。

在含碱的溶液中零件为阳极或阴极，在直流电的作用下清除零件表面油污的过程称为电化学除油。在电解条件下，电极的极化作用使油与溶液界面的表面张力下降；电极上析出的大量氢气泡或氧气泡对油膜具有强烈的剥离作用和机械搅拌作用，加速了除油过程。而且除油液本身的皂化、乳化作用的共同发挥使电化学除油的速度加快，除油效果更彻底。

对浸蚀过程通以电流，利用电解作用除去零件表面的氧化皮和其他腐蚀产物的过程叫电化学浸蚀。电化学浸蚀的优点是浸蚀速度快，浸蚀液消耗小，使用寿命长。缺点是增加设备，对于形状复杂的零件，浸蚀效果差。电化学浸蚀主要用于黑色金属，有色金属很少使用。对于附有厚而致密氧化皮的零件不应该直接进入电解浸蚀液，应先进行化学浸蚀，松动氧化皮后再进行电化学浸蚀。电化学浸蚀可分为阳极浸蚀和阴极浸蚀，可根据被处理零件的性质及表面状况而选择。

④ 超声波处理　是在超声波场作用下进行的除油或清洗过程。主要用于形状复杂或对表面处理要求极高的零件。

实践证明，电镀生产中出现的质量问题，相当多的并不是由于电镀工艺本身所造成，而是由于工件镀前处理不当或欠佳所致。这样的例子很多，造成了很大的浪费，也耽误了工时。因此，必须严格执行电镀技术规范中对镀前处理的要求。

### 2.1.4　电镀挂具

挂具的主要作用是固定镀件和传导电流。设计挂具的基本要求是：有良好导电性和化学稳定性；有足够机械强度，保证装夹牢固；装卸方便；非工作部分绝缘处理。

挂具的结构多种多样，既有通用型挂具，也有专用挂具，尤其是对复杂形状的镀件常需专门设计。设计挂具时要考虑镀件形状、大小、设备能力和生产流程。在满足对挂具基本要求的前提下，还应货源广、成本低。通常在外形尺寸上要求挂具顶部距液面不小于50mm，挂具底步距槽底约$100\sim200$mm，挂具与挂具之间约$20\sim50$mm。

挂具一般由吊钩、提杆、主架、支架和挂钩五部分组成，如图2-2所示。

挂具的吊钩与极棒相连，同时具有承重和导电作用。所以吊钩材料应有足够的机械强度和导电性。吊钩与极棒应有良好的接触。

挂具的非导电部位用绝缘材料包扎或涂覆。要求绝缘

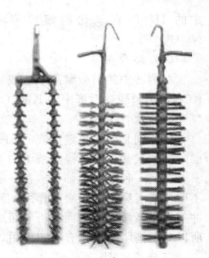

图 2-2　电镀挂具

材料有化学稳定性、耐热和耐水性。涂层与挂具应结合牢固，涂层坚韧致密。

## 2.1.5　电镀槽

镀槽是电镀所用的主要工艺槽。常用镀槽的大小、结构和材料等皆有多种类型。镀槽的大小主要由生产能力与操作方便决定。镀槽结构设计既要保证有足够的机械强度，同时要考虑与辅助设备方便而有效的链接。镀槽材料的选用要符合工艺条件及其用途，并且尽可能成本低，适应性广。通常，碱性镀槽的槽体用碳钢板，加热系统用普通钢管。常温碱性镀槽也用钢板内衬聚氯乙烯，以便于碱性氰化物镀液。酸性镀槽可用聚氯乙烯板焊制，或钢板内衬聚氯乙烯板。加热系统可用铅锑合金管。有时热酸性槽也用玻璃钢作槽体。

## 2.1.6　电镀溶液的组成及其作用

电镀是在电镀液中进行的。不同的镀层金属所使用的电镀溶液的组成多种多样，即便是同一种金属镀层所采用的电镀溶液也可能是差别很大。不管是什么样的电镀液配方都大致由以下几部分组成：主盐、络合剂、导电盐、缓冲剂、阳极去极化剂以及添加剂等，它们各有不同的作用，下面分别介绍。

（1）主盐

能够在阴极上沉积出所要求的镀层金属的盐称为主盐，如电镀镍时的硫酸镍、电镀铜时的硫酸铜等。根据主盐性质的不同，可以将电镀液分为简单盐电镀溶液和络合物电镀溶液两大类。

简单盐电镀溶液中主要金属离子以简单离子形式存在（如 $Cu^{2+}$、$Ni^{2+}$、$Zn^{2+}$ 等），其溶液都是酸性的。在络合物电镀溶液中，因含有络合剂，主要金属离子以络离子形式存在（如 $[Cu(CN)_3]^{2-}$、$[Zn(CN)_4]^{2-}$、$[Ag(CN)_2]^-$ 等），其溶液多数是碱性的，也有酸性的。

（2）导电盐

能提高溶液的电导率，而对放电金属离子不起络合作用的物质。这类物质包括酸、碱和盐，由于它们的主要作用是用来提高溶液的导电性，习惯上通称为导电盐。如酸性镀铜溶液

中的 $H_2SO_4$，氯化物镀锌溶液中的 KCl、NaCl 及氰化物镀铜溶液中的 NaOH 和 $Na_2CO_3$ 等。

（3）络合剂

在溶液中能与金属离子生成络合离子的物质称为络合剂。如氰化物镀液中的 NaCN 或 KCN，焦磷酸盐镀液中的 $K_4P_2O_7$ 或 $Na_4P_2O_7$ 等。

（4）缓冲剂

缓冲剂是用来稳定溶液的 pH 值，特别是阴极表面附近的 pH 值。缓冲剂一般是弱酸或弱酸的酸式盐，如镀镍溶液中的 $H_3BO_3$ 和焦磷酸盐镀液中的 $Na_2HPO_4$ 等。

任何一种缓冲剂都只能在一定的范围内具有好的缓冲作用，超过这一范围其缓冲作用将不明显或者完全没有缓冲作用，而且还必须有足够的量才能起到稳定溶液 pH 值的作用。缓冲剂可以减缓阴极表面因析氢而造成的局部 pH 值的升高，并能将其控制在最佳值范围内，所以对提高阴极极化有一定作用，也有利于提高镀液的分散能力和镀层质量。

（5）稳定剂

稳定剂主要用来防止镀液中主盐水解或金属离子的氧化，保持溶液的稳定。如酸性镀锡和镀铜溶液中的硫酸、酸性镀锡溶液中的抗氧化剂等。

（6）阳极活化剂

在电镀过程中能够消除或降低阳极极化的物质，它可以促进阳极正常溶解，提高阳极电流密度。如镀镍溶液中的氯化物，氰化镀铜溶液中的酒石酸盐等。

（7）添加剂

是指那些在镀液中含量很低，但对镀液和镀层性能却有着显著影响的物质。近年来添加剂的发展速度很快．在电镀生产中占的地位越来越重要，种类越来越多，而且越来越多地使用复合添加剂来代替单一添加剂。按照它们在电镀溶液中所起的作用，大致可分为如下几类。

① 光亮剂　它的加入可以使镀层光亮。如镀镍中的糖精及 1,4-丁炔二醇；氯化物镀锌中的苄叉丙酮等。当在镀液中含有几种光亮剂或将几种物质配制成复合光亮剂时，常根据光亮剂的基团及其在镀液中的作用、性能和对镀层的影响等，又将它们分为初级光亮剂、次级光亮剂、载体光亮剂和辅助光亮剂等。

② 整平剂　具有使镀层将基体表面细微不平处填平作用的物质。如镀镍溶液中的香豆素，酸性光亮镀铜溶液中的四氢噻唑硫酮、甲基紫等。

③ 润湿剂　它们的主要作用是降低溶液与阴极间的界面张力，使氢气泡容易脱离阴极表面，从而防止镀层产生针孔。这类物质多为表面活性剂，其添加量很少，对镀液和镀层的其他性能没有明显的影响，如镀镍溶液中的十二烷基硫酸钠。

④ 应力消除剂　能够降低镀层内应力，提高镀层韧性的物质。如碱性镀锌溶液中的香豆素等。

⑤ 镀层细化剂　它是能使镀层结晶细化并具有光泽的添加剂。如碱性镀锌溶液中的 DE 及 DPE 等添加剂。

⑥ 抑雾剂　这是一类表面活性剂，具有发泡作用。在气体或机械搅拌的作用下，可以在液面生成一层较厚的稳定的泡沫以抑制气体析出时带出的酸雾、碱雾或溶液的飞沫。选择原则是应对镀液和镀层的其他性能无害，而本身在溶液中相当稳定。抑雾剂的加入量一般都很小，过多会造成泡沫外溢或爆鸣，如果选择或使用不当则会在镀层上造成气流痕、针孔等。

⑦ 无机添加剂　此类添加剂多数是硫、硒、碲的化合物及一些可与镀层金属共析的其他金属盐。这些金属离子对镀层的性能会有显著的影响，而且这种影响是多方面的。例如在镀镍溶液中加入镉盐可以得到光亮的镀层，在硫酸盐镀锡溶液中加入铅盐可防止镀层长锡须，在镀银或镀金溶液中加入锑或钴盐可以提高镀层的硬度等。但是这些金属的含量必须很低，否则将会使镀层恶化，如发黑、发脆、产生条纹等。

## 2.1.7　影响镀层质量的因素

作为金属镀层，无论其使用目的和使用场合如何，都应该满足以下要求：镀层致密无孔，厚度均匀一致，镀层与基体结合牢固。

影响镀层质量的主要因素有以下几个方面。

（1）镀前处理质量

镀前处理对镀层质量的重要性在前面的内容已经涉及。镀前处理的每道工序都会对镀层质量产生直接影响。相比其他电镀工序，镀前处理是最容易被忽视的，也是最容易出问题的地方。

（2）电镀溶液的本性

镀液的性质、组成各成分的含量以及附加盐、添加剂的含量都会影响镀层质量。这部分在电镀液的组成部分已经有所介绍。

（3）基体金属的本性

镀层金属与基体金属的结合是否良好，与基体金属的化学性质有密切关系。如果基体金属的电位负于镀层金属的电位，或对易于钝化的基体或中间层，若不采取适当的措施，很难获得结合牢固的镀层。

（4）电镀过程

电流密度、温度和搅拌等因素的影响。

在其他条件不变的情况下，提高阴极电流密度，可以使镀液的阴极极化作用增强，镀层结晶变得细致紧密。如果阴极电流密度过大，超过允许的上限时，常常会出现镀层烧焦的现象，即形成黑色的海绵状镀层。电流密度过低时，阴极极化小，镀层结晶较粗，而且沉积速度慢。

提高镀液的温度，一方面加快了离子的扩散速度，导致浓差极化降低；另一方面，使离子的活性增强，电化学极化降低，阴极反应速度加快，从而使阴极极化降低，镀层结晶变粗。但是，镀液温度的升高使离子的运动速度加快，从而可以弥补由于电流密度过大或主盐浓度偏低所造成的不良影响。温度升高还可以减少镀层的脆性，提高沉积速度。

搅拌能够加速溶液的对流，使扩散层减薄，使阴极附近被消耗了的金属离子得以及时补充，从而降低了浓差极化。在其他条件不变的情况下，搅拌会使镀层结晶变粗。但是，搅拌可以提高允许电流密度的上限，可以在较高的电流密度和较高的电流效率下，获得致密的镀层。搅拌的方式有机械搅拌、压缩空气搅拌等。其中，压缩空气搅拌只适用于那些不受空气中的氧和二氧化碳作用的酸性电解液。

（5）析氢反应

在电镀过程中大多数镀液的阴极反应都伴随着有氢气的析出。在不少情况下析氢对镀层质量有恶劣的影响，主要有针孔或麻点、鼓泡、氢脆等。如当析出的氢气粘附在阴极表面上会产生针孔或麻点，当一部分还原的氢原子渗入基体金属或镀层中，使基体金属或镀层的韧性下降而变脆，叫氢脆。为了消除氢脆的不良影响，应在镀后进行高温除氢处理。

（6）镀后处理

镀后对镀件的清洗、钝化、除氢、抛光、保管等都会继续影响镀层质量。

除了上面所列举的因素外，影响镀层质量的因素还有很多。电镀工艺发展到现在，具体某种因素对镀层质量的影响已经被研究得很充分，相关的研究论文或书籍很多。当然，上面这些因素的影响不是孤立的，改变其中某一个参数很可能引起其他参数的联动变化，需要综合分析，找出内在的联系。有经验的电镀工程师或技工完全可以凭着肉眼观察发现问题出在哪个环节。当然，经验是在丰富的理论知识结合长时间的生产实践中总结出来的。

## 2.2 单金属电镀

### 2.2.1 镀锌

锌是一种银白色微带蓝色的金属。金属锌较脆，只有加热到 $100 \sim 150 ℃$ 才有一定延展性。锌的硬度低，耐磨性差。锌是两性金属，既溶于酸也溶于碱。特别是当锌中含有电位较正的杂质时，锌的溶解速度更快。但是电镀锌层的纯度高，结构比较均匀，因此在常温下，锌镀层具有较高的化学稳定性。

锌镀层主要镀覆在钢铁制品的表面，作为防护性镀层。锌的标准电极电位为 $-0.76V$，比铁的电位负，为阳极性镀层。在钢铁表面镀锌层既有机械保护作用，又有化学保护作用。镀锌层经钝化后形成彩虹色或白色钝化膜层，在空气中非常稳定，在汽油或含二氧化碳的潮湿空气中也很稳定，但在含有 $SO_2$、$H_2S$、海洋性气氛及海水中镀锌层的耐蚀性较差，特别是在高温、高湿及含有有机酸的气氛中，镀锌层的耐蚀性极差。

电镀锌是生产上应用最早的电镀工艺之一，工艺比较成熟，操作简便，投资少，在钢铁件的耐蚀性镀层中成本最低。作为防护性镀层的锌镀层的生产量最大，约占电镀总产量的 $50\%$ 左右，在机电、轻工、仪器仪表、农机、建筑五金和国防工业中得到广泛的应用。近来开发的光亮镀锌层，涂覆护光膜后使其防护性和装饰性都得到进一步的提高。

镀锌溶液种类很多，按照其性质可分为氰化物镀液和无氰化物镀液两大类。氰化物镀锌溶液具有良好的分散能力和覆盖能力，镀层结晶光滑细致，操作简单，适用范围广，在生产中曾被长期采用，但镀液中含有剧毒的氰化物，在电镀过程中逸出的气体对工人健康危害较大，其废水在排放前必须严格处理。无氰化物镀液有碱性锌酸盐镀液，氯化铵镀液、硫酸盐镀锌及无铵盐氯化物镀液等。其中碱性锌酸盐和无铵盐氯化物镀锌应用最多。

#### 2.2.1.1 氰化物镀锌

氰化物镀锌工艺自 20 世纪初投入工业生产并沿用至今。该工艺的特点是电镀液以氰化钠为络合剂的络合物型电镀液，具有较好的分散能力和深镀能力。允许使用的电流密度范围和温度范围都较宽，电解液对杂质的敏感性小，工艺容易控制，操作及维护都很简单。

（1）氰化物镀锌镀液的组成及作用

氰化物镀锌溶液根据氰含量多少分可为高氰、中氰、低氰三种类型，其镀液组成及工艺条件见表 2-2。

表 2-2　氰化物镀锌电镀液组成及工艺条件

| 镀液组成及工艺条件 | 高氰镀液 | 中氰镀液 | 低氰镀液 |
| --- | --- | --- | --- |
| 氧化锌/(g/L) | 35~45 | 17~22 | 10~12 |
| 氰化钠/(g/L) | 80~100 | 35~45 | 10~13 |
| 氢氧化钠/(g/L) | 70~80 | 65~75 | 65~80 |
| 硫化钠/(g/L) | 0.5~5 | 0.5~2 | |
| 甘油/(g/L) | 3~5 | | |
| 温度/℃ | 10~40 | 10~40 | 10~40 |
| 阴极电流密度/(A/dm²) | 1~2.5 | 1~2.5 | 1~2.5 |

高氰镀液含氰化钠量在 80g/L 以上，镀液稳定性好，镀层结晶细致，适用于电镀形状复杂和镀层较厚的零件，但氰含量高，对环境污染严重。目前应用较多的是中氰镀液，这类镀液含锌量也低，其氰化钠与锌的比值接近于高氰，因此，镀层质量也比较好。低氰镀液氰化钠含量 10g/L 左右，一般需配合使用合适的光亮剂来提高镀层质量和镀液的分散能力。氰化物镀液的电流效率较低，随电流密度的升高其电流效率迅速降低。氰化物剧毒，要求采用良好的通风设备和必要的安全管理措施和三废处理措施。

氧化锌是提供锌离子的物质，为主盐。配制镀液时，氧化锌与氰化钠、氢氧化钠反应生成 $[Zn(CN)_4]^{2-}$ 和 $[Zn(OH)_4]^{2-}$，锌含量升高使电流效率提高，但镀层粗糙；锌含量过低，电流效率下降，分散能力和覆盖能力增加。锌含量在 $0.125~0.5mol/L$ 的范围为宜，生产上常控制在 0.5mol/L 左右。

氰化钠是主络合剂，氢氧化钠是辅助络合剂（在低氰、微氰镀锌液中是主络合剂）。除与 $Zn^{2+}$ 络合外，还应有少量游离氰化钠和游离氢氧化钠，才能使复层结晶细致。通常，氢氧化钠用量为 60~90g/L，NaOH∶Zn（质量比）为 2∶2.5，NaOH∶NaCN（质量比）为 1∶1。

硫化钠是一种主要的添加剂。镀锌液中常常带入一些铅、铜、镉等重金属杂质。由于这些金属的电位较正，易在阴极与锌共沉积而影响镀层的质量。加入适量的硫化钠可使之生成硫化物沉淀以保证镀层质量。除此以外，硫化钠还具有使镀层产生光亮的作用，加入量为 0.5~3g/L。含量过低，起不到光亮作用，含量过高，会使镀层脆性增大。

甘油的作用是为了提高阴极极化，有利于获得均匀细致的镀层，加入量为 3~5g/L。

(2) 电极反应

阴极主反应

$$[Zn(CN)_4]^{2-} + 4OH^- \longrightarrow [Zn(OH)_4]^{2-} + 4CN^- \tag{2-5}$$

$$[Zn(OH)_4]^{2-} \longrightarrow Zn(OH)_2 + 2OH^- \tag{2-6}$$

$$Zn(OH)_2 + 2e^- \longrightarrow Zn + 2OH^- \tag{2-7}$$

阴极副反应

$$2H_2O + 2e^- \longrightarrow H_2 \uparrow + 2OH^- \tag{2-8}$$

氰化物镀锌的阳极主反应

$$Zn \longrightarrow Zn^{2+} + 2e^- \tag{2-9}$$

$Zn^{2+}$ 再分别与 $CN^-$ 和 $OH^-$ 络合

$$Zn^{2+} + 4CN^- \longrightarrow [Zn(CN)_4]^{2-} \tag{2-10}$$

$$Zn^{2+} + 4OH^- \longrightarrow [Zn(OH)_4]^{2-} \tag{2-11}$$

当阳极钝化时，还将发生析出氧气的副反应

$$4OH^- \longrightarrow 2H_2O + O_2 + 4e^- \tag{2-12}$$

### 2.2.1.2 锌酸盐镀锌

从锌酸盐电镀液中电沉积金属锌早在 20 世纪 30 年代就有人研究过。但是，从单纯的锌酸盐电镀液中只能得到疏松的海绵状的锌。为了获得有使用价值的锌镀层，人们寻找了各种添加剂，其中包括金属盐、天然有机化合物以及合成有机化合物。直到 20 世纪 60 年代后期才研制出合成添加剂、采用两种或两种以上的有机化合物进行合成，以其合成产物作为锌酸盐镀锌的添加剂，可以获得结晶细致而有光泽的镀锌层。中国于 20 世纪 70 年代初将这一添加剂应用于电镀锌的生产。

锌酸盐镀锌可用氰化物镀锌设备，镀液成分简单，易于管理，对设备腐蚀小，废水处理方便，但均镀和深镀能力较氰化物镀液差，电流效率比较低。

（1）锌酸盐镀锌电镀液的成分及作用

锌酸盐镀锌典型镀液配方及工艺见表 2-3。

表 2-3  锌酸盐镀锌镀液组成及工艺条件

| 镀液组成及工艺条件 | 配比 1 | 配比 2 | 配比 3 |
| --- | --- | --- | --- |
| 氧化锌/(g/L) | 8～12 | 10～15 | 10～12 |
| 氢氧化钠/(g/L) | 100～120 | 100～130 | 100～120 |
| DE 添加剂/(mL/L) | 4～6 | | 4～5 |
| 香豆素/(g/L) | 0.4～0.6 | | |
| 混合光亮剂/(mL/L) | 0.5～1 | | |
| DPE-Ⅲ 添加剂/(mL/L) | | 4～6 | |
| 三乙醇胺/(mL/L) | | 12～30 | |
| KR-7 添加剂 | | | 1～1.5 |
| 温度/℃ | 10～40 | 10～40 | 10～40 |
| 阴极电流密度/(A/dm²) | 1～2.5 | 1～2.5 | 1～2.5 |

① 氧化锌　是镀液中的主盐，提供所需要的锌离子。氧化锌与氢氧化钠作用生成 $[Zn(OH)_4]^{2-}$ 络离子。锌含量对镀液性能和镀层质量影响很大。锌含量偏高，电流效率高，但分散能力和深镀能力下降，镀层粗糙。锌含量偏低时，阴极极化增加，分散能力好，镀层结晶细致，但沉积速度慢，零件的边缘及凸出部位易烧焦。

② 氢氧化钠　在锌酸盐镀锌液中，氢氧化钠是络合剂，作为强电解质，它还可以改善电解液的导电，因此，过量的氢氧化钠是镀液稳定的必要条件。氢氧化钠与氧化锌的最佳比值（质量比）是 12∶1，生产上一般控制在 10～(13∶1)。氢氧化钠含量过高，将加速锌阳极的自溶解，使镀液的稳定性下降。氢氧化钠含量过低，将使阴极极化下降，镀层粗糙，且容易生成 $Zn(OH)_2$ 沉淀。

③ 添加剂　若无添加剂，锌酸盐镀锌只能得到黑色海绵状镀层。所以在一定程度上，锌酸盐镀锌的添加剂可视为镀液主要成分。现有添加剂品种很多，大致可分为两类。一类是极化型添加剂，为有机胺和环氧氯丙烷缩合物，如 DPE 系列、DE 系列、Zn2、NJ-45、GT-1 等。但单独使用这些添加剂时性能并不好，还需要加入第二类添加剂，即所谓光亮剂，为金属盐、芳香醛、杂环化合物及表面活性剂，如 ZB-80、ZBD-81、KR-7、WBZ 系列、CB-909 等。

镀液中杂质铜可以用锌粉、铝粉置换处理，铅可以用硫化钠沉淀除去，有机杂质可先加双氧水，再加活性炭处理。

（2）电极反应

阴极主反应

$$[Zn(OH)_4]^{2-} + 2e^- \longrightarrow Zn + 4OH^-$$

$$(2-13)$$

阳极主反应

$$Zn \longrightarrow Zn^{2+} + 2e^-$$ (2-14)

## 2.2.1.3 氯化钾（钠）镀锌

氯化物镀锌可以分为氯化铵镀锌和无铵氯化物镀锌两大类。氯化铵镀锌由于对设备腐蚀严重，废水处理困难等原因，已经逐渐被淘汰。20 世纪 70 年代后期发展起来的氯化钾（钠）镀锌，不仅完全具备了氯化铵镀锌的优点，而且还克服了其存在的缺点，因此得到了迅速的发展。目前根据粗略统计，在我国氯化钾（钠）镀锌溶液的体积已经超过了镀锌溶液总体积的 50%。

氯化钾（钠）镀锌电解液成分简单，与氰化物镀锌及锌酸盐镀锌相比，镀液的稳定性高，而且电解液呈微酸性（pH 值在 5～6.5），对设备的腐蚀小。氯化钾（钠）镀锌电解液中的 $Cl^-$ 离子与 $Zn^{2+}$ 离子的络合能力很弱，其废水处理简单容易。在电镀过程中除了极少量氢气和氧气逸出外，无其他碱雾、氨气等污染，无需排风设备。另外，该工艺所得到的镀层极适宜在低铬酸和超低铬酸钝化液中进行钝化处理，这就大大减轻了钝化废水处理的负担。

（1）氯化钾（钠）镀锌电解液的组成及作用

氯化钾（钠）镀锌电解液的组成及工艺条件见表 2-4。

**表 2-4  氯化钾（钠）镀锌电解液的组成及工艺条件**

| 镀液组成及工艺条件 | 配比 1 | 配比 2 | 配比 3 |
|---|---|---|---|
| 氯化锌/(g/L) | 60～70 | 55～70 | 50～70 |
| 氯化钾（钠）/(g/L) | 200～230 | 180～220 | 180～250 |
| 硼酸/(g/L) | 25～30 | 25～35 | 30～40 |
| 70%HW 高温匀染剂/(mL/L) | 4 | | |
| SCZ-87/(mL/L) | 4 | | |
| ZL-88/(mL/L) | | 15～18 | |
| BH-50/(mL/L) | | | 15～20 |
| pH 值 | 5～6 | 5～6 | 5～6 |
| 温度/℃ | 5～65 | 10～65 | 15～50 |
| 阴极电流密度/(A/dm²) | 1～6 | 1～8 | 0.5～4 |

① 氯化锌  氯化锌是提供锌离子的主盐，浓度较低，由于锌离子扩散快，浓差极化大，镀层细致光亮，分散能力和覆盖能力好。但是，如果浓度太低，则高电流区易烧焦。浓度偏高时，阴极电流密度可以开大，沉积速度也快，但覆盖能力和分散能力差。一般较佳浓度为70～80g/L，对难以电镀的铸铁件，槽液中锌含量可取上限，夏季镀液温度高，锌含量取下限，冬季含量可略高一些。

② 氯化钾（钠）  是电解液中的导电盐。从导电性来看，氯化钾优于氯化钠，一般复杂零件用钾盐为宜，因钠盐价格低，简单零件用氯化钠也可以。镀液中氯化物的增加可使镀液的导电性和分散能力增加并能活化阳极使其正常溶解。另外，氯离子对锌离子有微弱的络合作用，能起到增加阴极极化和改善镀液分散性的作用。

氯化物含量过低不但溶液导电性差，分散能力也差，而且镀层不光亮，易产生黑色条纹。但含量过高时，阴极沉积速度降低，而且影响光亮剂的水溶性。氯化钾（钠）与氯化锌的质量比一般为 (2.5～3):1。

③ 硼酸  硼酸为缓冲剂，含量一般控制在 20～35g/L 为宜，能够使氯化钾（钠）镀锌电镀液的 pH 值维持在 5～6.5 之间。

④ 光亮剂　氯化钾（钠）镀锌使用的是组合光亮剂，由主光亮剂、载体光亮剂和辅助光亮剂组合而成。

主光亮剂能吸附在阴极表面，增大阴极极化，是镀层结晶细致、光亮。主要有三类：芳香族类，如苄叉丙酮、苯甲酰胺；氮杂环化合物，如 3-吡啶甲酰胺；芳香醛类，如肉桂醛。其中以苄叉丙酮效果最好，国内市场销售的商品添加剂都是以苄叉丙酮为主光亮剂。

苄叉丙酮很难溶于水，必须加入一定量的助剂，使主光亮剂以极高的分散度分散在电镀液中，才能在电镀过程中发挥作用。这些助剂在电镀中被称为载体光亮剂，常用的有 OP-乳化剂和聚氧乙烯脂肪醇醚等。

辅助光亮剂与主光亮剂配合使用可增大阴极极化，特别是对低电流密度区影响更大，能够在低电流密度区得到光亮的镀层，同时使镀液的分散能力提高。目前生产中采用的辅助光亮剂主要有：芳香族羧酸盐，如苯甲酸钠；芳香族羧酸，如肉桂酸；磺酸盐，如亚甲基双萘磺酸钠。

（2）电极反应

虽然 $Cl^-$ 离子也能与 $Zn^{2+}$ 离子络合，但络合能力很弱。因此氯化钾（钠）镀锌仍属于简单盐电解液电镀，其阴极反应为 $Zn^{2+}$ 离子还原为金属锌，反应方程式如下

$$Zn^{2+} + 2e^- \longrightarrow Zn \tag{2-15}$$

同时还有可能发生 $H^+$ 离子还原为氢气的副反应

$$2H^+ + 2e^- \longrightarrow H_2 \uparrow \tag{2-16}$$

阳极反应为金属锌的电化学溶解

$$Zn \longrightarrow Zn^{2+} + 2e^- \tag{2-17}$$

当阳极电流密度过高时，阳极进入钝化状态，此时还将发生析出氧气的副反应

$$4OH^- \longrightarrow 2H_2O + O_2 + 4e^- \tag{2-18}$$

## 2.2.2　镀镍

镍镀层是应用最普遍的一种装饰、防护镀层。自从 1840 年英国人 J. Shore 获得第一个电镀镍专利以来，镀镍工艺得到了不断发展，镀种不断增多，其应用也从传统的防护、装饰性镀层发展到多种功能性镀层。镀镍层的应用几乎遍及现代工业的所有部门，在电镀行业中，镀镍层的产量仅次于镀锌层而居于第二位。

金属镍具有很高的化学稳定性，在稀酸、稀碱基有机酸中具有很好的耐蚀性，在空气中镍与氧相互作用可形成保护性氧化膜而使金属镍具有很好的抗大气腐蚀性能。但由于镀镍层的孔隙率较高，且镍的电极电位比铁更正，使得镍镀层只有在足够厚且没有空隙时才能在空气和某些腐蚀性介质中有效地防止腐蚀。因此常采用多层镍铬体系及不同镍镀层组合来提高防护性能。

镀镍主要应用在日用五金产品、汽车、自行车、摩托车、家用电器、仪器、仪表、照相机等的零部件上，作为防护—装饰性镀层的中间镀层。由于镍镀层具有较高的硬度，在印刷工业中用来提高表面硬度，也用于电铸、塑料成型模具等。

镀镍工艺按镀层的外观、结构特征可分为普通镀镍（暗）、光亮镀镍、黑镍、硬镍、多层镍等。按镀液的成分可分为硫酸盐型、氯化物型、柠檬酸盐型、氨基磺酸盐型、氟硼酸盐型等。其中应用最为普遍的是硫酸盐低氯化物镀镍液（即瓦特镀液）。氨基磺酸盐镀液镀层内应力小，沉积速度快，但成本高，仅用于特定的场合。柠檬酸盐镀液常用于锌压铸件上镀镍。氟硼酸盐镀液适用于镀厚镍，但这几种类型镀液的成本都较高。

这里主要介绍普通镀镍，光亮镀镍和黑镍等。

（1）普通镀镍

普通镀镍又称为电镀暗镍或无光泽镀镍，是最基本的镀镍工艺。暗镍镀液主要由硫酸镍、少量氯化物和硼酸组成。用这种镀液获得的镍镀层结晶细致、易于抛光、韧性好、耐蚀性也比亮镍好。暗镍常用于防护—装饰性镀层的中间层或底层。

① 普通镀镍镀液组成及作用　常用的普通镀镍电镀液组成及工艺规范见表 2-5。依使用目的，普通镀镍液常分为预镀液和常规镀液两类。预镀液主要用于增强钢铁基体与镀层（如镀铜层）之间的结合。

普通镀镍镀液一般由主盐、阳极活化剂、缓冲剂、防针孔剂和导电盐等部分组成。

表 2-5　普通镀镍液的组成及工艺条件

| 镀液组成及工艺条件 | 预镀液 | 普通镀液 | 瓦特镀液 | 滚镀液 |
| --- | --- | --- | --- | --- |
| 硫酸镍/(g/L) | 120～140 | 180～250 | 250～300 | 270 |
| 氯化镍/(g/L) | | | 30～60 | 70 |
| 氯化钠/(g/L) | 7～9 | 10～12 | 25～35 | 30～40 |
| 硼酸/(g/L) | 30～40 | 30～35 | 35～40 | 40 |
| 硫酸钠/(g/L) | 50～80 | 20～30 | | |
| 硫酸镁/(g/L) | | | 30～40 | 225 |
| 十二烷基磺酸钠/(g/L) | 0.01～0.02 | | 0.05～0.10 | |
| pH 值 | 5～6 | 5～5.5 | 3～4 | 4～5.6 |
| 温度/℃ | 30～35 | 20～35 | 45～60 | 50～55 |
| 阴极电流密度/(A/dm$^2$) | 0.8～1.5 | 0.8～1.5 | 1～2.5 | 电压 8～12V |

a. 主盐　硫酸镍是镀镍溶液中的主盐，提供镀镍所需要的 $Ni^{2+}$ 离子，浓度一般在 100～350g/L。镍盐浓度低，镀液分散能力好，镀层结晶细致，但沉积速度比较慢；镍盐浓度高，镀液可以使用较高的电流密度，沉积速度快，容易沉积出色泽均匀的无光亮镀层，适于快速镀镍及镀厚镍。但镍盐浓度过高将降低阳极极化，并使镀液的分散能力下降。

b. 阳极活化剂　氯化镍或氯化钠中的 $Cl^-$ 是镀液中的阳极活化剂。电镀镍所使用的镍阳极在电镀过程中容易钝化而阻碍其继续溶解，镀液中的 $Cl^-$ 通过在镍阳极上的特征吸附，去除氧、羟基离子和其他钝化镍阳极表面的异种粒子，从而保证镍阳极的正常溶解。但钠离子对镀液是无益的，可能引起阳极腐蚀、导致镀层粗糙等。所以宜用氯化镍，不过氯化镍的成本较高。

c. 缓冲剂　普通镀镍镀液的 pH 值一般控制在 3.8～5.0，可用稀硫酸或稀盐酸调节，并以硼酸做缓冲剂。硼酸也有助于使镀层结晶细致，提高电流效率。但含量过高时，硼酸可能结晶析出，造成镀层毛刺，一般控制在 30～45g/L。

d. 防针孔剂　十二烷基硫酸钠是暗镍镀液中常用的防针孔剂，它是一种阴离子表面活性剂，通过在阴极表面吸附，降低电极与镀液间的界面张力，使形成的氢气气泡难以在电极表面滞留，从而减少了镀层中的针孔。其用量为 0.1g/L 左右，浓度过低不能有效地清除针孔，浓度过高去针孔效果并不会增加，还会使泡沫过多，不易清洗。

e. 导电盐　硫酸镁是暗镍镀液中常用的导电盐，它的加入可提高镀液的电导率，改善镀液的分散能力，并有利于降低槽电压。

② 电极反应

a. 阴极反应　镀镍液中的阳离子有 $Ni^{2+}$、$H^+$、$Mg^{2+}$、$Na^+$ 等。由于 $Mg^{2+}$ 与 $Na^+$ 的电极电位远低于 $Ni^{2+}$ 和 $H^+$，因而镀镍过程的阴极反应为 $Ni^{2+}$ 的还原和析氢副反应。

b. 阳极反应　镀镍过程中的阳极反应为镍阳极的溶解。若阳极发生钝化，则在阳极极化较大时，会有氧气析出的副反应发生。若镀液中有 $Cl^-$ 存在，则在阳极极化较大时，阳极会有氯气析出，反应式为

$$2Cl^- \longrightarrow Cl_2 + 2e^- \tag{2-19}$$

由于镍的交换电流密度很小，镍离子放电时极化较大，因而暗镍镀镍液即使不含添加剂也可以得到结晶紧密细致的镍镀层。

（2）光亮镀镍

对于装饰防护性镀层，常常要求镀层具有镜面光泽的外观。最初人们是通过对暗镍镀层进行机械抛光来获得具有镜面光泽度的镀镍层。电镀光亮镍工艺的出现，使得人们仅仅通过在普通镀液中加入光亮剂即可获得具有镜面光泽的镍镀层。镀光亮镍可以省去繁杂的抛光工序，从而改善工作环境，还能提高镀层的硬度，有利于自动化生产。但光亮镀层中含硫，内应力和脆性较大，耐蚀性不如普通镀镍层。

① 光亮镀镍液的成分及作用　在瓦特镀液中加入光亮剂就成为光亮镀镍液。常用的镀液配方及工艺规范见表 2-6。镀液中除光亮剂外，其他成分的作用在前面的普通镀镍中都有过介绍，下面仅介绍光亮剂的作用。

表 2-6　电镀光亮镍镀液组成及工艺规范

| 镀液组成及工艺条件 | 配比 1 | 配比 2 | 配比 3 | 配比 4 |
|---|---|---|---|---|
| 硫酸镍/(g/L) | 250～300 | 250～300 | 350～380 | 300～350 |
| 氯化镍/(g/L) | 30～50 | 30～50 | 30～40 | 30～40 |
| 氯化钠/(g/L) | | | | 25～30 |
| 硼酸/(g/L) | 35～40 | 35～40 | 40～45 | 40～45 |
| 糖精/(g/L) | 0.8～1.0 | 0.6～1.0 | 0.8～1.0 | 1～3 |
| 1,4-丁炔二醇/(g/L) | 0.4～0.5 | 0.3～0.5 | | |
| 香豆素/(g/L) | | 0.1～0.2 | | |
| 十二烷基磺酸钠/(g/L) | 0.05～0.15 | 0.05～0.15 | 0.05～0.10 | 0.1～0.3 |
| BE/(mL/L) | | | 0.5～0.75 | |
| 791/(mL/L) | | | | 2～4 |
| pH 值 | 4.0～4.6 | 3.8～4.6 | 3.8～4.2 | 4.0～4.5 |
| 温度/℃ | 40～50 | 45～55 | 50～58 | 50～55 |
| 阴极电流密度/(A/dm$^2$) | 1.5～3.0 | 2～4 | 3～5 | 3～4 |

镀镍光亮剂多为有机化合物，根据作用效果及作用机理的不同可分为三类：初级光亮剂、次级光亮剂、辅助光亮剂。一般认为，镀液中加入光亮剂后使得镀层变得平整均匀，晶粒细化，从而获得镜面光泽。

a. 初级光亮剂　初级光亮剂是含有 $C-SO_2$ 结构的有机含硫化合物。常用的有糖精、对甲苯磺酰胺、苯亚磺酸钠、萘磺酸钠等。初级光亮剂通过不饱和碳键吸附在阴极的生长点上，增大阴极极化，从而显著减小层的晶粒尺寸，使镀层产生柔和的光泽，但不能获得镜面光泽。初级光亮剂加入还将使镀层产生压应力。初级光亮剂在阴极还原后，将以硫化物的形式进入镀层，使镀层的硫含量增加。

初级光亮剂加入量一般为 $0.3～3g/L$，使用上浓度限制不严格。但浓度越高，镀层中的硫含量也将越高。

b. 次级光亮剂　次级光亮剂是含有 $C=O$、$C=C$、$C=N$、$C\equiv C$、$C\equiv N$、$N-C=S$ 等不饱和基团的有机物。普遍使用的是丁炔二醇及其衍生物，其次是香豆素等。

次级光亮剂能显著改善镀液的整平性能，与初级光亮剂配合使用可获得具有镜面光泽的

镀层，且镀层延展性良好。单独使用次级光亮剂，虽然能获得光亮镀层，但镀层张应力大，脆性大，故一般不单独使用。次级光亮剂的加入量因种类不同而有较大的差异，其范围可达 0.05~5g/L。

c. 辅助光亮剂　常用的辅助光亮剂有烯丙基磺酸钠、烯丙基磺酰胺、乙烯磺酸钠、丙炔磺酸钠等，其结构特点是既含有初级光亮剂的 C—S 基团，又含有次级光亮剂的 C =C 基团。辅助光亮剂单独使用时并不能使镀层获得很好的光亮性，但若与初级光亮剂和次级光亮剂配合使用，则可以起到下列一种或多种作用：加快出光和整平速度；减少其他光亮剂的消耗；减少针孔。

② 电极反应　光亮镀镍的电极反应与普通镀镍的电极反应相同，可参看前面的内容。

半光亮镀镍是在瓦特镀液中加入不含硫的有机物即次级光亮剂。加入量在 0.05%~0.8%之间。半光亮镀镍液的成分及工艺条件可参阅相关的参考书。一般来说，半光亮镀镍很少单独使用，通常与光亮镀镍组合成双层镍或三层镍，有效地起到防护作用。

（3）镀多层镍

光亮性镀镍层，它们在防护钢铁零件上属于阴极性镀层，要达到防护—装饰作用，提高镍镀层的防护能力，常采用多层镀镍的方法来解决。镀多层镍是在同一基体上选用不同的镀液及工艺条件所获得的双层或三层镀镍层。

电镀双层镍的结构为：钢铁/半光亮镍/光亮镍/铬，电镀三层镍的结构为：钢铁/半光亮镍/高硫镍/光亮镍/铬。在镍层上镀覆的一层铬，既能提高耐磨性又能改善防护性能。

① 电镀双层镍　常用电镀双层镍的镀液配方及工艺规范见表 2-7。

表 2-7　电镀双层镍镀液组成及工艺规范

| 镀液组成及工艺条件 | 配比 1 | 配比 2 | 配比 3 | 配比 4 |
|---|---|---|---|---|
| 硫酸镍/(g/L) | 320~350 | 240~280 | 280~320 | 320~350 |
| 氯化镍/(g/L) | | 45~60 | 35~45 | |
| 氯化钠/(g/L) | 12~16 | | | 12~16 |
| 硼酸/(g/L) | 35~45 | 30~40 | 35~45 | 35~45 |
| 香豆素/(g/L) | 0.1~0.15 | | | |
| 甲醛/(g/L) | 0.2~0.3 | | | |
| 1,4-丁炔二醇/(g/L) | | 0.2~0.3 | | 0.3~0.5 |
| 十二烷基磺酸钠/(g/L) | 0.05~0.10 | 0.01~0.02 | 0.05~0.10 | 0.05~0.10 |
| 糖精/(g/L) | | | | 0.8~1.0 |
| DN-1/(mL/L) | | | 3~5 | |
| 冰醋酸/(mL/L) | | 1~3 | 1~1.5 | |
| pH 值 | 3.5~4.5 | 4.0~4.5 | 3.5~4.5 | 3.5~4.5 |
| 温度/℃ | 50~55 | 45~50 | 50~60 | 50~55 |
| 阴极电流密度/(A/dm²) | 2~3 | 3~4 | 3~4 | 2~3 |

双层镍是先沉积一层含硫少或无硫的半光亮镍或普通的暗镍。然后再镀一层含硫较高（硫含量约为 0.5%）的全光亮镍层。由于外层和底层的含硫量不同，它们在腐蚀介质中的腐蚀电位也不同。镀镍层的硫含量越高，腐蚀电位越低。当控制半光亮镍层与光亮镍层间的腐蚀电位差在 120mV 以上时，腐蚀一旦发生，半光亮镍层与光亮镍层构成的腐蚀原电池中，表层光亮镍层将成为阳极而优先腐蚀，以保证电镀双层镍有优良的耐蚀性。

双层镍的总厚度一般为 20~40μm，半光亮镍的厚度应补少于镀层总厚度的 60%，一般半光亮层与光亮层的厚度比为 3:1。由于镀镍层表面在空气中和在水洗时容易钝化导致电镀双层镍层间的结合力下降，在两次电镀之间应尽量减少镀件在空气中的停留时间，并简化中间水洗过程。

② 电镀三层镍　电镀三层镍是在电镀双层镍之间再镀一薄层含硫量更高的高硫镍层（含硫量约为 0.1%～0.2%），其腐蚀电位在三层中最低。通过控制三层镍中各层的含硫量使高硫镍层与半光亮镍层之间的腐蚀电位差达到 240mV，高硫镍层与光亮镍层间的腐蚀电位差达到 80～100mV 时，腐蚀一旦发生，高硫镍层将取代光亮镍层成为腐蚀原电池的阳极而优先腐蚀，使腐蚀在高硫镍层中横向发展，从而保证了电镀三层镍即使在厚度很薄时仍具有很好的耐蚀性。常用电镀高硫镍层的工艺规范见表 2-8。

表 2-8　电镀高硫镍镀液组成及工艺规范

| 镀液组成及工艺条件 | 配比 1 | 配比 2 | 配比 3 |
|---|---|---|---|
| 硫酸镍/(g/L) | 300 | 300 | 90～100 |
| 氯化镍/(g/L) | 40 | 40 | |
| 柠檬酸/(mL/L) | | | 90～100 |
| 硼酸/(g/L) | 40 | 40 | 30～40 |
| 苯亚磺酸钠 | | 0.2 | |
| TN-1/(mL/L) | 2～6 | | |
| BS-1/(mL/L) | | | 1～3 |
| pH 值 | 3～3.5 | 3～3.5 | 5.5～6.5 |
| 温度/℃ | 40～50 | 40～50 | 35～45 |
| 阴极电流密度/(A/dm²) | 3～4 | 3～4 | 1～3 |

电镀三层镍中，一般半光亮镍层厚度不应小于总厚度的 50%，高硫镍层的厚度应不超过总厚度的 10%，光亮层的厚度应不少于总厚度的 20%。

**（4）电镀黑镍**

黑镍镀层主要用于光学工业、武器制造业和各种铭牌，也可以利用其对太阳能的高吸收率来制备太阳能集热板。镀层往往很薄（约 2μm），耐蚀性能较差，镀后需要涂透明保护漆。

镀黑镍的镀液有两大类。第一类镀液中含有硫酸锌和硫酸氰盐，电镀液组成及工艺规范见表 2-9。由这类镀液得到的黑镍镀层是一种含有镍（40%～60%）、锌（20%～30%）、硫（10%～15%）及少量氮、碳、有机物（约 10%）的合金镀层。第二类镀液中含有钼酸盐，电镀组成及工艺规范见表 2-10。

表 2-9　第一类电镀黑镍镀液组成及工艺规范

| 镀液组成及工艺条件 | 配比 1 | 配比 2 | 配比 3 |
|---|---|---|---|
| 硫酸镍/(g/L) | 70～100 | 60～75 | |
| 氯化镍/(g/L) | | | 75 |
| 硼酸/(g/L) | 25～35 | | |
| 氯化锌/(g/L) | | | 30 |
| 硫氰酸钠/(g/L) | | 12.5～15 | 15 |
| 硫酸锌/(g/L) | 40～45 | 30 | |
| 硫氰酸铵/(g/L) | 25～35 | | |
| 硫酸镍铵/(g/L) | 40～60 | 35～45 | |
| 氯化铵/(g/L) | | | 30 |
| pH 值 | 4.5～5.5 | 5.8～6.1 | 5 |
| 温度/℃ | 30～60 | 25～35 | 20～25 |
| 阴极电流密度/(A/dm²) | 0.1～0.4 | 0.05～0.15 | 0.15 |

表 2-10　第二类电镀黑镍镀液组成及工艺规范

| 镀液组成及工艺条件 | 配比 1 | 配比 2 |
|---|---|---|
| 硫酸镍/(g/L) | 120～150 | 120 |
| 钼酸铵/(g/L) | 30～40 | 30～40 |
| 硼酸/(g/L) | 20～25 | |
| 醋酸钠/(g/L) | | 20 |
| pH 值 | 4.5～5.5 | 3～4 |
| 温度/℃ | 20～25 | 30～40 |
| 阴极电流密度/(A/dm$^2$) | 0.15～0.3 | 0.2～0.5 |

电镀黑镍时需要严格控制镀液的 pH 值，镀件需带电入槽，要经常用盐酸退去挂具上的黑镍镀层，以保证导电良好，同时要注意镀液中的锌盐浓度及电流密度大小，只有这样才能得到满意的黑镍镀层。

一般黑镍镀层的耐蚀性及耐磨性均较差，与基体的结合力也不好。为此，在镀黑镍前需要在钢铁件或铜及铜合金件上预镀暗镍、锌、铜等底层之后再镀黑镍。

（5）镍封闭

镍封闭是一种复合镀镍工艺，是制取高抗蚀性微孔铬的一种方法。在光亮镀镍后，再将零件放入悬浮有直径为 0.02μm 左右的不溶性非导电微粒的光亮镀镍液中，微粒与镍同时沉积，称为镍封闭镀层。然后镀上装饰性铬层，在非导体微粒处形成微孔，即得到微孔镀层，是腐蚀电池比较均匀地分散于整个镀层上，从而防止产生大而深的直贯整个金属基体的少量腐蚀沟纹和凹坑，向横向发展。也就减缓了穿透基体的腐蚀速度，进一步提高了防护性能。

镍封闭镀液的成分及工艺规范见表 2-11。

表 2-11　镍封闭镀液组成及工艺规范

| 镀液组成及工艺条件 | 配比 1 | 配比 2 |
|---|---|---|
| 硫酸镍/(g/L) | 350～380 | 300～350 |
| 氯化钠/(g/L) | 12～18 | 10～15 |
| 硼酸/(g/L) | 40～45 | 35～40 |
| 糖精/(g/L) | 2.5～3.0 | 0.8～1.0 |
| 丁炔二醇/(g/L) | 0.4～0.5 | 0.3～0.4 |
| 聚乙醇/(g/L) | 0.15～0.20 | |
| 二氧化硅(<0.5μm)/(g/L) | 50～70 | 10～25 |
| pH 值 | 4.2～4.6 | 3.8～4.4 |
| 温度/℃ | 55～60 | 50～55 |
| 阴极电流密度/(A/dm$^2$) | 3～4 | 2～5 |

固体微粒的直径在 0.01～0.5μm 为宜，不能大于 2μm，否则镀层粗糙，影响光亮性和整平性。微粒的含量以 15～25g/L 为宜，不应过高，否则镀件难以清洗；太小时抗蚀性能又降低。一般微孔数在 10000～30000/cm$^2$ 时耐蚀性最好。

因为镀液中存在一定数量的不溶物，必须在强烈的搅拌下才能使镀液中的微粒均匀地分散在镀液中，镀件在入槽前就必须搅拌，多采用压缩空气进行搅拌，整个系统中要有空气净化装置，必须严防机油带入镀液，在空气搅拌的同时也可用阴极移动配合电镀过程。

（6）镀缎面镍

如在光亮镀镍液或半光亮镀镍液中加入较镍封闭工艺中更大的非导体微粒，可得到缎面镍。近年也有新的缎面镍工艺是不加非导体固体微粒，而只是加低浊点表面活性剂，也可以获得缎面镍，这种方法也称乳化法。比如在瓦特镀液中加入光亮剂（Velous D100，2～

4mL/L）和乳化剂（Velous M30，8～50mL/L），就成为缎面镀镍液。但这种镀层厚度要大于 $6\mu m$ 才有明显的缎面效果。

（7）镀高应力镍

在光亮镍层上再镀一层厚度约 $0.5\sim3\mu m$ 的高应力镍层，然后在标准镀铬液中镀一层 $0.2\sim0.3\mu m$ 的铬层。由于高应力作用使捏成和铬层都产生均匀的微裂纹，所以也称之为微裂纹镀铬，国外也称之为冲击镍（PNS）。电镀高应力镍镀层镀液的组成及工艺规范见表2-12。

**表 2-12  电镀高应力镍镀液组成及工艺规范**

| 镀液组成及工艺条件 | 配比 1 | 配比 2 | 配比 3 |
|---|---|---|---|
| 氯化镍/(g/L) | 250～300 | 225～300 | 200～250 |
| 醋酸铵/(g/L) | | 40～60 | |
| MCN-1/(mL/L) | | 3～8 | |
| MCN-2/(mL/L) | | 1.5～3 | |
| GYN-1/(g/L) | 50～70 | | |
| GYN-2/(mL/L) | 3 | | |
| PN-1/(g/L) | | | 60～80 |
| PN-2/(g/L) | | | 0.2～0.5 |
| pH 值 | 4.1～4.5 | 3.6～4.5 | 4.5～5.5 |
| 温度/℃ | 30～35 | 25～34 | 30～40 |
| 阴极电流密度/(A/dm²) | 5～8 | 4～10 | 4～8 |

注：MCN-1、MCN-2 为上海日用五金研究所研制，GYN-1、GYN-2 为上海轻工研究所研制，PN-1、PN-2 为武汉材料保护研究所研制。

## 2.2.3  镀铬

铬是一种微带天蓝色的银白色金属。虽然金属铬的电位很负（标准电极电位为 $-0.74V$），但是由于其具有强烈的钝化能力，其表面上很容易生成一层极薄的钝化膜，使其电极电位变得比铁正得多。因此，在一般腐蚀性介质中，钢铁基体上的镀铬层属于阴极镀层，对钢铁基体无电化学保护作用。只有当镀铬层致密无孔时，才能起到机械保护作用。

金属铬的强烈钝化能力，使其具有较高的化学稳定性。在潮湿的大气中镀铬层不起变化，与硫酸、硝酸及许多有机酸、硫化氢及碱等均不发生作用。但易溶于氢卤酸及热的硫酸中。

金属铬的硬度很高，一般镀铬层的硬度也相当高，而且通过调整镀液的组成和控制一定的工艺条件，还可以得到硬度更高的镀铬层，使其硬度值超过最硬的淬火钢，因此耐磨性好。

（1）电镀铬的发展及特点

镀铬在电镀工业中占有极其重要的地位，并被列为3大镀种之一。有关镀铬的历史可以追溯到19世纪中叶，1854年法国的 Robet Baoson 教授首次从煮沸的氯化亚铬溶液中实现了铬电沉积，1856年德国的 Gerther 博士发表了第一篇关于从铬酸盐溶液中电镀铬的研究报告，从而掀起了六价铬电镀的研究高潮。而电镀铬的工业化要归功于 Fink 和 Scdwartz 等在1923—1924年间的工作。至今电镀铬工业已经有了近百年的历史，并成为电镀工业必不可少的镀种之一。现在普遍使用的是 Sargent 于1920年发明的六价铬镀铬工艺。电镀铬除了具有与其他单金属镀层共同之处外，还有自身所独有的特点，是一个比较特殊的镀种，其特点如下。

① 阴极电流效率很低，工业化生产中仅为 $12\%\sim15\%$，生产时由于放出大量氢气和氧

气，加上温度高，产生了毒性很大的铬雾。

② 镀液的分散能力及覆盖能力差，如欲获得均匀的镀层，必须采取人工措施，如设计象形阳极或保护阴极。

③ 镀铬生产对温度控制要求很高，如欲获得光亮镀层，不但要严格控制温度变化，电流密度也必须根据所用温度选定。

④ 电镀铬的阳极不用金属铬，而是选择不溶性铅或铅合金阳极。

⑤ 六价铬是公认的致癌物质，对人体健康危害极大。

正是基于以上原因，人们不断地探索改进传统的电镀铬工艺，并且尝试使用 PCVD、化学镀镍等方法来取代镀铬工艺。20 世纪 70 年代来，人们在六价铬镀铬工艺的基础上先后开发了自调节镀铬、超高浓度镀铬、稀土低浓度镀铬、松孔镀铬、微裂纹镀铬、无裂纹镀铬、镀黑铬等各种工艺，但这些工艺与 Sargent 工艺相比较，虽然有进步但并无根本突破。

三价铬电镀工艺自 1975 开始推广应用，其明显的优势表现为低的环境污染问题及较好的分散和覆盖能力，由此引发了一场研究三价铬电镀工艺的热潮。但三价铬电镀工艺至今仍存在一些不足，表现为镀液的稳定性不好、成分复杂、分析监控比较难、镀层的质量及外观比较差，特别是三价铬电镀层厚度一般仅为 $3\sim4\mu m$，只能用于装饰性镀铬。

其他有望取代电镀铬的工艺如 PCVD 等成本很高，不能为一般厂家接受，短期内全面取代电镀铬不大可能。因此，从根本上取代六价铬电镀铬体系的时机还不成熟。目前应着眼于对现行工艺进一步完善，特别是引入新型添加剂，以使镀液性能及镀层质量得到提高。

（2）镀普通铬

① 电镀液组成及作用　普通镀铬溶液成分简单，易于管理。通常将电镀铬溶液分为高浓度、中浓度和低浓度镀液。其中含铬酐 250g/L 的镀液习惯上称为标准镀铬液，应用较广。高浓度镀液导电性和深镀、均镀能力好，电流效率较低，主要应用于复杂零件镀铬。低浓度镀液电流效率较高，镀层硬度较大，但覆盖能力较差，用于简单零件镀铬。普通镀铬液以硫酸根作催化剂。如果以硫酸根和氟离子或氟硅酸根离子作催化剂就是所谓复合镀铬。如用硫酸锶和氟硅酸钾作催化剂就成为自动调节镀铬溶液。这两种镀液虽然有沉积速度较快、均镀、深镀能力较好等优点，但腐蚀性强，耗能多，对杂质敏感，应用较少。如在普通镀液中加入硼酸和氯化镁，电流密度可提高，沉积速度快，其镀层与金属基体的结合力好，该镀液被称为快速镀铬液。

表 2-13、表 2-14 分别为普通镀铬和其他几种镀铬工艺的镀液组成及工艺规范。

**表 2-13　普通镀铬镀液组成及工艺规范**

| 镀液组成及工艺条件 | 低浓度 | 中浓度 | 高浓度 |
|---|---|---|---|
| 铬酐/(g/L) | 100~150 | 250 | 320~400 |
| 硫酸/(g/L) | 1.0~1.5 | 2.5 | 3.5~4.0 |
| 三价铬/(g/L) | 1.5~3.0 | 2.0~5.0 | 2.0~6.0 |
| 温度/℃ | 45~55 | 45~55 | 45~55 |
| 阴极电流密度/(A/dm$^2$) | 10~40 | 15~30 | 10~25 |

a. 铬酐　铬酐是镀铬电解液中的主要成分，是铬镀层的来源。在镀铬工艺中，其浓度可在很大的范围内变化。在一定的工艺条件下均可获得光亮的镀层。但铬酐浓度的高低，对镀液性能和镀层的性质有很大的影响。在一定的条件下，随铬酐浓度的逐渐增高，溶液的电导率逐渐增加，当铬酐的浓度达到某一数值时，溶液的电导率最大。继续提高铬酐浓度，溶

液的电导率反而下降。

电流效率随铬酐浓度的降低有所提高。电解液的分散能力随铬酐浓度的增加而降低。与高浓度镀铬溶液相比，稀的镀液中，获得光亮镀层的工作范围较大。铬酐浓度对镀层硬度也有一定的影响，随着铬酐浓度的增加，铬层硬度有一定的减少，浓度低的镀液能获得较高硬度的镀层，并增加了镀层的耐磨性。但较低浓度导致镀液成分不稳定，需要定期分析调整。

表 2-14　几种镀铬液组成及工艺规范

| 镀液组成及工艺条件 | 复合镀 | | 自动调节镀 | 快速镀 |
| --- | --- | --- | --- | --- |
| 铬酐/(g/L) | 250 | 300 | 250~300 | 180~250 |
| 硫酸/(g/L) | 1.25 | 0.25 | | 1.8~2.5 |
| 硫酸锶/(g/L) | | | 6~8 | |
| 硼酸/(g/L) | | | | 8~10 |
| 氟硅酸/(mL/L) | 4~8 | | | 2.5 |
| 氟硅酸钠/(g/L) | | 20 | | |
| 氟硅酸钾/(g/L) | | | 20 | |
| 氧化镁/(g/L) | | | | 4~5 |
| 温度/℃ | 45~55 | 35 | 40~60 | 55~60 |
| 阴极电流密度/(A/dm²) | 25~40 | | 25~45 | 30~45 |

b. 催化剂　硫酸、氟化物、氟硅酸盐、氟硼酸盐等，常常作镀铬的催化剂，没有催化剂无法实现铬的沉积，其含量的高低与铬酐的比值的关系很大。

镀液中铬酐与硫酸的比值对电流效率、分散能力和覆盖能力等都有重要的影响。标准镀铬液中 $CrO_3/SO_4^{2-}$ 最佳值为 100：(0.8~1.2)。比值过高，镀层光泽度降低，沉积速度降低，外观偏白，镀液覆盖能力变差，还可能出现条纹。如比值过低，电流效率降低，覆盖能力下降，外观偏黑，高电流密度处还有可能烧焦。

镀铬溶液中加入一定量达到含氟阴离子（$F^-$、$SiF_6^{2-}$、$BF_4^-$）作催化剂，其加入量为铬酐含量的 1.5%~4%。

含有 $SiF_6^{2-}$ 的镀液覆盖能力和电流效率较普通镀铬溶液好。普通电解液电流效率最高值为 18%，而用 $SiF_6^{2-}$ 作催化剂的电解液的电流效率最高可达 25%。

② 电极反应

a. 阴极反应　镀铬电解液的组成很简单，但铬的沉积机理却很复杂。采用示踪原子法对铬酸镀铬过程的研究表明，镀铬层是由六价铬还原得到的，而不是三价铬。

铬酐在镀液中主要以 $Cr_2O_7^{2-}$ 的形式存在。$Cr_2O_7^{2-}$ 与 $CrO_4^{2-}$ 之间存在如下平衡

$$Cr_2O_7^{2-} + H_2O \longrightarrow 2CrO_4^{2-} + 2H^+ \tag{2-20}$$

镀铬电解液是强酸性电解液（pH<1），六价铬在溶液中主要是以重铬酸根（$Cr_2O_7^{2-}$）形式存在，也含有一定量的铬酸根（$CrO_4^{2-}$）。由此可见，镀铬电解液中存在的离子除了上述两种外，还有硫酸根离子和氢离子。除硫酸根离子外，其他离子都参与阴极反应过程。

阴极上的主反应是

$$CrO_4^{2-} + 8H^+ + 6e^- \longrightarrow Cr + 4H_2O \tag{2-21}$$

同时阴极上还进行如下的副反应

$$Cr_2O_7^{2-} + 8H^+ + 6e^- \longrightarrow Cr_2O_3 + H_2O \tag{2-22}$$

$$2H^+ + 2e^- \longrightarrow H_2 \uparrow \tag{2-23}$$

当镀液中没有硫酸时,在阴极上只能析出氢气,不发生铬的还原。这是因为,在铬酸电解液中镀铬时,首先在阴极表面上生成的是碱式铬酸铬的胶体膜 $[Cr(OH)_2Cr(OH)CrO_4]$,将阴极紧紧包住,只有离子半径最小的氢离子才能穿透膜层进行还原反应。硫酸根离子的存在能使碱式铬酸铬胶体膜发生局部溶解,暴露出电极表面,使得真实电流密度很高,极化作用很大,才能使六价铬直接在阴极表面上还原成金属铬。在新生成的铬层表面又会生成新的胶体膜,膜的生成与溶解交替进行。只有这样,铬层的沉积才能不断进行。因此,胶体膜的存在是 $Cr^{6+}$ 还原为 $Cr^0$ 的必要条件。

b. 阳极反应　镀铬所使用的是铅及铅合金等不溶性阳极,这是镀铬不同于一般镀种的特点之一。不用金属铬作阳极的原因主要是金属铬镀层是由六价铬直接还原得到的,而金属铬阳极溶解时却主要是以三价铬离子的形式进入溶液,这将导致镀液中三价铬迅速增加,结果使电解液变得极不稳定而且无法控制。

在正常生产中,铅及铅合金阳极的表面上生成一层黄色的二氧化铅膜

$$Pb+2H_2O \longrightarrow PbO_2+4H^++4e^- \tag{2-24}$$

这层膜不影响导电,阳极反应仍然可正常进行,其电极反应如下

$$2Cr^{3+}+7H_2O \longrightarrow Cr_2O_7^{2-}+14H^++6e^- \tag{2-25}$$

$$2H_2O \longrightarrow O_2+4H^++4e^- \tag{2-26}$$

由上述反应可以看出,在阴极上生成的 $Cr^{3+}$ 离子在阳极上又重新生成 $Cr_2O_7^{2-}$ 离子,从而使电解液中的 $Cr^{3+}$ 离子浓度保持在一定的水平,以保证电镀铬生产的正常进行。在生产中一般控制阳极面积∶阴极面积=(2∶1)~(3∶2) 时,即可使 $Cr^{3+}$ 离子浓度保持在工艺允许的范围内。

(3) 镀硬铬

镀硬铬与前面讲的普通装饰性镀铬在本质上并无区别,只不过镀层较厚,通常为 0.1~0.2mm,甚至有时候可达 0.5mm。硬铬镀层充分利用了铬层硬度大、耐磨性好、摩擦系数小的特征,在工业上应用相当广泛,尤其是重负荷、高摩擦的工况下。

镀硬铬可以用复合镀铬液,但通常情况下用中浓度普通镀铬液,如标准镀铬液。只是温度和电流密度应稍高∶45~55℃和 40~60A/dm$^2$。操作上与普通镀铬的主要区别在于,镀硬铬后要进行热处理以消除氢减少内应力,一般是将镀件放在烘箱或油槽中 150~250℃保温 0.5~5h。

镀层的硬度一般随厚度的增加而提高,但当厚度增加到一定值后,硬度达到最大值。再继续增加厚度,硬度不再增加。镀铬液浓度越低,铬层硬度越大,但低浓度镀铬液稳定性差。

(4) 镀黑铬

黑铬镀层具有特别优良的物理化学性能,不仅有瑰丽庄重的装饰外观,而且耐腐蚀、耐高温,甚至当温度升至 500℃左右,黑铬镀层也能保持不变色、不发脆,其热稳定性良好。因此黑铬镀层比其他镀层如电镀黑镍、镀锌钝化、阳极化着黑色等更具特色,广泛用于作为降低反射系数的防护装饰镀层或作为有特殊要求的功能性镀层,在轻工、仪器仪表、航空航天等领域有十分广泛的应用和发展前景。

黑铬镀层的黑色是由于镀层的物理结构所致,它不是纯金属铬层,而是由铬和三氧化铬的水合物组成,呈树枝状结构,由于对光波的完全吸收而呈黑色。黑铬镀层的耐蚀性优于普通镀铬层,其硬度虽然低,但耐磨性与普通镀铬层相当。

电镀黑铬的工艺配方很多,较常用的见表 2-15。

表 2-15  黑铬镀液组成及工艺规范

| 镀液组成及工艺条件 | 配比 1 | 配比 2 |
|---|---|---|
| 铬酐/(g/L) | 300~350 | 300~320 |
| 硝酸钠/(g/L) | 8~12 | 7~11 |
| 硼酸/(g/L) | 25~30 | |
| 氟硅酸/(mL/L) | | 0.1 |
| 温度/℃ | 20~40 | <35 |
| 阴极电流密度/(A/dm²) | 45~60 | 1~30 |

与普通镀铬液相比，电镀黑铬液中不能含有硫酸根离子。当有硫酸根离子时，镀层呈淡黄色而不是黑色，可用碳酸钡或氢氧化钡使硫酸根离子生成沉淀而除去。镀液中的发黑剂为硝酸钠、醋酸。它们的含量过低时，镀层不黑，镀液电导率低，槽压高。浓度过高时，镀液的分散能力和深镀能力均恶化。通常，硝酸钠的浓度控制在 7~12g/L 之间，醋酸的浓度控制在 6~7mL/L 之间。

黑铬镀层可以直接在铁、铜、镍和不锈钢上进行施镀，也可以先镀铜、镍或铜锡合金作底层，再镀黑铬层，以提高抗腐蚀性和装饰性。

**（5）镀微裂纹铬和微孔铬**

从标准镀液中得到的普通防护装饰性镀铬层厚度约为 0.25~0.5μm。但由于铬镀层在电沉积过程中产生较大的内应力，使镀层出现不均匀的粗裂纹。金属铬的钝化能力很强，钝化后的镀铬层，在腐蚀介质中的电极电位要比底层或基体金属的电位正，铬镀层是阴极，裂纹处的底层是阳极，因此遭受腐蚀的总是裂纹处的底层或基体金属。腐蚀速度取决于腐蚀电流的大小，对于具有不均匀粗裂纹的普通防护装饰性镀铬层，腐蚀电流就分布在少数的粗裂纹中。由于裂纹处暴露出的底层金属面积与铬镀层相比很小，因而腐蚀电流密度很大，腐蚀速度很快，而且腐蚀一直向纵深发展。20 世纪 60 年代中期开发出了多层镍与微裂纹镀铬层和微孔镀铬层构成的组合镀层，它既能大大提高防护性能，同时又不降低其装饰性能。这主要是由于镀铬层具有众多的裂纹或孔，暴露出来的镍层面积增大但又很分散，遇到腐蚀介质时，腐蚀电流也被高度分散，使镍层表面上的腐蚀电流密度大大降低，腐蚀速度也大为减缓，从而提高了组合镀层的耐蚀性，还可以使镍层的厚度减少 5μm。

① 微裂纹镀铬层  微裂纹镀铬层是指表面具有数目众多、分布均匀的、很细微的裂纹的镀铬层。微裂纹的密度为 300~400 条/cm²。

镀微裂纹铬除前面的高应力镀镍法外，还有单层法和双层法。单层法在成本与管理方面优于双层法，所以单层法应用较多。其镀液组成及工艺规范见表 2-16。

表 2-16  微裂纹镀铬镀液组成及工艺规范

| 镀液组成及工艺条件 | 单层法 | | 双层法 | |
|---|---|---|---|---|
| | 1 | 2 | 第一层 | 第二层 |
| 铬酐/(g/L) | 180~220 | 240~280 | 250~300 | 180~200 |
| 硫酸/(g/L) | 1.0~1.7 | 2.4~2.8 | 2.5~3.0 | |
| 氟硅酸钠/(g/L) | 1.3~3.5 | | | |
| 氟硅酸钾/(g/L) | | | | 10~12 |
| 亚硒酸钠/(g/L) | | 0.01~0.015 | | |
| 重铬酸钾/(g/L) | | | | 35~40 |
| 重铬酸锶/(g/L) | | | | 4~5 |
| 硫酸锶/(g/L) | | | | 5~7 |
| 温度/℃ | 45~50 | 42~46 | 48~50 | 48~52 |
| 阴极电流密度/(A/dm²) | 10~20 | 15~25 | 15~20 | 12~15 |

② 镀微孔铬　微孔铬层可用镍封闭法制取，也可以用含非导电性固体微粒的镀铬液和用有机表面活性剂作为镀镍层中微粒添加剂的方法，但应用较多的是镍封闭法。

（6）镀松孔铬

在高负荷的摩擦条件下，通常要求材料具有很好的润滑性。松孔铬镀层的孔中可以储存润滑油，增强了润滑性能，减小了材料的摩擦磨损。松孔镀铬层可用喷砂法、盐酸腐蚀法获得，但主要应用的是电解法。在镀铬电解液或氢氧化钠溶液中放入镀硬铬的工件，进行阳极刻蚀，使镀层上微裂纹扩展、加深。适宜的镀铬条件是温度 58℃ 左右，电流密度 55A/dm² 左右，铬酐浓度为 250g/L，$CrO_3 : SO_4^{2-} = 100 : 1.05$。阳极刻蚀条件可用：温度 35～45℃，电流密度 25～35A/dm²。但是，对不同的金属基材和不同厚度的镀铬层，工艺条件有所不同。

（7）三价铬镀铬

三价铬盐镀铬电解液为络合物电解液，一般多采用甲酸盐（甲酸钾或甲酸铵）或草酸铵做络合剂。主盐采用氯化铬或硫酸铬，加入一定量的导电盐（氯化钾或硫酸钠），用硼酸做缓蚀剂，在加入少量润湿剂。表 2-17 是三价铬镀铬的镀液组成及工艺规范。

三价铬电镀铬的阴极反应可以分为两步，第一步是铬的三价铬的络合离子得到一个电子称为二价铬络合离子

$$[Cr(H_2O)_5L]^{2+} + e^- \longrightarrow [Cr(H_2O)_5L]^+ \qquad (2\text{-}27)$$

式中，$L^-$ 表示配位体。

第二步是将二价铬络合离子还原成金属铬

$$[Cr(H_2O)_5L]^+ + 2e^- \longrightarrow Cr + 5H_2O + L^- \qquad (2\text{-}28)$$

三价铬电沉积过程的控制步骤是 $[Cr(H_2O)_5L]^{2+}$ 络离子向阴极表面传递的扩散步骤所控制。在阴极还有氢气的析出的副反应，反应式见前面的相关叙述。

三价铬镀铬的阳极反应为氧气的析出，除此之外，还有可能发生氯的析出和三价铬氧化为六价铬的副反应。

表 2-17　三价铬镀铬镀液组成及工艺规范

| 镀液组成及工艺条件 | 配比 1 | 配比 2 |
| --- | --- | --- |
| 硫酸铬/(g/L) | 158～196 | |
| 硫酸钠/(g/L) | 106～142 | |
| 氯化铬/(g/L) | | 213 |
| 氯化钠/(g/L) | | 36 |
| 氯化铵/(g/L) | | 26 |
| 硼酸/(g/L) | 37～50 | 2 |
| 氟化钠/(g/L) | 8.4 | |
| 二价铁/(g/L) | 5.6～11.0 | |
| 二甲基甲酰胺/(g/L) | | 400 |
| 甘油/(g/L) | 92～184 | |
| 表面活性剂/(g/L) | | 0.01 |
| 润湿剂/(mL/L) | | 1～2 |
| pH 值 | 1.9～2.2 | 1.1～1.2 |
| 温度/℃ | 25～30 | 25 |
| 阴极电流密度/(A/dm²) | 7～8 | 12～15 |

三价铬盐镀铬电解液的最大特点是可在室温下操作，不需要加温设备。阴极电流也较低，一般控制在 10A/dm² 左右。由于是络合物电解液，三价铬镀铬电解液的阴极极化较

大，因此镀层的结晶细致。而且，镀液分散能力和深镀能力都比铬酸镀铬电解液好。但存在镀液稳定性差、镀层色泽不理想以及不能镀厚镀层等缺点。

## 2.2.4 镀铜

铜是粉红色富有延展性的金属。质软而韧，易于抛光。铜具有良好的导电性和导热性。铜的化学稳定性较差，易溶于硝酸，也易溶于加热的浓硫酸中，但在盐酸和稀硫酸中溶解很慢。铜在空气中易氧化，尤其是在加热的情况下，会失掉本身的颜色和光泽。在潮湿空气中与二氧化碳或氯化物作用后，表面生成一层碱式碳酸铜或氯化铜薄膜，当受到硫酸作用时，将生成深褐色的硫化铜。铜的标准电位为 $+0.339V$，比铁正，钢铁零件上的镀铜层是阴极镀层。当镀铜层有空隙或受到损伤时，在腐蚀介质作用下，裸露出来的钢铁表面称为阳极，受到腐蚀，故一般不单独使用镀铜层作为防护性的装饰性镀层。

镀铜层常用于钢铁零件底镀层和其他镀层的中间层，以提高基体金属和表面镀层之间的结合力，同时也有助于表面镀层入槽初镀时的顺利沉积。如在钢铁零件上镀镍、铬时，先以铜为中间层，这样不但可以减少镀层空隙，而且可以节约镍的消耗量，即常用厚铜薄镍镀层。镀铜层也用于钢铁件的防止渗碳和塑料电镀等方面。

可以用来电镀铜的电解液的种类很多，按电解液组成可分为氰化物电解液和非氰化物电解液两大类。非氰化物电解液又有硫酸盐镀液、焦磷酸盐镀液、氟硼酸盐镀液等。

（1）氰化物镀铜

氰化物镀铜自 1915 年开始获得工业上的应用，到 20 世纪 30 年代在工业部门得到广泛采用。该电解液的特点是导电性好，分散能力和深镀性能好，镀层结晶细致，且镀层与基体的结合力好，操作简单。但电解液的毒性大，生产过程中产生的废水、废气和废渣对环境污染严重，三废治理费用大。

① 氰化物镀铜电镀液也的组成及作用　氰化物镀铜电解液的组成及工艺规范见表 2-18。

**表 2-18　氰化物镀铜镀液组成及工艺规范**

| 镀液组成及工艺条件 | 配比 1 | 配比 2 | 配比 3 | 配比 4 |
|---|---|---|---|---|
| 氰化亚铜/(g/L) | 30~50 | 50~70 | 80~120 | 18~25 |
| 氰化钠/(g/L) | 40~60 | 65~90 | 95~140 | 25~35 |
| 氢氧化钠/(g/L) | 10~20 | 15~20 | | |
| 碳酸钠/(g/L) | 20~30 | | 25~35 | 10~15 |
| 酒石酸钾钠/(g/L) | 30~60 | 10~20 | | 20~30 |
| 硫氰酸钾/(g/L) | | 10~20 | | |
| 硫酸锰/(g/L) | | 0.08~0.12 | | |
| pH 值 | | | | 11.5~12.5 |
| 温度/℃ | 50~60 | 55~65 | 60~80 | 35~50 |
| 阴极电流密度/(A/dm²) | 1~3 | 1.5~3 | 1~11 | 1~2 |

a. 氰化亚铜　电解液中提供铜离子的主盐。氰化亚铜必须在氰化钠溶液中溶解，形成铜氰络离子。在实际生产中通常是控制金属铜的含量，在预镀溶液中铜与游离氰化物的比值为 1：（0.5~0.7）。在含有酒石酸盐的镀液中，铜含量与游离氰化物的比值为 1：（0.3~0.4）。铜含量低时，电流效率低，允许的电流密度也低。

b. 氰化钠　电镀液中的络合剂，它与铜离子形成络阴离子。不同浓度的氰化钠，可以形成不同配位数的络离子。一般认为在氰化镀铜电解液中络离子存在的主要形式为 $[Cu(CN)_3]^{2-}$。为了生成 $[Cu(CN)_3]^{2-}$ 络离子，所需的氰化钠的量是氰化亚铜量的 1.1

倍，除此之外多余部分的氰化钠称之为游离氰化钠。镀液中含有游离氰化钠能使铜氰络盐稳定，增加阴极极化，防止阳极钝化。游离氰化钠含量高时，阴极电流效率低，阴极上有大量的氢气析出，阳极发亮。当游离氰化钠含量太少时，镀层发暗而成海绵状，阳极不能正常溶解，阳极表面形成淡青色的薄膜促成阳极钝化。同时溶液浑浊，严重时溶液呈浅蓝色。为了使镀铜过程正常工作，应控制铜和氯化钠的比例。

c. 氢氧化钠　强电解质，在氰化镀铜溶液中它的主要作用是改善电解液的电导，从而提高镀液的分散能力；它还能与二氧化碳作用生成碳酸钠，较少氰化钠的消耗，起到稳定电解液的作用。

d. 碳酸钠　碳酸钠可以提高电解液的电导，并能抑制氰化钠和氢氧化钠吸收二氧化碳的反应，对电解液有稳定作用。其来源主要为氢氧化钠与二氧化碳的反应，有时也在配置镀液时有意加入。碳酸钠的含量在 75g/L 以下时，对电镀过程没有明显的不良影响，超过这个范围就会造成电流效率下降，镀层疏松，光亮范围减少，产生毛刺以及阳极钝化等故障。

e. 酒石酸钾钠　酒石酸钾钠是阳极去极化剂，在氰化镀铜电解液中加入一定量的酒石酸钾钠有利于阳极溶解，并可适当降低氰化钠的含量。另外，还可以使镀层结晶细致，平滑。

f. 硫氰酸钾　也是阳极去极化剂，可以保证阳极正常溶解，还可以除去锌等有害杂质。

g. 光亮剂　起改善镀层结晶结构，提高镀层的光亮度的作用。硫酸锰与酒石酸盐和硫氢酸钾共同使用，再配合周期换向电流（这点是必需的），可获得高光亮的镀层。醋酸铅也可作为镀铜溶液的光亮剂，用量为 0.015~0.03g/L。

② 电极反应

a. 阴极反应　氰化物镀铜电解液为络合物电解液，铜络离子存在的主要形式是 $[Cu(CN)_3]^{2-}$。因此阴极上的主反应为 $[Cu(CN)_3]^{2-}$ 离子还原为金属铜，反应方程式为

$$[Cu(CN)_3]^{2-} + e^- \longrightarrow Cu + 3CN^- \tag{2-29}$$

与此同时，阴极上还有析氢的副反应发生，反应方程式与前面其他镀种种阴极析氢副反应相同。

b. 阳极反应　氰化物镀铜工艺中采用的阳极为可溶性阳极。阳极的主要反应为金属铜氧化为铜离子，反应方程式为

$$Cu \longrightarrow Cu^+ + e^- \tag{2-30}$$

$Cu^+$ 离子与 $CN^-$ 离子反应生成 $[Cu(CN)_3]^{2-}$ 络离子。

在氰化物镀铜电解液中，阳极电流一般不超过 $2.5A/dm^2$，超过此范围阳极容易发生钝化，此时阳极上将有氧气析出，反应方程式与前面讲的析氧反应相同。氧气的析出不仅使阳极电流效率下降，同时还加速了 NaCN 的分解，造成其大量消耗。

③ 工艺条件的影响

a. 阴极电流密度　在预镀铜溶液中，电流密度高时，阴极极化作用加剧，电流效率下降，析氢严重，使镀层疏松、分布不均。电流密度过低，沉积缓慢，镀层发暗不亮。为了在较高的电流密度下仍保持高的电流效率，以获得高的沉积速率，可以提高铜的浓度，降低游离氰化物的浓度，同时加入阳极去极化剂。

b. 温度　提高温度能降低阴极极化作用，可提高电流密度和电流效率，但对氰化物的稳定性有不利的影响。在生产中为了得到高的沉积速率，经常采用加热措施，有时甚至高达 60~80℃。

（2）硫酸盐镀铜

硫酸盐镀铜电解液分普通镀液和光亮镀液两种。普通镀液早在 1843 年久已经在商业上

应用，光亮镀液是 20 世纪 70 年代中期在普通镀液基础上发展起来的，在添加某些光亮剂后可直接获得光亮的铜镀层，从而省去了抛光工艺。

① 镀液组成及作用　硫酸盐镀铜电解液成分简单，主要是由硫酸铜和硫酸组成，稳定性好，便于管理，成本低。镀液为强酸性，腐蚀性大。在钢铁和锌合金基体上施镀时要预镀。镀液组成及工艺规范见表 2-19。在加入光亮剂后就成为光亮镀铜溶液，常用的光亮剂多为组合光亮剂。按照光亮剂的作用，可分为主光亮剂、整平剂和光亮剂载体。

表 2-19　硫酸盐镀铜镀液组成及工艺规范

| 镀液组成及工艺条件 | 配比 1 | 配比 2 | 配比 3 |
|---|---|---|---|
| 硫酸铜/(g/L) | 150～220 | 180～220 | 160～190 |
| 硫酸/(g/L) | 50～70 | 50～70 | 55～70 |
| 氯离子/(mg/L) | 20～80 | 20～80 | 20～80 |
| 2-巯基苯并咪唑/(mg/L) | 0.3～1 | | |
| 乙撑硫脲/(mg/L) | 0.2～0.7 | | |
| 噻唑啉基二硫代丙磺酸钠/(mg/L) | | 5～20 | |
| 甲基紫/(mg/L) | | 10 | |
| 聚二硫二丙烷磺酸钠/(g/L) | 0.01～0.02 | | |
| 聚乙二醇(分子量 6000)/(g/L) | 0.05～0.1 | | |
| OP 乳化剂/(g/L) | | 0.2～0.5 | |
| 光亮剂 AC-Ⅰ | | | 4 |
| 光亮剂 AC-Ⅱ | | | 0.5 |
| 温度/℃ | 7～40 | 7～40 | 10～40 |
| 阴极电流密度/(A/dm²) | 1.5～5 | 1～6 | 2～6 |

a. 硫酸铜　硫酸铜是提供 $Cu^{2+}$ 离子的主盐，其含量在 150～220g/L。含量过低，允许使用的电流密度下降，阴极电流效率和镀层光亮度均受影响。含量过高，硫酸铜容易结晶析出，镀液的分散能力不好。

b. 硫酸　提高镀液的电导率，改善镀液的分散能力，保证阳极的正常溶解，还能防止铜盐水解生成氧化亚铜而沉淀析出，增加镀液的稳定性。含量通常在 50～70g/L，含量过低，镀液的分散能力下降，镀层粗糙，阳极易钝化；含量过高，镀层的光泽度及整平性下降，还会造成一些光亮剂的分解。

c. 氯离子　在硫酸盐光亮镀液中必须含有一定量的氯离子，它可以提高镀层的光亮度及整平性，并且可以降低由于加入添加剂后产生的内应力。

d. 光亮剂　硫酸盐光亮镀铜目前所采用的光亮剂多为组合光亮剂，包括：主光亮剂，主要为聚硫有机磺酸，主要作用为提高阴极电流密度和使镀层晶粒细化；整平剂，常用的有 2-四氢基噻唑硫酮等，这类化合物在一定电流密度范围内能吸附在阴极表面上，增大阴极极化，主要作用是改善镀液的整平性能，并能改善低电流密度区的光亮度；光亮剂载体，常用的有聚乙二醇（$M=6000$）、OP-乳化剂等，这类化合物属于表面活性剂，能够吸附在电极表面，降低界面张力，增强溶液对电极的润湿作用，减少针孔，还能增大阴极极化，使镀层均匀细致。

② 电极反应　硫酸盐镀铜的电极反应比较简单，阴极的主反应为 $Cu^{2+}$ 离子还原成金属铜，当电流密度小时，有可能发生 $Cu^{2+}$ 的不完全还原，生成 $Cu^+$，当电流密度较大时，发生的副反应为析氢反应。

阳极反应为金属铜氧化为 $Cu^{2+}$，副反应为析氧反应。当电流密度小时，还有可能发生金属铜的不完全氧化，生成 $Cu^+$ 离子。

（3）焦磷酸盐镀铜

焦磷酸盐镀铜在我国生产上是应用的比较广泛的工艺之一，属于络合物型电解液。它的主要特点是电解液比较稳定，分散能力和覆盖能力比较好，镀层结晶细致，阴极电流效率高，可获得较厚的镀层，且在电镀过程中没有刺激性气体逸出。其不足之处是，在钢铁件上镀铜时，需要增加预镀或预处理措施，以保证镀层与基体的结合力，另外镀液的配置成本较高。

① 镀液的组成及作用　电解液的组成及工艺规范见表 2-20。

**表 2-20　焦磷酸盐镀铜镀液组成及工艺规范**

| 镀液组成及工艺条件 | 普通镀铜 | 光亮镀铜 | 滚镀铜 |
|---|---|---|---|
| 焦磷酸铜/(g/L) | 60～70 | 70～90 | 50～65 |
| 焦磷酸钾/(g/L) | 280～320 | 300～380 | 350～400 |
| 柠檬酸氢二胺/(g/L) | 20～25 | 10～15 | |
| 氨水/(mL/L) | | | 2～3 |
| 二氧化硒/(g/L) | | 0.008～0.02 | 0.008～0.02 |
| 2-巯基苯并咪唑/(mg/L) | | 0.002～0.004 | 0.002～0.004 |
| pH 值 | 8.2～8.8 | 8～8.8 | 8.2～8.8 |
| 温度/℃ | 30～35 | 30～50 | 30～40 |
| 阴极电流密度/(A/dm$^2$) | 1～1.5 | 1.5～3 | 0.5～1 |

a. 焦磷酸铜　焦磷酸铜是主盐，为镀液提供铜离子。镀液中的铜含量一般控制在 22～27g/L，对于光亮镀铜溶液铜含量控制在 27～35g/L。铜含量过低，允许使用的工作电流密度范围窄，镀层的光亮度和整平性差；铜含量过高，阴极极化作用下降，镀层粗糙。

b. 焦磷酸钾　为电解液中的主要络合剂。由于其溶解度大，能够相应地提高镀液中的铜含量，从而提高允许的工作电流密度和电流效率。且钾离子的电迁移数比较大，可以提高镀液的电导，改善镀液的分散能力。镀液中保留一些游离焦磷酸钾可以使镀液中的络合物更加稳定，防止焦磷酸铜沉淀，改善镀层质量，提高镀液的分散能力，保证阳极的正常溶解。

c. 柠檬酸钠　为镀液中铜离子的辅助络合剂，对改善镀液的分散能力，提高允许使用的工作电流和镀层的光亮度，增强镀液的缓冲作用，促进阳极的溶解都有一定的作用。

d. 光亮剂　在焦磷酸盐镀铜溶液中加入含巯基的化合物，可使镀层光亮，还有一定的整平作用。使用效果较好的是 2-巯基苯并咪唑。生产中还常常加入 $SeO_2$ 或者亚硒酸盐，作为辅助光亮剂与 2-巯基苯并咪唑配合使用，不仅可以增加光亮效果，还可以降低镀层的内应力。

② 电极反应　焦磷酸盐镀铜电解液属于络合物电解液，镀液的 pH 值控制在 8～9 之间。在这样的条件下，铜络离子的主要存在形式为 $[Cu(P_2O_7)_2]^{6-}$，因此，阴极的主反应是 $[Cu(P_2O_7)_2]^{6-}$ 还原为金属铜，反应方程式为

$$[Cu(P_2O_7)_2]^{6-} + 2e^- \longrightarrow Cu + 2P_2O_7^{4-} \tag{2-31}$$

同时阴极上还会发生析氢的副反应。

焦磷酸盐镀铜采用的是可溶性阳极，阳极的主反应是金属铜氧化成二价铜离子。当阳极电流密度过大，还将发生析氧反应。

## 2.2.5　镀银

银是一种银白色金属，可塑、可锻。在所有的金属中银的电阻率最小，导电性最好，导热性也最好，易焊接，并且易抛光，有极强的反光能力，还具有优美的银色。

金属银具有较高的稳定性，能耐碱和一些有机酸的腐蚀，在洁净的空气中与氧不发生作用，但在有硫化物存在时，极易失去光泽并变色，使得接触电阻增大，焊接性能下降。因此对镀银层必须进行防变色处理。目前镀银层的防变色问题仍然是镀银生产中的重要课题之一。

银的标准电极电位为 $+0.799V$，属于正电性较强的金属，对于大多数基体金属来说，银镀层是阴极性镀层。由于银的价格昂贵，一般不用做一般防护性镀层，但在化学工业中用作某些特殊腐蚀介质中的防护镀层。

银镀层的主要的用途是在电子工业、仪器仪表工业，以降低金属表面的接触电阻，提高焊接性能，另外，还用作餐具及各种工艺品的装饰。

（1）零件镀银前处理

镀银件的基体一般为铜及铜合金，也有一些钢铁件。它们的标准电极电位都比银负的多，当它们与镀银液接触的时候，将发生置换反应，在零件表面生成一层疏松、结合力差的置换银层。同时，置换过程中产生的铜和铁离子还会污染镀液。因此，镀件在进入镀槽之前，除进行常规的镀前处理外，还必须进行特殊的前处理。目前生产上对铜及铜合金常用的方法主要有汞齐化、浸银和预镀银。对于钢铁件或其他金属件则先镀一层铜，然后按照铜件进行处理。

① 汞齐化　将铜或铜合金零件在含有汞盐的溶液中浸 $3\sim10s$，使零件表面很快生成一层铜汞合金的工艺叫汞齐化。这层铜汞合金薄而均匀，具有银白色光泽，与基体结合良好，而且电极电位比银正。但由于汞有毒，对环境的污染严重，近年来已逐渐被浸银和预镀银取代。

② 浸银　浸银溶液一般由银盐、络合剂或添加剂组成。络合剂的含量很高，而银离子的含量则较低，这样可以增大阴离子还原为银的阻力，减缓置换反应的速度，使零件表面产生的银层比较致密，并且有良好的结合力。

③ 预镀银　预镀银是在专用的镀银溶液中，在零件表面镀上一层很薄而结合力很好的银层，然后再电镀银。预镀银电解液采用高浓度络合剂和低浓度银盐组成。预镀银法质量稳定，但设备较复杂，需增加直流电源。

（2）氰化物镀银

氰化物镀银是最早的一个电镀工艺，1840年英国人 Elkington 获得了氰化物电解液镀银专利，标志着电镀工业的开始，到现在已经160多年的历史。银是正电性较强的金属，并且银离子在还原时的交换电流密度较大，也就是阴极电化学极化小，所以从简单盐电解液中沉积的银镀层结晶粗大。为了获得结晶细致、紧密的银镀层，必须采用络合物电解液。而氰化物是镀银电解液中最好的络合剂。虽然人们在无氰镀银方面做了大量的工作，但一直没有取得重大的突破。

① 氰化物镀银镀液的组成及作用　氰化物镀银电解液主要由银氰络盐和一定量的游离氰化物组成。该镀液的分散能力和深镀能力都很好，镀层呈银白色，结晶细致。加入适量的添加剂，可得到光亮镀层或硬银镀层。缺点是氰化物剧毒。

氰化物镀银镀液的配方很多，常见的见表2-21。

表2-21　氰化物镀银镀液组成及工艺规范

| 镀液组成及工艺条件 | 配比1 | 配比2 | 配比3 | 配比4 |
|---|---|---|---|---|
| 氰化银/(g/L) | 30～40 | 55～65 | | 35～45 |
| 氰化银/(g/L) | | | 80～100 | |
| 氰化钾（总）/(g/L) | 60～80 | | 100～120 | 80～90 |
| 氰化钾（游离）/(g/L) | 35～45 | 65～75 | | |

| 镀液组成及工艺条件 | 配比 1 | 配比 2 | 配比 3 | 配比 4 |
|---|---|---|---|---|
| 碳酸钾/(g/L) | | | 20~30 | |
| 酒石酸钾钠/(g/L) | | 25~35 | | 30~40 |
| 酒石酸锑钾/(g/L) | | | | 1.5~3.0 |
| 1,4-丁炔二醇/(g/L) | | 0.5 | | |
| 2-巯基苯并噻唑/(g/L) | | 0.5 | | |
| 温度/℃ | 10~35 | | 30~50 | 15~30 |
| 阴极电流密度/(A/dm²) | 0.1~0.5 | | 0.5~3.5 | 1~2 |

a. 银盐　银盐是镀银电解液中的主盐，可以是氯化银、氰化银或是硝酸银。提高镀液中银盐的含量，可以提高阴极电流密度，从而提高沉积速度。降低银盐浓度，同时又保持相对较高含量的游离氰化钾时，则可以改善镀液的分散能力。

b. 氰化钾　氰化钾是镀液中的络合剂。用氰化钾而不是氰化钠作络合剂主要是钾盐的导电性比钠盐要好，允许使用较高的电流密度，阴极极化作用稍高，镀层均匀细致。氰化钾的含量除了保证形成络离子外，还应有一定的游离量，以保证络离子的稳定。

c. 碳酸钾　为强电解质，能够提高镀液的电导率，增加阴极极化，有助于提高镀液的分散能力。

d. 酒石酸钾钠　可以防止银阳极钝化，促进阳极溶解并提高阳极电流密度，还能使镀层出现光泽。

e. 酒石酸锑钾　可以提高镀层的硬度，还有氯化钴和氯化镍也可以起到提高银镀层硬度的作用。

f. 光亮剂　常用的光亮剂为1,4丁炔二醇和2-巯基苯并噻唑，它们能够吸附在阴极表面，增大阴极极化，使镀层结晶细致，并可使银镀层的结晶定向排列，呈现镜面光泽。

② 电极反应

a. 阴极反应　阴极的主反应为 $[Ag(CN)_2]^-$ 还原为金属银，反应方程式为

$$[Ag(CN)_2]^- + e^- \longrightarrow Ag + 2CN^- \tag{2-32}$$

此外，还有可能发生析氢副反应。

b. 阳极反应　氰化镀银采用金属银作可溶性阳极，因此阳极的主反应为银的电化学溶解，形成 $Ag^+$ 离子。溶解下来的 $Ag^+$ 离子又与游离的 $CN^-$ 离子形成 $[Ag(CN)_2]^-$ 络离子。当发生阳极钝化时，还会有析氧反应发生。

（3）硫代硫酸盐镀银

氰化物是剧毒的化学品。采用氰化物的镀液进行生产，对操作者、操作环境和自然环境都存在极大的安全隐患。因此，开发无氰电镀新工艺一直是电镀技术工作者努力的目标之一，并且在许多镀种已经取得了较大的成功。比如无氰镀锌、无氰镀铜等，都已经在工业生产中广泛采用，但是无氰镀银则一直都是一个难题。无氰镀银工艺所存在的问题主要有以下三个方面。

① 镀层性能　目前许多无氰镀银的镀层性能不能满足工艺要求，尤其是功能性镀银，比起装饰性镀银有更多的要求。比如镀层结晶不如氰化物细腻平滑；镀层纯度不够，镀层中有机物夹杂，导致硬度过高、电导率下降等；还有焊接性能下降等问题。这些对于电子电镀来说都是很敏感的。有些无氰镀银由于电流密度小，沉积速度慢，不能用于镀厚银，更不要说用于高速电镀。

② 镀液稳定性　无氰镀银的镀液稳定性也是一个重要指标。许多无氰镀银镀液的稳定

性都存在问题，无论是碱性镀液还是酸性镀液或是中性镀液，不同程度地存在镀液稳定性问题，这主要是替代氰化物的络合剂的络合能力不能与氰化物相比，使银离子在一定条件下会产生化学还原反应，积累到一定量就会出现沉淀，给管理和操作带来不便，同时令成本也有所增加。

③ 工艺性能　工艺性能不能满足电镀加工的需要。无氰镀银往往分散能力差，阴极电流密度低，阳极容易钝化，使得在应用中受到一定限制。

硫代硫酸盐镀银属于非氰化物镀银工艺的一种，在该电解液中采用硫代硫酸盐作络合剂，有钠盐、铵盐和钾盐，使用最多的是硫代硫酸钠。主盐可以选用氯化银、溴化银或硝酸银。

硫代硫酸盐镀银工艺的优点是镀液成分简单，配置方便，分散能力好，镀层色泽银白，结晶细致，钎焊性好。缺点是镀液稳定性差，阴极电流密度范围窄，镀层含有少量的硫，增加了银镀层的脆性。

硫代硫酸盐镀银典型镀液配方及工艺规范见表 2-22。

表 2-22　硫代硫酸盐镀银镀液组成及工艺规范

| 镀液组成及工艺条件 | 数值 | 镀液组成及工艺条件 | 数值 |
| --- | --- | --- | --- |
| 硝酸银/(g/L) | 40～50 | 硫代氨基脲/(g/L) | 0.5～0.8 |
| 硫代硫酸钠/(g/L) | 200～250 | pH 值 | 5～6 |
| 焦亚硫酸钾/(g/L) | 40～50 | 温度/℃ | 15～30 |
| 醋酸钠/(g/L) | 20～30 | 阴极电流密度/(A/dm$^2$) | 0.1～0.3 |

配方中硝酸银为主盐，硫代硫酸钠为络合剂，而醋酸钠为缓冲剂，可使镀液的 pH 值稳定在 5～6 的范围内，硫代氨基脲是表面活性剂，可使镀层结晶细致，并促使阳极正常溶解。

银的标准电极电位（0.799V）比氧的标准电极电位（1.229V）低，当有氧气存在时，银在热力学上是不稳定的，可以被空气中的氧气所氧化，生成黑色的 $Ag_2O$ 吸附在银层表面，使银层变色。银及其合金对大气环境中存在的 $H_2S$ 也特别敏感，易生成暗色的 $Ag_2S$，从而使银层变色。即便在镀银层上镀金，$Ag_2S$ 可以从金镀层微孔中蔓延出来，从而覆盖在金层上。空气中的有机硫如甲基硫醇和二硫化碳的存在也会加快银层变色。此外，紫外光作为一种外加能源，可以促进金属银离子化，加速 Ag 的腐蚀变色。$Ag_2S$ 的生成不但影响了镀银的外观，而且增大了银的表面电阻，极大地影响了其电气性能和钎焊性能。有研究资料表明，变色使镀银层表面电阻增加约 20%～80%，从而使电子设备的稳定性、可靠性大为降低。因此，无论作为功能性材料，还是装饰性用途的镀银层，镀后都必须经过防变色处理，以提高其抗腐蚀性能。国内如深圳市思源达科技有限公司开发出镀银保护剂可有效防止镀银层在空气中的变色。对于镀银、镀金等贵金属的镀层，使用保护剂可在减少镀层厚度且不影响导电性和外观的情况下保持镀层的耐蚀性，有利于降低成本，节约资源。

# 2.3　合金电镀

## 2.3.1　合金电镀简介

在一个镀槽中，同时沉积含有两种或两种以上金属元素镀层称为合金电镀。第一次镀出合金镀层，大致在 1835—1845 年，与单金属电镀出现的时代相同。但由于合金电镀比单金属电镀复杂和困难，因此，直到 20 世纪 20 年代，合金镀层还很少真正应用于工业生产。但随着工业的发展，加上合金镀层具有单金属镀层所不能达到的一些优良性能，合金电镀工艺也不断得到发展，有各种合金镀层已逐步被研究和应用，到目前已研究过的电镀合金体系已超过 230 金种，在工业上获得应用的大约 30 多种，比单金属镀层种类多。如黄铜、白铜、Zn-Sn、Pb-Sn、Zn-Cd、Ni-Co、Ni-Sn、Cu-Sn-Zn 合金等。

与热冶金合金相比，电镀合金具有如下主要特点。

① 容易获得高熔点与低熔点金属组成的合金，如 Sn-Ni 合金。

② 可获得热熔相图没有的合金，如 δ-铜锡合金。

③ 容易获得组织致密、性能优异的非晶态合金，如 Ni-P 合金。

④ 在相同合金成分下，电镀合金与热熔合金比，硬度高，延展性差，如 Ni-P、Co-P 合金。

与单金属镀层相比，合金镀层有如下主要特点。

① 能获得单一金属所没有的特殊物理性能，如导磁性、减磨性（自润滑性）、钎焊性。

② 合金镀层结晶更细致，镀层更平整、光亮。

③ 可以获得非晶结构镀层。

④ 合金镀层可具备比组成他们的单金属层更耐磨、耐蚀，更耐高温，并有更高硬度和强度，但延展性和韧性通常有所降低。

⑤ 不能从水溶液中单独电镀的 W、Mo、Ti、V 等金属可与铁族元素（Fe、Co、Ni）共沉积形成合金。

⑥ 能获得单一金属得不到的外观。通过成分设计和工艺控制，可得到不同色调的合金镀层（如 Ag 合金，彩色镀 Ni 及仿金合金等）具有更好的装饰效果。

合金的电沉积过程比单金属沉积复杂得多，镀液的组成、温度及电流密度等工艺条件对合金的组成有很大的影响，同时也影响到它们的组织结构和性能。这就使得电沉积合金的金相组织往往与同一组成的热熔合金不一样，有时候这种差异还相当突出。而且，不同工艺条件下电沉积出的同一组成的合金，其金相组织也有可能不同。

在电镀合金的过程中，镀液中各组分的浓度及工艺条件均需严格控制，任何一个因素的变化都会引起镀层合金成分的变化，从而影响镀层的性能。因此，电镀合金镀层的研究与应用要比电镀单金属的复杂得多，也困难得多。只有那些镀层成分受工艺因素变化影响不大的合金镀种，或者是镀层成分虽有变化但镀层性能变化不大的镀种，才有可能获得实际应用。所以，尽管研究过的合金镀种很多，但真正能够用于生产的并不太多。

**（1）电镀合金的基本条件**

金属离子能否在阴极上析出，取决于它的标准电位、溶液中金属离子的活度以及阴极极化的大小。实践证明，只有少数标准电极电位比较接近、阴极极化也不太大的两种金属才能在其简单盐溶液中共同析出。例如镍（标准电极电位＝－0.126V）与钴（标准电极电位＝－0.277V）的标准电极电位比较接近，它们在硫酸盐溶液中析出时过电位也比较接近，所以通常可以从它们的简单盐水溶液中共沉积出来。然而，对于大多数金属来说，标准电极电位相差比较大，比如铜、锌、锡等，它们很难在简单盐中共沉积。为了实现合金电沉积，可采用以下几种方法。

① 改变金属离子的浓度　对于平衡电位相差不太大的金属，可以通过改变金属离子的浓度，如降低电极电位比较正的金属离子的浓度，使其电位负移，或增大电极电位比较负的金属离子的浓度，使其电极电位正移，从而使两种金属的析出电位相互接近，就可以很容易地使它们以合金的形式共沉积。但对于多数电位相差特别大的金属离子，很难通过改变离子

浓度来使其在阴极上实现共沉积。因为，离子浓度的改变对其平衡电位的移动作用是非常有限的。

② 采用络合物溶液　很多金属离子都能和一定的络合剂形成络离子，它们的电离度都比较小。不仅可以使金属离子的平衡电位向负的方向移动，还能增加阴极极化。不同金属与不同络合剂形成的络离子，其稳定性各不相同，这使得它们的平衡电位和阴极极化都存在明显的差别。可以利用这一特性，通过选择适当的络合剂，使电位较正的金属的放电电位与电位较负的金属接近，从而使它们有可能在阴极上共沉积。

③ 选用适当的添加剂　添加剂一般对金属的平衡电位影响很小，而对金属的极化却影响很大。由于添加剂在阴极表面上可能被吸附或形成表面络合物，对金属的电沉积具有明显的阻滞作用，而且添加剂的阻滞作用常常带有一定的选择性。一种添加剂可能对某几种金属的电沉积有效，而对另外一些金属则毫无作用或作用不明显。

添加剂一般是一些有机的表面活性剂物质或胶体物质，如蛋白胨、明胶、阿拉伯树胶、二苯胺、萘酚、麝香草酚等。

④ 利用共沉积时电位较负的组分的去极化作用　在合金形成过程中，由于组分金属的相互作用，引起体系自由能的变化，而有可能出现平衡电位的移动，使得在某些具体工艺条件下电沉积合金时，发现电位较负的金属其电位向较正的方向移动，即发生了极化减小的现象，这种现象称之为去极化。结果使得一些电位较负的金属变得容易析出，例如电沉积 Zn-Ni 合金时的 Zn。

一些标准电极电位很负的金属，如钨、钼、钛等，是不可能从水溶液中单独沉积出来的。如果使这类金属与铁族金属以合金形式共沉积，则它们的放电电位将向正的方向移动，而沉积出合金镀层。这类合金的共沉积，通常称作诱导共沉积。

（2）电镀合金的阳极

在电镀合金过程中，阳极的作用十分重要，它关系到镀液成分的稳定，而镀液成分的稳定直接影响合金镀层的组成和质量。因此，电镀合金对阳极的要求比电镀单金属更高。目前，电镀合金中使用的阳极主要有以下几种类型。

① 可溶性合金阳极　将预沉积的两种或几种金属按一定比例熔炼成合金，并浇铸成型。通常合金阳极的成分应与阴极上形成的合金镀层组成相同或相近。合金的组织、物理性质、化学成分以及所含杂质等均对合金溶解的电极电位及溶解的均匀性有明显的影响。采用单相或固溶体类型的合金阳极效果比较理想。采用这种阳极，工艺控制比较简单，所以应用比较广泛。

② 可溶性单金属联合阳极　所谓的单金属联合阳极即将预沉积的几种金属分别制成单金属的阳极板，按照工艺要求的比例挂入镀槽中。为了使几种金属能够按照所需要的比例溶解，在电镀过程中需要调剂浸入镀液中各单金属阳极的面积或分别控制流向几种单金属阳极的电流等。使用这类阳极需要复杂的设备和操作过程。

③ 不溶性阳极　当采用可溶性阳极有困难时，可选择化学性质比较稳定的金属或者其他电子导体。它们仅起导电作用，而不参与电极反应。在这类阳极上发生的电极反应主要为析氧反应。在电镀过程中消耗掉的金属离子靠添加金属盐类来补充。这就需要频繁地调整镀液，给生产带来很多不便。另外，在添加金属阳离子的同时，不可避免地向镀液中带入大量不需要的阴离子，会给电镀过程带来不利的影响。

④ 可溶性与不溶性联合阳极　在电镀合金生产中，有时将可溶性的单金属阳极与不溶性阳极联合使用。对镀液中消耗较少的金属离子，通常是添加金属盐或氧化物来补充，对于

消耗量较大的金属离子则用可溶的单金属阳极来补充。

## 2.3.2 电镀铜锡合金（青铜）

电镀 Cu-Sn 合金是最早发展起来的合金镀种之一。早在 1842 年就有人从氰化铜和锡酸盐溶液中电沉积出 Cu-Sn 合金，直到 1934 年使用的氰化物镀液出现后，电镀 Cu-Sn 合金才真正应用于生产。20 世纪 50～70 年代，作为代镍镀层，在我国曾获得较大规模的应用。

根据合金中的含锡量，在生产中使用的铜锡合金有下面几种类型。

① 低锡青铜 合金中含锡量为 10％～15％，外观呈金黄色，结晶细致，孔隙少，具有较高的耐蚀性能。硬度较低，有良好的抛光性能，在空气中易被氧化而变色，一般不宜单独使用，主要用作防护—装饰性镀层的底层。特别适合用于地下矿井设备的防护镀层，另外，它在热淡水中具有较高的稳定性，可代替锌镀层作为在热水中工作零件的防护层。

② 中锡青铜 含锡量为 16％～30％，当锡含量超过 22％时，外观呈银白色。硬度与抗氧化能力都比低锡青铜高，但因含锡量高，镀铬困难，易发花，所以很少应用。

③ 高锡青铜 含锡量为 40％～55％，具有美丽的银白色光泽，又称银镜合金。抛光后反射率高，在空气中抗氧化性强，在含硫的大气中也不易变色；对弱酸、弱碱和有机酸都有较好的耐蚀性；具有良好的钎焊性和导电性；硬度介于镍铬之间，耐磨性强。可作为代银、代铬镀层，反光镀层以及仪器仪表、日常用品、餐具、灯具和乐器等的装饰性镀层。缺点是镀层较脆，不能经受变形。

目前在工业上最常用的电镀铜锡合金工艺有氰化物与非氰化物电镀两种。

（1）氰化物电镀铜锡合金

氰化物镀铜锡合金是应用较久的工艺。电镀铜锡合金的电镀液以氰化物与锡酸盐为主组成。这种镀液稳定性好，分散能力好，容易维护，镀层成分与色泽容易控制。通过对镀液中各种成分和含量的调整可以镀出低锡、中锡和高锡镀层。在氰化物镀液中镀得的铜锡合金镀层结晶细致，结合力好，孔隙率低，耐蚀性能强，镀件质量容易保证。缺点是电解液毒性大，工作温度较高，对环境污染较大，危害工人健康，需要有良好的通风设备，污水要经过污水处理后方可排放。氰化物镀铜锡合金电解液的组成及工艺规范见表 2-23。

表 2-23 氰化物镀铜锡合金镀液组成及工艺规范

| 镀液组成及工艺条件 | 高氰镀铜锡合金 | | 低氰镀铜锡合金 | |
| --- | --- | --- | --- | --- |
| | 低锡青铜 | 高锡青铜 | 低锡青铜 | 高锡青铜滚镀 |
| 氰化亚铜/(g/L) | 22～26 | 10～15 | | |
| 锡酸钠/(g/L) | 11～13 | 30～45 | | |
| 二氯化锡/(g/L) | | | 0.3～0.7 | 0.6～1 |
| 氰化钠（游离）/(g/L) | 18～22 | 18～20 | | |
| 氢氧化钠（游离）/(g/L) | 7～9 | 7～8 | | 调 pH 值 |
| 四氯化锡/(g/L) | | | 2～8 | |
| 焦磷酸钠/(g/L) | | | 80～100 | 70～90 |
| 明胶/(g/L) | | 0.3～0.5 | 1～1.5 | 0.3～0.5 |
| pH 值 | | | 8～9 | 11.5～12.5 |
| 温度/℃ | 55～60 | 60～70 | 45～55 | 40～45 |
| 阴极电流密度/(A/dm²) | 1～1.5 | 1.5～2.5 | 1.5～2.5 | 150～200A/桶 |

① 主盐 铜盐和锡盐在镀液中的相对含量的变化会影响镀层中的成分，如果镀液中铜离子浓度提高，镀层中铜含量也提高。同样，提高镀液中锡离子浓度，镀层中锡的含量也随

之提高。当镀液中金属离子浓度增高时，阴极电流效率增加，但镀液分散能力下降。

② 游离氰化钠　镀液中游离氰化物的浓度决定铜离子浓度。增大游离氰化钠的浓度使得铜氰络离子趋于更稳定，铜的析出电位变得更负，使镀层中铜的含量降低。铜难于析出就相对地使锡与氢容易析出，而锡含量就相应增加。游离氰化物含量过高，电镀过程中，阴极会大量析出气泡，吸附于镀层上，容易引起气泡，麻点等缺陷。含量过低时，镀层粗糙、发暗，阳极容易钝化，镀液不稳定。

③ 氢氧化钠　氢氧化钠含量的变化会影响镀层中锡的含量。如含量过高，锡酸根更趋于稳定，锡析出电位变得更负，这有利于铜的析出，镀层中锡的含量降低，含量过低时，镀液的导电性能差，阳极表面有黑灰色的泥渣，锡酸钠容易水解，从而使镀液浑浊。

④ 添加剂　白明胶具有使镀层色泽均匀，增加光泽的作用。含量过多时，会使镀层脆性增大，阴极电流密度降低，沉积速度减慢，出现色泽不均匀现象。

另外，镀液中的三乙醇胺、酒石酸钾钠是辅助络合剂。

氰化物镀 Cu-Sn 合金时一般采用合金阳极，合金阳极在使用前要进行半钝化处理，使表面形成黄绿色膜，使锡呈四价状态锡离子进入镀液防止锡以二价锡溶解，使镀层粗糙、疏松、发暗，甚至形成海绵状镀层。电镀过程中，温度对镀层成分、外观质量和电流效率都有较大的影响。温度在 $50\sim60℃$ 时，可获得良好的合金镀层。升高温度，会使镀层中锡的含量增加。温度过低，不仅镀层中锡含量减少，电流效率下降，镀层光泽度差，阳极溶解也不正常，易钝化。

（2）焦磷酸盐镀铜锡合金

焦磷酸盐镀铜锡合金为非氰化物电镀工艺。其电镀液有焦磷酸盐二价锡溶液和焦磷酸盐四价锡溶液两种类型。

从焦磷酸盐二价锡电镀液中镀低锡青铜，可获得外观漂亮，结晶细致，镀层性能良好，镀层含锡量为 $8\%\sim12\%$ （质量分数），外观呈金黄色合金层，适用于不太复杂零件的电镀。溶液尚存在沉积速度慢、易产生铜粉等问题。

在焦磷酸盐四价锡电镀液中镀取的低锡青铜，镀层含锡质量分数为 $7\%\sim9\%$，色泽偏红，镀液性能稳定，可作为防护-装饰性镀层的底层。

常见焦磷酸盐-锡酸盐镀 Cu-Sn 合金镀液组成及工艺规范见表 2-24。

表 2-24　焦磷酸盐—锡酸盐镀 Cu-Sn 合金镀液组成及工艺规范

| 镀液组成及工艺条件 | 配比 1 | 配比 2 | 配比 3 |
| --- | --- | --- | --- |
| 焦磷酸铜/(g/L) | 10～14 | 8～12 | 16～18 |
| 锡酸钠/(g/L) | 25～33 | 25～35 | |
| 焦磷酸亚锡/(g/L) | | | 1.5～2.5 |
| 焦磷酸钾/(g/L) | 240～280 | 230～260 | 350～400 |
| 硝酸钾/(g/L) | 40～50 | | |
| 酒石酸钾钠/(g/L) | 20～30 | 30～35 | |
| 磷酸二氢钠/(g/L) | | | 40～50 |
| 氨三乙酸/(g/L) | | | 30～40 |
| 明胶/(g/L) | 0.01～0.03 | 0.01～0.02 | |
| pH 值 | 10.8～11.2 | 10.8～11.2 | 8.3～8.8 |
| 温度/℃ | 40～50 | 25～50 | 30～35 |
| 阴极电流密度/(A/dm²) | 2～3 | 2～3 | 0.6～0.8 |

① 主盐　镀液中的主盐是铜盐和锡盐，存在的主要形式是焦磷酸的络盐。由于镀液中加入少量的酒石酸钾钠，也有少数的铜和锡存在酒石酸的络盐中。铜呈二价状态，锡是呈四

价状态。当镀液中铜与锡的浓度比增加，镀层中铜与锡的比值也随之增加。

② 络合剂 焦磷酸钾是镀液中主要络合剂，铜与焦磷酸根形成络合离子，锡在配制时是以锡酸钠的形式加入，但它也会与焦磷酸根生成络盐。提高镀液中焦磷酸钾的含量，可以改善溶液的导电能力，使阳极正常溶解。但含量过高时，络合能力增强，使铜和锡离子难于析出，电流效率下降，阳极溶解不正常，溶液不稳定，易浑浊，镀层中金属含量不易控制。酒石酸钾钠是辅助络合剂，它可以防止锡酸盐的水解，维持镀液澄清，防止铜在 pH 值较高时生成氢氧化铜沉淀并帮助阳极良好的溶解。

③ 硝酸钾 具有显著提高阴极电流密度上限的作用，促使阳极溶解，防止镀层产生针孔。

④ 明胶 作为添加剂，具有使镀层光泽均匀的作用。含量过多会使镀层发脆。

焦磷酸盐镀 Cu-Sn 合金镀液，由于碱度低，除污染能力较差，所以，镀前处理的要求高于氰化物镀液。镀液中的铜虽然以络合盐的形态存在，但电位还是比较正，对钢铁镀件来说，尽管看不到有显著的置换作用，但如果直接电镀，仍然会影响结合力。所以在镀合金之前，仍须进行浸渍碱性焦磷酸盐溶液和预镀。

## 2.3.3 电镀铜锌合金（黄铜）

电镀铜锌合金的历史，比电镀铜锡合金还要早一些，早在 1841 年就有了电镀黄铜的专利，到了 19 世纪 70 年代，作为装饰性镀层，电镀黄铜已经得到了广泛的应用。现在，电镀黄铜仍是应用广泛的合金镀种之一。

黄铜镀层具有良好的外观色泽和较高的耐腐蚀性，在其上还可以进行化学着色，装饰效果更加丰富。黄铜镀层广泛应用于室内装饰品、各种家具、首饰、建筑及日用五金制品的装饰性镀层。因为其金黄色的色泽，也被称为仿金镀层。在钢制品上电镀一薄层黄铜可以大大提高钢与橡胶的结合力。黄铜镀层还可以用作减摩镀层以及在钢铁件上电镀锡、镍、铬、银等金属时的中间层。为了防止黄铜镀层变色，可在镀后浸一层透明的有机物薄膜。

黄铜根据合金中不同的含铜量，可分为三种类型：含铜量为 30%（质量百分比，下同）的白黄铜，因其防护性能差，作为镀层目前很少被采用；含铜量在 60%～70% 黄铜镀层，具有金黄色的光泽，作为装饰性镀层，应用最为广泛；含铜量在 90% 的高铜黄铜，其外观色泽近似于青铜，一般用于带钢镀铜。

黄铜镀液有氰化物和无氰两种，但氰化物镀液镀层质量最好，应用最为广泛。

（1）氰化物电镀黄铜镀层

氰化物镀黄铜溶液是用氰化物同时络合铜和锌两种离子，它们在镀液中主要以 $[Cu(CN)_3]^{2-}$ 和 $[Zn(CN)_4]^{2-}$ 形式存在。虽然铜和锌的标准电极电位相差很大，但在碱性氰化物溶液中形成络合离子后，铜和锌的电极电位都向负的方向移动，两者之间的电位差变得很小，而且铜的阴极极化远比锌的大，这就使得这两种标准电极电位相差很远的金属的共沉积得以实现。氰化物镀铜锌合金镀液组成及工艺规范见表 2-25。

表 2-25 氰化物镀铜锌合金镀液组成及工艺规范

| 镀液组成及工艺条件 | 装饰性 | | 橡胶粘接用 | 滚镀 |
| --- | --- | --- | --- | --- |
| | 配比 1 | 配比 2 | 配比 3 | 配比 4 |
| 氰化亚铜/(g/L) | 22～28 | 28～32 | 9～14 | 28～35 |
| 氰化锌/(g/L) | 5～7 | 5～6 | 4～9 | 3～4.2 |

| 镀液组成及工艺条件 | 装饰性 | | 橡胶粘接用 | 滚镀 |
|---|---|---|---|---|
| | 配比 1 | 配比 2 | 配比 3 | 配比 4 |
| 氰化钠（总量）/(g/L) | 50～55 | | | |
| 氰化钠（游离）/(g/L) | 15～18 | 6～8 | 5～10 | 8～15 |
| 碳酸钠/(g/L) | 30 | | 10～25 | 20～30 |
| 碳酸氢钠/(g/L) | | 10～12 | | |
| 酒石酸钾钠/(g/L) | | | | 20～30 |
| 氢氧化钠/(g/L) | | | | 5～8 |
| 氨水/(mL/L) | 0.3～1 | 2～4 | 0.5～1 | |
| 亚硫酸钠/(g/L) | | | 5～8 | |
| 醋酸铅/(g/L) | | | | 0.01～0.02 |
| pH 值 | 9.5～10.5 | 10～11 | 10.3～11 | |
| 温度/℃ | 25～40 | 35～40 | 20～30 | 50～55 |
| 阴极电流密度/(A/dm²) | 0.3～0.5 | 1～1.5 | 0.3～0.5 | 150～170A/桶 |

镀液中的主盐为氰化亚铜和氧化锌（或氰化锌）。镀液中铜与锌的含量比降影响合金镀层中的组成，但并不显著。在普通镀黄铜镀液中 Cu/Zn 的比值为（2～3）:1。

络合剂采用氰化钠。除了满足络合需要外，镀液中还要有适量的游离氰化钠，以保证镀液的稳定和阳极的正常溶解。提高游离氰化钠含量，能使镀液的覆盖能力有所提高，有利于复杂零件的电镀，但阴极上析氢量增加，阴极电流效率明显下降。

碳酸钠为镀液中的缓冲剂，同时对提高镀液的分散能力和导电性有一定作用。在镀液的使用和存放过程中，在空气中氧气和二氧化碳的作用下，会自然形成碳酸盐。在镀液中加入少量的氢氧化钠来调节镀液的 pH 值，还可以改善镀液的导电性。镀液中的氨水可以使镀层色泽均匀并有光泽，还能提高镀层中锌的含量和阴极电流效率，并有助于阳极正常溶解。另外，氨的存在还能抑制氰化物的分解。

在黄铜镀液中添加少量的亚砷酸或者三氧化二砷能防止镀层颜色过红，并使镀层有光泽。镍或者铅的化合物也能起到类似的光亮效果。另外，酚或者酚的衍生物也是一种电镀黄铜的光亮剂。

前面讲到，改变镀液中 Cu 和 Zn 的比例对镀层组成影响不大。在电镀铜锌合金时，通过调整镀液温度，可以得到不同组成的合金。因为，升高温度可以使镀层中的铜含量增加。一般来说，温度升高 10℃，镀层中铜含量上升 2%～5%。但镀液的温度不能过高，超过 60℃时会加速氰化物的分解，使镀液中碳酸盐积累过快。在生产中，氰化物镀黄铜镀液的温度一般控制在 40℃左右。

（2）非氰化物电镀黄铜

氰化物是剧毒物质，因此须开发无污染、无危害的电镀工艺。迄今为止，无氰电镀黄铜主要有酒石酸系列、焦磷酸盐系列、HEDP 系列等。这些无氰电镀黄铜镀液具有镀液稳定、深镀能力较强、镀层色泽较均匀等优点，但还无法与氰化物镀液相媲美，仍存在许多亟待解决的问题（如色泽不易控制、电流密度窄、电镀时间短、镀层光亮性受底层光亮镍的影响等）。解决色泽、光亮性及耐用性等方面存在的问题，必须从辅助配位剂及添加剂、工艺条件等方面综合考虑，筛选出性能更加优良的配位剂和添加剂。

表 2-26 为非氰化物电镀黄铜合金的一种电镀液配方及工艺规范。

表 2-26　非氰化物电镀黄铜合金镀液组成及工艺规范

| 镀液组成及工艺条件 | 数值 | 镀液组成及工艺条件 | 数值 |
|---|---|---|---|
| 硫酸铜/(g/L) | 10~30 | 氢氧化钾/(g/L) | 适量 |
| 硫酸锌/(g/L) | 3~14 | 复合添加剂/(g/L) | 适量 |
| 酒石酸钾/(g/L) | 100 | pH 值 | 10 |
| 磷酸氢二钾/(g/L) | 20~40 | 温度/℃ | 35~45 |
| 柠檬酸钾/(g/L) | 10~20 | 阴极电流密度/(A/dm²) | 3 |

　　铜离子和锌离子是镀液中的主盐。铜以硫酸铜或氯化铜的形式加入，而锌以氯化锌的形式加入。

　　镀液中的酒石酸钾钠是铜、锌的主要络合剂。酒石酸根对铜、锌离子的络合能力差异显著，有利于通过控制镀液 pH 值来实现两种金属的共沉积。镀液中酒石酸钾钠含量不能低，若提供的酒石酸根离子不够，镀液浑浊。柠檬酸钾是金属离子的辅助络合剂，可以使铜和锌共沉积，保持镀液稳定，提高阴极极化，改善镀液的分散能力。磷酸氢二钾则是镀液中的导电盐。

　　非氰化物镀黄铜镀液的复合添加剂由胺类有机化合物及可溶性锡盐组成，适量加入，对镀层颜色的控制和致密性都有很大的作用。加入量过少，镀层显紫铜色；加入过多镀层则容易起皱。

## 2.3.4　电镀锌镍合金

　　1907 年斯豪克（E. P. Schock）和核许（A. Hirsch）前后发表了用硫酸盐电镀锌镍合金的论文。近年来，电镀锌镍合金在国外已得到广泛应用，国内也已经将电镀锌镍合金应用于电缆桥架、煤矿井下液压支柱、汽车钢板及军工产品等。

　　锌镍合金（含 Ni10%~15%）的耐蚀性和耐磨性约为锌的 3~5 倍，中性盐雾试验表明，镀层出现白锈、红锈的时间均大大高于常用的纯锌镀层。镀层在较高温度下（200℃左右）的耐蚀性更优于纯锌镀层，耐热高达 200~250℃；可焊性和延展性与锌相当，对油漆的结合力良好，氢脆性接近于零，适合电镀要求耐疲劳，如弹簧、紧固件和其他结构件，或在较高温度下使用的零件。

　　目前电镀锌镍合金镀液主要有酸性体系和碱性体系两种。酸性体系主要为氯化物镀锌液发展而来，此外还有硫酸盐体系、氯化物-硫酸盐体系等。碱性体系主要由锌酸盐镀锌体系发展而来，此外还有焦磷酸盐体系、多聚磷酸盐体系等。

　　（1）酸性锌镍合金电镀

　　酸性氯化物体系由于其导电能力更好、分散能力较好、电流效率高、沉积速度快、氢脆性低，镀层的耐蚀性和光亮度一般较碱性镀液好，易实现常温操作。镀液中主盐为氯化锌和氯化镍。

　　镀液中主盐的浓度是影响镀层组成的主要因素。为了得到一定组成的锌镍合金，需要控制镀液中 $Zn^{2+}/Ni^{2+}$ 含量比例。在 $Zn^{2+}/Ni^{2+}$ 不变的条件下，增大镀液中金属离子的总浓度，锌镍合金镀层中 $Ni^{2+}$ 含量变化不大。该体系中导电盐为氯化铵、氯化钾。其作用主要是提高镀液的导电率，并改善镀液的分散能力和覆盖能力。另外，$NH_4^+$、$Zn^{2+}$ 与 $Ni^{2+}$ 都有一定的络合能力，会影响镀层的组成。常用的锌镍合金添加剂有醛类（如胡椒醛、氯苯甲醛、肉桂醛等）、有机酸类（如抗坏血酸、氨基乙酸、苯甲酸、烟酸等）、酮类（苯亚甲基丙酮、芳香烯酮、苯乙基酮等）、磺酸类（木质素磺酸钠、萘酚二磺酸等）及杂环化合物等。

表 2-27 为酸性氯化物电镀锌镍合金工艺规范。

**表 2-27　酸性氯化物电镀锌镍合金工艺规范**

| 成分及操作条件 | 配方 | | |
|---|---|---|---|
| | NH₄Cl 型 | KCl 型 | |
| 氯化锌/(g/L) | 65～75 | 70～80 | 75～80 |
| 氯化镍/(g/L) | 120～130 | 100～120 | 75～85 |
| 氯化铵/(g/L) | 200～240 | 30～40 | 50～60 |
| 氯化钾/(g/L) | | 190～210 | 200～220 |
| 硼酸/(g/L) | 18～25 | 20～30 | 25～30 |
| 721-3 添加剂/(mL/L) | 1～2 | 1～2 | |
| SSA85 添加剂/(mL/L) | | | 3～5 |
| 光亮剂或稳定剂/(mL/L) | | 20～35 | |
| pH 值 | 5～5.5 | 4.5～5.0 | 5～6 |
| 阴极电流密度/(A/dm²) | 1～4 | 1～4 | 1～3 |
| 温度/℃ | 20～40 | 25～40 | 30～36 |

在锌镍合金电沉积中，镍的沉积相对于锌来说要慢一些，随着温度的升高，反应速度加快，镀层中含镍量随温度升高而增加。

pH 值对镀层含镍量有较大影响。随 pH 值增加，镀层含镍量也随之增加；镀液 pH 值过高，当接近于氢氧化锌及氢氧化镍的临界 pH 值时，就易生成氢氧化物沉淀夹杂于镀层中，对镀层质量不利；当 pH 值过低时，锌阳极溶解加快，$Zn^{2+}$ 迅速增加，使镀液成分发生变化。因此，电镀过程中必须严格控制镀液的 pH 值。

（2）碱性锌镍合金电镀

碱性锌镍合金镀液的特点是：分散能力好，工艺操作容易、成本较低，可沿用锌酸盐镀锌设备，还可将锌酸盐镀锌液转化为碱性锌镍合金镀液。表 2-28 为碱性电镀锌镍合金工艺规范。

**表 2-28　碱性电镀锌镍合金工艺规范**

| 成分及操作条件 | 配方 | |
|---|---|---|
| | 1 | 2 |
| 氧化锌/(g/L) | 8～12 | 6～8 |
| 硫酸镍/(g/L) | 10～14 | |
| 氢氧化钠/(g/L) | 100～120 | 80～100 |
| 乙二胺/(mL/L) | 20～30 | |
| 三乙醇胺/(mL/L) | 30～50 | |
| 镍配合物/(mL/L) | | 8～12 |
| 芳香醛/(mL/L) | | 0.1～0.2 |
| ZQ 添加剂/(mL/L) | 8～14 | ZN-11 1～2 |
| 阴极电流密度/(A/dm²) | 1～5 | 0.5～4 |
| 温度/℃ | 15～35 | 25～35 |

氧化锌在镀液中提供锌离子，与氢氧化钠形成锌酸盐。配方 1 中硫酸镍和乙二胺、三乙醇胺形成镍的络合物，配方 2 是 $Ni^{2+}$ 和某种络合剂形成镍络合物，由它们在镀液中提供镍离子。

添加剂（如 ZN-11）在电极表面上具有强的吸附作用，对 $Zn^{2+}$ 和 $Ni^{2+}$ 放电过程起抑制作用，能提高阴极极化，使锌镍合金镀层晶粒细化，与芳香醛配合，以获得光亮细致的锌镍合金镀层。

目前，国内关于锌镍合金电镀的研究主要集中在工艺方面，如将氯化钾镀锌液直接转化为锌镍合金镀液，将碱性镀锌液直接转化为锌镍合金镀液并成功商业化的，这些新工艺中都或多或少的开发了新的络合剂和光亮剂。为了适应环保的趋势，未来的锌镍合金电镀会朝着更加环保、更加节能的方向不断发展。

当然，电镀合金的种类还有很多，其基本原理和我们所列举的电镀青铜、黄铜合金相似，只不过在具体的电镀液配方及工艺上有所差别。限于篇幅，我们不可能一一介绍，其他合金镀层的性能、应用及工艺可以参考相关的资料。

## 2.4　复合电镀

随着航空、宇航、电子、海洋、化工、冶金及原子能等工业的开发和进展，现有的单一材料已难以满足某些特殊的要求，迫切需要各种各样的新型结构材料与功能材料，因此以各种形式组合成的复合材料得到了很大发展，目前已成为材料科学中的一个非常重要的组成部分。

复合电镀技术是近年来发展起来的一项新技术，它是将一种或多种不溶性颗粒（如氧化物、碳化物、硼化物、氮化物等）经过搅拌使之均匀地悬浮于镀液中，在电场作用下使颗粒与基体金属共沉积而形成复合镀层的一种沉积技术。颗粒弥散复合镀层的用途为：①提高金属或合金耐磨蚀，耐磨损和抗蠕变的性能（Ni-SiC，Pb-TiO$_2$）；②提高抗蚀性，例如钢制品镍复合镀层（Ni-Al$_2$O$_3$）；③作为干性自润滑复合镀层（Ni-MoS$_2$）；④提高高温强度（Ni-Cr 粉）等。

复合镀层的基本成分有两类：一类是基体金属。基体金属是均匀的连续相；另一类为不溶性固体颗粒，它们通常是不连续的分散于基体金属之中，组成不连续相。所以，复合镀层属于金属基复合材料。从而使镀层具有基体金属和固体颗粒两类物质的综合性能。

相比其他采用制备复合材料达到增强性能的方法，复合电镀具有其独到的优越性和特点。

① 用复合电镀法制备复合材料时，大多都是在水溶液中进行，温度很少超过 90℃，因此，除了目前已经大量使用的耐高温陶瓷颗粒外，各种有机物和其他一些遇热易分解的物质，也完全可以作为不溶性固体颗粒分散到镀层中，制成各种类型的复合材料。而用热加工方法制造复合材料，一般需要用 500～1000℃ 或更高的温度处理或烧结，因此，很难使用有机物来制取金属基复合材料。此外由于烧结温度高，基质金属与夹杂在其中的固体颗粒会发生相互扩散作用及化学反应等，这往往会改变它们各自的性能，出现一些人们并不希望出现的现象。而在复合电镀中，基质金属与夹杂物之间基本上不发生相互作用，而保持它们各自的特性。但是，如果人们需要复合电镀中的基质金属与固体颗粒之间发生相互扩散，则可以在复合电镀后，进行相应的热处理，从而使它们获得新的性质。所以说，复合电镀在一定程度上增强了人们控制材料各方面性能的主动权。

② 大多数情况下，在一般的电镀设备、镀液、阳极等基础上略加改造，就能用来制备复合镀层。与其他制备复合材料等方法对比，复合电镀的设备投资少，操作比较简单，易于控制，生产费用低，能源消耗少，原材料利用率高。所以，采用复合电镀方法制备复合材料是一个比较方便而且经济的方法。采用热加工法制备复合材料时，不但需要比较复杂的生产设备，而且还需要采用气体保护等附加措施，成本较高。

③ 在复合电镀中，针对不同的零件性能要求，可以加入一种或数种性质各异的颗粒，

制成各种各样的复合镀层，而且，改变固体颗粒与金属的共沉积条件，可使颗粒在复合镀层中的含量在一定范围内变动，镀层性质相应地发生变化，因此可以根据使用中的要求，通过改变镀层中颗粒的类型和含量来控制镀层的性质。这就是说，复合电镀技术可以使材料在基体金属不发生任何变化的情况下改变和调节材料的机械、物理和化学性能，从而使材料的应用更具多样性，扩大了材料使用范围。

④ 由于很多零部件的性能（耐磨性、减磨、导电等）是由零部件的表面体现出来的，因此在很多情况下可以采用某些具有特殊性能的复合镀层代替其他方法制备整体的实心材料，这样就可以方便地改变材料的表面性质，而又对基体材料本身的物理机械性能没有什么影响。

根据镀层使用的目的，复合镀层分为防护-装饰复合镀层、功能复合镀层和用作结构材料的复合镀层。其中功能复合镀层是利用镀层的各种物理、机械、化学性能，例如耐磨、导电等，来满足各种使用场合的需要，在生产和科研中应用很广。其中由于耐磨功能镀层在工业上有极大的使用价值，国内外已经对其进行了大量研究并取得了良好的应用效果。耐磨复合镀层主要使用 SiC、$Al_2O_3$、$ZrO_2$、WC、TiC 等固体颗粒与 Ni、Cu、Co、Cr 等基质金属共沉积而成，已经广泛应用的复合镀层磨具（钻头、金刚石滚轮等），就是通过复合电镀法把金刚石、氮化硼等颗粒镶嵌在镀镍层中，从而在很大程度上克服金刚石、氮化硼等颗粒的缺点，保持并发扬了其耐磨的优点。

早在 20 世纪 30 年代左右，苏、美等国学者就对复合电镀进行过研究。自 20 世纪 50 年代初期开始，对复合电镀的研究进一步深入。其目的是为飞行速度越来越高的飞机和宇航设备以及工作温度越来越高度汽轮机部件，研制能耐高温及高强度、耐磨损的镀层和材料，随着研究工作的不断深入，1962 年就出现了电镀法获得复合镀层的专利。现在已发明了多种制备复合镀层的新工艺，制出了多种类型的复合镀层，找到了它们在很多领域的新用途。但在复合电镀研究初期，复合电镀的应用主要是在防蚀和装饰方面。金属与合金的功能镀层，虽然也用了不少，但由于在镀层品种的开发与工艺控制上的困难，多年来功能镀层的发展不快。随着复合电镀的出现，以及对它的性能和制造工艺的深入了解，功能镀层得到了迅猛发展。复合电镀已被认为是当前解决表面腐蚀、提高强度和降低磨损的一种很有前途的方法，是制备复合材料的一种先进方法。因此，世界各国竞相研究，近十几年来发展很快，是比较活跃的技术领域之一。我国早在 1962 年前后，就开始了复合电镀的研究。天津大学、武汉材料保护研究所以及其他一些单位，都在早期进行了很多复合电镀工艺以及复合共沉积理论方面的研究，并取得了不少成绩。

### 2.4.1 复合镀层的沉积原理

关于复合共沉积机理，曾经有过几种不同的观点，归纳起来有三种理论。即吸附理论、力学机理和电化学机理。

（1）吸附机理

该机理认为微粒与金属发生共沉积的先决条件是微粒在阴极上吸附，而主要的影响因素是存在于微粒与阴极表面之间的范德华力，一旦微粒吸附在阴极表面上，微粒便被生长的金属埋入。

（2）力学机理

该机理认为微粒的共沉积过程只是一个简单的力学过程，微粒接触到阴极表面时，在外力作用下停留其上，从而被生长的金属俘获。因此搅拌强度和微粒撞击电极表面的频率等流体动力学因素对共沉积过程发生主要影响。

（3）电化学机理

该机理认为，微粒与金属共沉积的先决条件是微粒有选择地吸附镀液中的正离子而在表面形成较大的正电荷密度。荷电的微粒在电场力作用下的电泳迁移是微粒进入复合镀层的关键因素。微粒在一定组分的镀液中，受电场作用而运动，在没有搅拌和明显对流情况下，微粒的电泳迁移速度 $V_e$ 可由下式计算

$$V_e = \frac{\varepsilon_r \varepsilon_0 E \zeta}{\mu_s} \tag{2-33}$$

式中，$\varepsilon_0$ 为真空电容率；$\varepsilon_r$ 为介质的相对介电系数；$\mu_s$ 为介质的黏度；$\zeta$ 为 Zeta 电位。

由式（2-33）可见，微粒的电泳迁移速度 $V_e$ 与微粒的 $\zeta$ 电位和外加电场强度 $E$ 成正比。电极表面双电层中的电位差降落在以微米计的小距离内时，电场的强度很高。在这种较高的场强作用下，电泳速度明显增加。微粒将以垂直于电极表面的方向冲向阴极，并被金属埋入镀层中。

式中 $\zeta$ 电位由微粒表面所带电荷的符号和大小决定。在电沉积系统中，阴极表面通常荷负电。因此，如果溶液中微粒表面吸附足够多的正电荷，阴极的极化较大（即场强足够大），则微粒就可以以足够的电泳速度到达阴极表面，与金属共沉积。

根据以上几种机理，人们建立了不同的模型来描述复合电沉积的过程。其中比较有代表性的是 Guglielmi 模型和运动轨迹模型。

（4）Guglielmi 模型

该模型建立的基础是电化学机理。它从物理吸附和静电吸附的角度，提出了连续两步吸附理论。它认为：第一步，表面带有荷电吸附膜的微粒首先以可逆的物理吸附方式，弱吸附在电极表面双电层外侧；第二步，在界面电场作用下，颗粒表面的吸附膜脱去，其部分表面与阴极接触，形成受电场影响的强吸附，从而被生长的基质金属裹覆。

对于弱吸附过程，该模型采用了 Langmuir 吸附等温式的形式进行数学描述。对于强吸附过程，它提出了类似于 Tafel 的强吸附速率表达式。Guglielmi 认为强吸附速率是微粒与金属共沉积过程的关键因素，并导出了微粒沉积量与电流密度、微粒在镀液中的浓度等因素之间的定量关系式。

Guglielmi 模型主要研究了电场因素，使吸附与阴极极化过电位联系起来，从而使电场因素对微粒悬浮浓度的影响得以量化。这一模型的不足之处是没有考虑搅拌因素，或者说流体动力因素对弱吸附速度的影响。

综合前文所述，可以把微粒与金属的共沉积过程分为以下三大步骤。

a. 悬浮于镀液中的微粒，由镀液循环系统从电镀液深处向阴极表面输送，取决于镀液的搅拌方式和强度，以及阴极的形状及排布状况。

b. 微粒粘附于电极上。凡是影响微粒与电极间作用力的各种因素，均对这种吸附有影响，其影响不仅与微粒和电极的特性有关，而且也与镀液的成分和性能以及电镀的工艺条件有关。

c. 微粒被沉积在阴极上金属镀层裹覆。吸附在阴极上的微粒，必须停留超过一定时间（极限时间）才有可能被电沉积的金属俘获。因此，这个步骤除与微粒的附着力有关外，还与流动的镀液对吸附于阴极上的微粒的冲击作用以及金属电沉积的速度等因素有关。

必须指出的是，以上几种机理研究共沉积过程的角度不同，它们各有侧重。因此，某种理论只能对共沉积过程中的某些现象给予较好的解释。目前，还没有可以普遍适用于各种复

合体系的共沉积理论。

### 2.4.2　耐磨复合镀层

　　镍基碳化硅耐磨复合镀层是最早进行研究和得到实际应用的功能镀层。1962 年西德的 WMetzger 首先将镍-碳化硅复合镀层用于汽车转子发动机的缸体的内壁的渐开线型面上，获得了成功。1963 年德国开发了商品名为 Nikasil 的镍基碳化硅复合材料，在各种往复发动机中采用它作为气缸的内衬。到目前为止，仅有少数欧洲和日本的汽车厂家（德国的宝马、奔驰、日本的本田及 F1 方程赛车的发动机等）在其最新型的汽车中采用了镍-碳化硅复合镀层工艺。除了碳化硅外，镍还能与其他多种硬质固体微粒如氧化铝、二氧化钛等共沉积成耐磨复合镀层。但 Ni-Al$_2$O$_3$ 复合镀层的耐蚀性低于纯镍层。

　　除去镍基耐磨复合镀层外，还有铜基（最具代表性的为 Cu-SiC）、镍基耐磨复合镀层。这两种金属基复合镀层中所添加的固体微粒大致和镍基相同。

　　下面以 Ni-SiC 复合镀层为例说明耐磨复合镀层的制备及其工艺参数对镀层性能的影响。

　　Ni-SiC 复合镀层的基础镀液有瓦特镀液和氨基磺酸盐镀液两种，但以第一种应用居多。表 2-29 为镍基耐磨复合镀层基础镀液组成及工艺规范。

　　镀层中 SiC 的含量随着镀液中微粒含量的增加而增加，而与镀液中其他成分的含量关系不大。当镀液中 SiC 微粒含量上升到一定值后，复合镀层中的 SiC 含量不再变化。另外，微粒大小对镀层中微粒的含量和镀层的性质有影响。除此之外，电流密度的大小、搅拌方式等都对复合镀层中的 SiC 颗粒含量有影响。

　　复合镀层的硬度和耐磨性随着镀层中 SiC 含量的上升而上升，Ni-SiC 复合材料镀层耐磨性能得以提高的原因是：一方面，SiC 颗粒硬度高，屈服极限大，因而比基体更耐磨，SiC 颗粒在材料表面镍基体层被磨掉后裸露出来，直接承受载荷。SiC 颗粒体积含量越多，颗粒能起到抗磨质点的作用越大；另一方面，硬质相粒子 SiC 分散强化基体，阻碍位错运动，镀层不易发生塑性变形，因而所得镀层强度比一般的单金属镀层强度大，金属基体强度的提高使得 SiC 颗粒更牢固地镶嵌于基体中。因此，Ni-SiC 复合镀层的磨损量随颗粒含量增加而降低。但当 SiC 的含量达到某一个值后，复合镀层的硬度和耐磨性反而开始下降。这主要是因为当镀层中 SiC 颗粒含量过高时，镀层内的 SiC 颗粒团聚比较严重，使得基体 Ni 和 SiC 颗粒的结合强度下降，在摩擦过程中 SiC 颗粒很容易从基体 Ni 中脱落，失去提高镀层耐磨性的作用。

表 2-29　镍基耐磨复合镀液组成及工艺规范

| 镀液组成及工艺条件 | 瓦特镀液 | | 氨基磺酸盐镀液 | |
| --- | --- | --- | --- | --- |
| | 配比 1 | 配比 2 | 配比 3 | 配比 4 |
| 硫酸镍/(g/L) | 250～350 | 250 | | |
| 氯化镍/(g/L) | 40～60 | 60 | 7～9 | 15 |
| 硼酸/(g/L) | 35～45 | | 35～45 | 45 |
| 磷酸/(g/L) | | 35 | | |
| 氨基磺酸镍/(g/L) | | | 300～400 | 500 |
| 添加剂/(g/L) | 适量 | 适量 | 适量 | 适量 |
| 固体微粒/(g/L) | 适量 | 适量 | 适量 | 适量 |
| pH 值 | 3～4 | 4.2 | 3～4 | |
| 温度/℃ | 50 | 40～45 | 50 | 57 |
| 阴极电流密度/(A/dm²) | 3～8 | 3 | 3～5 | 30 |

### 2.4.3　自润滑复合镀层

镀层中含有弥散分布的、具有低剪切强度的固体润滑微粒，如 $MoS_2$、$WS_2$、石墨、氟化石墨、聚四氟乙烯、氮化硼、$CaF_2$、硫酸钡、云母等。这样的复合镀层有自润滑性能，因而摩擦系数低，抗咬合性好，自身的磨损小。特别是作为滑动部件的表面镀层，可用于高温、高速作用下。而在这样的条件下，一般的润滑油、脂，甚至是固体润滑剂常常失效。

（1）金属-$MoS_2$ 和金属石墨自润滑复合镀层

$Ni-MoS_2$、$Cu-MoS_2$ 和 Cu-石墨镀层应用较多。$Ni-MoS_2$ 镀层主要应用于低负荷下的自润滑镀层。$Cu-MoS_2$ 和 Cu-石墨镀层用于电接触点元件，摩擦系数低，耐磨性好。这类镀层的基础镀液与耐磨复合镀液相同，见表 2-28。

在镍基镀液中加入 $MoS_2$ 后，在强烈搅拌下共沉积可获得含 $MoS_2$ 20%～80%（体积分数）的 $Ni-MoS_2$ 复合镀层。$Ag-MoS_2$ 复合镀层比纯银层摩擦系数低，但 $MoS_2$ 的含量不宜过高，否则电阻较大。

金、银基自润滑复合镀层也常作点接触点材料。但当导电性和耐磨性高时，往往采用其他固体颗粒，如 TiC 或 WC。

（2）含其他固体润滑剂的自润滑复合镀层

Ni-BN 复合镀层摩擦系数低，润滑性、耐磨性和耐热性均很好。Ni-PTFE（聚四氟乙烯）的耐热性较差，但在大气环境中有相当稳定的低摩擦系数。这些自润滑复合镀层的基础镀液和镍基耐磨复合镀层基础镀液相同（见表 2-28），所不同的是添加的固体微粒不同。

## 2.5　特种电镀

### 2.5.1　脉冲电镀

（1）脉冲电镀的原理及特点

脉冲电镀的第一篇专利是在 1934 年公开发表的。1955 年罗博特朗（Robotron）公司提出了一种高压电镀法，就是今天的脉冲电镀法。1966 年波普科夫（PoPkov）总结出脉冲电镀的六大优点。在 1968 年以前，脉冲电镀电源的容量最大不超过 1A。1970 年以后，国外脉冲电镀发展很快，但是在 1971—1977 年间，由于脉冲电镀电源只是由电气工程师设计而没有电镀工程师参加，所以脉冲电源的设计没有多大的变化和发展。在 1978—1980 年，由于脉冲电源的设计者和电镀工作者合作，使电源更多地考虑到工业生产的需要，因此推动了脉冲电镀的发展。

脉冲电镀的优点很多。脉冲电流电沉积的镀层的晶粒小、分散能力强、深镀能力好，因此可以获得致密、光亮和均匀的镀层，而且沉积速率和电流效率比周期换向电流的都高。为了达到同样的技术指标，采用脉冲电镀可以用比较薄的镀层代替较厚的直流电镀镀层，所以说脉冲电镀可以节省原材料，尤其在节约贵金属方面具有很大的潜力和重大意义。换句话说，脉冲电镀是利用提高镀层质量的方法节约贵金属的一个重要途径，这也正是自 20 世纪 70 年代以来，脉冲电镀技术发展很快的原因之一。

脉冲电镀的工作原理主要是利用电流（或电压）脉冲的张弛增加阴极的活化极化和降低阴极的浓差极化。当电流导通时，接近阴极的金属离子充分地被沉积；当电流关断时，阴极周围的放电离子恢复到初始浓度。这样周期的连续重复脉冲电流主要用于金属离子的还原，从而改善镀层的物理化学性能。脉冲电镀参数主要有：脉冲电流密度 $J_p$、平均电流密度 $J_m = J_p D$、关断时间 $t_{off}$、导通时间 $t_{on}$、脉冲周期 $T$（或脉冲频率 $f = 1/T$）、占空比 $D = t_{on}/(t_{on} + t_{off})$。

脉冲电镀特点主要体现在以下四个方面。

① 能够得到孔隙率低、致密、导电率高的沉积层，因此具有良好的防护能力；

② 降低了浓差极化，提高了阴极的电流密度，从而达到提高镀速的作用；

③ 消除氢脆，镀层内应力得以改善；

④ 减少了添加剂的使用，提高镀层纯度，成分稳定，深镀能力强。

脉冲电镀波形繁多，很多种类都还有待开发，但一般可分为单脉冲电镀（正弦波脉冲电镀、锯齿波脉冲电镀、方波脉冲电镀、多波形脉冲电镀）和双脉冲电镀（周期换向型脉冲电镀）。在实际使用中，方波脉冲电镀使用较为普遍，多用于无特殊要求的镀金、银、镍等场合，多波形脉冲电源多应用于合金类表面硬质氧化，而换向型脉冲对于表面要求高的场合是较为理想的，如精密仪器、电子元件、陶瓷基片表面处理等。

脉冲电镀属于一种调制电流电镀，它使用的电流是一个起伏或通断的直流冲击电流，所以，脉冲电镀实质上是一种通断直流电镀。脉冲电流的波形有多种，常见的有方波、三角波、锯齿波、阶梯波等。但就目前的应用情况来看，典型脉冲电源产生的方波脉冲电流被普遍采用。因此，对脉冲电镀的研究一般都是围绕着方波进行的，图 2-3 给出了几种常见脉冲电镀方法的电流波形。

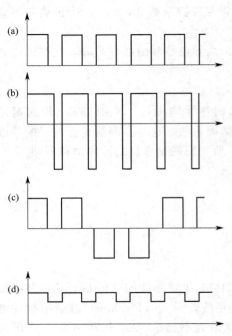

（a）单向脉冲；（b）反向脉冲；
（c）周期换向脉冲；（d）直流叠加脉冲
图 2-3　各种脉冲电流波形

（2）脉冲电镀锌及其合金

和直流电镀锌镀层相比，采用脉冲电镀技术获得的锌镀层更加光亮细致、耐蚀性好。在无添加剂的碱性镀锌体系中，用脉冲电流电镀能够得到良好的镀层，因而可以减少添加剂的用量。

在电镀 Zn-Ni 合金镀层时，脉冲电镀比直流电镀获得的镀层颗粒更细，而且镍的含量增加，另外耐蚀性能明显提高。而在电镀 Zn-Cr 合金时，如果在脉冲电流上叠加直流电流，可以抑制铬在脉冲电流断开期间的再氧化，从而提高镀层中的铬含量。

（3）脉冲电镀铬

随着人们环保意识的加强，三价铬电镀的兴起，为脉冲电镀在镀铬领域的应用创造了契机。三价铬镀液相对六价铬镀液具有毒性低的特点，但直流电镀在三价铬镀液获得厚铬镀层较困难。有研究者用含次磷酸钠络合剂的甲酸铵三价铬镀液脉冲电沉积可获得厚硬铬镀层，并且使镀层的内应力降低了 25%。

（4）脉冲镀铜

脉冲镀铜的研究主要集中在印刷电路板的通孔镀铜技术上，近几年来，随着信息技术的快速发展对高性能印制电路板 PCB（Printing Circuit Board）技术及品质要求不断提高，电路的设计要求趋向于细导线、高密度、小孔径，特别是 HDI 印制板中的微小盲孔。在为盲孔和具有高孔径比例的微孔镀铜过程中，直流电镀技术难以为这些产品提供高速电镀和平均的电镀分布。这主要是由于铜离子易在孔的沿边部分（也就是高电流密度领域）分布聚集，而不是在孔的中心部分（也就是低电流密度领域）聚集。这导致了铜在孔的沿边部分分布比在孔的中心部分多。这种现象被称为"狗骨状"。为了避免这种现象，直流电镀技术通常在电镀过程中运用低电流密度，由此整个电镀过程就会延长。同时，此方法有极限，假如电流密度过低，在孔中心部分的铜将会变成粗铜，这会导致"简裂"。反向脉冲电镀技术解决了镀铜问题，这技术在短的制程时间内，不但提供了高速电镀而且提高镀铜均匀性和贯穿能力的可靠性。反向脉冲电镀技术巧妙得在高电流密度领域内设置障碍来保护这领域，不让铜离子在此聚集，从而降低了在此领域内聚集的铜量，这样避免了"狗骨状"现象。目前 PCB 业内逐渐采用周期脉冲换向电流电镀技术以解决其工艺难题，并研究了添加剂、光亮剂、镀液浓度等和脉冲参数对电镀效果的影响。

随着脉冲电镀理论研究的进一步成熟、新方法的诞生（如脉冲换向电流电镀将提供更多的可独立调节的脉冲参数）和更高电流密度电源的出现，脉冲电镀将能够解决更多直流电镀不能解决的一些问题，有助于它在非贵金属电镀领域取得更大的发展，再加上脉冲电镀能够借助关断时间内扩散层的松弛克服自然传递的限制，使金属离子浓度得到恢复，对金属离子共沉积十分有利，这将对脉冲电镀在合金电镀领域提供更大的发展空间。同时，因为直流沉积时，电极表面的金属离子消耗得不到及时补充，放电离子在电极表面浓度低，电极表面形成晶核速度小，晶粒的长大较快，而在脉冲条件下，由于电沉积反应受扩散控制，镀层中晶粒长大速度很慢，对纳米晶材料生成十分有利，所以，这也将是脉冲电镀发展的一个主要方向。

## 2.5.2　电刷镀

电刷镀是依靠一个与阳极接触的垫或刷，在被镀的阴极上移动，从而将镀液刷到工件（阴极）上的一种电镀方法。

电刷镀最初是以电镀废、次品的修复手段的面目出现，但是，这样的修复质量是不高的，镀层的结合力很差，沉积速率很慢。此后，经过不断改进，刷镀技术从电源设备、镀笔、工艺、镀液、辅具等各方面都不断得到充实、完善，形成一门独立的工艺。它具有电镀速度快、结合强度高、应用范围广、工艺简单灵活、对大型机械部件的局部磨损可进行不解体修复等许多优点。因整套设备轻，操作方便，安全可靠，特别有利于野外抢修。

电刷镀技术曾获得国家科技进步一等奖，是国家"六五"、"七五"、"八五"连续三个五年计划重点推广的新技术。应用电刷镀技术已解决了许多国家重点工程中进口机械设备、大型流程工业、重型机械设备、精密机械设备的维修问题。现在已经被广泛用于机械、冶金、煤炭、水电、石油、化工、建材、铁路、交通、航天、船舶、纺织、兵器、农林等各行业。

由于电刷镀技术方面的长足的进步，使这项技术在以下几个方面都得到广泛的应用。

① 表面修复　在为了获得小面积、薄厚度的镀层时；在需要局部镀且不解体现场修理时；在遇到大型、精密的零件不便于应用其他方法修理时；在机械磨损、腐蚀、加工等原因造成零件表面尺寸和零件形状与位置精度超差时，运用电刷镀修复技术常可达到令人十分满意的效果。

② 表面强化　应用电刷镀技术，可以强化新产品表面，使其具有较高的表面硬度、耐磨性、减磨性等机械性能和较高的表面耐腐蚀、抗氧化、耐高温等物化性能，使零件表面得到强化。

③ 表面改性　应用电刷镀技术，可以改善甚至改变零件材料的某些表面性能，如钎焊

性、导电性、导磁性、热性能、光性能等，还可以用于表面装饰。

### 2.5.2.1 电刷镀技术的基本原理及特点

（1）电刷镀的基本原理

刷镀是从槽镀技术上发展起来的。其原理和电镀原理基本相同，其电镀过程也是电化学反应，受法拉第定律及其他电化学基本规律的支配。但与一般的槽镀和化学镀有所不同，它是通过阴极、阳极的相对运动，使镀液中的金属离子在工件表面上还原，沉积层金属镀层。

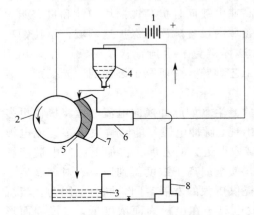

图 2-4　电刷镀工艺原理示意图

1—电源；2—工件；3—收液槽；

4—供液器；5—软包套；6—刷镀笔；

7—刷镀阳极；8—循环过滤器

刷镀时，将待镀零件与电源的负极相接，称为阴极，镀笔与电源的正极相接，称为阳极。由于刷镀时的阳极面积总是小于阴极面积，必须借助于零件和阳极之间的相对运动，流动于镀件与阳极间的镀液中的金属离子在直流电场的作用下，向阴极迁移，并在阴极表面还原，获得相应的镀层。其工作过程如图 2-4 所示。图 2-5、图 2-6 则分别是实际工业应用中的电刷镀镀笔、电刷镀阳极。

（2）电刷镀技术的特点

虽然电刷镀技术的基本原理与槽镀相同，但由于其阳极与零件表面接触、阳极和选定的局部表面相对运动、使用很大的电流密度这三个基本特点，决定了电刷镀的设备、电刷镀溶液、电刷镀工艺等方面具有其自身的特点。

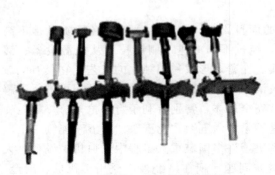

图 2-5　电刷镀工艺中使用的镀笔

图 2-6　电刷镀工艺中使用的阳极

① 电刷镀设备特点

a. 设备简单，不需要镀槽，便于携带，适用于野外及现场修复。

b. 用一套设备可以在各种基体上镀覆不同的镀层，获得复合镀层非常方便。

c. 电刷镀设备的用电量和用水量比槽镀少，可以节约能源、资源。

d. 有不同型号的镀笔，并配以与被镀零件表面相适应的阳极，可完成各种不同几何形状及结构复杂的零件的镀覆。

② 镀液的特点

a. 电镀溶液大多数是金属有机络合物的水溶液。这类有机络合物在水溶液中有相当大的溶解度，并且有极好的稳定性，并具有良好的电化学性能，即使在大电流密度下操作，仍能获得结晶细、平滑、致密的镀层。

b. 镀层中的金属离子浓度高，所以能获得比槽镀快 5～50 倍的沉积速度。

c. 镀液工艺性能稳定，使用时不需要化验和调整，能在较宽的工作温度范围下使用，并能长期存放。

d. 镀液具有低毒性，一般不含氰化物等剧毒物质和强腐蚀性物品，pH 值一般为 4～10，对操作者的危害小，环境污染小，便于运输和储存。

e. 镀液的均镀能力和深镀能力较好，因而在零件的深凹处及镀层的均匀性方面都能获得较好的效果。

f. 镀液能保证获得低孔隙率的镀层。

③ 工艺特点

a. 工艺简单，操作灵活，无需特殊熟练技术，并且受镀表面形状不受限制，凡镀笔能触及到的地方均可镀覆。

b. 镀笔与零件作相对接触摩擦运动，是刷镀区别于其他电镀工艺的重要特征。正是由于镀笔与工件表面的断续接触，从而形成的晶格缺陷比较多，因此，刷镀层比一般的电镀层具有更高的强度、硬度。

c. 镀层沉积速度快。阴极与阳极之间的距离很近（一般不大于 5～10mm），大大缩短了金属离子的扩散过程，加之刷镀液离子浓度大，并允许有更大的电流，使得沉积速度加快，提高了生产效率。

d. 电刷镀层比槽镀层具有更高的结合强度和致密度，所以电刷镀层可以在非常恶劣的工况下使用。

e. 由于刷镀层暴露在空气中，使氢气容易析出，因而镀层的氢脆小。

f. 镀后一般不需要进行机械加工。

### 2.5.2.2　电刷镀溶液

电刷镀溶液质量好坏以及能否正确使用，对镀层性能有关键影响。一般按作用不同可分为四大类：表面处理溶液（表面准备溶液）、金属刷镀溶液、退镀溶液、钝化和电抛光溶液。

为了提高镀层与基体的结合强度，被镀金属表面在进行电镀之前，都必须进行严格的预处理。电刷镀工艺中，用于表面预处理的溶液分为电解除油的电净液和去除表面有机、无机膜的活化液。金属刷镀溶液目前仅国内就有上百种，其应用范围十分广泛。对每一种镀液都有一定的使用范围，需要根据被镀工件的工况和技术要求合理选择。退镀溶液是在反向电流的作用下，使阳极（镀层）产生溶解，从而将不合格镀层除去的专用溶液；钝化溶液是用于处理某些刷镀层的表面，从而将镀层的耐蚀性和耐磨性提高并起到一定装饰作用的专用溶液；电抛光溶液是使零件表面更平整的专用溶液。

## 2.6　化学镀

化学镀也称为无电解镀，是一种不使用外电源，而是利用还原剂使溶液中的金属离子在基体表面还原沉积的化学处理方法，即

$$Me^{n+} + 还原剂 \longrightarrow Me + 氧化剂$$

化学镀是一个自催化的过程，也就是基体表面及在其上析出的金属都具有自催化的能力，使镀层能够不断增厚。

化学镀的溶液组成一般包括金属盐、还原剂、络合剂、pH 缓冲剂、稳定剂、润湿剂和光亮剂等。当镀件进入化学镀溶液时，镀件表面被镀层金属覆盖以后，镀层本身对上述氧化和还原反应的催化作用，保证了金属离子的还原沉积得以在镀件上继续进行下去。

与电镀相比，化学镀有以下优点。

① 在复杂结构的镀件上可以形成较均匀的镀层；

② 镀层的针孔一般比较小；

③ 可以直接在塑料等非导体上形成金属镀层；

④ 镀层具有特殊的化学、机械或磁性能；

⑤ 不需要电源，镀件表面无导电触点。

早在 1844 年 A. Wurtz 就发现了次亚磷酸盐在水溶液中能还原出镍的现象，以后相继还有一些报道，但都没有实用价值。而美国国家标准局的 A. Brenner 和 G. Riddell 开发了可工作的镀液并进行了相关的研究，因此，他们被认为是化学镀技术真正的奠基者。第二次世界大战末的 1944 年，A. Brenner 和 G. Riddell 正在从事轻武器的改进研究，他们考虑在枪管内壁电镀热硬性好的镍-钨合金。由于所得的合金内应力很高，总是开裂，他们将之归咎于镀液中柠檬酸的氧化分解。为了克服这一缺点，他们尝试给镀液中添加各种还原剂，当加入次亚磷酸钠时，意外发现虽然仅在钢管中装了阳极，但外表面也沉积了镀层，并且电流效率高达理论值的 130%，这是常规电镀无法达到的。经过反复试验研究，他们最终确认镍在次亚磷酸盐溶液中具有自催化还原性质，并于 1946 年在《国家标准局研究杂志》上发表了实用化学镀镍的第一篇文章，并于 1950 年获得了最早的两个化学镀镍专利。经过几十年的发展，化学镀金属的种类不断增加，目前已经能用化学镀的方法得到镍、铜、钴、钯、铂、金、银等金属或合金的镀层。化学镀既可以作为单独的加工工艺用来改善材料的表面性能，也可以用来获得非金属材料电镀前的导电层。化学镀在电子、石油化工、航空航天、汽车制造、机械等领域有着广泛的应用。

### 2.6.1　化学镀镍

#### （1）化学镀镍技术的发展

在前面已经介绍过，化学镀就是从化学镀镍开始发展的。迄今为止，化学镀镍已经有50 多年的发展历史。经过半个多世纪的发展，化学镀镍不仅在工艺方面得到了很大的发展，而且在实际生产中的应用也越来越广泛。

自 A. Brenner 和 G. Riddell 发明了化学镀镍技术后，G. Gutzeit 在他们的工作基础上比较系统地论述了化学镀镍的机理，还原剂、络合剂的性质和作用，成为化学镀镍的理论基础。1955 年在美国通用运输公司建成了第一条试生产线，用化学镀镍镀覆运输苛性碱贮槽内壁，开始了化学镀镍的工程应用。但由于成本高、镀液寿命短，而且含有某些有毒物质，使应用受到限制。到了 20 年代 70 年代，科学技术的发展和工业的进步，极大地促进了化学镀镍的应用和研究。化学镀镍在工艺、配方、监控、维护、废液处理等方面都获得了迅速的发展。20 世纪 80 年代后，化学镀镍技术有了很大的突破，是化学镀镍技术研究、开发和应用飞速发展时期。一方面开发了耐蚀性较好的含磷 9%~12%（质量分数）的高磷非晶结构镀层；另一方面初步解决了化学镀镍中长期存在的一些问题，如镀液寿命、稳定性等；同时基本实现了镀液的自动控制，使连续化的大型生产有了可能。因此，化学镀镍的应用范围和规模进一步扩大。尤其是西方工业化国家化学镀镍的应用，与其他表面处理技术激烈竞争的情况下，年净增长速度曾达 15%。20 世纪 80 年代末 90 年代初，含磷 1%~4%（质量分数）的低磷镀层和其他化学镀镍工艺相继被开发出来。低磷镀层具有硬度高、耐磨性好及可焊性好等优点，其镀态硬度可达 HV700，耐磨性与硬铬相近，其粘着磨损、微振磨损、疲劳磨损都远低于中磷和高磷镀层，而且低磷镀层在碱性介质中有着极佳的耐腐蚀性，但其在酸性介质中耐蚀性较差。低磷镀层的这些特点进一步拓展了化学镀镍的应用范围。

化学镀镍-磷镀层可以通过控制镀层磷含量和热处理工艺来改变镀层的功能特性，比如经过热处理可以使非晶沉积态的镀层转变为结晶态的镀层，从而提高镀层的硬度。除工业上大量机械零件都要求镀层有耐磨、耐蚀性能外，镀层的导电性、可焊性、扩散阻挡性在电子工业中有重要用途。计算机硬盘要求镀层无磁性、无缺陷和可抛光性，光学反光镜则要求镀层内应力接近零，膨胀系数与基底接近以及可抛光性好等。因为化学镀镍层同时具有镀层厚度与零件形状无关、硬度高、耐磨性好和具有天然润滑性以及优良的耐腐蚀性等优点，并且还有许多可随磷含量而改变的磁性、可焊性和可抛光性等功能特性，因此，化学镀镍层被誉为“设计者的镀层”。

由于镀层的质量取决于镀液、工艺条件等因素，因此对镀液的研究十分重要。伴随着化学镀镍技术的发展，对镀液成分进行了不断的革新。1955 年，美国通用运输公司在做了大量研究的基础上，第一次提出了商品化的“卡尼根”（Kanigen，Catalytic Nickel Generation 的简写，意为“新一代催化镀镍”）法，并应用于运输氢氧化钠溶液的槽车贮槽内壁获得成功。1964 年和 1968 年又相继开发了 Duraposit 和 Durnicoat 法。1978—1982 年又开发成功以“诺瓦台克”（Novotect）为代表的第三代化学镀镍商品镀液，这一镀液不用金属和含硫化合物作稳定剂，所得镀层有非常好的耐蚀性。

若按化学镀镍溶液所使用的还原剂进行分类，可将其分为以次磷酸盐为还原剂的化学镀镍，以硼氢化物为还原剂的化学镀镍，以氨基硼烷为还原剂的化学镀镍和以肼为还原剂的化学镀镍。目前，以次磷酸盐为还原剂的化学镀镍占整个化学镀镍总量的 99% 以上。

（2）化学镀镍原理

以次磷酸盐还原镍离子的化学镀镍过程的总的反应可以写成如下的形式。

$$3NaH_2PO_2 + 3H_2O + NiSO_4 \longrightarrow 3NaH_2PO_3 + H_2SO_4 + 2H_2 + Ni \tag{2-34}$$

上述总反应的分布反应如下

$$H_2PO_2^- + H_2O + e^- \xrightarrow{\text{催化}} H_2PO_3^{2-} + H^+ + H_{吸附}^- \tag{2-35}$$

$$Ni^{2+} + 2H_{吸附}^- \xrightarrow{\text{供给能量}} Ni + H_2 \tag{2-36}$$

$$2H_{吸附}^- \longrightarrow H_2 \uparrow + 2e^- \tag{2-37}$$

$$H_2PO_2^- + H_2O + e^- \xrightarrow{\text{催化}} H_2PO_3^{2-} + H_2 \tag{2-38}$$

$$H_2PO_2^- + H_{吸附}^- \xrightarrow{\text{供给能量}} H_2O + OH^- + P + e^- \tag{2-39}$$

$$3H_2PO_2^- + e^- \xrightarrow{\text{催化、供给能量}} H_2PO_3^{2-} + H_2O + 2OH^- + 2P \tag{2-40}$$

从式（2-34）～式（2-40）可以看出，采用次磷酸盐为还原剂化学镀镍过程除了还原金属镍外，还会有磷还原出来。所以，以次磷酸盐为还原剂得到的化学镀镍层实际上是镍磷合金镀层。当用含硼的还原剂时，除了还原出金属镍外，也还原出硼。当然，有时可以同时添加两种还原剂，在基体表面沉积出 Ni-P-B 复合镀层。

化学镀镍溶液一般由镍盐、还原剂、络合剂、pH 缓冲剂以及各种添加剂组成。以次磷酸盐为还原剂的化学镀镍溶液有酸性和碱性两种。酸性镀液的特点是化学稳定性好且易于控制、沉积速率较高，镀层含磷量也较高，在生产中得到广泛的应用。碱性镀液的特点是 pH

范围较宽，镀层的含磷量较低，但镀液对杂质较敏感，镀液的稳定性差，故碱性镀液在生产中应用较少。表 2-30 为酸性化学镀镍工艺镀液的组成及工艺规范。

表 2-30　酸性化学镀镍镀液组成及工艺规范

| 镀液组成及工艺条件 | 配比 1 | 配比 2 | 配比 3 | 配比 4 |
|---|---|---|---|---|
| 硫酸镍/(g/L) | 30 | 25 | 20 | 23 |
| 次磷酸钠/(g/L) | 36 | 30 | 24 | 18 |
| 乙酸钠/(g/L) | | 20 | | |
| 柠檬酸钠/(g/L) | 14 | | | |
| 羟基乙酸钠/(g/L) | | 30 | | |
| 苹果酸/(g/L) | 15 | | 16 | |
| 琥珀酸/(g/L) | 5 | | 18 | 12 |
| 丙酸/(g/L) | 5 | | | |
| 铅离子/(mg/L) | | 2 | 1 | 1 |
| 硫脲/(g/L) | | 3 | | |
| pH 值 | 4.8 | 5.0 | 5.2 | 5.2 |
| 温度/℃ | 90 | 90 | 95 | 90 |
| 镀层含磷量/% | 10~11 | 6~8 | 8~9 | 7~8 |

① 主盐　化学镀镍溶液中的主盐为镍盐，一般采用氯化镍或硫酸镍，有时也采用氨基磺酸镍、醋酸镍等无机盐。早期酸性镀镍液中多采用氯化镍，但氯化镍会增加镀层的应力，现大多采用硫酸镍。目前已有专利介绍采用次亚磷酸镍作为镍和次亚磷酸根的来源，一个优点是避免了硫酸根离子的存在，同时在补加镍盐时，能使碱金属离子的累积量达到最小值。但存在的问题是次亚磷酸镍的溶解度有限，饱和时仅为 35g/L。次亚磷酸镍的制备也是一个问题，价格较高。如果次亚磷酸镍的制备方法成熟以及溶解度问题能够解决的话，这种镍盐将会有很好的前景。

② 还原剂　化学镀镍的反应过程是一个自催化的氧化还原过程，镀液中可应用的还原剂有次亚磷酸钠、硼氢化钠、烷基胺硼烷及肼等。在这些还原剂中以次亚磷酸钠用得最多，这是因为其价格便宜，且镀液容易控制，镀层抗腐蚀性能好等优点。

③ 络合剂　化学镀镍溶液中的络合剂除了能控制可供反应的游离镍离子的浓度外，还能抑制亚磷酸镍的沉淀，提高镀液的稳定性，延长镀液的使用寿命。有的络合剂还能起到缓冲剂和促进剂的作用，提高镀液的沉积速度。化学镀镍的络合剂一般含有羟基、羧基、氨基等。

在镀液配方中，络合剂的量不仅取决于镍离子的浓度，而且也取决于自身的化学结构。在镀液中每一个镍离子可与 6 个水分子微弱结合，当它们被羟基、氨基取代时，则形成一个稳定的镍配位体。如果络合剂含有一个以上的官能团，则通过氧和氮配位键可以生成一个镍的闭环配合物。在含有 0.1mol 的镍离子镀液中，为了络合所有的镍离子，则需要含量大约 0.3mol 的双配位体的络合剂。当镀液中无络合剂时，镀液使用几个周期后，由于亚磷酸根聚集，浓度增大，产生亚磷酸镍沉淀，镀液加热时呈现糊状，加络合剂后能够大幅度提高亚磷酸镍的沉淀点，即提高了镀液对亚磷酸镍的容忍量，延长了镀液的使用寿命。

不同络合剂对镀层沉积速率、表面形状、磷含量、耐腐蚀性等均有影响，因此选择络合剂不仅要使镀液沉积速率快，而且要使镀液稳定性好，使用寿命长，镀层质量好。

④ 缓冲剂　由于在化学镀镍反应过程中，副产物氢离子的产生，导致镀液 pH 值会下降。试验表明，每消耗 1mol 的 $Ni^{2+}$ 同时生成 3mol 的 $H^+$，即是在 1L 镀液中，若消耗 0.02mol 的硫酸镍就会生成 0.06mol 的 $H^+$。所以为了稳定镀速和保证镀层质量，镀液必须具备缓冲能力。缓冲剂能有效的稳定镀液的 pH 值，使镀液的 pH 值维持在正常范围内。一

般能够用作 pH 值缓冲剂的为强碱弱酸盐，如醋酸钠、硼砂、焦磷酸钾等。

⑤ 稳定剂　化学镀镍液是一个热力学不稳定体系，常常在镀件表面以外的地方发生还原反应，当镀液中产生一些有催化效应的活性微粒——催化核心时，镀液容易产生激烈的自催化反应，即自分解反应而产生大量镍-磷黑色粉末，导致镀液寿命终止，造成经济损失。

在镀液中加入一定量的吸附性强的无机或有机化合物，它们能优先吸附在微粒表面抑制催化反应从而稳定镀液，使镍离子的还原只发生在被镀表面上。但必须注意的是，稳定剂是一种化学镀镍毒化剂，即负催化剂，稳定剂不能使用过量，过量后轻则降低镀速，重则不再起镀，因此使用必须慎重。

所有稳定剂都具有一定的催化毒性作用，并且会因过量使用而阻止沉积反应，同时也会影响镀层的韧性和颜色，导致镀层变脆而降低其防腐蚀性能。试验证明，稀土也可以作为稳定剂，而且复合稀土的稳定性比单一稀土要好。

⑥ 加速剂　在化学镀溶液中加入一些加速催化剂，能提高化学镀镍的沉积速率。加速剂的使用机理可以认为是还原剂次磷酸根中氧原子被外来的酸根取代形成配位化合物，导致分子中 H 和 P 原子之间键合变弱，使氢在被催化表面上更容易移动和吸附。也可以说促进剂能起活化次磷酸根离子的作用。常用的加速剂有丙二酸、丁二酸、氨基乙酸、丙酸、氟化钠等。

⑦ 其他添加剂　在化学镀镍溶液中，有时镀件表面上连续产生的氢气泡会使底层产生条纹或麻点。加入一些表面活性剂有助于工件表面气体的逸出，降低镀层的孔隙率。常用的表面活性剂有十二烷基硫酸盐、十二烷基磺酸盐和正辛基硫酸钠等。

稀土元素在电镀液中可以改善镀液的深镀能力、分散能力和电流效率。研究表明，稀土元素在化学镀中同样对镀液的镀层性能有显著改善。少量的稀土元素能加快化学沉积速率，提高镀液稳定性、镀层耐磨性和腐蚀性能。

（3）印制线路板化学镀镍

印制线路板（Printed Circuit Board）英文简称 PCB［图 2-7(a) 和 (b) 所示］，PCB 上

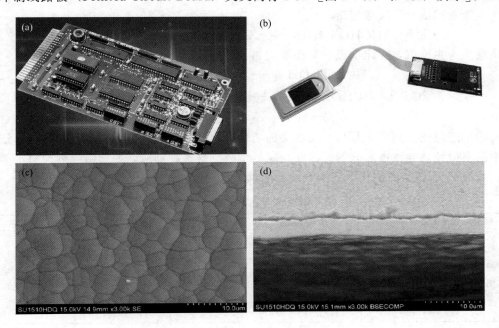

图 2-7　PCB 板化学镀镍金（由深圳市宏达秋科技有限公司提供）

(a) 硬板化学镀镍金；(b) 软板化学镀镍金；(c) 镀镍金层表面形貌图；(d) 镀镍金截面形貌图

常用化学镀镍来作为贵金属和贱金属的衬底镀层，对某些单面印制板，也常用作面层。对于重负荷磨损的一些表面，如开关触点、触片或插头金，用镀镍作为金的衬底镀层，可提高耐磨性。当用来作为阻挡层时，镍能有效地防止铜和其他金属之间的扩散。镀哑镍/金组合镀层常常用来作为抗蚀刻的金属镀层，而且能适应热压焊与钎焊的要求，镍还能够作为含氨类蚀刻剂的抗蚀镀层，而不需热压焊又要求镀层光亮的 PCB，通常采用光镍/金镀层。镍镀层厚度一般不低于 $2.5\mu m$，通常采用 $4\sim5\mu m$。目前国内生产的 PCB 化学镀液已具有良好的性能，如深圳市宏达秋科技有限公司生产的化学镀 Ni 液，在线路板上制备的镀层镍含量非常稳定（92%±2%重量百分比），在 84℃ 条件下，镍层析出速度达到 $6\sim8\mu inch/min$（1inch＝25.4mm），结晶致密［图 2-7(c) 和（d）所示］，耐蚀性优良。其镍磷合金层有良好的平整性及挠折性，特别适合于 FPC 低应力镀膜严苛要求下的高延展性化学镀镍金配套药水，满足焊锡性、打线性能、低表面电阻等多项功能要求。

## 2.6.2　化学镀铜

化学镀铜主要用于非金属材料的表面金属化和印制电路板孔的金属化及电子仪器的屏蔽层。化学镀铜层通常很薄，只有 $0.1\sim0.5\mu m$。作为功能镀层时厚度较大，为 $1\sim10\mu m$。化学镀铜层的物理机械性能与金属铜差异很大，尤其是延展性和韧性较金属铜差很多。如化学镀铜时氢渗入镀层、有机杂质等夹杂在镀层中，都有可能使镀层呈脆性。适当的添加剂、镀后处理及加强搅拌可改善其延展性。镀层的硬度较高，电阻率比实体金属铜大。

由不同镀液得到的化学镀铜层均为纯铜（与化学镀镍不同）。铜的标准电极电位为正值，较易从溶液中析出。化学镀铜时最常用的还原剂为甲醛，但甲醛有强烈的臭味，对人体有害。因此，近年来也采用其他还原剂，如肼、次磷酸钠、硼氢化物和乙醛酸等，但应用较少。化学镀铜时，常用的络合剂为酒石酸钾钠和乙二胺四乙酸钠（EDTA）。前者价格便宜，后者的镀液稳定性更好。

化学镀铜时的化学反应包括

$$Cu^{2+}+2HCHO+4OH^-\longrightarrow Cu+2HCOO^-+H_2\uparrow+2H_2O \tag{2-41}$$

该反应为主反应，在化学镀铜时还发生如下的副反应

$$2HCHO+OH^-\longrightarrow CH_3OH+HCOO^- \tag{2-42}$$

$$2Cu^{2+}+HCHO+5OH^-\longrightarrow Cu_2O+HCOO^-+3H_2O \tag{2-43}$$

$$Cu_2O+H_2O\longrightarrow Cu+Cu^{2+}+2OH^- \tag{2-44}$$

其中甲醛歧化的副反应是自身无意义的消耗，第二个副反应的 $Cu_2O$ 会歧化生成分散在镀液中的铜微粒，导致镀液分解。因此，应尽量减少这些副反应，如加络合剂、稳定剂等添加剂。表 2-31 酒石酸钾钠化学镀铜镀液组成及工艺规范。

表 2-31　酒石酸钾钠化学镀铜镀液组成及工艺规范

| 镀液组成及工艺条件 | 配比 1 | 配比 2 | 配比 3 | 配比 4 |
| --- | --- | --- | --- | --- |
| 硫酸铜/(g/L) | 10～15 | 20 | 10 | 35～70 |
| 甲醛(37～40)/(mL/L) | 10～20 | 5～8 | 5～8 | 20～30 |
| 酒石酸钾钠/(g/L) | 40～50 | 100 | 25 | 170～200 |
| 氢氧化钠/(g/L) | 10～20 | 30 | 15 | 50～70 |
| 碳酸钠/(g/L) | | 15 | | |
| pH 值 | 11.5～12.5 | 11.5～12.5 | 11.5～12.5 | 11.5～12.5 |
| 温度/℃ | 25～35 | 25～35 | 25～35 | 25～35 |

化学镀铜的主盐常用硫酸铜，也可以用硝酸铜、氯化铜、碳酸铜、氧化铜和酒石酸铜

等。铜盐浓度增加，沉积速度逐渐增加至一定值。镀层质量与铜盐浓度关系不大。添加剂包括稳定剂、加速剂和表面活性剂。

　　稳定剂的作用域络合剂一样，是为了提高镀液稳定性。化学镀铜的稳定剂多为含氮或硫的化学物，如氰化物、硫化物、硫氰化物、亚铁氰化钾、吡咯、硫脲等。如果同时含有硫和氮，效果会更好。

　　加速剂有去极化作用，因而能加快沉积速度。常用的有苯并二氮唑、胍、2-球基本并噻唑等，许多稳定剂同时也是加速剂。

　　表面活性剂使表面张力降低，有助于氢气的析出，以减少镀层的脆性。非离子型表面活性剂效果较好，如脂肪醇聚氧乙烯醚、脂肪醇胺等。

## 2.6.3　非金属表面化学镀

　　在非金属表面镀覆一层金属可使其既具有非金属的特点也具有金属的特点。近年来，已能成功地在玻璃、陶瓷、纤维以及其他一些非金属制品表面镀覆一层金属层。目前，在塑料表面镀覆金属仍是应用最广的。塑料的金属化可用作装饰，被广泛应用于汽车、游轮、飞机上，以实现其轻量化和获得豪华的外观。此外，电子电器类也是装饰性塑料和树脂电镀的重要应用领域，目前流行的手机、U 盘、笔记本等产品的外壳大都采用金属化的塑料。在家庭用品、文具、建筑装饰、工艺品、艺术品等领域，塑料金属化也起到举足轻重的作用。

　　金属化的塑料易于加工成型，因此被广泛应用于功能材料上，具体可分成两大类。首先是机械类的应用。以齿轮和齿条为例，未金属化的塑料齿轮、齿条由于其机械性能不佳，只能应用于玩具和非精密仪器上，但是金属化后的塑料在机械强度和耐磨性上都有所提高，可应用于更广阔的领域。对于强度要求更高的制品，可以采用玻璃纤维增强的树脂，如玻璃钢（FRP）。其次是电子方面的应用，如高频电器屏蔽、印刷板孔位金属化、燃料计电极、无涡流开关、电波反射体、选择性透光体等。电子类产品的功能性要求大多与电子传递、电波传送及导磁导电有关，通常只要求材料的表面赋有金属的性能即可，这就为塑料表面金属化的应用提供了舞台。例如，在塑料表面化学镀一层非磁性的 Ni-P 合金，使其具有较好的耐磨性和耐蚀性，而且能屏蔽磁性，可用作磁储存材料，推动了信息技术和信息产业的发展。

　　非金属材料表面金属化的方法有很多，包括电镀、化学镀等。其中，非金属材料表面电镀的关键也是需要通过化学镀的方法在其表面生成一层导电层以便进行电镀。所以，化学镀方法是目前较为广泛采用的非金属材料表面金属化的方法。

　　非金属材料表面化学镀金属层的镀液与金属基体相比差别不大。非金属基体的镀前处理是获得良好金属层的关键。根据化学镀的原理，化学镀是利用材料表面的自催化特点将溶液中的金属离子还原成金属并沉积在其表面的过程。依照化学镀镍反应中不同基体的表面情况，可将之分为 5 类：①本身对化学镀镍具有催化活性的金属，如 Fe、Co、Ni、Pd 等，施镀前作简单的预处理即可；②不具有催化活性但能从镀液中置换出金属镍的金属，如 Zn、Mg、Al 等，镀前作简单的预处理，但要防止金属溶解对镀液可能造成的危害；③无活性也不能置换出金属镍的导体，如 Cu、黄铜、石墨等，镀前必须采取适当的诱发或活化工艺；④非导体，如塑料、橡胶、陶瓷等，镀前必须作活化处理；⑤导体与非导体的复合体，如 PCB，一般需要对导体部分进行化学镀处理。

　　对于非金属材料在化学镀之前的预处理主要包括除油、粗化、敏化及活化等过程。

　　粗化的目的在于提高零件表面的亲水性和形成适当的粗糙度，以保证镀层有良好的附着力。粗化的方法有许多种，效果不一。就提高镀层附着力而言，化学侵蚀粗化＞溶剂溶胀粗化＞机械粗化，有时也可同时采用几种粗化方法。现在工业生产中，ABS 塑料已经不采用机械粗化与溶剂粗化这两种粗化而仅采用化学粗化法。

化学浸蚀粗化（化学粗化）溶液一般由铬酐、硫酸组成。在配置这样的粗化溶液时，应先用水将铬酐溶解，在搅拌下倒入硫酸，最后加水至所需的体积。随着现代工业对环保的要求越来越高，一些不含铬酐的粗化剂正在研发中。

粗化处理之后的零件，一般还需要进行敏化及活化处理。敏化是使粗化后的零件表面吸附一层有还原性的二价锡离子，以便在随后的离子型活化处理时，将银或者钯离子还原成有催化作用的银或钯原子。敏化液一般由氯化亚锡、盐酸组成，具体的配方可参考相关资料。

活化处理是在敏化后进行的，其目的是使零件表面形成一层有催化作用的贵金属层，以使化学镀能够自发进行。最常见的活化液是氯化钯和盐酸的混合溶液，该溶液对化学镀铜、镍、钴等都有催化活性作用，而且溶液比较稳定，缺点是钯盐价格昂贵。

随着非金属表面金属化工艺的发展，新型非金属材料化学镀、电镀之前的表面处理工艺不断涌现。上面介绍的是常规的、最常用的处理工艺。

## 2.6.4 化学复合镀

化学复合镀是化学镀与复合电镀的结合，即在化学镀中加入非水溶性固体微粒，当这些悬浮在镀液中的微粒与金属共沉积，就形成化学复合镀层。化学复合镀所应具备的条件和影响因素与化学镀和复合电镀相近，组成更复杂，管理更难。

化学复合镀综合了化学镀与复合电镀的优点。随固体微粒的不同，可以获得耐磨、润滑、耐腐蚀、耐高温等不同性能的化学复合镀层，而且厚度均匀，平滑致密。原则上，能进行化学镀的许多金属都可以进行化学复合镀。但至今研究与应用最多的是化学复合镀镍。Ni-P-SiC、Ni-P-Al$_2$O$_3$、Ni-B-Al$_2$O$_3$ 和 Ni-P-SiO$_2$ 化学复合镀层的硬度和耐磨性比电镀镍和化学镀镍高得多。经过热处理后硬度更高，其耐磨性高于复合电镀镍层。一般，各种镀镍层的硬度按照下列顺序依次增加：电镀镍，化学镀 Ni-P 合金，经热处理的化学镀 Ni-P 合金，化学复合镀 Ni-P-SiC 镀层，经热处理的 Ni-P-SiC 化学复合镀层。Ni-P-PTFE（聚四氟乙烯），Ni-P-(CF)$_n$ 和 Ni-P-MoS$_2$ 化学复合镀层具有良好的自润滑性能，摩擦系数低，抗黏着力强，耐磨损性好。化学复合镀镍在工业领域，如汽车、机械、模具和电子工业等中有所应用。

化学复合镀液中固体微粒含量越高，镀层中微粒含量也就越高。一般，镀液中微粒的含量应是镀层中共析量的 10 倍左右。而镀层中金属与微粒的比可通过调节镀液的组成来控制。一般来说，镀液中微粒的最佳体积分数为 5% 左右。现在所应用的化学复合镀层中微粒的体积分数为 20%～30%，微粒适宜的粒径在 1～10μm 的范围，镀层厚度多为 12～25μm。化学复合镀镍通常用次磷酸钠为还原剂的基础镀液。

思考题

1. 电镀的主要目的有哪些？
2. 电镀过程中，镀层在哪个电极上沉淀？镀层还原沉积过程由几个过程构成？
3. 电镀液有哪些主要组成？它们分别有什么作用？

4. 光亮镀镍有哪些主要应用？光亮镀镍液与普通镀镍液有什么区别？

5. 比较六价镀铬与三价镀铬的优缺点。

6. 镀银层有哪些主要应用？在镀银前需要进行哪些前处理？

7. 合金电镀有哪些主要特点？

8. 怎样才能实现电极电位相差较大的元素在电镀过程中共沉积？

9. 什么叫复合电镀？复合电镀有何特点？

10. 什么叫化学镀？化学镀与电镀有什么异同点？

## 第 3 章

# 涂料与涂装技术

日常生活中能见到的很多物体表面都是用涂层来进行保护和装饰的，如室内的墙壁上有建筑涂料，地面有地坪涂料，空调、电视、冰箱等表面也有涂料，木制家具和柜子等表面有木器涂料，图 3-1 为一个 MP4 塑料外壳在涂装前后的对比，涂装后不仅是外观更美观，而且也提高了塑料外壳的耐磨性、光泽等性能。

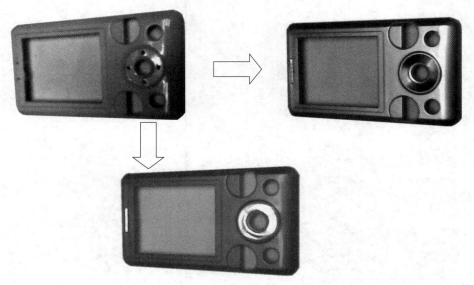

图 3-1　塑料外壳涂装前后对比图

涂料与涂装技术是表面处理技术中一个很重要的组成部分。如何理解什么是涂料？什么是涂装？什么是涂层（有时也叫漆膜）？如何在物体表面获得一个既具有漂亮外观、又有一定保护或其他特殊功能的涂层？这些都将是这章要解决的基本问题。

涂料指涂布于物体表面在一定的条件下能形成一层致密、连续、均匀的薄膜而起保护、装饰或其他特殊功能（绝缘、防锈、防霉、耐热、阻燃、抗静电、耐磨等）的一类液体或固体材料。因早期的涂料大多以植物油或天然树脂为主要原料，故又称作油漆。现在合成树脂已大部分或全部取代了植物油或天然树脂，所以现在统称为涂料。但在具体的涂料品种名称中有时还沿用"漆"字表示涂料，如调和漆、磁漆、建筑乳胶漆等。

将涂料用一定的设备和方式涂布于物件的表面，经过自然或人工的方法干燥固化形成均匀的薄膜涂层，这一过程称为涂装。物体的表面材料千差万别，有木材、水泥、钢材、有色金属、合金、塑料、陶瓷、玻璃等，不同的材料表面性质有很大差异，即使是同一种基材，不同的应用场合所需要涂装的涂料也不一样，如建筑内外墙，内墙涂料只要求有简单的装饰功能即可，而外墙涂料则要求具有良好的装饰、耐老化、耐水等性能。为了满足不同基材、不同场合的应用要求，生产出了种类繁多的涂料品种，相对应的涂装技术也得到了发展。

本章是在纷繁复杂的涂料品种和涂料技术当中挑选一些有代表性的涂料和涂装技术进行阐述，以说明涂料与涂装技术的特点及其应用。

## 3.1　涂料

### 3.1.1　涂料的发展简史

涂料的应用历史悠久，从考古资料中可以发现在 7000 年前的原始社会，人类就已使用野兽的油脂、草类和树木的汁液、天然颜料配制涂饰物质，这可以说是涂料的雏形，也是涂料发展的原始阶段。

我国是发展涂料最早的国家之一，早在公元前 4000 多年前的夏朝，我国劳动人民就从野生漆树上收集天然漆，用来装饰器皿。从西周到战国时期用油漆涂饰的车辆、兵器手柄、几案、棺椁等均有大量的出土。秦始皇墓的兵马俑已使用了彩色涂料，在马王堆出土的汉代文物中也有精美的漆器。埃及也早就知道用阿拉伯胶蛋白等来制备色漆，用于装饰。11 世纪，欧洲开始用亚麻油制备油基清漆，到 17 世纪，含铅的油漆得到了较大发展。1762 年，波士顿就开始使用石墨制漆。此后，工业制漆得到了快速发展。尽管涂料的应用与生产具有久远的历史，但在早期它只是以一种技艺的形式相传，没有进入科学的领域，这种方式沿袭至今，目前不少人还认为涂料是靠经验传授的工艺。另一方面，早期的涂料所用原料主要是天然的植物油和天然树脂，因此，涂料长期被叫作油漆。

现在的涂料已经不是早期的"油漆"模样了，它已进入了科学的发展时代。涂料第一次和科学的结合，是以 20 世纪 20 年代杜邦公司开始使用硝基纤维素作为喷漆为标志的。硝基纤维素的出现，为汽车提供了快干、耐久和光泽好的涂料。20 世纪 30 年代，卡若日斯（W. H. Carothes）和他的助手弗洛利（P. J. Flory）对高分子化学和高分子物理的研究，为高分子科学的发展奠定了基础，也为现代涂料的发展奠定了基础，此后涂料工业就和高分子科学的发展结下了不解之缘。20 世纪 30 年代出现了醇酸树脂，它后来发展成为涂料中最重要的品种——醇酸漆。第二次世界大战时，由于大力发展合成乳胶，为乳胶漆的发展拓宽了道路。20 世纪 40 年代，汽巴（Ciba）化学公司等开发出了环氧树脂涂料，环氧树脂涂料的出现，使防腐蚀涂料有了突破性的发展。20 世纪 50 年代，聚丙烯酸酯涂料出现并投入使用，聚丙烯酸酯涂料具有优良的性质，如优越的耐久性和高光泽度，结合当时出现的静电喷涂技术，使汽车漆的发展又上了一个台阶。例如，出现了高质量的金属闪光漆。20 世纪 50 年代，福特汽车（Ford Motor）公司和格利登（Glidden）油漆公司发展了阳极电泳漆，以后 PPG 公司又发展了阴极电泳漆。电泳漆是一种低污染的水性漆，而且它还进一步提高了涂料防腐蚀的效果，为工业涂料的发展作出了巨大贡献。20 世纪 60 年代，聚氨酯涂料得到迅速发展，它可以室温固化，而且性能特别优异，尽管它当时价格比较贵，但仍受到广泛重视，是最有发展前途的现代涂料品种之一。粉末涂料是一种无溶剂涂料，它的制备方法更接近于塑料生产的方法。粉末涂料于 20 世纪 50 年代开始研制，由于受到当时涂装技术的限制，一直到 20 世纪 70 年代才得到快速的发展。20 世纪 80 年代涂料发展的重要标志是杜邦公司发现基团转移聚合方法。基团转移聚合可以控制聚合物的相对分子质量大小及相对分子质量分布，还可以控制共聚物的组成，这种方法是制备高固体分涂料用的聚合物的理想聚合法。有人把基团转移聚合法认为是高分子化学发展的一个里程碑，但它却首先应用在涂料上。

另一方面，由于对环境污染问题越来重视，涂料的高固体分化、水性化和无溶剂化得到了迅速的发展。20 世纪 60 年代，联邦德国拜尔公司对不饱和树脂与安息香酸体系的紫外光固化行为进行了研究，并于 1968 年推出了商品化产品。这种涂料价格低廉、无溶剂、快固化，非常适合木器表面涂装，至今仍是紫外光固化涂料的重要品种之一。紫外光固化涂料的应用在发达国家和地区经历了一段迅速发展的阶段，到 20 世纪 80 年代末，一直保持着年均 15％以上的增长率。进入 20 世纪 90 年代，仍以每年接近 10％的速度快速增长。20 世纪 90 年代关于纳米材料的研究特别是聚合物基纳米复合材料的研究，是材料科学的前沿，有关研究在涂料中也成为研究热点。其他高性能的涂料如氟碳涂料的研究和使用也取得了重要进展。

## 3.1.2  涂料的组成

涂料的品种很多，其组成是多种物质的混合物，大部分涂料的组成物质一般包含成膜物质、颜填料、溶剂、助剂四个部分（个别除外，如：粉末涂料没有稀释剂，罩光清漆没有颜填料等）。涂料的基本组成物质如表 3-1 所示。

表 3-1  涂料的组成

| 涂料的组成 | 成膜物质 | 油料 | 干性油：桐油、苏籽油、亚麻仁油等 | 不挥发分 |
|---|---|---|---|---|
| | | | 半干性油：豆油、棉籽油等 | |
| | | 树脂 | 天然树脂：松香、虫胶、大漆等 | |
| | | | 合成树脂：醇酸树脂、丙烯酸树脂、环氧树脂、酚醛树脂、聚氨酯树脂、氨基树脂、有机硅树脂、氟树脂等 | |
| | 颜填料 | 着色颜料 | 有机颜料：酞菁蓝、甲苯胺红、耐晒黄等 | |
| | | | 无机颜料：钛白、氧化铁红、氧化锌、铬黄、铁蓝、铬绿、炭黑、红丹、锌铬黄等 | |
| | | 体质颜料 | 滑石粉、碳酸钙、硫酸钙、硫酸钡等 | |
| | 助剂 | | 流平剂、消泡剂、分散剂、固化剂、防霉剂、增塑剂、催干剂、乳化剂、防橘皮剂、偶联剂等 | |
| | 溶剂 | 活性 | 如紫外光固化涂料中的丙烯酸酯类活性稀释剂，环氧高固体分涂料中的环氧活性稀释剂等 | 挥发分 |
| | | 非活性 | 有机溶剂：甲苯、二甲苯、乙酸乙酯、石油溶剂、香蕉水、丙酮、乙醇等（溶剂型涂料）  水（水性涂料） | |

涂料随其类型（溶剂型、水乳型、水溶型、粉末型、光固型、高固体分型等）不同，其组成也各异。高分子树脂或油料是涂料的主要成膜物质，任何涂料中都不可少。颜填料是次要成膜物质。涂料组成中没有颜填料的透明体称为清漆，加有颜料和填料的不透明体则称为色漆（磁漆、调和漆、底漆等）；加有大量填料的稠厚浆状体叫腻子；涂料组成中没有挥发性稀释剂者为无溶剂漆；以有机溶剂作稀释剂的称溶剂型漆，以水作稀释剂的则称水性漆。此外根据不同涂料生产方式、使用目的还要加入各种辅料，称为涂料助剂或添加剂。

**（1）成膜物质**

涂料配方中的主要成膜物质，也称为基料、漆料或漆基，都是以天然树脂（如虫胶、松香、沥青、大漆等）、合成树脂（酚醛树脂、醇酸树脂、氨基树脂、聚丙烯酸树脂、环氧树脂、聚氨酯树脂、有机硅树脂、氟树脂等）或它们的改性物（如有机硅改性环氧树脂等）和油料（桐油、豆油、蓖麻油）三类原料为基础。

成膜物质是构成涂料的基础，能够粘接涂料中的颜料并牢固地黏附在底材的表面，没有成膜物，涂料不可能形成连续的涂膜，所以，成膜物质决定了涂料的基本性能。一般极性小、内聚力高的聚合物（如聚乙烯）黏结力很差不适合作为涂料用树脂。高胶结性的树脂，不具有硬度和张力强度、没有抵抗溶剂的能力和固化时收缩力大的树脂也不适合作为成膜物质。此外，成膜物质还要满足用户使用目的和环境要求。因此在成膜物质设计合成或选用时，应该在化学结构与性能方面予以全面考虑。

根据成膜物质形成漆膜过程可将其分为转化型成膜物和非转化型成膜物。前者基料是未聚合或部分聚合的有机物，它通过化学反应交联形成漆膜，这类有机物如醇酸树脂、氨基树脂、环氧树脂，有机硅树脂以及干性油、半干性油等。非转化型成膜物的成膜基料是分散或溶解在介质（溶剂）中的聚合物，如丙烯酸酯乳液、氯化橡胶、过氯乙烯、热塑性聚丙烯酸酯等，它们涂覆在底材表面后，溶剂挥发，可在底材表面形成漆膜。

（2）颜填料（次要成膜物质）

颜填料分颜料（着色颜料、防锈颜料等）和体质颜料（填料）两类，它们是无机或有机固体粉状粒子。涂料配制时，用机械办法将它们均匀分散在成膜物中。

颜料的化学结构、晶形、密度、颗粒大小与分布以及酸、碱性，极性等对涂料的贮存稳定性、涂色现象、涂膜的光泽、着色力、保色性等都有影响。颜料应具有良好的遮盖力、着色力、分散力，色彩鲜明，对光、热稳定。它应能阻止紫外光的穿透、延续漆膜老化等。它们主要包括白色颜料（钛白、锌钡白、氧化锌）、红色颜料（铁红、桶红、甲苯胺红、大红粉、醇溶大红）、黄色颜料（铬黄、铁黄、锌黄）、绿色颜料（铅铬绿、氧化铬绿、酞菁绿）、蓝色颜料（铁蓝、群青、酞菁蓝）、紫色颜料（甲苯胺紫红、坚莲青莲紫）、黑色颜料（炭黑、铁黑、石墨、松墨、苯胺墨）、金属颜料（铝粉、铜粉）和防锈颜料（红丹、锌铅黄、铅酸钙、碳氮化铅、铬酸钾钡、铅粉、改性偏硼酸钡、锶钙黄、磷酸锌）。

体质颜料（填料）通常是无着色力的白色或无色的固体粒子，如滑石粉、轻质碳酸钙、白炭黑（$SiO_2$）、硫酸钡、高岭土、云母等。应用填料以提高漆膜体积浓度，增加漆膜厚度和强度，降低涂料的成本。

不同类型的涂料对颜填料有不同要求，比如，水溶性涂料以水作溶剂，且水溶性成膜物质多数为弱碱性溶液，水溶性涂料使用的颜填料应与溶剂性涂料用的颜填料不同，尤其是电沉积的色漆对颜填料的要求更高。在制作涂料时，除考虑颜填料品种对性能的影响外，还要考虑不同颜填料比例和用量，如粉末涂料，颜填料加入量应控制在30％左右。

（3）助剂（辅助成膜物质）

涂料中常用的助剂可以分为三类。

第一类是为改善涂料性能的助剂，它们有增稠剂、触变剂（防流挂剂）、防沉淀剂、防浮色发花剂、流平剂、部性调节剂、浸润分散剂、消泡剂等；

第二类是为提高漆膜性能的助剂，它们有催干剂、交联剂、增滑和防擦伤剂、增光剂、增塑剂、稳定剂、紫外光吸收剂、防污剂、防霉、抗菌剂；

第三类是为了赋予涂料特殊功能的助剂，如抗静电剂、导电剂、阻燃剂、电泳改进剂、荧光剂等。

助剂的加入量一般不超过涂料的5％，它不能单独成膜，但是对涂料的储存稳定性、施工性及涂膜的物理和化学性质却有很重要的影响。

（4）溶剂（稀释剂）

溶剂是用于溶解树脂和调节涂料黏度的低黏度液体。绝大部分涂料中所用的溶剂是可挥发的，溶剂需能溶解树脂，而且还要使涂料具有一定的黏度。调节黏度的大小应与涂料的贮存和施工方式相适应。同时溶剂必须有适当的挥发度，它挥发之后能使涂料形成规定特性的涂膜。理想的溶剂应当是无毒、闪点较高、价廉、对环境不造成污染。对于非转化型涂料，溶剂有更为复杂的作用。它可能全部或部分决定涂料的施工特性以及干燥时间和最终涂膜的性能。因此，在涂料生产中常采用混合溶剂，这种混合溶剂作为基料的溶剂。

以有机溶剂（如石油溶剂、甲苯、二甲苯、香蕉水等）为稀释剂的涂料即为俗称的溶剂型涂料，涂料涂装后溶剂挥发到空气中，环境污染比较重，会被其他更环保的涂料所取代；以水为溶剂的涂料称为水性涂料，水的挥发比较慢，漆膜性能一般，也限制了它的使用范围；目前，市面上也有以活性稀释剂（如光固化涂料中的丙烯酸丁酯、环氧高固体分涂料中的环氧活性稀释剂等）为溶剂配制的新型涂料，这些稀释剂不挥发到大气中，而且涂料性能优良，越来越得到广泛的应用和发展。这些涂料的特点将在后面叙述。

### 3.1.3 涂料的分类

经过长期发展，目前涂料已有几千种，涂料的分类方法很多，通常有以下几种分类方法。

① 按涂料的形态可分为水性涂料、溶剂性涂料、粉末涂料、高固体分涂料等；

② 按施工方法可分为刷涂涂料、喷涂涂料、辊涂涂料、浸涂涂料、电泳涂料等；

③ 按施工工序可分为底漆、中涂漆（二道底漆）、面漆、罩光漆等；

④ 按功能可分为装饰涂料、防腐涂料、导电涂料、防锈涂料、耐高温涂料、室温涂料、隔热涂料、阻燃涂料、隐形涂料、抗菌涂料等；

⑤ 按用途可分为建筑涂料、罐头涂料、汽车涂料、飞机涂料、家电涂料、木器涂料、桥梁涂料、塑料涂料、纸张涂料等。

⑥ 我国化工部门，现已对涂料的分类以其主要成膜物质为基础，将涂料划分为17大类：油脂涂料、天然树脂涂料、酚醛树脂涂料、沥青涂料、醇酸树脂涂料、氨基树脂涂料、硝基纤维素涂料、纤维酯和纤维醚类涂料、过氯乙烯树脂涂料、烯类树脂涂料、丙烯酸树脂涂料、聚酯树脂涂料、环氧树脂涂料、聚氨基甲酸酯涂料、元素有机聚合物涂料、橡胶涂料和其他。

### 3.1.4 涂料的作用

涂料与塑料、橡胶和纤维等高分子材料不同，不能单独作为工程材料使用，涂料涂装在物体表面形成涂层后，能赋予被涂材料以特定功能，其主要作用如下。

① 保护作用　由于各种材料在大气中受到光、水分、氧气及空气中的其他气体（如二氧化碳、硫化氢等）以及酸、碱、盐水溶液和有机溶剂等的侵蚀，材料在其使用过程中会逐渐发生变质而丧失原有性能。例如金属的锈蚀、木材的腐烂等，为延长物品的使用寿命，减少材料的腐蚀或腐烂，简便而可靠的措施是在物品表面涂装一层涂膜。涂料具有防腐保护性功能，又能增加物品表面硬度，提高其耐磨性和抗刮伤性等性能。

② 装饰作用　在涂料中加入颜料可赋予涂膜颜色，涂装后可增加物品表面的色彩和光泽，修饰表面的粗糙和缺陷，改善物品的外观质量，提高其商品价值。彩色涂料还广泛用于制作各种标志。

③ 特殊作用　除保护、装饰等作用外，涂层还可赋予绝缘、防污、抗菌、防霉、阻尼、阻燃、示温、导电、导磁、防辐射、防静电、隐身等特殊功能。例如，绝缘漆可增强电子线

路和元器件的防潮防污能力和防止焊点和导体受到侵蚀；阻燃涂料可提高木材的耐火性能；防静电涂料可以防止电器表面的静电聚集，减少对电器或人体的伤害；防霉杀菌涂料可减少和防止微生物对材料的侵蚀；室温涂料可根据物体温度变化呈现不同的颜色；导电涂料可赋予非导体材料表面导电性；隐身涂料可吸收电磁波，涂装于飞机机身上可减少对雷达波的反射，提高飞机的隐蔽性；阻尼涂料可吸收声波、机械振动等引起的振动和噪声，用于舰船可吸收声呐波，提高舰船的隐蔽性，用于机械减振，可提高机械的使用寿命，用于影院和礼堂，可减少噪声。

## 3.1.5 涂料的成膜方式

大部分涂料是一种流动的液体（粉末涂料为固体粉末），通过一定的涂装工艺在物体表面涂布，通过加热或溶剂挥发等方式形成一层连续、坚韧的薄膜，这个过程是玻璃化温度不断升高的过程。不同形态和组成的涂料有不同的成膜机理，这由涂料中的成膜物质性质决定。根据涂料成膜物质的性质，涂料成膜方式可以分为两大类：由非转化型成膜物质组成的涂料以物理方式成膜；由转化型成膜物质组成的涂料以化学方式成膜。

（1）物理成膜方式

依靠涂料内的溶剂或分散剂的直接挥发或聚合物粒子凝聚得到涂膜的过程，称为物理成膜方式。物理成膜方式具体包括溶剂挥发成膜方式和聚合物凝聚成膜方式两种。

① 溶剂挥发成膜方式 溶剂挥发成膜方式指涂料涂装后溶剂挥发，涂膜黏度增大到一定程度形成固态涂膜的过程，如硝酸纤维素漆、沥青漆及橡胶漆等。在整个涂料成膜过程中，树脂不发生任何化学变化，通过溶剂挥发形成漆膜，其原理如图 3-2 所示。

为了获得优良的涂膜，溶剂的选择非常重要。假如溶剂挥发太快，表面涂料因黏度过高而失去流动性，使涂膜不平整；另外，溶剂蒸发时散热很快，表面可能降至雾点，使水凝结在涂膜中，此时涂膜失去透明性而发白或者涂膜的强度降低。涂膜的干燥速度和干燥程度直接与所用溶剂或分散介质的挥发能力相关。同时也和溶剂在涂膜中的扩散程度、成膜物质的化学结构、相对分子质量和玻璃化温度以及膜厚等有关。

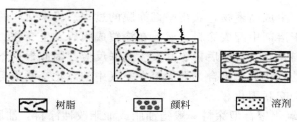

树脂　　颜料　　溶剂

图 3-2　溶剂挥发成膜示意图

② 聚合物凝聚成膜方式 指依靠涂料中成膜物质的高聚物粒子在一定条件下互相凝聚成为连续的固态涂膜的过程，如建筑乳胶涂料、非水分散型涂料和有机溶胶等。这是分散型涂料的主要的成膜方式。在分散介质挥发的同时，高聚物粒子接近、接触、挤压变形而聚集起来，最后由粒子状态聚集变为分子状态聚集而形成连续的涂膜。图 3-3 为乳液结构和乳液型涂料的成膜过程示意图。粉末涂料用静电或热的方法将其附在基材表面，在受热条件下高聚物热熔、凝聚成膜，有些粉末涂料在此过程中还伴随高聚物的交联反应（化学成膜）。

（2）化学成膜方式

化学成膜指在加热、紫外光照或其他条件下，使涂覆在基材表面上的低分子量聚合物成

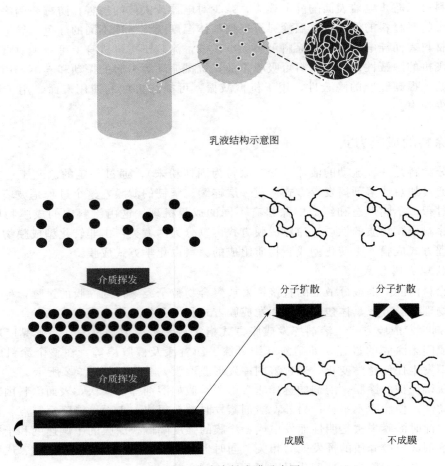

乳液结构示意图

图 3-3　乳胶涂料成膜示意图

膜物质发生交联反应，生成高聚物，获得坚韧涂膜的过程。将未交联的线型聚合物，或者轻度支链化的聚合物溶于溶剂中配成涂料，然后在涂覆成膜后发生交联。另外，可以用简单的低分子化合物配成涂料，待涂成膜后再令其发生交联反应。因此根据不同的过程将化学成膜机理分为两类：漆膜的直接氧化聚合，即涂料在空气中的氧化交联或与水蒸气反应；涂料组分之间发生化学反应的交联固化。

① 氧化聚合型　氧化聚合型涂料一般指油脂或油脂改性涂料。油脂组分大多为干性油，即混合的不饱和脂肪酸的甘油酯。以天然油脂（如桐油、梓油等）为成膜物质的油脂涂料以及含油脂成分的天然树脂涂料、酚醛树脂涂料和环氧酯涂料等涂料涂敷成膜后，与空气中的氧发生反应，产生游离基并引发聚合，最后可形成网状高分子结构。油脂的氧化速度与所含亚甲基基团数量、位置和氧的传递速度有关。利用钴、锰、铅等金属可促进氧的传递，加速含有干性油组分涂料的成膜。

随着涂料中的溶剂蒸发，交联反应随之进行。等交联反应完成后，涂膜不能再溶于原来的溶剂，甚至一些涂膜在任何溶剂中都不溶。分子量大的涂膜干得快，空气必须透入到整个涂膜中才能充分固化。在整个使用期中，涂膜与空气反应仍然慢慢进行，因此在室温下这种交联过程是比较缓慢的。

　　氧化聚合干燥固化示意图如图 3-4 所示，漆膜中溶剂挥发的同时，漆膜吸收空气中的氧气，发生氧化聚合反应，交联固化成膜。在喷涂到工件表面后，溶剂能够很快蒸发，油漆层吸入氧气，在漆膜内部发生氧化反应，树脂发生氧化聚合，通常在常温条件下需要数周的时间反应才能完成。漆膜在起初干燥后，漆膜硬度很低，但漆膜氧化聚合完全结束后，漆膜彻底干燥，硬度将大大提高，变得非常硬，普通溶剂对该漆膜也不会造成轻易的溶解破坏。

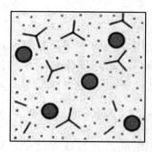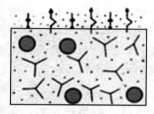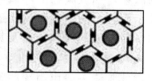

图 3-4　氧化聚合成膜示意图

　　② 交联固化型　反应交联固化的基本条件是涂料中所用树脂要有能反应的官能团，而固化剂要有活性元素或活性基团，把一般为线型结构的树脂交联成网状结构涂膜而完成固化反应。影响因素主要是温度、催化剂及引发剂等。交联固化型成膜根据交联引发方式的不同，又可以分为固化剂固化型、热固化型、紫外光固化型等。

　　环氧树脂漆是典型的以固化剂固化成膜的涂料，图 3-5 为环氧树脂涂料与固化剂反应交联固化成膜的示意图。

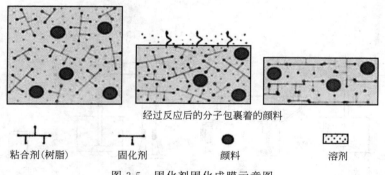

经过反应后的分子包裹着的颜料

| 粘合剂(树脂) | 固化剂 | 颜料 | 溶剂 |
|---|---|---|---|

图 3-5　固化剂固化成膜示意图

　　某些涂料在自然条件下不能固化成膜，必须在一定温度条件下，树脂内部发生交联反应，聚合固化成膜，原理如图 3-6 所示。如热固性氨基醇酸树脂涂料就属于这一类型，

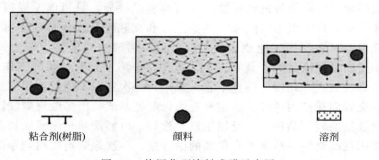

| 粘合剂(树脂) | 颜料 | 溶剂 |
|---|---|---|

图 3-6　热固化型涂料成膜示意图

经过140℃，20min高温烘干，漆膜可以达到优异的性能。在硬度、光泽、附着力方面达到质量所要求的指标。由于该类油漆性能优异，生产效率高，一般在汽车批量生产中大量采用。

紫外光固化型涂料主要以丙烯酸树脂为主要成膜物质，在紫外光照射下能引起交联聚合反应而快速成膜，它的特点和应用将在后面的章节里面叙述。

### 3.1.6 常用涂料的特点

涂料的类型和种类很多，同一成膜物质的涂料，根据使用场合的不同，还可以配制出很多品种的涂料，如成膜物质环氧树脂，可以配制环氧地坪涂料、重防腐涂料、水池涂料、卷钢涂料等，而且不同的环氧树脂还可以配制溶剂型涂料、水性涂料、粉末涂料等，本节只是挑选介绍一些常见的成膜物质及其所配制涂料。

（1）丙烯酸乳胶漆

丙烯酸乳胶漆一般由丙烯酸类乳液、颜填料、水、助剂组成。具有成本适中、耐候性优良、性能可调整性好、无有机溶剂释放等优点，是近来发展十分迅速的一类涂料产品，主要用于建筑物的内外墙涂装，皮革涂装等。常见的建筑乳胶漆的生产流程如图3-7所示。近来又出现了木器用乳胶漆、自交联型乳胶漆等新品种。丙烯酸乳胶漆根据乳液的不同可分为纯丙、苯丙、硅丙、醋丙等品种。

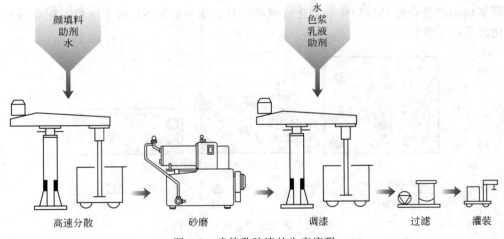

图 3-7  建筑乳胶漆的生产流程

（2）溶剂型丙烯酸涂料

溶剂型丙烯酸涂料具有极好的耐候性，很高的机械性能，是目前发展很快的一类涂料。溶剂型丙烯酸漆可分为自干型丙烯酸漆（热塑型）和交联固化型丙烯酸漆（热固型），前者属于非转化型涂料，后者属于转化型涂料。自干型丙烯酸涂料主要用于建筑涂料、塑料涂料、电子涂料、道路划线涂料等，具有表干迅速、易于施工、保护和装饰作用明显的优点。缺点是固含量不容易太高，硬度、弹性不容易兼顾，一次施工不能得到很厚的涂膜，涂膜丰满性不够理想。交联固化型丙烯酸涂料主要有丙烯酸氨基漆、丙烯酸聚氨酯漆、丙烯酸醇酸漆、辐射固化丙烯酸涂料等品种，广泛用于汽车涂料、电器涂料、木器涂料、建筑涂料等方面。交联固化型丙烯酸涂料一般都具有很高的固含量，一次涂装可以得到很厚的涂膜，而且机械性能优良，可以制成高耐候性、高丰满度、高弹性、高硬度的涂料。缺点是双组分涂料，施工比较麻烦，许多品种还需要加热固化或辐射固化，对环境条件要求比较高，一般都需要较好的设备、较熟练的涂装技巧。

（3）聚氨酯涂料

聚氨酯涂料是目前较常见的一类涂料，可以分为双组分聚氨酯涂料和单组分聚氨酯涂料。双组分聚氨酯涂料一般是由异氰酸酯预聚物（也叫低分子氨基甲酸酯聚合物）和含羟基树脂两部分组成，通常称为固化剂组分和主剂组分。这一类涂料的品种很多，应用范围也很广，根据含羟基组分的不同可分为丙烯酸聚氨酯、醇酸聚氨酯、聚酯聚氨酯、聚醚聚氨酯、环氧聚氨酯等品种。一般都具有良好的机械性能、较高的固体含量、各方面的性能都比较好。是目前很有发展前途的一类涂料品种。主要应用方向有木器涂料、汽车修补涂料、防腐涂料、地坪涂料、电子涂料、特种涂料等。缺点是施工工序复杂，对施工环境要求很高，漆膜容易产生弊病。单组分聚氨酯涂料主要有潮气固化聚氨酯涂料、封闭型聚氨酯涂料等品种，应用面不如双组分的涂料广，主要用于地板涂料、防腐涂料、预卷材涂料等，其总体性能不如双组分涂料全面。

（4）硝基漆

硝基漆是目前比较常见的木器及装修用涂料。优点是装饰作用较好，施工简便，干燥迅速，对涂装环境的要求不高，具有较好的硬度和亮度，不易出现漆膜弊病，修补容易。缺点是固含量较低，需要较多的施工道数才能达到较好的效果；耐持久性不太好，尤其是内用硝基漆，其保光保色性不好，使用时间稍长就容易出现诸如失光、开裂、变色等弊病；漆膜保护作用不好，不耐有机溶剂、不耐热、不耐腐蚀。硝基漆的主要成膜物是以硝化棉为主，配合醇酸树脂、改性松香树脂、丙烯酸树脂、氨基树脂等软硬树脂共同组成。一般还需要添加邻苯二甲酸二丁酯、二辛酯、氧化蓖麻油等增塑剂。溶剂主要有酯类、酮类、醇醚类等真溶剂，醇类等助溶剂以及苯类等稀释剂。硝基漆主要用于木器及家具的涂装、家庭装修、一般装饰涂装、金属涂装、一般水泥涂装等方面。

（5）环氧涂料

环氧涂料是近年来发展极为迅速的一类工业涂料，一般而言，对组成中含有较多环氧基团的涂料统称为环氧漆。环氧漆的主要品种是双组分涂料，由环氧树脂和固化剂组成。其他还有一些单组分自干型的品种，不过其性能与双组分涂料比较有一定的差距。环氧漆的主要优点是对水泥、金属等无机材料的附着力很强；涂料本身非常耐腐蚀；机械性能优良，耐磨、耐冲击；可制成无溶剂或高固体分涂料；耐有机溶剂，耐热，耐水；涂膜无毒。缺点是耐候性不好，日光照射久了有可能出现粉化现象，因而只能用于底漆或内用漆；装饰性较差，光泽不易保持；对施工环境要求较高，低温下涂膜固化缓慢，效果不好；许多品种需要高温固化，涂装设备的投入较大。环氧树脂涂料主要用于地坪涂装、汽车底漆、金属防腐、化学防腐等方面。

（6）氨基漆

氨基漆主要由两部分组成，其一是氨基树脂组分，主要有丁醚化三聚氰胺甲醛树脂、甲醚化三聚氰胺甲醛树脂、丁醚化脲醛树脂等树脂。其二是羟基树脂部分，主要有中短油度醇酸树脂、含羟丙烯酸树脂、环氧树脂等树脂。氨基漆除了用于木器涂料的脲醛树脂漆（俗称酸固化漆）外，主要品种都需要加热固化，一般固化温度都在 100℃ 以上，固化时间都在 20min 以上。固化后的漆膜性能极佳，漆膜坚硬丰满，光亮艳丽，牢固耐久，具有很好的装饰作用及保护作用。缺点是对涂装设备的要求较高，能耗高，不适合于小型生产。氨基漆主要用于汽车面漆、家具涂装、家用电器涂装、各种金属表面涂装、仪器仪表及工业设备的涂装。

（7）醇酸漆

醇酸漆主要是由醇酸树脂组成。是目前国内生产量最大的一类涂料。具有价格便宜、施工简单、对施工环境要求不高、涂膜丰满坚硬、耐久性和耐候性较好、装饰性和保护性都比较好等优点。缺点是干燥较慢、涂膜不易达到较高的要求，不适于高装饰性的场合。醇酸漆主要用于一般木器、家具及家庭装修的涂装，一般金属装饰涂装，要求不高的金属防腐涂装，一般农机、汽车、仪器仪表、工业设备的涂装等方面。

（8）不饱和聚酯涂料

不饱和聚酯涂料也是近来发展较快的一类涂料，分为气干性不饱和聚酯和辐射固化（光固化）不饱和聚酯两大类。主要优点是可以制成无溶剂涂料，一次涂刷可以得到较厚的漆膜，对涂装温度的要求不高，而且漆膜装饰作用良好，漆膜坚韧耐磨，易于保养。缺点是固化时漆膜收缩率较大，对基材的附着力容易出现问题，气干性不饱和聚酯一般需要抛光处理，手续较为烦琐，辐射固化不饱和聚酯对涂装设备的要求较高，不适合于小型生产。不饱和聚酯漆主要用于家具、木制地板、金属防腐等方面。

（9）乙烯基漆

乙烯基漆包括聚乙烯醇缩丁醛漆、偏氯乙烯、过氯乙烯、氯磺化聚乙烯漆等品种。乙烯基漆的主要优点是耐候、耐化学腐蚀、耐水、绝缘、防霉、柔韧性佳。其缺点主要表现在耐热性一般、不易制成高固体分涂料、机械性能一般、装饰性能差等方面。乙烯基漆主要用于工业防腐涂料、电绝缘涂料、磷化底漆、金属涂料、外用涂料等方面。

（10）酚醛漆

酚醛树脂是酚与醛在催化剂存在下缩合生成的产品。涂料工业中主要使用油溶酚醛树脂制漆。酚醛漆的优点是干燥快，漆膜光亮坚硬，耐水性及耐化学腐蚀性好。缺点是容易变黄，不宜制成浅色漆，耐候性不好。酚醛漆主要用于防腐涂料、绝缘涂料、一般金属涂料、一般装饰性涂料等方面。

## 3.1.7 涂料的发展方向及功能涂料

随着工业的高速发展，环境污染问题愈来愈突出。传统的溶剂型涂料含有大量的挥发性有机化合物（VOC），在使用过程中排入大气，不仅破坏环境，危害人们健康，同时也造成资源和能源的浪费。传统涂料无论在制造过程或施工应用过程中均有大量的有毒有害废气、废水的排放，对环境、大气以及水资源造成污染，特别是溶剂型涂料，施工中有 50% 以上的挥发性有机化合物（VOC）排放到大气中，造成第二次污染。1966 年美国率先颁布了第一个限制有机溶剂排放量的法规——《66 法规》。随后，欧洲、日本、北美等国家和地区相继颁布法规，对涂料中有机溶剂的挥发量进行了限制。近年来，各国对涂料工业中有机溶剂挥发量的限制日益严格，如日本政府规定涂料中的有机挥发物不能超过涂料总量的 15%；美国政府规定在 2007 年大气中易产生毒性的化学烟雾的挥发量必须接近于零。我国自 1973 年开始颁布了大气环境质量标准。

随着人们环保意识的增强，对涂料的环保要求越来越高，开发对环境友好的涂料品种进一步为世人所关注。在所有领域中尽可能地以无污染、低污染的材料代替有污染的材料是人类生存的需要。为了保护自然环境，涂料又向着低污染方向发展：少用有机溶剂的高固体分涂料和非水分散涂料，以水代替有机溶剂的水性涂料，使用活性稀释剂的无溶剂涂料（如紫外光固化涂料），无溶剂的粉末涂料。水性涂料、粉末涂料、高固体分涂料和紫外光固化涂料是当今涂料的重要发展方向。此外，涂料的功能化也是目前涂料发展的重要方向之一，如纳米涂料、隐身涂料、防火涂料、抗静电涂料、抗菌涂料等。

（1）水性涂料

由于水性涂料可以减少挥发性有机化合物（VOC），具有低污染、工艺清洁的优点，属于环保型涂料，这是溶剂型涂料所不具有的，因此世界各工业发达国家都很重视水性涂料的开发。

水性涂料用途广泛，但以建筑乳胶涂料应用最多，在建筑用涂料方面，包括内外建筑墙面、天花板等的应用，2005 年我国建筑涂料年产量达到 180 万吨，外墙装饰的应用率大于35％；2015 年全国建筑涂料年产量达到 300 万吨，外墙装饰的应用率大于60％。多种传统涂料将被取代。

① 常见的水性涂料　水性涂料以水为分散介质和稀释剂，与溶剂型和非水分散型涂料相比较，最突出的优点是分散介质水无毒无害、不污染环境，同时还具备价廉、不易粉化、干燥快、施工方便等优点。常见的水性涂料类型主要为水性聚氨酯型、环氧树脂型、丙烯酸树脂型、无机水性涂料型 4 种。

水性聚氨酯涂料包括水溶型、水乳化型、水分散型。按分子结构可分为线型和交联型。都存在单组分与双组分两种体系。水性聚氨酯涂料除具备溶剂型聚氨酯涂料的优良性能外，还具有难燃、无毒无污染、易贮运、使用方便等优点。但与溶剂型聚氨酯涂料相比水性聚氨酯涂料还是存在许多不足之处。比如：干燥时间较长、涂膜易产生 $CO_2$ 气泡、部分原材料成本较高、由于新型助剂缺乏导致涂膜性能和外观效果不够高要求等。针对水性聚氨酯涂料存在的缺陷，需要进行改性的研究。目前，水性聚氨酯涂料的发展主要还受到原材料、固化剂、封闭剂、交联剂等的限制。因此，研制相应的原材料和助剂也是发展水性聚氨酯涂料的关键。

水性环氧树脂涂料是由双组分组成：一组分为疏水性环氧树脂分散体（乳液）；另一组分为亲水性的胺类固化剂，其中的关键在于疏水性环氧树脂的乳化。该乳化过程的研究经历了几个阶段：1975—1977 年主要以聚乙烯醇为乳化剂，并开始探究多酰多胺与环氧化合物的加成物、聚乙氧亚基醚等作为乳化剂。1982—1984 年采用含环氧基团的乳化剂，并且出现自乳化型环氧树脂。自乳化的方法是将环氧树脂同带有表面活性基团的化合物反应，生成带有表面活性的环氧树脂。其中选择中和所用的胺是最重要的技术配方问题。胺相对于水性涂料的其他材料来说是比较昂贵的，而且会增加 VOC 的排放。为提高环氧树脂与固化剂的相溶性和室温固化性能，水性环氧树脂涂料可广泛地用作高性能涂料、设备底漆、工业厂房地板漆、运输工具底漆、汽车维修底漆、工业维修面漆等。

水性丙烯酸树脂涂料具有易合成、耐久性、耐低温性、环保性以及制造和贮运无火灾危险等优点；同时也存在硬度大、耐溶剂性能差等问题。大致可分为：单组分型、高性能型、高固化型 3 种类型。要将不耐溶剂的丙烯酸树脂原料制备成耐溶剂的水性丙烯酸树脂涂料是比较困难的事情，因此现在很少研究传统的单组分丙烯酸树脂涂料的生产。目前研究的热点在于丙烯酸树脂原料的改性，这种技术被称为"活聚合"。这种技术可以很好地控制丙烯酸树脂的分子量及其化学结构（如单体排列顺序等）与分布。水性丙烯酸树脂涂料的用途很广泛：交联型丙烯酸树脂涂料用于建筑业；丙烯酸-4-羟丁酯、单丙烯酸环己二甲醇酯等交联型功能性化合物可用来制备汽车涂料、粉末涂料。

② 特殊功能水性涂料

a. 水性防腐涂料　水性防腐涂料最常见的有 3 大体系：丙烯酸体系、环氧体系、无机硅酸富锌体系。此外，还有醇酸体系、丁苯橡胶体系和沥青体系等。水性丙烯酸防腐涂料以固体丙烯酸树脂为基料，加以改性树脂、颜填料、助剂、溶剂等配制成具备耐候性、保光、保色等性能的丙烯酸长效水性防腐涂料。近期研究较多的是水性铁红丙烯酸防锈漆。现在水性环氧防腐涂料已应用到溶剂型环氧防腐涂料所涉及的各个领域。

水性无机硅酸富锌防腐涂料主要分为硅酸乙酯和硅酸盐系列，硅酸盐系列包括硅酸锂、硅酸钠、硅酸钾等品种，是钢铁防腐涂料的重要部分。该涂料利用锌粉的强活性进行电化学阴极保护，从而阻止钢铁腐蚀。以无机聚合物（硅酸盐、磷酸盐、重铬酸盐等）为成膜物，锌与之反应，在钢铁表面形成锌铁配合物涂层。该涂层具优异的防腐性、耐候性、导热性、耐盐水性、耐多种有机溶剂性；同时具有良好的导静电性和长时期的阴极保护；而且焊接性能优良，能带漆焊接；长时期耐 400℃高温；长时期抵抗 pH5.5～10.5 范围内的化学腐蚀。更加重要的是对环境无污染，对人体健康无影响。

b. 水性闪光涂料　发光水性涂料主要是由聚乙烯醇基料、发光材料和甘油增塑剂配制而成。利用发光材料在光照时吸收光能，在黑暗时以低频可见光发射出去。聚乙烯醇作为基料具有透光性、柔韧性、耐磨性，同时具有优良的附着力，而且无毒、无害、无环境污染。以丙烯酸乳液为基料，以稀土（$Eu_2O_3$ 等）激活锶盐发光材料为发光体，制备的水性发光涂料广泛地用于道路、装饰、装修等领域。

c. 水性氟树脂涂料　水性氟树脂涂料具有耐高温、耐候、耐药品、耐腐蚀、耐沾污、耐寒，尤其是与食品接触，卫生安全，其使用效果可达 20 年之久。这些优异的性能使得水性氟树脂涂料具有广阔的前景。目前，国内的很多建筑外墙、桥梁等都采用了水性氟树脂涂料来涂装，如鸟巢和杭州湾大桥等。

d. 功能型水性建筑涂料　常用的建筑涂料多采用聚丙烯酸酯乳液为主要成膜物质，在一般的使用下，其能满足使用的要求。但为了满足特色的性能要求，如高耐候性，则需要发展新型的水性建筑涂料，除上述水性氟树脂涂料以外，可用在建筑外部涂装领域的水性成膜物质还有水性聚氨酯涂料、有机硅改性丙烯酸乳胶漆等，其耐候性和所需的性能均达到了一个新的水平。国内采用异构聚合工艺、乳胶粒子技术和流变控制技术，产品性能已达到国际先进水平，并形成万吨级的工业生产能力。采用抑制水解和后交联控制技术，成功地解决了有机硅改性丙烯酸乳胶漆在合成和贮运过程中有机硅氧烷的水解稳定性问题。

e. 车用水性涂料　通过对环氧树脂的扩链及改性，制备多胺改性环氧树脂后，可大幅提高汽车用中厚膜阴极，电泳涂料的平整度和泳透率，采用控制酯水解技术，可制备 VOC 含量低、施工性能好的汽车涂料。

f. 电泳涂料　在水性涂料工业中，电泳涂料是研究得比较多的。电泳涂料作为一类新型的低污染、省能源、省资源、起作保护和防腐蚀性的涂料，具有涂膜平整、耐水性和耐化学性好的特点，容易实现涂装工业的机械化和自动化，适合形状复杂、有边缘棱角、孔穴工件涂装，被大量应用于汽车、自动车、机电、家电等五金件的涂装。深圳市志邦科技有限公司开发的丙烯酸电泳漆（图 3-8），固化温度为 165℃，时间 30min，漆膜透光率达 80%，适用需要重防腐耐盐雾性能涂层的基材。该电泳漆膜具有良好的性能（表 3-2）。采用高沸点溶剂，可以与水性和油性色浆颜料搭配，还可以单独作为透明电泳漆使用。近年来，光固化电泳漆备受人们关注，对于不能高温烘烤的工件可以实现电泳涂装，同时还具有节能、环保、固化速度快、硬度高的特点。

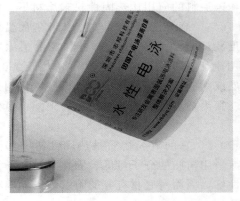

图 3-8　水性电泳漆及电泳漆涂层样品（深圳市志邦科技有限公司提供）

表 3-2　采用丙烯酸电泳漆制备涂层的性能（深圳市志邦科技有限公司提供）

| 实验项目 | 测试标准 | 结果 |
|---|---|---|
| 漆膜厚度 | GB/T 4957 | $15\mu m$ |
| 铅笔硬度 | GB/T 6739 | 3H |
| 附着力 | GB/T 9286 | 0 级 |
| 耐溶剂 | 硬度差别 | <1H |
| 耐化学性 | 耐酸性、耐碱性、耐砂浆、耐洗涤剂 | 无脱落、起泡等 |
| 加速耐候性 | GB/T 14522 | ≥9.5 级 |
| 铜加速乙酸盐雾 | GB/T 10125 | ≥9.5 级 |

　　g. 高装饰水性涂料　高装饰水性涂料主要用于高档轿车、高档家具、豪华装潢为代表的对涂料装饰性要求非常高的场合。不仅要求树脂具备优异的保光性、耐候性，同时对面漆的光泽度、丰满度、清晰度和颜料的装饰效果以及环保性能等都有较高的要求。

　　（2）粉末涂料

　　粉末涂料涉及多种技术与涂装法，具有多年的发展历史，并随着人们对环保型涂装技术需求的增加而得以提高。粉末涂料是一种固体分100％的、以粉末形态进行涂装形成涂膜的涂料。它与一般溶剂型涂料和水性涂料不同，不使用溶剂或水作为分散介质，而是借助空气作为分散介质。

　　粉末涂料是一种以树脂为基料，配以固化剂、颜料、填料和其他原材料而得到的配方材料，通过静电喷涂或其他方式涂覆于底材表面，赋予被涂金属底材良好的外观和耐久性，粉末涂料与涂装技术所涉及的领域非常宽。

　　传统的液体涂料含有污染环境的溶剂，喷漆所含的溶剂量特别高。为此人们开始研究无污染的环保型工业烤漆。人们研究环保型涂料最初的路线是：将涂料中50％～60％的溶剂含量降低至20％～30％，将涂料中的溶剂用水取代90％～95％，用空气替代涂料中的溶剂。前两种方法得到的涂料依然含有污染环境的溶剂，而第 3 种方法则引导人们开发粉末涂料，这种涂料不含任何有机溶剂。为此，需要找到适合的固体树脂、固化剂、颜料和其他材料，将这些原材料混合均匀后研磨成为粒度适中的粉末，并在带有多孔底板的容器中通过鼓入空气使粉末混合物流化，成为具有某种液体性质的物料。

　　经过多年的发展和应用，粉末涂料按照成膜物质来分，形成了热固性树脂（如环氧树脂和聚酯树脂）和热塑性树脂（如 PVC 和尼龙 11）两大类。

　　热塑性粉末涂料是以热塑性树脂作为成膜物质的，热塑性树脂一般要具有很高的分子量才能显示涂膜优良的耐化学性和柔韧性。热塑性粉末涂料的应用比热固性粉末涂料早，但热塑性粉末涂料的用量在粉末涂料总用量中还不到10%，高分子量的热塑性树脂在常温下具有柔韧性，需用昂贵的冷冻粉碎技术，使树脂粒度粉碎到 $20\sim70\mu m$，才能作为薄层涂料使用。一般使用的热塑性粉末涂料，粉末粗，大多用流化床方法涂敷，膜厚一般大于 $250\mu m$，树脂用量多，价格高，只有特殊用途的厚保护涂层或功能性涂层，例如绝缘涂层才选用这种工艺。作粉末涂料用的热塑性树脂，包括聚乙烯、聚丙烯、聚氯乙烯、尼龙、聚酯、氯化聚醚、某些高分子量的环氧树脂等。

在粉末涂料中，热固性粉末涂料的产量超过90%，它的成膜物质是热固性树脂和固化剂。热固性树脂的分子量较高，但比热塑性粉末涂料用树脂的分子量低；固化剂的分子量较低。在固化期间，低分子物的流动性和表面浸润性好，因而对底材有好的附着力，涂膜有较好的外观。

热固性粉末涂料主要为环氧-聚酯混合型、纯聚酯型、纯环氧型。以热固性树脂为主，以环氧树脂为主要基料，是我国粉末涂料行业的重要特点。按照形成的化学体系来分，有4个体系，即纯环氧体系、羧基聚酯/环氧混合型体系（简称混合型）、羟基聚酯/（封闭型）聚氨酯体系（或称聚酯/聚氨酯体系）、羧基聚酯/TGIC（异氰尿酸三缩水甘油酯）体系（或称TGIC聚酯体系），同时还出现了其他一些粉末体系，如醇酸/三聚氰胺体系和某些丙烯酸体系。

由于巨大的环保压力，粉末涂料不断地取代溶剂型涂料已经成为当今的主流，随着粉末涂料以及涂装技术的改进，粉末涂料的应用领域将更大。粉末涂料及涂装技术的改进主要源自汽车行业、家电行业以及普通工业领域需求的增长，其中包括原材料、制粉和涂装技术等的发展改进。粉末涂装在汽车行业的应用不断扩大，汽车底盘、内饰件、轮毂和车身均开始采用粉末涂装。汽车用粉末涂料的技术改进包括：透明粉末的透明性、附着力、流平性和抗紫外光性，在保证粉末涂料外观和性能的前提下尽可能降低固化温度；各种涂装技术（如机器人技术、气流控制技术和高上粉率技术）等。

粉末涂料涂装的预涂金属板（卷材）在家电行业的应用快速增长，要求粉末涂料能在 $25\sim60s$ 内完成熔融、流动流平和固化全过程，并同时保持良好的涂膜外观与各种抗性。家电用粉末涂料必须具有一定的后成型性，其成型度取决于最终用途。

汽车行业和家电行业的发展推动了特种粉末涂料体系和涂装技术的开发，出现了适用于不同工艺的专用粉末涂料在普通工业涂料中的应用在不断增长，逐步进入以前难以涉足的领域（如颜色要求多、涂装速度快、涂层比较多等领域）。

（3）高固体分涂料

高固体分涂料即固体分含量特别高的溶剂型涂料，一般固体分含量在65%～85%的涂料便可称为高固体分涂料，在涂装时溶剂的排放量大大减少，已成为涂料发展的重要方向。目前国外高固体分涂料的研究开发重点是低温或常温固化型和官能团反应型、快固化且耐酸碱、耐擦伤性好的高固体分涂料。

尽管还有水性涂料、粉末涂料、光固化涂料的发展，但是含有一定溶剂的高固体分涂料以其独有的特点，决定着它不可替代的地位。

高固体分涂料的主要品种有氨基-醇酸树脂系、氨基-丙烯酸树脂系、丙烯酸-聚氨酯系、聚酯系和环氧树脂系等。其涂料制造和涂料施工都与普通溶剂型涂料相接近。但要求树脂分子量较低，分子量分布较窄，玻璃化温度较低，溶解性好。这种涂料是利用现有生产条件能加速发展的一种低污染、省资源、节能型涂料。目前，主要用于家用电器、机械、农机、汽车等涂装。

① 高固体分醇酸树脂涂料　与传统的溶剂型醇酸树脂涂料相比，高固体分醇酸树脂涂料的制备可以从改变酯分子的结构和使用不同性能的助剂来实现。

降低涂料中酯的相对分子质量，相对分子质量小的酯，可以明显降低涂料的黏度。但是相对分子质量过低，会影响漆膜的性能，一般认为相对分子质量为 1000～1300 比较合适。提高相对分子质量的均匀度，改变反应条件，使酯的相对分子质量分布在较小的范围内，可以使涂料的黏度明显降低、减小树脂的极性。主链对树脂的极性影响较小也不容易进行改变。一般是通过增加侧链的含量，来达到减小树脂的极性的目的。利用 MPD（2-甲基-1,3-丙二醇）合成高固体分聚酯，利用甘油二烯丙基醚制备气干型不饱和聚酯树脂，都能制得高固体分涂料用的醇酸树脂。

使用各种助剂改善涂料的性能，使用合适的溶剂，高固体分涂料选用溶剂除了甲苯、二甲苯外，还经常选用毒性小、光化学反应活性小的含氧溶剂，如甲乙酮（MEK）、甲基异丁基酮（MIBK），或者使用二者的混合溶剂。使用活性稀释剂，所谓活性稀释剂，就是一种相对分子质量小的化合物，加入到涂料中，可以起到一定的稀释作用，但同时该分子中有活性基团，可以参加交联。常用的活性稀释剂有烯丙基醚类化合物，包括环乙缩醛和 V-54 醇二元酸酯、甲基丙烯酸双环戊二烯基乙基酯（DPOMA）、三羟甲基丙烷单烯丙基醚（TMPME）、有机铝交联剂等。将醇酸树脂与其他树脂混用也可以取得较好的效果。

② 高固体分丙烯酸涂料　制备高固体分丙烯酸涂料，其技术关键同醇酸树脂涂料一样，也是降低树脂的相对分子质量，但是由于丙烯酸共聚树脂的特殊性，其官能团在分子中分布的均匀性就显得十分重要了。

降低丙烯酸树脂相对分子质量。随着聚合单体平均相对分子质量的下降，单官能团或无官能团的聚合单体的数量必然增加，再加上聚合单体相对分子质量分布的不均匀性，更加剧了这种情况，这样必然增加漆膜中未聚合的残留物，影响漆膜的效果。因此这种方法有一定局限。增加聚合单体中活性基团的数量。将聚合单体中活性基团的数量由 2 个增加到 3 个甚至 4 个以上，将会明显减少单官能团或无官能团的数量，但是由于活性官能团数量的增加，将会使涂料的黏度增加，原料成本增加，同时由于单体的活性增加随之也会降低贮存稳定性。试验证明，活性单体的投料量在 20％左右比较合适。增加涂料单体相对分子质量的均匀性。在合成单体的过程中，加入链转移剂，可以通过对链自由基的转移来调整聚合物的相对分子质量，增加涂料单体相对分子质量的均匀性，也可以使活性基团在涂料单体中分布得更均匀，减少单官能团和无官能团单体的数量，提高漆膜的质量。

常用的链转移剂是带羟基的硫醇化合物，它不但可以降低黏度和减小相对分子质量分布，而且可以提供多余的羟基，可以进一步改善漆膜的性能。在链转移剂分子中，羟基与硫基之间的距离越长，漆膜的柔韧性就越好。如使用过氧化二叔丁基为自由基引发剂、硫基乙醇为链转移剂，合成了高固体分、低黏度的羟基丙烯酸树脂，其黏度在 1Pa·s 以下，固体含量为 65％～70％。也可以在聚合过程中，在合成树脂时引入含 2 个双键的单体，增加树脂的支化度，可明显降低高固体分树脂的黏度，且不影响相应漆膜的性能。

控制丙烯酸聚合物的玻璃化温度（$T_g$）。聚合物的 $T_g$ 取决单体的结构与聚合物的平均相对分子质量，影响着聚合物的黏度。聚合物单体平均相对分子质量越大，其 $T_g$ 越高，其溶液黏度也越高。通过调整不同结构的单体比例，可以控制聚合物的 $T_g$ 与黏度。在聚合中引入叔碳酸缩水甘油酯。叔碳酸是一种支链酸，对有机溶剂有很好的相容性，叔碳酸中伸展的支链对碳基有强大的位阻效应，提供其衍生物的耐水解、耐紫外线能力；团状的烷烃结构提供其疏水性、溶剂相容性和低黏度。使用带羟基的功能性引发剂。通过对引发剂添加量、聚合反应温度的调节，使相对分子质量低的聚合物链均匀地含有不少于 2 个的羟基，可以很容易制备固体含量高达 85％的羟基丙烯酸酯树脂。

选择合适的溶剂。选择合适的溶剂，可以使涂料的黏度明显降低。由于在高固体分涂料中，溶剂的使用量一般小于 20％，因此对溶剂的性能提出了更高的要求，如对单体的溶解性能好、组成的溶液黏度低、挥发速度合适、成本低、毒性低等。

③ 高固体分聚氨酯涂料　异氰酸酯与醇进行酯化反应的产物，被称为聚氨酯，以该类产品为基础的涂料有优良的耐摩擦性、柔韧性、弹性、抗化学药品性与耐溶剂性，可以在常温和低温下固化。聚氨酯涂料可以与聚酯、聚醚、环氧、醇酸、聚丙烯酸酯、醋酸丁酯纤维素、氯乙烯与醋酸乙烯共聚树脂、沥青、干性油等配合，制备出可以满足不同使用要求的涂料品种。

④ 高固体分环氧树脂涂料　利用环氧树脂对其他传统的低固体分涂料进行改造，可以制备出性能更优异的高固体分涂料。

使用脂肪族环氧官能团与丙烯酸树脂交联的新型高固体分胺-酸型丙烯酸树脂体系性能非常好，干性、光泽和户外耐久性与双组分丙烯酸氨基甲酸酯相当。与双组分氨基甲酸酯相比，非异氰酸酯型涂料最终涂膜性能的形成要慢得多，在室温下通常需要 3 周左右。然而，涂膜的机械性能和初始耐化学品性能却不如双组分氨基甲酸酯涂料。干性与适用期的良好平衡是该新型产品的优势所在。非异氰酸酯型涂料的商业应用已有多年，丙烯酸型非异氰酸酯体系的总体性能较好，干燥性能、光泽和耐久性与双组分氨基甲酸酯体系相当。然而，双组分氨基甲酸酯的机械性能、初期耐化学品性能更好。干燥性能和适用期的良好平衡使这种产品最具吸引力。

（4）光固化涂料

紫外光（ultraviolet，UV）固化技术是 20 世纪 40 年代开发的一种环保型固化技术，它在受到紫外光照射后，发生光化学反应，从而引起聚合、交联，使液态涂层瞬间变成固态薄膜，由于它具有以下诸多优点，因此获得迅速发展。

a. 节省能源，耗能为热固化涂料的 1/10～1/5。

b. 无溶剂排放，既安全又不污染环境。

c. 固化速度快（0.1～10s），生产效率高，适合流水线生产。

d. 可涂装对热敏感的基材。

e. 涂层性能优异，具有良好的耐摩擦性、耐溶剂性及耐沾污性等性能。

国外对 UV 固化技术研究进行得较早，20 世纪 40 年代，美国 Inmont 公司首次发表了不饱和聚酯/苯乙烯 UV 快速固化印刷油墨，并获准专利申请，科学家们对 UV 固化体系发生了兴趣。20 世纪 60 年代，西德柏尔公司对不饱和树脂与安息香酸体系的紫外光固化行为进行了研究，并于 1968 年推出了商品化产品。这种涂料价格低廉、无溶剂、快固化，非常适合木器表面涂装，至今仍是 UV 固化涂料的重要品种之一。20 世纪 70 年代初，美国 Sun 化学公司、Immont 公司公布了丙烯酸系光固化油墨。UV 固化技术的应用在发达国家和地区经历了一段迅速发展的阶段，到 20 世纪 80 年代末，一直保持着年均 15％以上的增长率。进入 20 世纪 90 年代，仍以每年接近 10％的速度快速增长。尤其是近二十年，许多在紫外光辐射下快速固化的树脂，特别是高活性多官能团的丙烯酸酯，以及各种合适的光引发剂陆续商品化。

紫外光固化技术可应用在涂料、油墨、胶黏剂等领域，但以在涂料中的应用最广泛，并且发展也最快。图3-9为实验室和工厂常用的紫外光固化机。

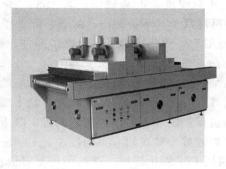

图3-9 实验室和工厂常用的紫外光固化机

UV固化涂料一般由光活性低聚物、单官能团或多官能团稀释性单体、光引发剂和助剂等组成。光活性低聚物在固化后形成聚合物的三维网络结构，对固化膜的理化性能起决定性的作用。单官能团或多官能团稀释性单体主要用来调节体系的黏度，使之适合工业涂装需要。光引发剂用来引发UV固化，用量较少，助剂则是为了赋予涂层一些特殊的性能而加入的。

UV固化涂料中常用的光活性低聚物有丙烯酸酯化的环氧、聚酯、聚氨酯和有机硅等，它们由丙烯酸与环氧、聚酯、聚氨酯反应而得。

单官能度、二官能度和多官能度单体用作稀释剂可降低所配混合物的黏度、促进快速固化。单官能度单体只有一个活性基团或一个不饱和键结构，这种单体在辐射或照射下能发生反应，结合到固化的材料或成品中。单官能度单体除可降低黏度外，还会影响涂料、胶黏剂和油墨的性能。这些单体的特殊化学性质将决定它们对无空底材的附着力、硬度、柔韧性以及其他特性的影响程度。广泛使用的单官能度单体有丙烯酸丁酯、丙烯酸和N-乙烯吡烷酮等。

多官能度单体的应用将赋予涂料、胶黏剂或油墨等体系一定的交联性和应用性能，但是通常不单独使用。广泛使用的二官能度和多官能度单体有三丙二醇二丙烯酸酯（TPGDA）、三羟甲基丙烷三丙烯酸酯（TMPTA）、二丙二醇二丙烯酸酯（DPGDA）、1,6-己二醇二丙烯酸酯（HDDA）、1,4-丁二醇二丙烯酸酯（BDDA）等。

UV固化技术因其无污染、效率高等优点，而得到快速发展，主要应用于建筑材料、体育用品、电子通信、包装材料、汽车零部件等不同领域。随着环境保护的日益重视，UV固化涂料有望代替或部分代替传统固化涂料。按照其用途，UV固化技术主要应用在以下几个领域。

① 木器用UV固化涂料　这是一类应用较早的UV固化涂料，欧洲于20世纪60年代初期到中期就开始在木器制品上使用UV固化材料，早期应用主要限于刨花板和多孔性基体的辊涂填料和腻子，而后发展到用作木器的面漆。木器家具用UV固化涂料要求高光泽、耐磨、耐划、高硬度、多色彩；木质地板则要求亚光、耐磨、耐划。涂料除了要满足一些基本的性能以外，还要保证良好的附着力。市场上有各种类型的木材，不同的木材其空隙、树脂及纹理的种类会有各种变化，这些会对配方有不同的要求。选用不同光固化树脂，可满足不同性能要求，目前使用最多的为不饱和聚酯体系和丙烯酸酯体系。

② 塑料用UV固化涂料　包括普通塑料涂料和工程塑料涂料。用于聚苯乙烯制品、聚酯薄膜制品、有机玻璃制品等普通塑料，UV固化涂料赋予其耐摩擦、不易划伤的性能，并

且更加美观；用于汽车部件、器械等金属化的工程塑料，如酚醛制品、ABS 制品，UV 固化涂料赋予其高硬度、不易划伤、高光泽、美观等性能；塑料地板，如聚氯乙烯地板等，UV 固化涂料将赋予其不易划伤、耐磨、低光泽、美观等性能。

③ 金属用 UV 固化涂料　用于汽车部件、器械、罐头盒等装饰，这是 UV 固化涂料发展的一大方向，将部分代替传统涂料而赋予各种金属制品高雅美观的外表。常用的低聚物有环氧丙烯酸酯、聚氨酯丙烯酸酯、聚酯丙烯酸酯、聚醚丙烯酸酯等。UV 固化涂料应用于金属等基体时往往会出现附着力差等现象，这主要是固化时较大的固化收缩率所引起的，通常的办法是通过促进附着力的添加剂来改善。20 世纪 90 年代开发的阳离子光引发体系固化收缩率小，可以较好地解决附着力问题。

④ 纸张用 UV 固化涂料　这是一种发展很快的 UV 固化涂料，一般称为光固化上光油或罩光清漆，主要用于杂志、包装材料、标签等的表面上光，增加印刷品的外观效果，使印刷品质感更加厚实丰满、色泽更加鲜艳明亮，改善印刷品的使用性能，赋予制品高光泽、耐磨性、抗水性，使制品美观耐用。目前印刷品 UV 上光油绝大部分使用丙烯酸酯类化合物。

⑤ 光纤用 UV 固化涂料　UV 固化光纤涂料是 UV 固化技术在通讯领域应用的突出代表，也是 UV 固化涂料的一个非常成功的应用领域。它以快速的固化、优良的防护和光学性能，在光纤的生产和使用中发挥了重要的作用。UV 固化光纤涂料在光纤生产中可以达到 2m/s 的固化速度，5～10m/s 的固化速度也已经获得成功，它不仅满足了光纤销量的增加，也大大降低了生成成本。UV 固化光纤涂料主要用于保持石英玻璃拉制成纤维的强度和防止环境污染，赋予各条光纤不同颜色以示区别。主要应用的低聚物有三种：聚氨酯丙烯酸酯、硅酮丙烯酸酯和改性环氧丙烯酸酯。

⑥ 其他 UV 固化涂料　最近欧洲把 UV 固化涂料应用于楼房阳台隔板复合材料，把多达 12 种颜色的紫外光固化涂料以低光泽装饰室外。要求这种涂料附着力强，耐候性佳，耐磨性高，抗化学腐蚀，并要有 20 年的质量保证。

UV 固化涂料的应用是多方面的，如硅烷隔离涂料、皮革涂料、光盘涂料等，并且人们还在不断开发新品种，开拓新的应用领域。

（5）功能涂料（纳米功能涂料）

在传统的涂料中加入一些特殊的材料而使涂料获得一些特殊的性能，这种方法也是目前涂料发展的一个方向，如加入阻燃材料获得阻燃涂料，加入导电材料获得导电涂料或抗静电涂料等。

涂料的功能化方向很多，如阻燃涂料、导电涂料、抗静电涂料、抗菌涂料、吸波涂料、抗沾污涂料、示温涂料、隐身涂料等。本文只对一种特殊的粉体——纳米粉体加入到涂料中所实现的涂料功能化进行简单介绍。

纳米材料具有独特的表面效应、体积效应、量子效应、界面效应以及有关光、电、磁等特性，体现出与普通材料不一样的独特性能，因而引起了各行业的广泛关注和研究，在化工领域也得到了广泛的应用。在涂料工程中，纳米材料的改性使涂层性能得到改善，应用范围得到扩展，为提高涂料性能和赋予其特殊功能开辟了新途径。

根据涂料的功能可把纳米复合涂料分为以下几大类：纳米光催化涂料，耐老化型纳米涂料，纳米隐身涂料，随角异色效应型纳米涂料，纳米透明隔热涂料，其他纳米功能涂料（耐磨、静电屏蔽等）。

① 纳米光催化涂料（杀菌，净化空气）　将纳米材料掺入到涂料中可制得具有抗菌、环保功能的纳米复合涂料，采用纳米二氧化钛进行光催化是一项正在蓬勃兴起的新型空气净化

技术，相比较传统的抗菌涂料毒性大、有效期短和残效期长的缺点，光催化技术具有能耗低、易操作等优点，尤其对一些特殊的污染物具有比其他方法更突出的去除效果，在纳米抗菌涂料中，锐钛型纳米 $TiO_2$、$ZnO$ 以及纳米载银抗菌材料性能尤为突出。

纳米 $TiO_2$ 具有较高的光催化性，可有效地分解有机物，比次氯酸具有更大的杀菌效力可制成杀菌防污涂料。$TiO_2$ 的杀菌作用在于它的量子尺寸效应，虽然钛白粉（普通 $TiO_2$）也有光催化作用，但由于也产生电子、空穴对，但其到达材料表面的时间在微秒级以上，极易发生复合，很难发挥抗菌效果，而达到纳米级分散程度的 $TiO_2$，只需纳秒的时间，能很快迁移到表面，攻击细菌有机体，起到相应的抗菌作用。

其他纳米材料也同样具有杀菌的功效，如纳米 $ZnO$ 的抗菌机理与锐钛型 $TiO_2$ 相似，纳米 $ZnO$ 的定量杀菌试验中，在 5min 内纳米 $ZnO$ 的浓度为 1% 时，金黄色葡萄球菌和大肠杆菌的杀菌率在 98.80% 以上。

② 耐老化型纳米涂料　涂料作为一种高分子材料在其使用环境中，易受到光、热、氧、水分、微生物等的作用而发生老化降解。特别是受到紫外线的照射很容易产生涂膜基体中高分子链的断裂、粉化等现象。

主导高分子材料最初光化学过程的太阳光谱中的近紫外光波段，纳米 $TiO_2$（金红石型）、$SiO_{2-x}$ 等粒子添加到涂层中，能明显地提高涂料的抗老化性能，金红石型纳米 $TiO_2$ 晶体的光学性质服从瑞利光散射理论，可透过可见光和散射波长更短（$200\sim400nm$）的紫外光，因此它具有强烈吸收紫外线的特性，在全部紫外光区（UVC＋UVB＋UVA）都具有有效的紫外线滤除能力，加上它化学性质稳定、无毒性而得到广泛的应用。金红石型纳米 $TiO_2$ 可作为一种良好的永久性紫外线吸收剂，用于配制耐久型外用透明面漆，用于木器、家具、文物保护等领域。

纳米 $SiO_{2-x}$ 颗粒是无定形白色粉末（团聚体），表面存在不饱和键及不同键合状态的羟基，其分子状态呈三维链状结构，此结构与树脂的某些基团发生键合作用，从而大大地改善材料的稳定性；另一方面，当入射光照射到纳米 $SiO_{2-x}$ 颗粒状结构材料时，入射光每行进几个纳米就要接触一个新界面，这些重复接触导致彻底的漫反射，因而纳米 $SiO_{2-x}$ 的界面反射特性使材料涂层对紫外线和可见光反射率达 80%～85%，可显著提高材料的抗老化性能。

纳米氧化锌、氧化铁、碳酸钙等微粒都具有大颗粒所不具备的特殊光学性能，普遍存在"蓝移"现象。添加到涂料中，能对涂料形成屏蔽作用，从而达到抗紫外老化的目的。

③ 纳米隐身涂料　纳米隐身材料（雷达波吸收涂料）指能有效地吸收雷达波并使其散射衰减的一类功能涂料，主要原理是利用纳米微粒小的特点减少波的反射率和比表面积大的特点来降低雷达的反射信号，从而起到隐身的作用。

利用纳米材料的表面效应，可以制备出吸收不同频段电磁波的纳米复合涂料。可用作雷达波吸收剂的纳米粉体有：纳米金属（Fe、Co、Ni 等）与合金的复合粉体、纳米氧化物（$Fe_3O_4$、$Fe_2O_3$、$ZnO$、$NiO_2$、$TiO_2$、$MoO_2$ 等）的粉体、纳米石墨、纳米碳化硅及混合物粉体等。

采用铁氧体纳米颗粒和聚合物制成的复合材料，能吸收和衰减电磁波及声波，减少反射和散射，被认为是一种极好的隐身材料。

与其他隐身材料相比，纳米涂层材料具有吸收频带宽、质量轻、厚度薄等优点，据资料报道，纳米复合材料多层膜在 7～17GHz 频率的吸收峰高达 14dB。在 10dB 的吸收水平，其频宽为 2GHz，几十纳米厚的膜相当于几十微米厚的通常吸波材料的吸波效果，从而在军事上可望提高战略飞行器的突防能力。

现在，隐身涂料作为隐身技术的关键技术之一，已不仅仅用于飞航导弹等飞行器上，最新的发展是几个主要工业化国家和军事强国已开始将隐身涂料技术应用于海军舰艇、隐身装甲车、隐身坦克、隐身车辆等技术装备上。

④ 随角异色效应型纳米涂料　纳米 $TiO_2$ 的粒度一般为 $10\sim50nm$，其光学效应随粒径而变，将金属闪光材料与铝粉或云母珠光颜料等混合用在涂料中，能够产生随角异色效应，根据 Rayleigh 光散射理论，纳米 $TiO_2$ 对可见光呈透明性，在与铝粉等混用时，入射光一部分在散光铝粉表面发生镜面反射，而另一部分透过纳米 $TiO_2$ 发生色散后，在纳米 $TiO_2$ 与铝粉界面反射，形成散光涂层，因而具有这种独特颜色效应。

这种配色技术首先由美国 Inmont 公司于 1985 年开发成功，1987 年便应用于轿车工业。1991 年世界上已有 11 种含有纳米 $TiO_2$ 的金属闪光轿车面漆被应用。

⑤ 纳米透明隔热涂料　利用纳米粒子对红外线的吸收和反射性能，将某些纳米粒子与有机涂料复合制得的隔热涂料。从太阳光线辐射能谱的分布情况来看，太阳光的能量 50% 是处于近红外区 $0.72\sim2.5\mu m$。入射到涂层上的太阳辐射被吸收、透射或者反射，其吸收比 $\alpha$、反射比 $\beta$ 和透射比 $\gamma$，根据能量分配：$\alpha+\beta+\gamma=1$，当 $\alpha$、$\gamma$ 减少时，则反射比 $\beta$ 将增大。因而，选择合适的物质如纳米 $ZnO$、$SnO_2$、$TiO_2$ 等，使其对可见光的吸收和反射减小，对近红外反射增强，这样就可以达到透光隔热的目的。

对于透明隔热纳米涂料来说，纳米无机材料的选择是关键，必须具有良好的可见光透过能力和近红外的反射、隔断能力，所选取的无机纳米材料的粒径远小于可见光的波长，对可见光具有一定的绕射作用，所以制备出的涂料是透明的。

有研究者用纳米氧化铟锡制备的透明隔热涂料，具有良好的光谱选择性，可见光区的透过率达 80% 以上，而大部分红外光被有效阻隔。

近年来，纳米透明隔热材料取得了迅速的发展，但也存在一些问题，例如无机材料的选择还比较模糊，纳米材料的不稳定性以及光、热等所产生的副反应也影响了涂料的性能。

⑥ 其他纳米功能涂料　纳米改性涂料的应用范围非常广泛，根据应用目标的不同，可以实现很多特殊的性质。纳米氧化铝与透明清漆混合，制得的涂料能大大提高涂层的硬度、耐划伤性及耐磨性，比传统的涂料耐磨性提高 24 倍。用硅氧烷包覆纳米 $SiO_2$ 粒子的抗刮擦丙烯酸涂料，其耐磨性是传统丙烯酸树脂涂料的 10 倍，用 $SiO_2$ 包覆处理纳米 $TiO_2$ 制备的纳米涂料，其耐擦洗次数由 3000 次提高到 10000 次。另外纳米 $CaCO_3$ 粒子能够赋予涂料优良的触变性能，大大提高涂料的附着力。

此外，还有具备良好静电屏蔽的纳米涂料，所应用的纳米微粒有 $TiO_2$、$ZnO$ 等。这些具有半导体特性的纳米氧化物粒子在室温下具有比常规氧化物高的导电特性，因而能起到静电屏蔽作用，同时氧化物纳米微粒的颜色不同，可以通过复合控制静电屏蔽涂料的颜色，这种静电屏蔽涂料不但有很好的静电屏蔽特性，而且也克服了炭黑涂料颜色的单调性。

纳米材料作为一种功能性填料，还可以广泛应用于纳米界面涂料、纳米自修补涂料、抗石击涂料、高介电绝缘涂料、磁性涂料、红外隐身涂料等领域。

## 3.2　涂装

在物体表面涂装涂料是工业生产中应用很久远的一种表面处理技术。要保持涂膜平整光滑、经久耐用，充分发挥涂料的保护、装饰等功能，除涂料质量的优劣外，合理选择施工方法关系极大。俗话说："三分油漆、七分施工（涂装）"，由于施工方式选择的不当，可影响涂料的使用价值，造成极大的经济损失。涂料在施工前，必须强调对被涂物表面的适当处理以及选择合理的涂料品种，然后再进行施工。

随着科学技术的日新月异，涂料涂装已成为方式最多的表面技术。既有刷涂、辊涂、搽涂、刮涂、浸涂、淋涂、喷涂等传统工艺，又有流化床、静电喷涂、电泳涂装等现代技术。既可对工件整体一次涂装，又可将其分区涂装，可对任何大尺寸的工件进行涂装，也可以工厂化地进行集中高效地涂装，又可在工件现场就地涂装等。

涂料施工的方式虽然较多，但各有优缺点，应视产品的具体情况来正确选用涂装方法，以达到最佳的涂装效果。

## 3.2.1　涂装前处理

被涂工件涂装前进行表面处理的目的是使被涂表面达到平整光洁、无锈蚀、无油水、无尘土等污物，以最大限度地发挥涂料的保护和装饰效果。不同的材质需要不同的表面处理方法，不同的使用环境和涂料对表面处理的方法和质量的要求也不尽相同。表面处理的内容不仅指表面的清洁（除油、除锈、除污），还可扩展到各种物理、化学的处理方法，如磷化、发黑、钝化、喷丸强化等。本节主要介绍一些常见基材的涂装前处理方法，如除油、除锈等，磷化、发黑、钝化等表面化学处理方法参见其他章节的内容。

（1）除油

为了获得优质涂层，在涂装前对被涂表面进行除油、除锈等各种准备工作，统称为表面处理，是涂装工作的第一步，也是涂装保护工作的基石。

除油（脱脂）主要是利用各种化学物质的溶解、皂化、乳化、润湿、渗透和机械等作用除去物体表面的油污。常用的材料主要是碱液、有机溶剂、清洗剂（脱脂剂），常用的清洗工艺主要有擦拭、浸泡、喷射、火焰、蒸汽等方法，此外还有超声波、电化学、滚筒和机械喷砂法等。

碱液除油是一种主要依赖于油的皂化反应除油的方法，是一种最简单、最古老的方法，由于价格低廉，仍被广泛使用。清洗用碱有 4 大类：氢氧化钠、碳酸钠、硅酸盐类、磷酸盐类。

对于不能发生皂化反应的矿物油，需要利用表面活性剂（乳化剂）使油和水发生乳化反应，形成稳定的乳浊液，达到除油的目的。该法可在室温下进行，不像有机溶剂容易引发安全事故，是一种高效、廉价、安全的方法。

利用有机溶剂对油的溶解能力除油是另外一种普通的除油方法，除油效率高，适合各种油污，但不能同时去除无机盐，溶剂挥发后容易残留，有着火和中毒危险。因此，所用的有机溶剂要求具有溶解力强、不易着火、毒性小、挥发慢等性能，常用的清洗用溶剂主要有汽油（白油）、煤油、石油溶剂、松节油、甲苯、二甲苯和含氯溶剂等。

（2）钢铁表面的除锈

除锈的目的是去除钢铁表面的所有氧化皮和锈蚀物，为进一步涂装工作提供良好基底，确保涂层质量，延长钢铁使用寿命。通常在除锈的同时也可除去旧涂层和污物，所以除锈时，也包括同时除漆、除污物。常用的除锈方法有手工、小型机械（风动、电动）、喷（抛）丸（砂）、高压水（磨料）、酸洗以及电化学和火焰等除锈方法。

手工工具除锈是一种最原始的除锈，用刮刀铲去薄的锈层。手上除锈方法简便，但劳动强度大，除锈效率和质量低下，一般只能除去疏松的铁锈和失效旧涂层。所以目前仅用于机械除锈达不到的局部部位除锈。常用的手工除锈工具如图 3-10 所示。

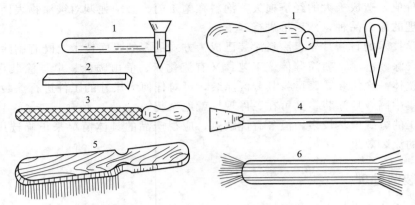

图 3-10  手工除锈工具

1—尖头锤；2—弯头刮刀；3—粗锉；4—刮铲；5—钢丝刷；6—钢丝束

小型机械工具主要指或高压空气为动力的小型电动或风动除锈工具（如图 3-11）。除了常用的角向磨光机、风动砂轮和风动钢丝刷等，还有风动针束除锈器、风动敲锈锤、齿列旋转除锈器等。

喷丸（砂）和抛丸（砂）除锈，劳动强度较低，机械程度高，除锈质量好，可达到适合涂装的粗糙度的效果，因此在钢铁零件的除锈中也被广泛采用。

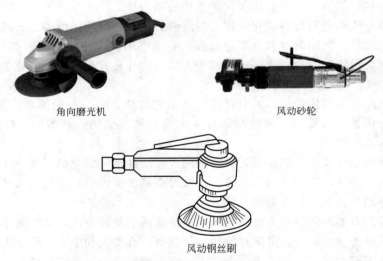

角向磨光机                    风动砂轮

风动钢丝刷

图 3-11  小型除锈工具

此外，还可采用高压水及其磨料射流除锈，这是近年发展起来的除锈技术，由于其环保特性，彻底改变了喷砂的粉尘污染问题，而且除锈效果提高了 3~4 倍；其缺点是除锈后易返锈、表面及环境湿度大，对普通涂料影响较大。除锈原理是利用高压水的冲击力（加上磨料的磨削作用）和水楔作用破坏锈蚀对钢板的附着力达到除锈的目的。可分为两类：纯高压水和磨料射流。

酸洗除锈又称为化学除锈，其原理主要是利用酸与气化物（锈蚀）反应，生成可溶或不可溶性铁盐；同时反应过程中产生氢气，又可破坏锈层和氧化皮，从而达到除去锈蚀的目的。但出于除锈过程中不能同时将焊渣等除去，不能形成一定的粗糙度以及废水处理等问题，通常用于不能用机械方法除锈的薄钢板、形状复杂的零部件及小型物体。酸洗的主要材料是无机酸（硫酸、盐酸、磷酸等）和有机酸（柠檬酸、葡萄糖酸等）。无机酸来源广泛，除锈能力强、速率快，所以应用广泛。由于酸洗过程中产生氢气会使金属产生氢脆，产生的酸雾对人体有伤害，因此通常要加入缓蚀剂、润湿剂，在喷射法酸洗除锈中还要加入增厚剂和消泡剂。

（3）有色金属的表面处理

在一般环境下，有色金属一般不需涂刷保护层，因为其氧化产物具有比钢铁氧化物强得多的附着力和抗渗透能力。但当其处于高盐、高湿、酸雾、碱性等腐蚀环境中，或因装饰等原因，也需要进行涂装。要使有色金属上的涂层牢固附着，关键在于充分的表面处理，基材上不能有油脂、锈蚀、污物和失效旧涂层，同时要特别注意所选择的底漆不能含有与底材不适应的颜填料等物质。有色金属通常选用磷化底漆。其常用处理方法见表 3-3。

表 3-3　有色金属的表面处理及底漆

| 金属 | 处理方法 | | 底漆 |
| --- | --- | --- | --- |
| | 工厂 | 现场 | |
| 铝板 | 酸或碱除油 | 砂布处理同时除油或用松香水除油 | 磷化底漆或铬酸锌底漆 |
| 镀锌板 | 酸或碱除油 | 松香水除油 | 磷化底漆或铬酸锌底漆 |
| 喷镀锌板 | 砂布处理同时除油 | 砂布处理同时除油 | 涂磷化底漆后再涂铬酸锌底漆 |
| 紫铜、黄铜、青铜 | 溶剂除油 | 砂布或松香水除油 | 涂磷化底漆后再涂银粉漆 |
| 铅 | 一般不处理 | 露天腐蚀或砂布、松香水除油 | 磷化底漆 |
| 镀锡 | 溶剂除油 | 砂布、松香水除油 | 磷化底漆或铬酸锌底漆 |
| 镀铬 | 一般不处理 | 砂布、松香水除油 | 磷化底漆 |
| 镀镉 | 酸或碱除油 | 砂布、松香水除油 | 磷化底漆 |

（4）塑料材料的表面处理

塑料材料表面张力小，是低表面能材料，其表面不处理的话，涂层附着力会比较差，所以塑料材料在涂装前，表面均需要进行特殊处理。这类材料本身具有很好的防腐能力，涂装的主要目的是装饰及延长使用寿命。

塑料材料的表面处理方法比较多，常采用的有以下几种。

① 化学药品处理　该法主要是利用硫酸、重铬酸钾等化学品水溶液对塑料表面进行处理，从而引入极性基团来增强涂膜对塑料表面附着力。该法可用于各种塑料制品。

② 表面活性剂处理　该法主要是利用各种阴离子、阳离子、两性表面活性剂的水溶液对塑料表面进行处理，除去表面的灰尘和迁移出的各种助剂，保证涂膜对塑料的附着。该法污染小，有利于无机物的去除，对有机物的去除效果不如溶剂处理法。

③ 溶剂清洗　该法主要利用三氯乙烷等含氯溶剂对塑料表面进行处理，除去表面的灰尘和迁移出的各种有机助剂，保证涂膜对塑料的附着。该法可采用喷、刷、蒸洗等各种工艺，对有机物的去除效果较好，但容易造成环境污染。

④ 火焰处理　该法主要利用各种氧化火焰对塑料表面进行处理，从而引入极性基团来增强涂膜对塑料表面附着力。该法处理简单，但容易处理过度造成制品变形。

⑤ 等离子体处理　该法主要利用各种方式对塑料表面进行放电处理，从而引入极性基团来增强涂膜对塑料表面附着力。该法具有处理时间短、效果好的特点，但设备投资较大。

⑥ 紫外线处理　该法主要利用紫外线对塑料表面进行照射，在空气中氧的参与下，使

塑料表面引入极性基团或发生活化，从而增强涂膜对塑料表面附着力。该法处理简单，但对底材的选择性较高。

⑦ 打磨处理 该法主要利用轻度喷砂或手工打磨的方式，使塑料表面积增大，达到增强涂膜附着力的目的。该法是最简单、通用的表面处理方式，但由于是干式打磨，所以粉尘污染较大。

表面处理后，要注意立即涂装，原则上越快越好，以免重新玷污或逐渐失去活性。

（5）木材的表面处理

木材与其他材料不同，具有一系列可变性，包括密度、耐久性、尺寸稳定性和吸收性。木器涂漆前的表面处理是涂装的关键，木材表面处理不好，再好的涂料、再高的涂装技术，涂饰效果也不会很好。对木材表面处理的主要目的是为了得到平整光滑、颜色均匀、花纹清晰、美丽漂亮的表面。木材表面状态不仅影响该膜外观而且影响到漆膜的牢固性、耐久性。还影响到涂料干燥的快慢及涂料消耗的多少等。

木材表面处理包括两个内容，一方面是解决木材表面的缺陷如木毛刺、木节子、裂纹、腐朽发霉、虫眼、伤痕，胶合板中的鼓泡、离缝、渗胶、切削刀痕、进料机压痕等天然缺陷及加工过程带来的缺陷。另一方面是解决木材表面清洁问题如树脂、色素、渗胶、手垢等污染。

木材的种类和性质差异比较多，其表面状况也多种多样，其表面处理方法很多，这里只对一些常见的处理方法进行介绍。

木材在涂装前应该充分干燥，根据使用要求，要控制好木材中的含水率。大的裂缝、虫眼等均应采用与纤维方向一致的同种木块填塞。在处理木节时为了防止渗出树脂，可用快干漆封闭。也可以用腻子填平一些小的缺陷。木材表面的灰尘磨屑可用湿布擦、压缩空气吹、棕刷清扫等，也可用砂纸打磨去除。木材表面的胶迹和油脂可用热肥皂水、碱水清洗，也可用乙醇、汽油或其他溶剂擦拭掉。为减少单宁对木材着色的影响，可在木材表面涂刷一层白虫胶漆或骨胶漆作中间隔离层，还可以使用快速干燥的聚氨酯漆或硝基漆作为封闭漆，薄薄地喷涂一层再做木材着色处理。木材孔管的封闭，根据木材孔眼的大小用不同稠度的腻子进行刷、刮等处理，用砂纸打磨平整后再涂刷封闭底漆。也可以在腻子前先刷一道封闭底漆，以增强封闭腻子的附着力。

（6）墙体材料的表面处理

墙体材料大部分都是由石灰、水泥、石膏等化学性能活泼的材料组成的，其本身属于碱性物质。当它们受潮时，会变成活性的水溶性碱，可使多数含碱性颜料的涂料发生皂化后溶于水而受到破坏，对耐碱性不良的涂料影响很大。

其表面处理原则是：创造一个清洁、中性、干燥、平整的被涂面，同时隔绝潮湿源，以避免碱和盐随水分上升到材料表面，破坏涂层的黏结力和防护性能。一般要求表面含水率小于8%，pH值小于8，表面泛碱物、灰尘和污物清除干净。新表面不宜立即涂装，根据季节不同，混凝土要干燥21~28天以上，水泥砂浆和石膏要干燥14~21天以上，石灰砂浆干燥30~90天以上。

墙体材料中除了砖、石、石膏等，绝大部分采用混凝土、水泥及水泥砂浆，这些材料主要由水泥、砂、石等组成，干燥速率慢，吸水率大，表面粗糙，强碱性。其吸水率是影响涂装质量的关键，所以，在涂装前要干燥相当长的时间，待彻底干燥、消除碱性并做中和处理后才可进行涂装。

除油：可用温碱水或清洗剂进行刷洗，再用清水彻底冲洗。表面清洁：用钢丝刷或硬毛刷除去表面的灰浆、泛碱物及其他疏松物质。中和：可采取酸洗或酸蚀的方法，酸洗可用

5%~10%的盐酸擦洗，但要注意酸液在表面的存留时间不宜超过 5min，擦完后，用清水冲洗干净；酸蚀用 1 份浓盐酸和 2 份水混合后，涂在表面，用量为 $10\sim15m^2/L$，酸液留存的时间以 2~3min 为宜。还可以采用涂刷封闭涂层的方法代替中和过程，即用稀释后的耐碱性涂料或有机硅防水剂刷涂 1~2 层，然后打腻子的方法，可以起到防止水分和碱破坏涂层的目的。优点是处理简单，缺点是增加成本。

消光处理：混凝土和水泥经压实后，表面光滑不利于涂层附着，所以需要进行消光处理，处理方法有打磨、酸蚀、涂处理液。打磨，用角磨机或喷砂方法处理，或自然风化 6~12 个月；酸蚀方法同上；涂处理液，用含 3%氯化锌和 2%磷酸的混合液涂于表面，干燥后生成磷酸锌黏结层来提高涂层附着力。

空隙处理：混凝土表面有很多气孔和空洞需要在涂装前处理。气孔的消除要用喷砂的方法，打开后的气孔和孔洞还需要进行封闭。室外和潮湿环境用水泥或有机腻子填平，室内干燥环境可以用石膏或聚合物腻子填平。在做封闭性填充前，也可先刷一层耐碱性涂料进行封闭，如稀释后的乳胶漆。

涂漆：一般应选择耐碱性和高体积浓度的无光底漆。

## 3.2.2　涂装技术

涂装技术发展经历了漫长的历史，形成了各式各样的涂装方法，这些方法的原理、应用条件、适用情况与范围各不相同，今天仍旧是从最原始的手工刷涂到现代的静电涂装、电泳涂装和机器涂装并存的局面。从发展来看，连续化、机械化、自动化、低污染已成为现代涂装技术的发展方向。涂装有手工工具、机动工具、器械装备三种类型涂装，见表 3-4。由于涂装方法及相应的涂装工具和设备种类很多，本节只是挑选一些常用的涂装方法及涂装工具和设备进行介绍。

表 3-4　涂装方法的种类和应用

| 分类 | 涂装方法 | 所用主要工具和设备 |
| --- | --- | --- |
| 手工工具涂装 | 刷涂、擦涂、滚刷涂、刮涂、气溶胶喷涂、丝网法 | 各种刷子、砂布包裹的棉花团、滚筒刮刀、气溶胶漆罐、丝网、刮涂 |
| 机动工具涂装 | 空气喷涂、无空气喷涂、热喷涂、转鼓涂装 | 喷枪、空气压缩机等、无空气喷涂装置、涂料加热器及喷涂装置、滚筒 |
| 器械装备涂装 | 辊涂、抽涂、离心涂装、浸涂、淋涂、幕式涂装、静电喷涂、自动喷涂、电泳涂装(阴极、阳极)、化学泳涂装、粉末涂装法(火焰喷涂法、空气喷涂法、静电喷涂法、静电流化床法、静电粉末震荡法、静电隧道粉末涂装法、静电电泳涂装法、真空吸引法等) | 辊涂机、抽涂机、离心涂装设备、浸涂设备、淋涂设备、幕式涂装设备、静电喷涂及高压静电发生器、自动涂装机或机械手、电泳涂装设备、化学泳涂装设备、各种粉末涂装设备 |

（1）刷涂

刷涂是最早、最简便的涂布方式，适用于任何形状的物件。除了干燥过快的挥发性涂料（如硝基漆、过氯乙烯漆、热塑性丙烯酸漆等）易产生刷痕外，它适用于各种涂料。刷涂法涂漆很容易渗入底材表面的细孔，可加强对底材的附着力，此方法工具简单，省漆料，施工不受场地限制。采用刷涂方式还有较强的渗透力，能帮助涂料渗透到物件的细孔和缝隙中，增加了涂膜的附着力。而且，由于不会形成涂料粉尘，对涂料浪费少，对环境的污染也较小。刷涂方法的缺点是效率低、劳动强度大、装饰性差、有时易留刷痕。图 3-12 为墙体涂料的刷涂示意图。

刷涂工具主要是大小不同、形状各异的漆刷，有扁形、圆形和歪柄形等。按所选用的材

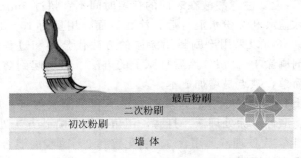

图 3-12　涂料的刷涂

质可分为：猪鬃、羊毛、马尾、狼毫、人发、棕丝和人造合成纤维等。按材料的硬度分又有硬毛刷和软毛刷两类。黏度大的漆（如磁漆、调和漆、底漆）宜用硬毛刷，黏度小、干燥快的漆（如清漆）则用软毛刷。刷子应清洁、整齐、不卷毛、不掉毛。常用的刷子如图 3-13 所示。

　　刷涂操作方法：刷涂通常按涂布、抹平、修整三个步骤进行。首先将涂料搅拌均匀，再用漆刷或排笔蘸少许涂料。为便于施工后的清洗，先将刷毛用水或稀释剂浸湿、甩干，然后再蘸取涂料。刷毛蘸入涂料不要过深，蘸料后在匀料板或容器边口刮去多余的涂料，然后在基层上依顺序刷开。自上而下、从左到右、先里后外、先斜后直、先难后易、纵横涂刷，最后用排笔轻轻抹边缘棱角，使表面上形成一层均匀、平整的涂膜。对于垂直表面，最后一次涂刷要自上而下，对于水平表面，最后一次涂刷应按光线照射方向进行。

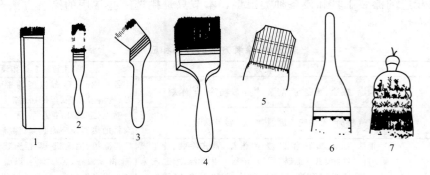

图 3-13　漆刷的种类
1—漆刷（刷大漆为主）；2—圆刷；3—歪脖刷；4—长毛漆刷；5—排笔；6—底纹笔；7—棕刷

（2）擦涂

　　擦涂是用纱布或棉布包裹一个棉花团，浸蘸涂料后用手工擦拭被涂物表面的一种涂装方法。通常用于硝基清漆、虫胶漆等挥发性清漆的涂装。因挥发性漆膜干燥后仍可被溶剂覆盖，所以在已涂装过涂料的表面擦涂时，原漆膜高处被抹平，低处被填平，可得到平整光滑的表面，一些木器家具的涂装采用此方法。

　　擦涂操作时应以连续圆弧状不停留地擦拭，漆膜干燥后再擦涂第二遍，如此反复进行。待漆膜平整光滑后，再顺木纹或光线方向轻轻地进行最后的修饰。擦涂法也可利用棉纱头、旧尼龙线团等浸漆，对管道、管架、船舶等要求不高的金属、木材表面做底涂用。

此方法没有专门的工具，全靠手工操作，施工者的经验与手法较为重要。而且劳动效率低，施工周期长，适用于中高档木器的装饰，比较常用在修补涂料方面，现应用面已逐步缩小。

（3）滚涂

滚涂一般是在大面积涂装和建筑物内外表面装修上取代刷涂的一种涂装方法，它只能滚涂平面的被涂物，效率高。滚筒是直径不大的空心圆柱，表面卷有合成纤维纺织品或羊毛等，操作时均匀吸附涂料，然后在平面上滚涂。

手工滚涂最适合建筑乳胶漆，也可用于油性漆、调和漆等。滚筒（辊子）的种类很多，主要有以下几类（如图 3-14）。辊子的结构如图 3-15 所示。

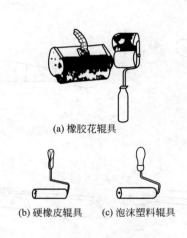

图 3-14　滚涂工具

(a) 橡胶花辊具
(b) 硬橡皮辊具　(c) 泡沫塑料辊具

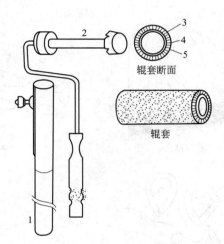

辊套断面
辊套

图 3-15　辊子的结构
1—长柄；2—滚子；3—芯材；4—粘着层；5—毛头

刷辊：分为长毛、中毛和短毛，纤维的种类、粗细、弯曲有所不同。黏度高的涂料选用硬刷毛、短毛，黏度低的涂料可用软刷毛。

涂布平辊：一般用于高黏度涂料、厚浆涂料，用聚氨酯海绵制作。孔径大而硬的海绵适用于滚涂带骨料的厚浆涂料，孔径小而柔软的则适合滚涂薄质涂料。聚氨酯海绵辊子不耐有机溶剂，宜用于水性涂料，包括乳胶漆、水泥系、硅胶系、水溶性高分子系涂料。

拉毛辊：在平辊上打眼后就可滚涂出拉毛涂层，制成各种各样的拉毛辊，就可以滚涂出形态各异的花样，拉毛滚涂最少要涂饰 1mm 厚的涂层。

压花辊：即在辊子上刻有花纹的辊，砂浆、石膏灰泥、厚浆涂料采用压花辊，可滚压出各种各样的饰面花纹，如浮雕饰面等。压花辊的涂层至少要抹上几个毫米，然后再在上面滚压花纹。

（4）刮涂

刮涂是指采用金属或非金属刮刀，对黏稠涂料进行厚膜涂装的一种方法。一般用来涂装腻子和填孔剂以及大漆、油性清漆、硝基清漆等。刮涂方法是古老的涂料涂装方法，施工方法简单，适用于要求厚涂层的表面，尤其适合腻子的涂装，是木器与车辆涂装的基础，决定着物面的平整、光滑度，关系到打磨所用的时间，也显著地影响涂层的质量。此方法的局限点在于适用于较平的表面和防护性较高的涂层，施工效率低。

刮涂的主要工具是刮刀。刮刀从材质上分为金属和非金属两大类，有金属、橡胶、木质、竹质、牛角以及塑料和有机玻璃等类型，其中较为常用的是金属刮刀。图 3-16 为常见的刮刀种类。

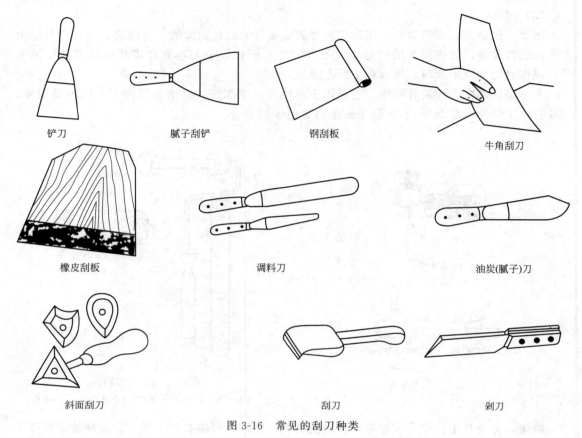

图 3-16　常见的刮刀种类

### （5）喷涂

喷涂是利用压缩空气或其他方式作为动力，将涂料从喷枪的喷嘴中喷出，成雾状分散沉积形成均匀涂膜的一种涂装方式。它的施工效率较刷涂等人工方式高几倍至十几倍，尤其适用于大面积涂装。对缝隙、小孔及倾斜、曲线、凹凸等各种形状的表面均可施工，并获得美观、平整、光滑的高质量涂膜。采用高压无气喷涂等方法，还可实现高固体成分或无溶剂涂料的一次成膜，适用于各种类型的涂料。其缺点是涂料形成粉尘污染，涂料消耗大，利用率低，对人体和环境的影响较大。

具体的涂料喷涂法种类也比较多，如：空气喷涂法、高压无气喷涂法、加热喷涂法、静电喷涂法、粉末静电喷涂法、火焰喷涂法。喷涂的方法在工业化生产和民用领域都有广泛的应用，如汽车涂装、家具的涂装等，图 3-17 为机械化的汽车喷涂自动化生产线。

在涂料施工中，应用最广的还是空气喷涂和高压无气喷涂，简称"有气喷涂"、"无气喷涂"。本文主要介绍这两种喷涂方法。

① 空气喷涂　空气喷涂法，也称有气喷涂、普通喷涂，是依靠压缩空气的气流在喷嘴处形成负压，将涂料从贮漆罐中带出，使涂料雾化成雾状，在气流的帮助下，涂到被涂物表面的数种方法。空气喷涂设备简单，操作容易，维修方便，其涂装效率高、作业性好，得到的涂层均匀美观，每小时可涂装 $150 \sim 200 \mathrm{m}^2$（约为刷涂的 $8 \sim 10$ 倍），

图 3-17　汽车喷涂自动化线

适宜喷涂一般涂料。

　　空气喷涂的不足之处是：涂料喷涂前必须按配比配好，调节合适的黏度；喷涂时有相当一部分涂料随空气的扩散而损耗；成膜较薄，需经多次喷涂操作才能达到规定的膜厚要求；涂料的渗透性和附着力一般比刷涂要差；扩散在空气中的涂料和溶剂，对人体和环境有害；在通风不良的情况下，溶剂的蒸汽达到一定程度，可能引起爆炸和火灾。

　　空气喷涂常用的工具和设备有喷枪、储漆罐、空气压缩机、油水分离器、喷涂室、排风系统等。其中喷枪有吸入式（吸上式）、自流式（重力式）、压入式（压送式）（如图 3-18 所示）。

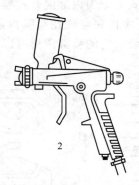
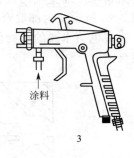

涂料

1　　　　　　　　2　　　　　　　　3

图 3-18　喷枪涂料的供给方式
1—吸入式；2—自流式；3—压入式

　　吸入式喷枪是现今应用最广泛的间歇式喷枪。这种喷枪的喷出量受涂料黏度和密度的影响较大，涂料杯中残存漆液会造成一定损失，但涂料喷出的雾化程度较好。目前，普遍使用的吸入式喷枪有 PQ-1 型（对嘴式）和 PQ-2 型（扁嘴式），其结构如图 3-19 所示。

　　自流式（也称重力式）喷枪，涂料杯安装在喷枪的斜上部，其余构造与吸上式基本相同。优点是涂料杯中漆液能完全喷出，喷出量比吸入式大，但雾化程度不如吸入式。当涂装量大时，可将涂料杯换成高位槽，用胶管与喷枪连接以实现连续操作。

　　压入式喷枪依靠另外设置的增压箱供给涂料，它适宜生产流水线涂装和自动涂装。增大增压箱中压力可以使其同时供几支喷枪工作，涂装效率高。

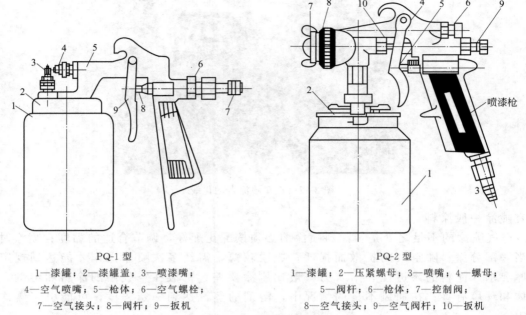

PQ-1 型
1—漆罐；2—漆罐盖；3—喷漆嘴；
4—空气喷嘴；5—枪体；6—空气螺栓；
7—空气接头；8—阀杆；9—扳机

PQ-2 型
1—漆罐；2—压紧螺母；3—喷嘴；4—螺母；
5—阀杆；6—枪体；7—控制阀；
8—空气接头；9—空气阀杆；10—扳机

图 3-19　吸入式喷枪的结构

　　喷枪按照使用特点分有砂浆喷枪（喷嘴直径为 2～6mm，多为黄铜制作，枪头为圆锥形，空气压缩机）、砂壁状涂料喷枪（喷嘴直径为 4～8mm）、多用喷枪、专用喷枪等。

　　按涂料与压缩空气的混合方式可分为内部混合式喷枪和外部混合式喷枪两种。其喷嘴结构如图 3-20 所示。内部混合式是涂料和空气在喷嘴内部混合后喷出。这种喷枪很少用，仅用于一些多色美术漆的小物件涂装，它的喷雾图形可以调节，现在使用的绝大多数喷枪都是外部混合型的。

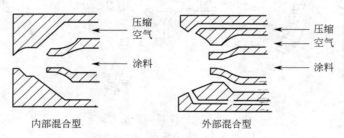

图 3-20　喷枪的混合方式

　　适用喷涂施工的涂料有各种乳胶漆、水性薄质涂料、溶剂性涂料。砂壁状喷涂常用的工具是手提式喷枪，适用的涂料有乙-丙彩砂涂料、苯-丙彩砂涂料等，其涂层为砂壁状。厚质涂料喷涂常用的工具是手提式喷枪及手提式双喷枪，适用的涂料有聚合物水泥涂料、水乳型涂料、合成树脂乳液厚质涂料。

　　喷嘴是喷枪的关键部件之一。最原始的对嘴喷枪（PQ-1 型）很简单，仅有一个涂料出口和一个空气出口。PQ-2 型及大部分其他喷枪均有一个涂料出口和数个空气出口。喷嘴一般用热处理过的合金钢制作，耐涂料磨损。喷嘴口径随用途不同而大小各异。喷嘴口径越大，涂料喷出量就越多，需要的空气压力就越大，否则雾化颗粒就变粗。喷嘴口径与涂料黏度、涂装种类的关系见表 3-5。

表 3-5　喷嘴口径与涂料黏度、涂装种类的关系

| 喷嘴口径/mm | 涂料黏度 | 涂装种类 |
| --- | --- | --- |
| 0.5~0.7 | 小 | 图案、着色剂、虫胶漆等 |
| 1~1.5 | 一般 | 硝基漆、合成树脂漆、小面积喷涂等 |
| 2~3 | 高 | 底漆、中间涂料、大面积喷涂 |
| 3.5~5 | 很高 | 腻子、阻尼涂料等 |

② 高压无气喷涂　高压无气喷涂是利用高压泵，对涂料施加 10~25MPa 的高压，以约 100m/s 的高速从喷枪小孔中喷出，与空气发生激烈冲击而雾化并射在被涂物表面上。由于雾化不用压缩空气，故又称之无气喷涂。

高压喷涂相对于空气喷涂具有以下优点：涂装效率高，由于高压喷涂涂料喷出量大、速度快，涂装效率比空气喷涂高 3 倍以上；对复杂工件有很好的涂覆效果，由于涂料喷雾不混有压缩空气流，避免了在拐角、缝隙等死角部位因气流反弹对漆雾沉积的屏蔽作用；可喷涂高、低黏度的涂料，喷涂高黏度涂料时，可得厚涂膜，减少喷涂次数；涂料利用率高，环境污染低，由于没有空气喷涂时的气流扩散作用，漆雾飞散少；喷涂高固体分涂料使稀释剂用量减少，溶剂的散发量也减少，从而使作业环境得到改善。

高压无气喷涂的缺点是：喷出量和喷雾幅度不能调节，除非更换喷嘴；涂膜外观质量比空气喷涂差，尤其是不适宜装饰性薄涂层喷涂施工。

高压无气喷涂设备由动力源、柱塞泵、蓄压过滤器、输漆管、喷枪、压力控制器和涂料容器组成，如图 3-21 所示。

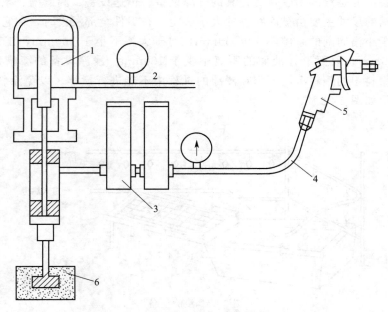

图 3-21　高压无气喷涂设备

1—高压泵；2—动力源；3—蓄压过滤器；4—输漆管；5—喷枪；6—涂料容器

高压喷枪由枪体、针阀、喷嘴、扳机组成，没有空气通道，喷枪轻巧、坚固密封。喷嘴采用硬质合金制造，增强其耐磨损性。喷嘴规格有几十种，每种都有一定的口径和几何形状，它们的雾化状态、喷流幅度及喷出量都由此决定。因此高压喷枪的喷嘴可根据使用目

的、涂料种类、喷射幅度及喷出量来选用（见表 3-6）。

表 3-6　高压喷枪口径与涂料黏度、涂装种类的关系

| 喷嘴口径/mm | 涂料黏度 | 涂装种类 |
| --- | --- | --- |
| 0.17～0.25 | 很稀 | 溶剂、水 |
| 0.27～0.33 | 稀 | 硝基漆、密封胶 |
| 0.33～0.45 | 中等黏度 | 底漆、油性清漆 |
| 0.37～0.77 | 黏 | 油性色漆、乳胶漆 |
| 0.65～1.8 | 很黏 | 浆状涂料、塑溶胶 |

（6）浸涂

浸涂方法就是将被涂物浸没于涂料中，然后取出，让表面多余的漆液自然滴落，除去过量涂料，经干燥后达到涂装的目的。此种涂装方法适用于小型的五金零件、钢质管架、薄片以及结构比较复杂的器材或电气绝缘材料等。这些物件采用喷涂方法会损失大量的涂料，用刷除等方法费工费时，有些部位难以涂装到。采用浸涂的方法，省工省料，生产效率高，设备与操作简便，可机械化、自动化配套进行连续生产，最适宜单一品种的大量生产。但浸涂涂装方法也有许多局限件，例如：被涂物件不宜过大，物面不应有积存漆液的凹面，在漆液中被涂物不能漂浮，仅能浸涂表面同一颜色的产品，对易挥发和快干型涂料不适用，涂装过程中溶剂大量挥发，极易污染施工环境；而且由于氧化等作用，漆液的黏度增加较快，不易控制黏度；安全防火措施应完善等。含有重质颜料的涂料由于颜料易沉底，会引起漆膜颜色的不一致，也不宜应用。表面易结皮的涂料以及双组分涂料，由于具有一定的活化期和固化时间，不宜采用。

浸涂的设备主要是浸漆槽、带有挂具的升降设备、传送设备、滴漆槽、干燥设备、通风设备等。浸漆槽的尺寸主要由被涂物件的大小决定。在工件全部浸没时，在它的周围要有一定的空间，对于小槽周围的系隙不小于 50mm，对于大槽不小于 100mm，工件在浸没时距离槽底至少 150mm，顶部离开液面的距离不少于 100mm。浸涂设备的漆槽装置中有搅拌器，用以防止涂料中的颜料沉淀，但在浸漆的过程中不能进行搅拌，以免涂料中出现气泡。浸涂设备示意图如图 3-22 所示。

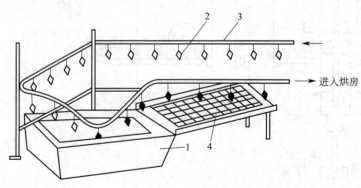

图 3-22　浸涂设备
1—漆槽；2—工件；3—传送装置；4—滴漆槽

浸涂方法主要应用于烘烤型涂料的涂装，也有在自干型涂料中应用的实例。涂料黏度过稀，漆膜太薄；黏度过高，涂料在被涂物表面的流动变慢，该膜外观差，流痕严重，余漆滴不尽。一般涂料的黏度控制在 20～30s（涂-4 杯）之内。由于涂料的挥发，在浸涂作业中应随时测定黏度，并及时补加溶剂。浸涂法最适宜的工作温度为 15～30℃，一次浸涂涂层的

厚度一般控制在 $20\sim30\mu m$，对于在干燥过程中不起皱的热固性涂料，厚度可到 $40\mu m$。

（7）辊涂法

辊涂法又称机械滚涂法，系利用专用辊涂机，在辊上形成一定厚度的湿涂层，在滚动中将涂料涂到被涂物上的涂装方法。它与淋涂涂装一样，适用于平板和带状的平面板材，如胶合板、金属板、纸、布、塑料薄膜、皮革等。辊涂机由一组数量不等的辊子组成，涂漆辊一般是橡胶的，供料辊、托辊一般用钢铁制成，通过调整两辊的间隙可控制涂膜的厚度。辊涂机又分板材单面涂漆与双面同时涂漆两种。结构上又有同向、逆向两种类型（图 3-23 和图 3-24），逆向辊更适合卷材的连续涂装。

机械滚涂法适用于连续自动生产，生产效率极高，涂膜厚度可以控制，涂料黏度较高，减少了稀释剂的使用，涂料利用率高，涂膜质量好。其缺点是设备投资大，加工时可能会有金属板断面切口和损伤，需进行修补。

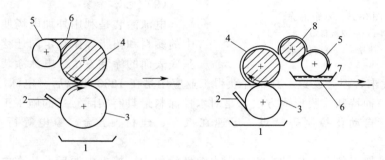

图 3-23 同向辊涂

1—涂料收集盘；2—刮板；3—背撑辊；4—涂漆辊（橡胶）；5—供料辊（钢质）；
6—涂料；7—涂料盘；8—修整辊（橡胶）

（8）淋涂

淋涂方法也称为流涂或浇涂，是将涂料喷淋或流淌过工件表面的涂装方法。它是浸涂法的改进，虽需增加一些装置，但适用于大批量流水线生产方式，是一种比较经济和高效的涂装方法。它是以压力或重力通过喷嘴，使漆浇到物件上。它与喷涂法的区别在于漆液不是分散为雾状喷出，而是以液流的形式，如同喷泉的水柱一样。采用此方法，被涂物件放置于传送装置上，以一定速率通过装有喷嘴的喷漆室，多余的涂料回收于漆槽中，用泵抽走，重复使用。

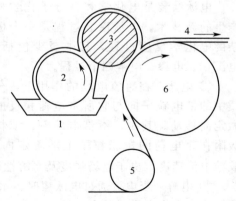

图 3-24 逆向辊涂

1—涂料盘；2—供料辊（钢质）；3—涂漆辊（橡胶）；
4—金属带；5—导向辊；6—背撑辊

淋涂的优点为：涂料用量少，能得到比较厚而均匀的涂层，涂层可由双组分配合施工，也可用光固化涂料配套；适用于因漂浮而不能浸涂的中空容器，或形状复杂的被涂物涂装，对大型物件、长的管件和结构复杂的物件涂覆特别有效，提高了工作效率。其缺点为：溶剂挥发消耗量大，初期挥发快的涂料不适合，主要用于平面涂装，不能涂装垂直面、软质物件，如纸、皮革等需绷在钢板或胶合板上才能施工，难以形成极薄的涂膜；需要完善的安全防火设施。

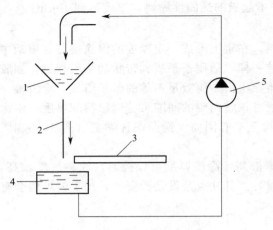

图 3-25  幕帘淋涂
1—漏斗；2—漆液幕帘；3—台板；
4—漆槽；5—单向定量泵

淋涂法主要的有两种：人工淋涂和幕帘淋涂。人工淋涂的主要设备和工具是盖有过滤网的槽子、盛漆桶、软管等；幕帘淋涂，主要设备由淋漆室、滴漆室、涂料槽、涂料泵、涂料加热器或冷却器、自动灭火装置等组成，被涂物靠运输链传送。设备构造及各部分名称如图3-25所示。漆液经单向定量泵5打入漏斗1，经过滤后，流出清洁的漆液。此时活动台板3水平地由传送带以一定速率移动而通过下落的漆幕，在台板的被涂物件上均匀地覆盖上一层漆膜。

（9）电泳涂装

电泳涂装是利用外加电场使悬浮于电泳液中的颜料和树脂等微粒定向迁移并沉积于电极基底表面的涂装方法。电泳涂装的原理发明于20世纪30年代末，但开发这一技术并获得工业应用是在1963年以后。电泳涂装是近30年来发展起来的一种特殊涂膜形成方法，是对水性涂料最具有实际意义的施工工艺，具有水溶性、无毒、易于自动化控制等特点，迅速在汽车、建材、五金、家电等行业得到广泛的应用。

电泳涂装是把工件和对应的电极放入水溶性涂料中，接上电源后，依靠电场所产生的物理化学作用，使涂料中的树脂、颜填料在以被涂物为电极的表面上均匀析出沉积形成不溶于水的漆膜的一种涂装方法（图3-26）。

电泳涂装是电化学和高分子化学相结合产生的新技术。电泳涂装过程是一个极为复杂的电化学反应过程，其中至少包括电泳、电沉积、电渗、电解四个过程。

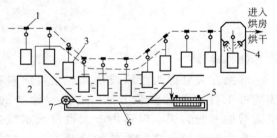

图 3-26  电泳涂装
1—表面处理后的工件；2—电源；3—工件；4—冲洗；
5—槽液过滤；6—沉积槽；7—循环泵

① 电泳  在直流电场的作用下，分散介质中的带电粒子向与它所带电荷相反的电极做定向移动。其中，不带电的颜、填料粒子吸附在带电荷的树脂粒子上随着定向移动。胶粒电泳速度取决于电场强度及水溶性树脂分散时的双电层结构特性。

② 电解  当电流通过电泳漆时，水发生电解，阴阳极上分别放出氢气和氧气，一般电泳体中杂质离子含量越高，即体系的电导越大，水的电解作用越剧烈，这样由于大量气体在电极逸出，树脂沉积时就会夹杂气孔，导致涂层针孔及粗糙等问题。因此，在电泳涂装过程中应尽量防止杂质离子带入电泳液中，以保证涂装质量。

③ 电沉积  电荷粒子到达相反电极后，放电析出生成不溶于水的漆膜；电沉积是电泳涂装过程中的主要反应。电沉积首先发生在电力线密度高的部位，一旦发生电沉积，工件就具有一定程度的绝缘性，电沉积逐渐向电力线密度低的部位移动，直到工件得到完全均匀的涂层。

④ 电渗  电渗是电泳的逆过程。它是指在电场的作用下，刚刚电沉积在工件表面的漆

膜中所含的水分从漆膜中渗析出来，进入漆液中。电渗的作用是将沉积下来的漆膜进行脱水。电渗好，得到的漆膜致密。

以上 4 种反应中，电泳是使荷电粒子移向工件的主要过程，电沉积和电渗是与涂料粒子在工件上的附着有关的反应，而电解主要起副作用，电解剧烈会影响漆膜质量。

电泳涂装按沉积性能可分为阳极电泳（工件是阳极，涂料是阴离子型）和阴极电泳（工件是阴极，涂料是阳离子型）；按电源可分为直流电泳和交流电泳；按工艺方法又有定电压法和定电流法。目前在工业上较为广泛采用的是直流电源定电压法的阳极电泳。常见的电泳涂装工艺流程如图 3-26、图 3-27 所示。

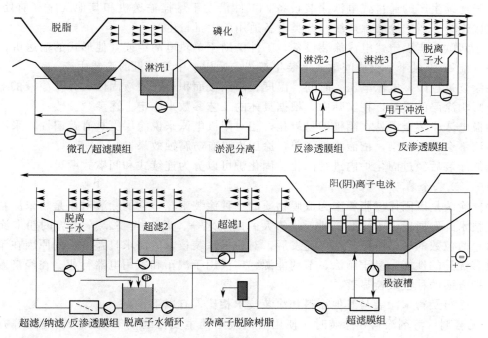

图 3-27　电泳涂装的工艺流程

电泳涂装所得漆膜具有涂层丰满、均匀、平整、光滑的优点，电泳漆膜的硬度、附着力、耐腐、冲击性能、渗透性能明显优于其他涂装工艺。具体来说，电泳涂装与其他涂装方法相比，它具有以下优点。

① 涂料的利用率高。在普通喷漆过程中，有大量的漆雾飞散。有一半左右的涂料损失掉了，而采用电泳涂装法，特别是采用超滤技术后，可以使涂料的利用率达 90%～95%。

② 电泳漆用水代替有机溶剂，节约了大量的能源和原料。因为相当多的有机溶剂是从石油化工中提炼出来的，在当今世界能源资源日益紧张的形势下，电泳涂装工艺这一优点就更为显著了。另外，用水作溶剂，不但可以防止火灾发生，还可以减轻环境污染，改善劳动条件。

③ 生产效率高。零件在前处理完毕后，可不经烘干直接电泳，缩短了涂装时间。

④ 对复杂零件涂覆效果好。电泳涂装不同于喷漆，它依靠溶液中电场的分布进行电沉积，由于沉积出的涂膜有绝缘性，所以可在形状复杂零件的各个部位形成均匀一致的涂层。

⑤ 电泳涂装的漆膜质量好，防锈能力强。作为底漆涂层附着力很好。其性能均超过同类溶剂型品种。

电泳涂装也有不足之处：首先，设备复杂，一次性投资费用高，槽液的维护管理复杂，各种工艺参数需精心控制。其次，对金属底材的表面条件要求高，因其涂层不能彻底掩盖材质表面的缺陷（如底材上的孔洞、砂眼、划痕、凹陷等）。所以，目前电泳涂装一般多用于零件的底漆涂装。因此，当用于面漆时，底材必须经光饰或电镀处理。第三，在涂装过程中不能改变颜色，且涂层厚度较薄，一般为 $10\sim30\mu m$，这也是电泳涂装多用于底层的重要原因。

电泳涂装的设备主要包括槽体、搅拌循环系统、电极装置、漆液温度调节装置、涂料补给装置、超滤装置、通风装置、电源供给装置、泳后水洗装置、储漆装置、固化装置等。

电泳涂装一般可分为连续生产的通过式和间歇式的固定式两类。

对于连续生产的通过式电泳涂装设备，工件借助于悬挂输送机和其他工序（前处理-烘干）组成连续生产的涂装生产线，此类设备适用于大批量生产。

对于间歇生产固定式电泳涂装设备，工件借助于单轨电葫芦或其他形式的输送机，和其他工序（前处理-烘干）组成间歇式涂装生产线，适用于中等批量的涂装生产。

在涂装过程中，电泳电压、时间、温度、阴阳极面积比、漆液固体成分及漆液的 pH 值等都会影响涂层的质量，在实际中，根据具体的工艺参数来确定上述参数。

阴极电泳涂装金属处在阴极不易氧化，相对阳极电泳来说涂层更具有普遍性，采用超滤系统槽液不会受到污染，槽液维护简单，涂层更具有防腐蚀效果。

电泳涂装后经过固化炉内进行固化。固化炉可以分为连续式和间歇式两种。

（10）粉末涂装

粉末涂装是以固体树脂粉末为成膜物质的一种涂装工艺，它的涂装对象是粉末涂料。粉末涂装技术的发展堪称为涂装工业近代伟大的成就之一。近 15 年来，全世界的粉末涂装工业以每年两位数的增长率稳定地飞速发展，对粉末涂装技术的需求日益增长的原因在于粉末涂层具有优异的性能、易于施涂、节约能源、广泛用于汽车和家用电器行业。在经济效益和环境保护方面的社会效益显著。

粉末涂料及粉末涂装与其他涂料和涂装技术相比，有以下优点。

a. 无溶剂　溶剂涂料在涂装时，使用溶剂或水的主要目的便于用刷涂、喷涂等方法施工，使涂膜在形成过程中达到一定的流平效果，漆膜形成后，溶剂实际上全部挥发掉。粉末涂料则不需要溶剂溶解。涂膜中也没有残存的有机溶剂组分，固体成分达 100%。

b. 减少污染　使用溶剂涂料是造成大气、水质等环境污染的因素之一，并且还具有毒性、易燃等危害。粉末涂料是无溶剂涂料，因溶剂挥发或水溶性涂料造成的废水处理等问题对粉末涂料来说都不存在，它是减少污染、防止公害和事故发生的一种较为理想的涂料。

c. 涂膜性能好　有机溶剂作为涂料的介质，使一些合成树脂可发挥优异的特性，但对于一些在常温下不溶于溶剂的树脂，或者溶解困难（如聚乙烯、尼龙、氟树脂等）不能进行涂装的高分子合成树脂，则可以作粉末涂料来使用，因此，能够广泛地利用各种类型的树脂以获得各种特长的高性能的涂膜。并且，涂膜在形成过程中没有溶剂挥发，故不易出现气孔等缺陷，容易得到致密的涂膜。可以提高涂层的附着力和致密性，金属粉末、陶瓷粉末等一起混合涂装，更能提高涂膜的各项机械物理性能，涂膜的防腐蚀性能也极大地提高。

d. 一次涂覆　粉末涂料一次涂装可得到 $50\sim300\mu m$ 的厚膜，采用普通涂料需要 6～8 次的涂装。由于不含溶剂，以 100% 的固体组分成膜，因而避免在厚膜涂装时常出现的流挂、积滞、塌边、气孔等缺陷，粉末涂装时对于被涂物的边缘部分也能进行充分的覆盖。

e. 涂料损失少　涂装时粉末完全涂覆在被涂物的表面上，而且粉末涂料可以回收再使用，涂料实际损失很少，一般在 5% 以下。

f. 工作效率高　粉末涂料涂装与溶剂型涂料涂装不同，前者不需要较长固化时间，因此能够缩短涂装时间和工艺过程，涂装效率比溶剂型涂料提高了 3～5 倍。一次喷涂便可达到厚膜涂装要求，不需要重复喷涂，而且粉末涂料涂装的工艺和设备部易于处理，易达到涂装自动化。

粉末涂料与涂装的缺点有：涂薄涂层困难，溶剂型涂料很容易形成薄膜涂层，粉末涂料在涂装时却难以达到此项要求，即使是用环氧树脂粉末涂料，平均最低膜厚也是在 $50～70\mu m$ 之间，当涂膜厚度小于 $40\mu m$ 时，由于膜层太薄，涂膜的流平性差，因而外观装饰效果不好，呈现严重橘皮或毛孔。调色困难，换色困难，在凹形及复杂形状的物体表面涂装较困难。

已获得工业应用的粉末涂料的施工方法有：火焰喷涂法（融射法）、流化床法、静电粉末喷涂法、静电流化床法、静电粉末振荡法、粉末电泳涂装法等。现将各种涂装方法列表说明，如表 3-7 所示。

表 3-7　粉末涂装的方法

| 涂装方法 | 粉末输送方式 | 粉末附着方式 | 涂装过程及原理 |
| --- | --- | --- | --- |
| 火焰喷涂法 | 压缩空气 | 熔融附着 | 粉末涂料通过火焰喷嘴的高温区熔融或半熔融喷射到预热的基底表面 |
| 流化床法 | 空气吹动 | 工件预热 | 压缩空气通过透气板使粉槽内的粉末处于流化态，将预热的工件浸入，使涂料附着 |
| 静电粉末喷涂法 | 压缩空气 | 静电引力 | 利用电晕放电使雾化的粉末涂料在高压电场下荷负电荷并吸附于荷正电的基材表面 |
| 静电流化床法 | 空气吹动 | 静电引力 | 用气流使粉末涂料呈液化态并带负电，放入带正电工件，涂料被吸引吸附，再加热熔融固化 |
| 静电粉末振荡法 | 机械静电振荡 | 静电引力 | 高压静电下靠阴极栅栏的弹性振荡使粉末充分带电和克服惯性，沿电场引力吸附于被涂物表面 |
| 粉末电泳涂装法 | 液体化 | 电泳 | 将粉末涂料分散到加有表面活性剂的液体介质中，用电泳的方法涂覆 |

① 流化床法　流化床涂装工艺是第一代粉术涂装工艺。随着热固性环氧粉末涂料的问世，粉末涂料的涂装工艺技术有了新的发展。但是，由于流化床涂装独有的持性，至今应用仍很广泛，并由手工操作、发展到自动化操作。

在流化槽内装入粉末涂料，随后将经过净化处理的压缩空气，经气室的出风管、均压板和微孔隔板进入流化槽，推动粉末涂料悬浮呈现流化沸腾状，被涂物经预热后迅速移至流化槽内，粉末即均匀地粘附在被涂物表面，取出被涂物进行烘烤固化即得粉末涂膜。

用流化床法涂装，由于工件是预热到粉末熔点以上而涂覆的，熔化的聚合物黏度降低，涂层的附着力大大改进，涂层的绝缘性和防腐性能大为提高。难溶解的树脂如尼龙、聚乙烯、聚丙烯等也可用此法施工。图 3-28 为流化床结构示意图。流化床法涂装的工艺如下。

a. 工件清理　工件须除油和除锈。将工件浸入汽油或三氯乙烯蒸汽中清除油污，用喷砂或抛丸除锈，清理干净。

b. 预热　工件预热的温度应高于粉末涂料的熔化温度 20℃ 左右，根据工件的大小和涂层的品种及厚薄的不同，预热范围在 $170～220℃$。

c. 覆蔽　工件中不需要涂覆的部分可用夹具（如硅橡胶）保护起来，这种夹具起到夹取工件和保护的双重作用。

d. 涂覆　将工件进入流化床，为获得均匀而连续的涂层，工件浸涂一次取出后，立即反转 180°，待涂层熔化后再浸涂一次，又立即反转 180°，浸涂一次的时间为 1～2s。

e. 后热固化　为使工件上的涂层更好地固化成膜，应进入烘干室再次加热。固化温度与固化时间这两个工艺参数从获得最佳涂膜性能和尽量缩短施工周期来确定。例如环氧粉末涂料的固化温度为 180～190℃，固化时间为 40～50min。

在普通流化床结构上加一个振动机构，将使粉末涂料在流化床内悬浮流化更均匀，并可减少粉末的飞扬。其结构如图 3-29 所示。

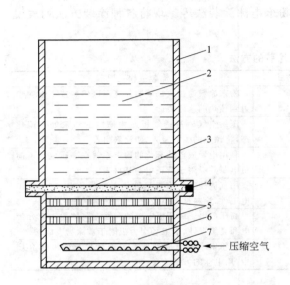

图 3-28　流化床结构图
1—流化槽；2—流化的粉末；3—微孔隔板；
4—密封圈；5—均压板；6—气室；
7—压缩空气管

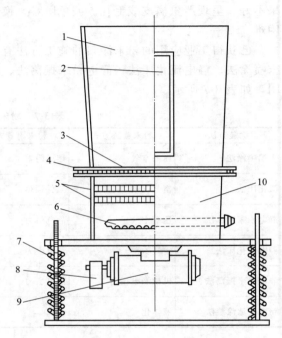

图 3-29　振动流化床结构图
1—流化槽；2—观察窗；3—微孔隔板；
4—橡皮垫圈；5—均压板；6—圆环形出风管；
7—弹簧装置；8—偏心轮；9—电动机；10—气室

② 静电粉末喷涂法　在高压静电场中，由于电晕放电而使粉末涂料粒子带负电荷，并在输送空气和静电力的作用下，飞离喷枪、溅射、吸附在接地而带有正电荷的被涂物表面，进而通过烘烤固化获得厚度均匀平整光滑的涂层。

金属工件表面涂层的静电粉末涂装工艺流程如下。

a. 对基材表面的前处理　这是影响到涂膜性能和质量的主要步骤。一般包括表面清洁、除油、除锈等前处理；对涂层要求高的还要有磷化等步骤。

b. 覆蔽　对于不需涂装的部位，需要在工件预热之前，把不需要涂覆的部位涂上不导电的硅橡胶溶液或用胶布覆盖。

c. 工件预热　为了使工件获得所需厚度的涂层，在喷涂之前可将工件加热到一定温度。工件预热的温度应略高于塑料熔融温度，预热时间视工件大小和厚薄而定。

d. 喷涂　喷涂时，须将工件接地，喷枪头部接负高压电源。粉末涂料的选择极大地影响涂膜质量。粉末粒子呈球状得到的涂布效率最为理想。粒度小、密度小的粉末涂料受重力影响小而得到较高的涂布效率。粉末的电阻率越小，粉末粒子越易放出电荷，吸附力减小，易脱落。所以，粉末的电阻率越大，涂层的饱和度越易达到。静电粉末喷涂设备如图 3-30 所示。

e. 固化　喷涂后的工件送进烘炉加热至一定温度，使树脂交联成大分子网状结构。固化时烘炉各部分的温度要均匀，工件要保持一定距离。一般环氧粉末涂料的固化条件为 180～220℃，20～30min。烘烤温度低，熔融、流平性差，固化不完全；温度高了涂膜老化泛黄。

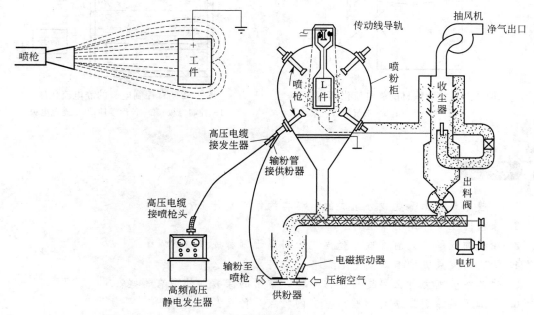

图 3-30　静电粉末喷涂设备

③ 静电流化床法　静电流化床涂装工艺是静电技术与流化床工艺相结合的产物。工件在常温下涂装，克服了普通流化床高温下操作的缺点。静电流化床法与先进的静电喷涂法相比较亦有许多优点。如设备结构简单，集尘和供粉装置要求低，粉末屏蔽容易解决，可得到较厚的涂膜，特别是涂装形状简单的工件。静电流化床法还有效率高、设备小巧、投资少、操作方便等优点。不过，静电流化床法涂装的被涂物，顺着床身高度方向产生的涂层不均匀性仍未克服。该工艺只运用于线材、带材、金属网、电子元件、电器、电机等的涂装。

静电流化床是在普通流化床的流化槽内增设了一个接负高压的电极，当电极接上足够高的负电压时，就产生电晕，附近的空气被电离产生大量的自由电子，粉末在电极附近不断上下运动，捕获电子成为负离子粉末，当有接地（作为正极）被涂物通过时，这种负离子的粉末就被吸附到被涂物上。再经烘烤固化即形成连续均匀的涂膜。

图 3-31 是用于涂装线材的静电流化床，它的特点是流化床顶部有块多孔板，使流化床内的粉末浓度增大形成云雾。被涂物在相同的涂装条件下，其涂膜厚度比没有多孔板的情况下要增厚 1 倍左右，而流化床内粉末的消耗量减少 2/3 左右。

图 3-32 是涂装长形零件的流化床。其特点是粉尘下面有两组对称的棒形充电电极，在被涂物上面还有一个接地控制电极，借助控制电极能有效地调整被涂物的涂装质量。

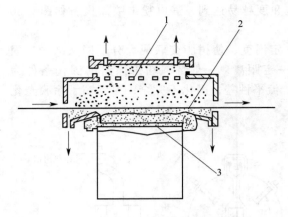

图 3-31 涂装线材的静电流化床
1—多孔板；2—线材；3—透气隔板

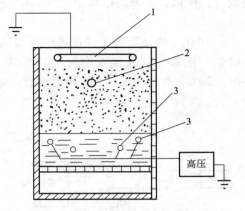

图 3-32 有控制电极的静电流化床
1—控制电极；2—长形零件；3—充电电极

 思考题

1. 一般涂料是由哪些成分组成的？各自的作用是什么？

2. 涂料的主要作用有哪些？

3. 涂料的成膜方式有哪些？光固化涂料属于哪种成膜方式？

4. 涂料的发展方向有哪些？它们各自的特点是什么？

5. 物体涂装前为什么要进行表面处理，常用的涂装前处理有哪些？

6. 手工工具涂装方法有哪些？它们的特点是什么？

7. 空气喷涂常用的喷枪有哪几种？它们的特点是什么？

8. 器械装备涂装的方法和相应的设备有哪些？

# 第 4 章
# 转化膜技术

## 4.1 转化膜技术简介

转化膜是指由金属的外层原子和选配的介质的阴离子反应而在金属表面上生成的膜层。转化膜技术已经在我们的生活、生产当中得到了广泛的应用。图 4-1 为镁合金摩托车端盖磷酸盐转化膜。

一般的成膜处理是使金属与某种特定的腐蚀液相接触,在一定条件下发生化学或电化学反应,在金属表面形成稳定的难溶化合物膜层的技术,转化膜的形成过程反应式如下

$$m\mathrm{M} + n\mathrm{A}^{x-} \longrightarrow \mathrm{M}_m\mathrm{A}_n + xn e^- \quad (4\text{-}1)$$

式中　M——与介质反应的金属;

$\mathrm{A}^{x-}$——介质的阴离子。

按照反应式(4-1),化学转化膜同金属上别的覆盖层(例如金属的电沉积层)不一样,它的生成必须有基底金属的直接参与。也就

图 4-1　镁合金摩托车端盖磷酸盐转化膜

是说,它是处在表层的基底金属直接同选定介质中的阴离子反应,使之达成自身转化的产物($\mathrm{M}_m\mathrm{A}_n$)。由此可见,化学转化膜的形成实际上可以看作是受控的金属腐蚀的过程。

在反应式(4-1)中,电子是视为反应产物来表征的。这就表明,化学转化膜的形成既可是金属/介质界面间的纯化学反应,也可以是在施加外电源的条件下所进行的电化学反应。对于前一种情形,反应式(4-1)所产生的电子将交给介质中的氧化剂;在后一种情形下,电子将交给与外电源接通的阳极,并以阳极电流的形式脱离反应体系。

需要指出的是,反应式(4-1)只能当作是在上述各个意义用来定义化学转化膜的一种表达方式,它不一定能真实表征化学转化膜的形成过程。事实上,这个过程相当复杂,它可以是在不同程度上综合化学、电化学和物理化学等多个过程的结果。化学转化膜的真实组成也不是总像反应式(4-1)所表达那样的典型化合物。

### 4.1.1 转化膜的分类

化学转化膜几乎在所有的金属表面都能够生成,根据形成过程和特点,表面转化膜有多种分类方法。

按表面转化过程中是否存在外加电流，分为化学转化膜与电化学转化膜两类，后者常称为阳极转化膜。

按膜的主要组成物类型，分为氧化物膜、铬酸盐膜、磷酸盐膜及草酸盐膜等。

按界面反应类型可分为转化膜与伪转化膜两类。前者指由基体金属溶解的重金属离子与化学处理液中阴离子反应生成的转化膜。后者指主要依靠化学处理液中的重金属离子通过二次反应的成膜作用所生成的转化膜。

在生产实际中通常按基体金属种类的不同，分为钢铁转化膜、铝材转化膜、锌材转化膜、铜材转化膜及镁材转化膜等。

按用途可分为涂装底层转化膜、塑性加工用转化膜、防锈用转化膜、装饰性转化膜、减摩或耐磨性转化膜及绝缘性转化膜等。

根据形成膜层时所采用的介质，可将化学转化膜分为以下几类。

① 氧化物膜　是金属在含有氧化剂的溶液中形成的膜，其成膜过程叫氧化。

② 磷酸盐膜　是金属在磷酸盐溶液中形成的膜，其成膜过程称磷化。

③ 铬酸盐膜　是金属在含有铬酸或铬酸盐的溶液中形成的膜，其成膜过程在我国习惯上称钝化。

## 4.1.2　化学转化膜常用处理方法

化学转化膜常用处理方法有：浸渍法、阳极化法、喷淋法、刷涂法等。其特点与使用范围列于表 4-1。

在工业上应用的还有滚涂法、蒸汽法（如 ACP 蒸汽磷化法）、三氯乙烯综合处理法（简称 TFS 法），以及研磨与化学转化膜相结合的喷射法等。

表 4-1　化学转化膜常用方法、特点及适用范围

| 方　　法 | 特　　点 | 适用范围 |
|---|---|---|
| 浸渍法 | 工艺简单易控制，由预处理、转化处理、后处理等多种工序组合而成。投资与生产成本较低，生产效率较低，不易自动化 | 可处理各类零件，尤其适用于几何形状复杂的零件。常用于铝合金的化学氧化、钢铁氧化或磷化、锌材钝化等 |
| 阳极化法 | 阳极氧化膜比一般化学氧化膜性能更优越。需外加电源设备，电解磷化可加速成膜过程 | 适用于铝、镁、钛及其合金阳极氧化处理。可获得各种性能的化学转化膜 |
| 喷淋法 | 易实现机械化或自动化作业，生产效率高，转化处理周期短、成本低，但设备投资大 | 适用于几何形状简单、表面腐蚀程度较轻的大批量零件 |
| 刷涂法 | 无需专用处理设备，投资最省、工艺灵活简便。但生产效率低、转化膜性能差、膜层质量不易保证 | 适用于大尺寸工件局部处理或小批零件以及转化膜局部修理 |

## 4.1.3　防护性能

金属制品表面化学转化膜的防护层，其防护功能主要是依靠将化学性质活泼的金属单质转化为化学性质不活泼的金属化合物，如氧化物、铬酸盐、磷酸盐等，提高金属在环境中的热力学稳定性。对于质地较软的铝合金、镁合金等金属，化学转化膜还为基体金属提供一层较硬的外衣，以提高基体金属的耐磨性能。此外，也依靠表面上的转化产物对环境介质产生隔离作用。

铬酸盐转化膜是各种金属上最常见的化学转化膜。这种转化膜厚度即使在很薄的情况下，也能极大地提高基体金属的耐蚀性。例如，在金属锌的表面上，如果存在仅仅为 $0.5 mg/dm^2$ 的无色铬酸盐转化膜，其在 $1 m^3$ 的盐雾试验箱中，每小时喷雾一次质量分数为

3%的氯化钠溶液时，首次出现腐蚀的时间为 200h。而未经处理的锌，则仅 10h 就会发生腐蚀。由于试验所涉及的膜很薄，耐蚀性的提高则是由于金属表面化学活泼性降低（钝化）所产生的。铬酸盐转化膜优异的防护性能还在于，当膜层受到机械损伤时，它能使裸露的基体金属再次钝化而重新得到保护，即具有所谓的自愈合能力。

对于其他类型的化学转化膜，大多如同铬酸盐转化膜那样，依靠表面的钝化使金属得到保护。例如，在钢铁表面无论是厚度小于 $1\mu m$ 的转化型磷酸盐转化膜，还是厚达 $15\sim20\mu m$ 的假转化型磷酸盐转化膜，它们的结构都是由 $\gamma\text{-Fe}_2\text{O}_3$ 和磷酸铁组成的。较厚的磷酸盐结晶膜层的防护作用，则是钝化和物理覆盖联合所起的作用。

一般来说，化学转化膜的防护效果取决于下列几个因素。

① 被处理基体金属的本质。

② 转化膜的类型、组成和结构。

③ 膜层的处理质量，如与基体金属的结合力、孔隙率等。

④ 使用的环境。

应该指出，同别的防护膜如金属镀层相比，化学转化膜的韧性和致密性相对较差，有些化学转化膜对基体金属的防护作用远不及金属镀层。因此，金属在进行化学转化膜处理之后，通常还要施加其他防护处理如钝化或涂装。

## 4.1.4 表面转化膜用途

① 提高材料的耐蚀性 表面转化膜通常具有较好的化学稳定性。钢铁零部件通过氧化或磷化处理，锌及其合金镀层通过钝化处理，铝及铝合金通过氧化处理等，均能有效地提高耐蚀性。

② 提高材料的减摩耐磨性 某些转化膜具有良好的减摩耐磨性能，如钢管、钢丝经磷化处理，在拉拔过程中可减少摩擦力，防止粘着磨损，减小拉拔力或拉拔次数，并延长模具寿命。经磷化处理的滑动摩擦副可形成低摩擦系数的富油表面，提高抗擦伤性能，并缩短跑合期。

③ 提高材料的装饰性 不锈钢、铝材及铜材等金属材料经不同的着色处理，对金属材料进行不同的钝化处理，均可呈现不同的色调或色彩，提高产品的外观质量。

④ 用作涂装底层 钢铁构件在涂装前常进行磷化处理，利用磷化膜的多孔性及其与有机涂料的亲和力，增强有机涂料与金属基体的结合力，增强涂装效果。

⑤ 绝缘 磷化膜绝缘性好，占空系数小（磷化对工件的尺寸影响小），耐热，常用作硅钢片绝缘层，铝及铝合金的阳极氧化膜也是良好的绝缘材料。

⑥ 防爆 在瓦斯及粉尘工况下，铝及铝合金与不锈钢碰撞易通过铝热反应发生火花引爆。经阳极化处理，可降低引爆概率。

## 4.2 阳极氧化

金属或合金的阳极氧化或电化学氧化是将金属或合金的制件作为阳极置于电解液中，在外加电流作用下使其表面形成氧化物薄膜的过程。金属氧化物薄膜改变了表面状态和性能。可提高金属或合金的耐腐蚀性、硬度、耐磨性、耐热性及绝缘性等。阳极氧化的主要用途如下。

① 作为防护层 阳极氧化膜在空气中有足够的稳定性，能够大大提高制品表面的耐蚀

性能。

② 作为防护-装饰层　在硫酸溶液中进行阳极氧化得到的膜具有较高的透度，经着色处理后能得到各种鲜艳的色彩，在特殊工艺条件下还可以得到具有瓷质外观的氧化层。

③ 作为耐磨层　阳极氧化膜具有很高的硬度，可以提高制品表面的耐磨性。

④ 作为绝缘层　阳极氧化膜具有很高的绝缘电阻和击穿电压，可以用作电解电容器的电介质或电器制品的绝缘层。

⑤ 作为喷漆底层　阳极氧化膜具有多孔性和良好的吸附特性，作为喷漆或其他有机覆盖层的底层，可以提高漆或其他有机物膜与基体的结合力。

⑥ 作为电镀底层　利用阳极氧化膜的多孔性，可以提高金属镀层与基体的结合力。

### 4.2.1　铝及铝合金的阳极氧化

在所有铝和铝合金的表面处理方法中，阳极氧化法是应用最为广泛的一种。铝阳极氧化是将铝及其合金置于相应电解液（如硫酸、铬酸、草酸等）中作为阳极，在特定条件和外加电流作用下，进行电解。阳极的铝或其合金氧化，表面上形成氧化铝薄层，其厚度为 $5\sim20\mu m$，硬质阳极氧化膜可达 $60\sim200\mu m$。

（1）原理

铝是两性金属，铝表面氧化物膜的生成既与电位有关，也与溶液的 pH 值有关。从 Al 的电位-pH 图（图 4-2）可以看出，在 pH 范围在 $4.45\sim8.38$ 之间，铝表面所生成的天然氧化膜层（$Al_2O_3 \cdot H_2O$）能够稳定的存在，但这种钝化膜只有几个分子层的厚度。因此，铝的天然膜在工业上的应用价值是十分有限的。

一般认为，铝和铝合金在碱性和酸性两种电解液里都能进行阳极氧化，最常用的是酸性电解液，即图 4-2 中的金属酸性溶解区。

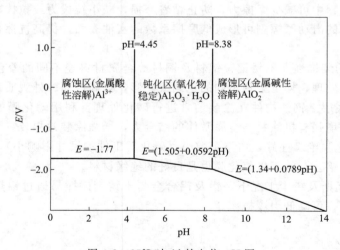

图 4-2　25℃时 Al 的电位-pH 图

工业上铝及铝合金的进行阳极氧化时，所用的电解液一般为中等溶解能力的酸性溶液，如硫酸、铬酸、草酸等。铅作为阴极，仅起导电作用。铝及铝合金进行阳极氧化时，由于电解质是强酸性的，阳极电位较高。因此，阳极反应首先是水的电解，产生初生态的原子氧 [O]。氧原子立即对铝发生氧化反应，生成氧化铝，从而形成薄而致密的阳极氧化膜。阳极发生的反应如下

$$H_2O-2e^- \longrightarrow [O]+2H^+ \tag{4-2}$$
$$2Al+3[O] \longrightarrow Al_2O_3 \tag{4-3}$$

阴极只是起导电作用和析氢反应,在阴极发生下列反应

$$2H^++2e^- \longrightarrow H_2 \uparrow \tag{4-4}$$

同时酸对铝和生成的氧化膜进行化学溶解,其反应如下

$$2Al+6H^+ \longrightarrow 2Al^{3+}+3H_2 \uparrow \tag{4-5}$$
$$Al_2O_3+6H^+ \longrightarrow 2Al^{3+}+3H_2O \tag{4-6}$$

因此,氧化膜的生长与溶解同时进行,只是在氧化的不同阶段两者的速度不同,当膜的生长速度和溶解速度相等时,膜的厚度才达到定值。

（2）铝阳极氧化膜的结构

图 4-3 为铝及铝合金的氧化膜具有多孔的蜂窝状结构,其规则的微孔垂直于表面,其结构单元尺寸、孔径、壁厚和阻挡层厚等参数均可由电解液成分和工艺参数控制。一般来说,孔的长度(膜厚)为孔径的 1000 倍以上。孔隙率通常在 10% 左右,硬质膜的孔隙率可以降至 2%～4%,建筑用氧化膜的孔隙率约为 11%。

孔隙率与电解质成分有关。在常用的硫酸、铬酸和草酸电解液中,由于硫酸对氧化膜的溶解作用最大,草酸的溶解作用最小,所以在硫酸电解液中得到的阳极氧化膜的孔隙率最高,可达 20%～30%。故它的膜层也较软。但是这种膜层富有弹性,而且吸附能力最强。

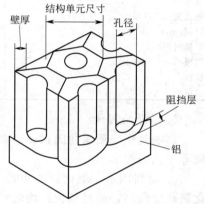

图 4-3　阳极氧化膜的结构示意图

（3）铝及铝合金阳极氧化膜的特点

① 功能性。可以通过封孔处理以提高其保护性,也可在孔隙中沉积特殊性能的物质而获得某些特殊功能,从而形成多种多样的功能性膜层。

② 吸附性。由于氧化膜呈现多孔结构,且微孔的活性较高,所以膜层有很好的吸附性。氧化膜对各种染料、盐类、润滑剂、石蜡、干性油、树脂等均表现出很高的吸附能力。

③ 耐蚀、耐磨性。铝及铝合金阳极氧化处理后,再经过着色和封闭处理可以获得各种不同的颜色,并能提高膜层的耐蚀性、耐磨性。

④ 绝缘性。铝阳极氧化膜的阻抗较高,是热和电的良好绝缘体。氧化膜的导热性很低,热导率为 0.41～1.25m·℃,其稳定性可达 1500℃。

阳极氧化膜与基体金属的结合力很强,但它的塑性差,较大的脆性出现在垂直于膜层成长或增厚的方向,在受到较大冲击负荷和弯曲变形时会产生龟裂,从而降低膜的防护性能。所以,氧化膜不适宜于在机械作用下使用,可以作为油漆层的底层。

（4）铝及铝合金的阳极氧化工艺

铝及铝合金的阳极氧化可在硫酸、铬酸盐、锰酸盐、硅酸盐、碳酸盐以及磷酸盐、硼酸、硼酸盐、酒石酸盐、草酸、草酸盐和其他有机酸盐等电解液中进行。但目前主要采用硫酸、草酸、铬酸以及硼酸等四种酸。

下面介绍目前工业上常用的三种铝及铝合金的阳极氧化工艺。

### 4.2.1.1 硫酸阳极氧化

硫酸阳极氧化配方及工艺条件见表4-2。硫酸阳极氧化工艺几乎适用于所有铝及铝合金。在硫酸电解液中阳极氧化处理后，所得的氧化膜厚度有 $5\sim20\mu m$。它具有强吸附能力、较高的硬度、良好的耐磨性和抗蚀性能。膜层无色透明，易染成各种颜色。

（1）特点

该工艺具有溶液稳定、允许杂质含量范围较大的特点，与铬酸、草酸法比较，电能消耗少，操作方便，成本低。

**表 4-2　硫酸阳极氧化配方及工艺条件**

| 配方及工艺条件 | 1 | 2 | 3 |
|---|---|---|---|
| 硫酸($H_2SO_4$)/(g/L) | 160~200 | 160~200 | 100~110 |
| 铝离子($Al^{3+}$)/(g/L) | <20 | <20 | <20 |
| 温度/℃ | 13~26 | 0~7 | 13~26 |
| 电压/V | 12~22 | 12~22 | 16~24 |
| 电流密度/(A/dm) | 0.5~2.5 | 0.5~2.5 | 1~2 |
| 时间/min | 30~60 | 30~60 | 30~60 |
| 阴极材料 | 纯铝或铝锡合金板 | 纯铝或铝锡合金板 | — |
| 阳极与阴极面积比 | 1.5:1 | 1.5:1 | — |
| 搅拌 | 压缩空气搅拌 | 压缩空气搅拌 | 压缩空气搅拌 |
| 电源 | 直流电 | 直流电 | 交流电 |

（2）影响因素

影响氧化膜质量的因素有很多，包括材料因素、硫酸浓度、杂质、电流密度、温度、时间等工艺因素。

① 材料因素。氧化膜的性能与合金成分有关。一般地，纯铝及低合金成分铝合金的氧化膜硬度最高，而且氧化膜均匀一致。随着合金成分的含量增加，膜质变软，特别是重金属元素影响最大。

② 工艺因素。硫酸浓度：图4-4为硫酸浓度对氧化膜的生成速度的影响。氧化膜的生成速度与电解液中硫酸浓度有密切的关系。膜的增厚过程取决于膜的溶解与生长速度之比，通常硫酸浓度的增大，氧化膜溶解速度也增大（膜不易生长）；反之，硫酸浓度降低，膜溶解速度也减少（膜易生长）。

在浓度较高的硫酸溶液中进行氧化时，所得的氧化膜孔隙率高，容易染色，但膜的硬度、耐磨性能均较差。而在稀硫酸溶液中所得的氧化膜，坚硬且耐磨，反光性能好，但孔隙率较低，适宜于染成各种较浅的淡色。

电解液杂质：电解液中可能存在的杂质是阴离子如 $Cl^-$、$F^-$、$NO_3^-$ 和金属离子如 $Al^{3+}$、$Cu^{2+}$、$Fe^{2+}$。当 $Cl^-$、$F^-$、$NO_3^-$ 等阴离子含量高时，氧化膜的孔隙率大大增加，氧化膜表面变得粗糙和疏松。通常这些杂质在电解液中的允许含量为 $Cl^- < 0.05g/L$、$F^- < 0.01g/L$。因此，必须严格控制水质，一般要求用去离子水或蒸馏水配制电解液。

电解液中 $Al^{3+}$ 主要来源于阳极的溶解，一般将 $Al^{3+}$ 浓度控制在 20g/L 以下。当 $Al^{3+}$ 含量增加时，往往会使制件表面出现白点或斑状白块，并使膜的吸附性能下降，造成染色困难。

当铝制件中含铜、硅等元素时，随着氧化过程的进行，由于电解液中的阳极溶解作用，使合金元素 $Cu^{2+}$、$Si^{2+}$ 不断集聚。当 $Cu^{2+}$ 含量达 0.02g/L 时，氧化膜上会出现暗色条纹或黑色斑点。为了除去 $Cu^{2+}$ 离子，可以用铝电极通直流电处理，阳极电流密度控制在 $(0.1\sim0.2)A/dm^2$，让金属铜在阴极上析出。$Si^{2+}$ 常以悬浮状态存在于电解液中，往往以褐色粉末状物质吸附在阳极上，一般用滤纸或微孔管过滤机过滤排除。

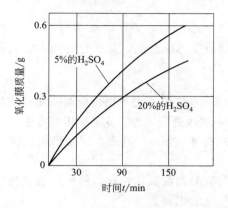

图 4-4　硫酸浓度（质量分数）对氧
化膜生成速度的影响

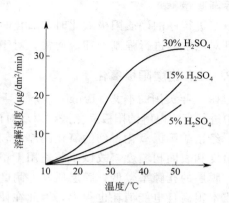

图 4-5　温度对膜溶解速度的影响

温度：电解液温度对氧化膜层的影响与硫酸浓度变化的影响基本相同，如图 4-5、图 4-6 所示，温度升高时，膜的溶解速度加大，膜的生成速度减小。一般地，随电解液温度的升高，氧化膜的耐磨性降低。在温度为 $18\sim20℃$ 时，所得的氧化膜多孔，吸附性好，富有弹性，抗蚀能力强，但耐磨性较差。在装饰性硫酸阳极氧化工艺中，温度控制在 $0\sim3℃$，硬度可达 400HV 以上。对于易变形的零件宜在温度 $8\sim10℃$ 氧化。但当制件受力发生形变或弯曲时，氧化膜易碎裂，溶液温度过低氧化膜发脆易裂。

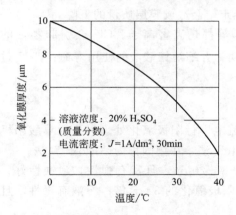

图 4-6　温度对膜成长速度的影响

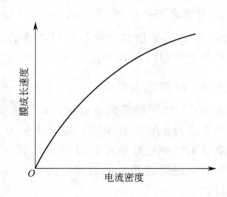

图 4-7　电流密度对膜成长速度的影响

电流密度：直流氧化膜硬度比交流氧化膜高，直流和交流叠加使用时，可在一定范围内调节氧化膜硬度。当铝制件通电氧化时，开始很快在铝制件表面生成一层薄而致密的氧化膜，此时电阻增大，电压急剧升高，阳极电流密度逐渐减少。电压继续升高至一定值时，氧化膜因受电解液的溶解作用在较薄弱部位开始被电击穿，促使电流通过，氧化过程继续进行。

电流密度对氧化膜的生长影响很大，如图 4-7 所示。在一定范围内提高电流密度，可以加速膜的生长速度；但当达到一定的阳极电流密度极限值后，氧化膜的速度增加得很慢，甚至趋于停止。这主要是因为在高电流密度下，氧化膜孔内的热效应加大，促使氧化膜溶解加速所致。

时间：氧化时间的确定取决于电解液的浓度、所需的膜厚和工作条件等。在正常情况下，当电流密度恒定时，膜的生长速度与氧化时间成正比。但当氧化膜生长到一定厚度时，由于膜的电阻加大，影响导电能力，而且由于温升，膜的溶解速度也加快，故膜的生长速度会逐渐减慢。

当进行厚的硬质阳极氧化时，氧化时间可延长至数小时。但操作时必须加大电流密度，而且对电解液进行强制冷却。通常，对于形状复杂或易变形的制品，其氧化时间不宜太长。

### 4.2.1.2 铬酸阳极氧化

1923 年英国的本戈（Bengough）和斯图尔特（Stuart）发明了铝及铝合金制品在铬酸盐溶液中进行直流电解的阳极氧化法，以后对该法进行了一些改进，成为工业上使用的方法。

经铬酸阳极氧化得到的氧化膜厚度较薄，一般只有 $2\sim5\mu m$。因此，制品仍能保持原来的精度和表面粗糙度，故该工艺适用于精密零件。

膜层的孔隙率较低，膜层质软，耐磨性较差。与硫酸阳极氧化相比，铬酸阳极氧化的溶液成本很高且电能消耗也很大，因此在使用上受到一定的限制。

表 4-3 为铬酸阳极氧化的工艺规范。

表 4-3　铬酸阳极氧化的工艺规范

| 配方及工艺条件 | 1 | 2 | 3 |
|---|---|---|---|
| 铬酸/(g/L) | 50～60 | 30～40 | 95～100 |
| 温度/℃ | 33～37 | 38～40 | 35～39 |
| 电流密度/(A/dm) | 1.5～2.5 | 0.2～0.6 | 0.3～2.5 |
| 电压/V | 12～22 | 12～22 | 16～24 |
| 时间/min | 30～60 | 30～60 | 30～60 |

影响铬酸阳极氧化膜层质量的主要因素如下。

① 铬酸浓度　一般铬酸浓度过低或电解液不稳定，会造成膜层质量的下降。

② 有害离子　电解液中的 $Cl^-$、$SO_4^{2-}$、$Cr^{3+}$ 等都是有害离子。$Cl^-$ 会引起零件的蚀刻；$SO_4^{2-}$ 数量的增加会使氧化膜从透明变为不透明，并缩短铬酸液的使用寿命；$Cr^{3+}$ 过多会使氧化膜变得暗而无光。

### 4.2.1.3 草酸阳极氧化

用 2%～10% 的草酸电解液，通以直流电或交流电进行阳极氧化处理，称为草酸阳极氧化。早期盛行于日本和德国，在日本称为"Alu-mite"法，在德国称为"Eloxal"法。

草酸阳极氧化能获得较厚的氧化膜，厚度约为 $8\sim20\mu m$，且富有弹性，耐蚀性好，具有良好的电绝缘性能。但该方法的成本高，为硫酸阳极氧化的 3～5 倍；溶液有毒性，且稳定性较差。

表 4-4 为草酸阳极氧化的工艺规范。

表 4-4　草酸阳极氧化的工艺规范

| 配方及工艺条件 | 1 | 2 | 3 |
|---|---|---|---|
| 草酸/(g/L) | 27～33 | 50～100 | 50 |
| 温度/℃ | 15～21 | 35 | 35 |
| 电流密度/(A/dm) | 1～2 | 2～3 | 1～2 |
| 电压/V | 110～120 | 40～60 | 30～35 |
| 时间/min | 120 | 30～60 | 30～60 |
| 电源 | 直流 | 交流 | 直流 |

影响草酸阳极氧化膜层质量的主要因素如下。

① 材质 草酸阳极氧化工艺适用于纯铝及镁合金的阳极氧化，对含铜及硅的铝合金则不适用。

② 溶液成分 该电解液对氯离子非常敏感，其质量浓度超过 0.04g/L 时膜层就会出现腐蚀斑点。三价铝离子的质量浓度也不允许超过 3g/L。

草酸阳极氧化一般在有特殊要求的情况下使用，如制作电气绝缘保护层、日用品的表面装饰等。

## 4.2.2 铝阳极氧化膜的着色和封闭

铝合金的阳极氧化膜具有独特的蜂窝状结构，可以利用其强的吸附能力，再经一定的着色和封闭处理而获得各种鲜艳的色彩和提高膜层的耐蚀性、耐磨性。

着色必须在阳极氧化后立即进行，着色前应将氧化膜用冷水仔细清洗干净。而在工业生产中，经阳极氧化后的铝及其合金制品，不论着色与否都要进行封闭处理，以防止氧化膜的污染，并能提高氧化膜的耐蚀性和绝缘特性。

（1）着色

一般而言，最适用于进行着色的氧化膜，是从硫酸电解液中获得的阳极氧化膜。它能在大多数铝及铝合金上形成无色且透明的膜层，其孔隙的吸附能力也较强。

氧化膜的常用着色方法有：吸附着色法，所用色料为无机颜料或有机染料；电化学方法，利用电化学反应来着色的电解着色法。

① 无机颜料着色 无机颜料着色方法问世早，但目前已不甚流行，多被有机染料着色方法所取代。无机颜料着色机理主要是物理吸附作用，即无机颜料分子吸附于膜层微孔的表面，进行填充。无机颜料着色耐晒性好，但着色色调不鲜艳，与基体结合力差。

表 4-5 为无机颜料着色的工艺规范。

**表 4-5 无机颜料着色的工艺规范**

| 颜 色 | 组 成 | 质量浓度/(g/L) | 温度/℃ | 时间/min | 生成的有色盐 |
|---|---|---|---|---|---|
| 红色 | 醋酸钴<br>铁氰化钾 | 50～100<br>10～50 | 室温 | 5～10 | 铁氰化钾 |
| 蓝色 | 亚铁氰化钾<br>氧化铁 | 10～50<br>10～100 | 室温 | 5～10 | 普鲁士蓝 |
| 黄色 | 铬酸钾<br>醋酸钴 | 50～100<br>100～200 | 室温 | 5～10 | 铬酸铅 |
| 黑色 | 醋酸钴<br>高锰酸钾 | 50～100<br>12～25 | 室温 | 5～10 | 氧化钴 |

② 有机染料着色 当用有机染料着色时，阳极氧化膜组成中的新鲜的氧化铝将起到媒染剂的作用。有机染料着色的机理较复杂，一般认为有物理吸附和化学反应。着色所用的有机染料多为酸性直接染料。这些染料当中，有些是以物理吸附的形式进入氧化膜中，固色能力不良；另一些染料的固色性较好，可以认为是以化学吸附或与化学反应相结合的形式进入氧化膜的结果。

表 4-6 为有机染料着色的工艺规范。

表 4-6　有机染料着色的工艺规范

| 颜　色 | 染料名称 | 质量浓度/(g/L) | 温度/℃ | 时间/min | pH |
|---|---|---|---|---|---|
| 红色 | 1. 茜素红(R) | 5～10 | 60～70 | 10～20 | |
| | 2. 酸性大红(GR) | 6～8 | 室温 | 2～15 | 4.5～5.5 |
| | 3. 活性艳红 | 2～5 | 70～80 | | |
| | 4. 铝红(GLW) | 3～5 | 室温 | 5～10 | 5～6 |
| 蓝色 | 1. 直接耐晒蓝 | 3～5 | 15～30 | 15～20 | 4.5～5.5 |
| | 2. 活性艳蓝 | 5 | 室温 | 1～5 | 4.5～5.5 |
| | 3. 酸性蓝 | 2～5 | 60～70 | 2～15 | 4.5～5.5 |
| 金黄色 | 1. 茜素黄(S) 茜素红(R) | 0.3 0.5 | 70～80 | 1～3 | 5～6 |
| | 2. 活性艳橙 | 0.5 | 70～80 | 5～15 | |
| | 3. 铝黄(GLW) | 2.5 | 室温 | 2～5 | 5～5.5 |
| 黑色 | 1. 酸性黑(ATT) | 10 | 室温 | 3～10 | 4.5～5.5 |
| | 2. 酸性元青 | 10～12 | 60～70 | 10～15 | |
| | 3. 苯胺黑 | 5～10 | 60～70 | 15～30 | 5～5.5 |

③ 电解着色　电解着色是把经阳极氧化的铝及其合金放入含金属盐的电解液中进行电解，通过电化学反应，使进入氧化膜微孔中的重金属离子还原为金属原子，沉积于孔底无孔层上而着色。由电解着色工艺得到的彩色氧化膜，具有良好的耐磨性、耐晒性、耐热性、耐蚀性和色泽稳定持久等优点。表 4-7 为电解着色的工艺规范。电解着色所用电压越高，时间越长，颜色越深。目前电解着色工艺在建筑装饰用铝型材上得到了广泛的应用。

表 4-7　电解着色的工艺规范

| 颜色 | 组成 | 质量浓度/(g/L) | 温度/℃ | 交流电压/V | 时间/min |
|---|---|---|---|---|---|
| 金黄色 | 硝酸银 硫酸 | 0.4～10 5～30 | 室温 | 8～20 | 0.5～1.5 |
| 青铜色 褐色 黑色 | 硫酸镍 硼酸 硫酸铵 硫酸镁 | 25 25 15 20 | 20 | 7～15 | 2～15 |
| 青铜色 褐色 黑色 | 硫酸亚锡 硫酸 硼酸 | 20 10 10 | 15～25 | 13～20 | 5～20 |
| 紫色 红褐色 | 硫酸铜 硫酸镁 硫酸 | 35 20 5 | 20 | 10 | 5～20 |
| 黑色 | 硫酸钴 硫酸铵 硼酸 | 25 15 25 | 20 | 17 | 13 |

（2）封闭

具有中等溶解能力的电解液中获得的阳极氧化膜，通常都要进一步进行封闭处理，其目的是使膜孔闭合以提高膜的防护性能和经久保持膜的着色效果。

封闭的方法有热水封闭法、蒸汽封闭法、重铬酸盐封闭法和水解封闭法等。

① 热水封闭法　一般认为，阳极氧化膜在热水中封闭是无定形氧化铝（$Al_2O_3$）的水合作用生成水合氧化铝（$Al_2O_3 \cdot H_2O$）晶体的化学过程。反应如下

$$Al_2O_3 + nH_2O \Longrightarrow Al_2O_3 \cdot nH_2O \qquad (4-7)$$

式中，$n$ 为 1 或 3。

当 $Al_2O_3$ 水合为一水合氧化铝（$Al_2O_3 \cdot H_2O$）时，其体积可增加约 $33\%$；若生成三水合氧化铝（$Al_2O_3 \cdot 3H_2O$）时，体积增大几乎 $100\%$。由于氧化膜表面及孔壁的 $Al_2O_3$ 水合的结果，体积增大而使膜孔封闭。水合作用既可以在孔膜层的孔表面进行，也可以在密膜层的表面进行。

② 蒸汽封闭法　阳极氧化膜的蒸汽封闭原理与热水封闭法相同，它是在压力容器中进行的。饱和蒸汽的温度可在 $100 \sim 200\text{℃}$ 之间，利用较高的蒸汽压，可以获得较好的封闭效果。最有效的封闭方法是把容器抽成真空令制件在其中放置 20min，然后通入蒸汽。这种封闭方法适合于处理罐、箱、塔和管子之类的大型制件的内表面。

③ 重铬酸盐封闭法　相对于其他几种封闭方法来说，重铬酸盐封闭法的应用最广。用该方法处理后的氧化膜呈黄色，它的耐蚀性高，但不适用于装饰性使用。

此法是在较高的温度下将铝制件放入具有强氧化性的重铬酸盐溶液中，使氧化膜与重铬酸盐发生化学反应，反应产物为碱式铬酸铝及重铬酸铝。它们就沉淀于膜孔中，同时热溶液使氧化膜层表面产生水合，加强了封闭作用。故可以认为是填充及水合的双重封闭作用。重铬酸盐发生的化学反应式如下

$$2Al_2O_3 + 3K_2Cr_2O_7 + 5H_2O = 2AlOHCrO_4 + 2AlOHCr_2O_7 + 6KOH \tag{4-8}$$

通常使用的封闭溶液为含 $50 \sim 70 \text{g/L}$ 的重铬酸钾水溶液，操作温度为 $90 \sim 95\text{℃}$，封闭时间为 $15 \sim 25$min，溶液中不得含有氯化物或硫酸盐。

④ 水解封闭法　水解封闭法是用镍盐、钴盐或二者混合的水溶液作为介质进行阳极氧化膜的封闭处理。封闭过程既包括水合作用，同时还包括镍盐或钴盐在膜孔内生成氢氧化物沉淀的水解反应。镍盐、钴盐的极稀溶液被氧化膜吸附后，即发生如下的水解反应

$$Ni^{2+} + 2H_2O = 2H^+ + Ni(OH)_2 \downarrow \tag{4-9}$$

$$Co^{2+} + 2H_2O = 2H^+ + Co(OH)_2 \downarrow \tag{4-10}$$

该法对于避免染料被湿气漂洗褪色有良好的效果，所以此法不但适用于防护性阳极化膜，而适用于着色阳极氧化膜的封闭处理。

## 4.2.3　镁合金阳极氧化

DOW17 工艺在镁合金表面形成的氧化膜主要是由 $Cr_2O_3$、$MgCr_2O_7$ 及 $Mg_2FPO_4$ 构成的复合膜，膜外观粗糙多孔，颜色为稻黄至果绿。HAE 工艺形成的氧化膜主要是 MgO、$MgAl_2O_4$ 尖晶石混合结构，膜外观为均匀的棕黄色。

通常经过阳极氧化处理后，工件表面形成较为致密的氧化膜层。与化学成膜处理相比，阳极氧化处理膜层的耐蚀性、耐磨性好、机械强度高，工件的尺寸精度几乎不发生影响，在某些使用情况下可省去涂装工艺，直接可作为最终处理。阳极氧化膜也可以作为涂装底层，以增进涂层与合金基体的结合力。但该工艺电解液中含有六价铬化合物，对环境和人体健康构成严重危害。

镁合金阳极氧化工艺路线为脱脂→水洗→酸洗→水洗→氟化处理→阳极氧化→冷水清洗→热水洗→干燥。

典型处理工艺为 DOW17 和 HAE 氧化工艺，其工艺及条件见表 4-8。

表 4-8　镁及镁合金阳极氧化典型工艺

| 类型 | 成分 | 含量/(g/L) | 温度/℃ | 电压/V | 电流密度/(A/dm²) | 时间/min |
|------|------|-----------|--------|--------|------------------|----------|
| DOW17 | $NH_4HF_2$<br>$Na_2Cr_2O_7 \cdot 2H_2O$<br>$H_3PO_4$(85%) | 240~360<br>100<br>90mL/L | 71~82 | 70~90 | 0.5~5<br>(Ac 或 Dc) | 5~25 |
| HAE | KOH<br>$Al(OH)_2$<br>KF<br>$Na_3PO_4$<br>$KMnO_4$ 或 $K_2MnO_4$ | 135~165<br>34<br>34<br>34<br>20 | 15~30 | 70~90 | 2~2.5<br>(AC) | 8~60 |

## 4.3　微弧氧化

微弧氧化（Micro-Arc Oxidation）又称微等离子体氧化（Plasma Electrolyte Oxidation），是通过电解液与相应电参数的组合，在 Al、Mg、Ti、Zr、Ta 等有色合金表面依靠弧光放电产生的瞬时高温高压作用，生长出以基体金属氧化物为主的陶瓷膜层。

微弧等离子体氧化技术基本原理类似于阳极氧化技术，所不同的是利用微弧等离子体弧光放电增强了在阳极上发生的化学反应。普通阳极氧化处于法拉第区（图 4-8），所得膜层呈多孔结构；微弧等离子体氧化处于火花放电区中，电压较高，所得膜层均匀致密，孔目的相对面积较小，膜层综合性能得到提高。当阳极氧化电压超过某一值时表面初始生成的绝缘氧化膜被击穿产生微区弧光放电，形成瞬间的超高温区域（2000~8000℃之间），在该区内氧化物或基底金属被熔融甚至气化。在与电解液的接触反应中，熔融物激冷而形成非金属陶瓷层。但当外加电压大于 700~800V 时，进入弧光放电区，样品表面出现较大的弧点，并伴随着尖锐的爆鸣声，它们会在膜表面形成一些小坑，破坏膜的性能。因此，微弧等离子体氧化的工作电压要控制在弧光放电区内。

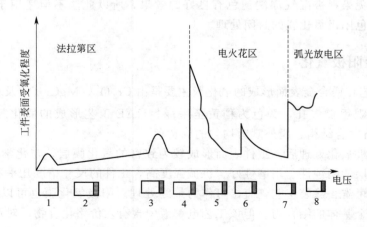

图 4-8　膜层结构与对应电压区间的关系模型

1—酸浸蚀过的表面；2—钝化膜的形成；3—局部氧化膜的形成；4—二次表面的形成；
5—局部阳极上火花放电阳极氧化的形成；6—富孔的火花放电阳极氧化膜；
7—热处理过的火花放电阳极氧化膜；8—被破坏的火花放电阳极氧化膜

研究表明，微弧等离子体氧化包含以下几个基本过程：空间电荷在氧化物基体中形成；在氧化物孔中产生气体放电；膜层材料的局部融化；热扩散、胶体微粒的沉积；等离子体化学与热化学反应等。

微弧等离子体氧化过程分为三个阶段：氧化膜生成阶段、微弧等离子弧阶段以及熄弧阶段（弧点减少直至熄灭阶段）。

采用微弧离子体氧化工艺制备的转化膜有如下特点。

① 大幅度地提高了材料的表面硬度，显微硬度在 $1000\sim2000HV$，最高可达 $3000HV$，可与硬质合金相媲美，大大超过热处理后的高碳钢、高合金钢和高速工具钢的硬度；

② 良好的耐磨损性能；

③ 良好的耐热性及耐蚀性。这从根本上克服了铝、镁、钛合金材料在应用中的缺点，因此该技术有广阔的应用前景；

④ 良好的绝缘性能，绝缘电阻可达 $100M\Omega$；

⑤ 溶液为环保型，符合环保排放要求；

⑥ 工艺稳定可靠，设备简单；

⑦ 反应在常温下进行，操作方便，易于掌握；

⑧ 基体原位生长陶瓷膜，结合牢固，陶瓷膜致密均匀。

## 4.3.1　铝及铝合金的微弧氧化

铝及铝合金的微弧等离子体氧化是将铝及其合金置于电解质的水溶液中，通过高压放电作用，使材料微孔中产生火花放电斑点，在热化学、电化学和等离子化学的共同作用下，在其表面形成一层以 $\alpha\text{-}Al_2O_3$ 和 $\gamma\text{-}Al_2O_3$ 为主的硬质陶瓷层的方法。

根据电化学可知，当铝合金处于阳极状态下，可发生如下反应

$$Al-3e^- \longrightarrow Al^{3+} \tag{4-11}$$

$Al^{3+}$ 在碱性溶液中经一段时间的积累，达到一定浓度时，即可发生以下反应，形成胶体物质，即

$$Al^{3+}+3OH^- \longrightarrow Al(OH)_3 \tag{4-12}$$

$$Al(OH)_3+OH^- \longrightarrow Al(OH)_4^- \tag{4-13}$$

氧化时，$Al(OH)_4^-$ 在电场力的作用下，向阳极（即工件）表面迁移，$Al(OH)_4^-$ 失去 $OH^-$，变成 $Al(OH)_3$ 而沉积在阳极的表面，最后覆盖全表面。当电流强行流过阳极表面形成这种沉积层时会产生热量，这个过程促进了 $Al(OH)_3$ 脱水转变为 $Al_2O_3$。$Al_2O_3$ 沉积然后在试样的表面形成介电性高的障碍层，即高温陶瓷层。

（1）氧化膜结构特征与组成

图 4-9 为微弧等离子体氧化膜表面形貌。可见，许多残留的放电气孔，孔周围有熔化的痕迹，说明放电区瞬间温度确实很高。铝合金微弧等离子体氧化膜具有致密层和疏松层两层结构（图 4-10），氧化膜与基体之间界面上无大的孔洞，界面结合良好。研究显示，致密层中具有刚玉结构。此 $\alpha\text{-}Al_2O_3$ 的体积分数高达 $50\%$ 以上，并与 $\gamma\text{-}Al_2O_3$ 结合在一起，因而使沉积层具有很高的硬度，微弧等离子体氧化膜层中致密层的晶粒细小，硬度和绝缘电阻大；疏松层晶粒较粗大，并存在许多孔洞，孔洞周围又有许多微裂纹向内扩展。

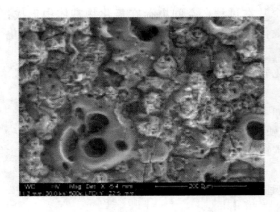

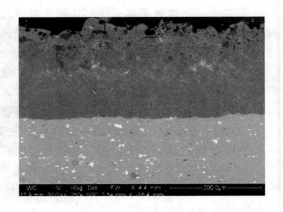

图 4-9  微弧等离子体氧化膜表面形貌　　　图 4-10  2A12 铝合金微弧氧化膜横截面的背散射像

铝合金氧化膜结构为 α-$Al_2O_3$、γ-$Al_2O_3$ 和一定量的复合烧结相。图 4-11 为 α-$Al_2O_3$、γ-$Al_2O_3$ 的分布曲线。可见，从外表面到膜内部（离 Al/$Al_2O_3$ 界面较远），α-$Al_2O_3$ 体积分数逐渐增加，γ-$Al_2O_3$ 相体积分数逐渐减小。α-$Al_2O_3$ 为 $Al_2O_3$ 的稳定相，熔点可以达到 2050℃，γ-$Al_2O_3$ 等同素异构相则为亚稳相，在 800～1200℃ 加热，γ 相便可转变为 α 相。微弧等离子体氧化可以在材料表面形成大量的等离子体高温区，这为无序的 $Al_2O_3$ 向 γ-$Al_2O_3$ 的转变和从 γ-$Al_2O_3$ 向 α-$Al_2O_3$ 的转变提供了条件。研究表明，在微弧等离子体氧化过程中，依次相变可能不是 γ-$Al_2O_3$ 或 α-$Al_2O_3$ 形成的主要途径。

研究热喷涂 $Al_2O_3$ 亚稳相形成机理时发现，液滴状熔融的 $Al_2O_3$ 在较大过冷度时，γ 相成核率大于 α 相成核率，因此高冷却速率导致液滴凝固时易形成 γ 相。在微弧等离子体氧化过程中，在每个火花熄灭瞬间内，熔融 $Al_2O_3$ 迅速固化形成含有 α-$Al_2O_3$、γ-$Al_2O_3$ 结构的陶瓷氧化层。外表层熔融 $Al_2O_3$ 直接同溶液接触冷却速率大，有利于 γ-$Al_2O_3$ 相的形成。由外向内熔融，$Al_2O_3$ 与溶液直接接触的几率减小，冷却速率逐步下降。所以，陶瓷氧化层外表面 γ 相的相对含量较高，并由表向里逐渐下降。α 相则正好相反，其相对含量由表向内逐渐升高。尽管陶瓷氧化膜的形成过程很复杂，但最终组成陶瓷膜的 α-$Al_2O_3$、γ-$Al_2O_3$ 相主要从熔融 $Al_2O_3$ 凝固而来。

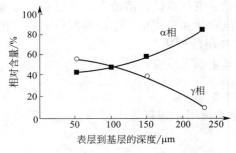

图 4-11  α-$Al_2O_3$、γ-$Al_2O_3$ 的分布曲线

（2）氧化铝的性能

由于它是直接在金属表面原位生长而成的致密陶瓷氧化层，因而可改善材料自身的防腐、耐磨和电绝缘的特性。用这种方法得到的 $Al_2O_3$ 膜层，通过工艺条件加以调整，厚度可达 10～300μm 左右，显微硬度达 1000～2500HV，绝缘电阻大于 100MΩ，且陶瓷层与基体的结合力强。

① 耐磨性  图 4-12 所示的磨损失重曲线是在磨损实验机上测得的，对磨损件为灰铸铁。评定耐磨性用两个试样的绝对磨损量的比值 ε＝$\omega_A/\omega_B$ 表示，其中 $\omega_A$ 为标准试样磨损量，$\omega_B$ 为被研究试样。若 ω＞1，则被研究试样的磨损量小，即耐磨性好于标准试样；反之则耐磨性较差。由图 4-12、图 4-13 可见，经氧化后的试样的耐磨性远远优于未经氧化的试样。经过 10000 周期的磨损后，氧化试样的耐磨性提高了五倍左右。

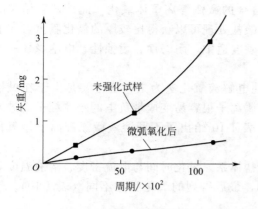

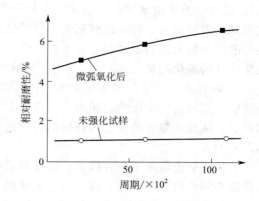

图 4-12　2A12 铝合金强化前后磨损失重曲线　　　图 4-13　2A12 铝合金强化前后相对耐磨性比较

② 硬度　氧化陶瓷膜的硬度用显微硬度计测定。由图 4-14 可见，最初随着电流密度的增加，所获得的陶瓷膜硬度也增加，但当电流密度超过 $8A/dm^2$ 以后，陶瓷膜维氏硬度增加的趋势减缓。其原因是，在电流密度小时，能量密度也就相对较低，使得烧结不充分，$\alpha$-$Al_2O_3$ 含量较少，所以硬度较低；但是当电流密度过高时，能量密度过大而使涂层组织过烧，生成的陶瓷膜不致密，因此其硬度增加不再明显。

③ 综合性能　表 4-9 为铝合金微弧等离子体氧化膜层与硬质阳极氧化工艺所得膜层性能的比

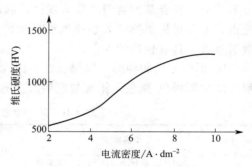

图 4-14　维氏硬度与电流密度的
关系曲线（氧化时间为 30min）

较。可见，铝合金的微弧等离子体氧化膜层具有极好的综合性能。微弧等离子体氧化膜层的孔隙率低、耐蚀性好、耐磨性好、硬度高、韧性高，且能在内外表面生成均匀膜层，从而扩大了微弧等离子体氧化技术的适用范围。

表 4-9　铝合金微等离子体氧化与硬质阳极氧化工艺所得膜层的性能比较

| 性　　能 | 微弧氧化膜 | 硬质阳极氧化膜 |
| --- | --- | --- |
| 最大厚度/$\mu m$ | 200～300 | 50～80 |
| 显微硬度（HV） | 900～2500 | 300～500 |
| 击穿电压/V | 2000 | 低 |
| 均匀性 | 内外表面均匀 | 产生"尖边"缺陷 |
| 孔隙相对面积 | 0～40 | ＞40 |
| 耐磨性 | 磨损率 $10\sim 7mm^3/(N\cdot m)$（摩擦副为碳化钨，干摩擦） | 差 |
| 5％盐雾实验/h | ＞1000 | ＞300（$K_2Cr_2O_7$ 封闭） |
| 表面粗糙度 $Ra$ | 可加工至 $\approx 0.037\mu m$ | 一般 |
| 抗热震性 | 300℃→水淬，35 次无变化 | 好 |
| 热冲击性 | 可承受 2500℃以下热冲击 | 差 |

（3）电解液体系

根据所采用的电解液的酸碱度，一般将其分为酸性电解液氧化法和碱性电解液氧化法。

① 酸性电解液法　采用浓硫酸 $H_2SO_4$（$d=1.84g/cm^3$）作为电解液，在 500V 左右的直流电压下，制得微弧等离子体氧化陶瓷膜。若在该溶液中加入一定量的添加剂（如吡啶

盐），就可以改善电解液的性质，更有利于实现合金的微弧等离子体氧化。此外，采用磷酸或者其盐溶液作为电解液进行氧化，最后经过铬酸盐处理可以获得比较厚的氧化膜。若在上述电解液中加入某些添加剂，则可以得到强度、硬度适中，耐磨性、耐蚀性、电绝缘性和导热性优良的氧化陶瓷层。

② 碱性电解液法　在实际生产中，多以碱性电解液氧化法为主。这主要是由于在碱性溶液中，阳极反应生成的金属离子和溶液中的金属离子很容易变成带负电的胶体粒子而进入陶瓷层，从而调整和改变了陶瓷层的微观结构。表 4-10 给出了不同溶液微弧等离子体氧化的工艺配方。

氧化膜颜色取决于多种因素，尽管都是硅酸盐体系，氧化时间与电流密度、溶液温度等参数都相同，但是由于配方以及组分浓度的不同，最后得到的氧化膜亦不同（表 4-10）。氧化膜的颜色取决于如下因素。

a. 光散射　它是由孔中析出的金属及氧化物胶体粒子对光线散射所引起。肢体粒子粒度不均匀，具有某种类型的分布规律，因此胶体颗粒的光散射不是单色光，而是不同波长的光谱，尤其对析出物的大小接近可见光的波长量级（400～700nm）的粒子，产生光的选择散射吸收，具有独特的颜色。

b. 析出金属的种类　以镍、钴、镍-钴、镍-锡为基础的电解质形成古铜色和黑色，铜电解质产生深褐色-黑色，钼酸盐或钨酸盐电解质产生蓝色及蓝黑色等。

**表 4-10　不同溶液微弧等离子体氧化工艺配方**

| 序号 | 溶液成分 | 电流密度/(A/dm²) | 起弧电压/V | 最终电压/V | 溶液温度/℃ | 氧化时间/min | 膜层颜色 |
|---|---|---|---|---|---|---|---|
| 1 | NaOH 5g/L，KOH 2g/L，添加剂 A 2g/L，Na₂SiO₃ 10g/L | 1～10 | 120～220 | 360 | 20～40 | 20～60 | 棕褐色全黑色 |
| 2 | NaOH 5g/L，KOH 2g/L，NaF 2g/L，Na₂SiO₃10g/L，添加剂 B 3g/L | 1～10 | 120～220 | 360 | 20～55 | 20～60 | 淡红色至粉红色 |
| 3 | NaOH 1.5g/L，KOH 2g/L，Na₂SiO₃ 10g/L，添加剂 B 2g/L，添加剂 C 2g/L | 1～10 | 120～220 | 360 | 20～55 | 20～60 | 淡黑色至黑色 |
| 4 | KOH 4g/L，Na₂SiO₃ 10g/L，添加剂 B 2g/L，添加剂 C 3g/L | 1～10 | 120～220 | 360 | 20～55 | 20～60 | 浅灰色至灰色 |

氧化膜颜色与基体材料、溶液浓度有关。纯铝片氧化膜颜色为灰色，2A12 铝合金氧化膜在浓度低时为浅棕灰色，浓度高时为深棕灰色。

（4）前处理及后处理工艺

① 前处理　为了保证金属表面氧化陶瓷层的质量，在微弧等离子体氧化前要经过简单的脱脂处理，主要采用化学脱脂法。其配方及工艺见表 4-11。

**表 4-11　微弧等离子体氧化前处理工艺**

| 配方成分(g/L)及工艺条件 | 1 | 2 | 3 |
|---|---|---|---|
| 碳酸钠($Na_2CO_3$) | 15～20 | 15～20 | 25～30 |
| 磷酸三钠($Na_3PO_4 \cdot 12H_2O$) | — | 20～30 | 20～25 |
| 水玻璃($Na_2SiO_3$) | 5～10 | 10～15 | 5～10 |
| OP-10 乳化剂 | 1～3 | 1～3 | |
| 焦磷酸钠($Na_4P_2O_7 \cdot 10H_2O$) | 20～30 | | |
| 温度 /℃ | 60～80 | 60～80 | 60～80 |
| 时间 | 至油除净 | 至油除净 | 至油除净 |

　　② 后处理　在微弧等离子体氧化结束后，由于其氧化膜的多孔结构和强的吸附性能，表面比较容易被污染。因此，不论氧化后的陶瓷膜着色与否，均需进行封闭处理，使氧化膜的各项性能更加优良并易于保持稳定。微弧等离子体氧化陶瓷膜的封闭方法主要采用热水封闭法。

　　热水封闭原理：氧化膜表面和孔壁在热水中发生水化反应，生成水合氧化铝，使原来氧化膜的体积增加 33%～100%，氧化膜体积的膨胀使膜孔显著缩小，从而达到封孔的目的。

　　热水封闭要采用蒸馏水或者去离子水，不能用自来水，以防止水垢被吸附在氧化膜孔洞中。

　　封闭工艺：将工件放入 97～100℃的沸水中，封闭 10～30min。若采用 pH 值为 5.5～6（用醋酸调节）的微酸性蒸馏水封闭，较中性蒸馏水更容易得到光亮的表面，不会产生雾状的外观。

　　(5) 影响因素

　　微弧等离子体氧化过程是将 Al 等金属置于电解质水溶液中，利用电化学方法产生火花放电而进行，电解液的组分以及电解液的温度、电压、电流密度等对膜层质量的影响较大。

　　① 电解液的影响

　　a. 电解液组分的影响　电解液的组成影响陶瓷的生长工艺和性能。对于同一金属或合金而言，不同的电解液其成膜能力也不同。

　　许多添加剂对膜层性能的影响亦较大。例如添加剂 $NaAlO_2$、$Na_2SiO_3$、$Na_2MoO_4$、$Na_2WO_4$、$Na_2SnO_3$ 可使膜层中铝含量增加；在磷酸盐电解液中添加 $KMnO_4$ 和 $Na_2VO_3$，可得到双重结构的膜层；添加 $Na_2SiO_3$ 可增加膜层在空气中的击穿电压；添加 $Na_2MoO_4$、$Na_2WO_4$ 和 $Na_2SnO_3$ 可增加膜层的耐磨性；用 $NaH_2PO_4$ 代替 $Na_2CO_3$ 可使膜层的孔隙率降低。另外，在硅酸钠溶液中生成的膜层表面较粗糙；磷酸钠溶液中生成的膜层较平滑，可以作为制备装饰性膜层的基础体系。人们还采用不同的电解液组分获得许多色彩均匀的装饰性膜层、绝缘膜层、隔热膜层、光学膜层以及在催化、医药、生物工程中应用的功能性膜层。

　　图 4-15～图 4-18 分别显示了在不同溶液中膜层的生长速率与溶质离子浓度的关系曲线。从图 4-15 可以看出，当 NaOH 浓度在 1～6g/L 之间变化时，成膜速率在 0.9～1.2μm 之间变化，此时膜的颜色呈灰白色。但当其浓度超过 5g/L 时，膜表面粗糙度值增大。一般采用 4～5g/L。图 4-16 为 NaOH 体系电解液中 $Na_2SiO_3$ 浓度变化与成膜速率的关系曲线，可见，$Na_2SiO_3$ 浓度从 5g/L 变到 10g/L 时，成膜速率基本不变，在 0.6μm/min 左右。但当 $Na_2SiO_3$ 浓度再增加时，成膜速率变化较大，升至 2.0μm/min，但此时氧化膜变得较粗糙。图 4-17 是 NaOH 体系电解液中 $NaO(PO_3)_6$ 的浓度变化对成膜的影响，由此可以看出，当 $NaO(PO_3)_6$ 浓度为 1g/L 和 5g/L 时成膜较快，成膜速率可达 0.9μm/min 以上，且膜较致密。但不同的是，浓度为 1g/L 时膜较粗糙，浓度为 5g/L 时膜光滑。一般取 $NaO(PO_3)_6$ 浓度为 4～5g/L 为宜。图 4-18 是 $NaAlO_2$ 浓度变化与成膜速率的关系曲线图。可见，随着 $NaAlO_2$ 浓度的增加，成膜速率逐渐增加。一般取 $NaAlO_2$ 浓度为 10g/L 为宜。

　　b. 电解液 pH 值的影响　试验表明，陶瓷层的生长速度还受溶液酸、碱度的影响，其生长速度在 pH 值的一定范围内较佳。

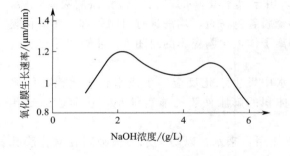

图 4-15　氧化膜生长速率与
NaOH 浓度关系曲线

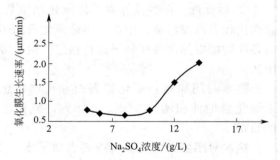

图 4-16　氧化膜生长速率与 $Na_2SiO_3$
浓度关系曲线

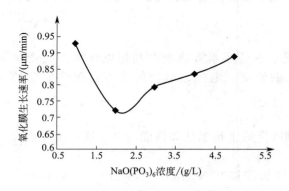

图 4-17　氧化膜生长速率与 $NaO(PO_3)_6$
浓度关系曲线

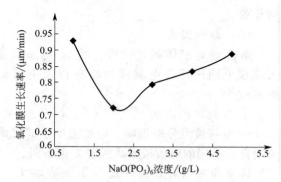

图 4-18　氧化膜生长速率与 $NaAlO_2$
浓度关系曲线

当铝在酸性水溶液中（pH<4.45），在-1.8V 以下为阴极电位时，理论上以金属铝存在（图 4-2）。

在-1.8V 以上为阳极电位时，理论上以铝离子状态存在。若水溶液 pH 值为 4.45～8.38 之间时，当铝的电位在-2.0V 以下时，铝呈金属状态；而电位在-2.0V 以上时，铝表面形成氧化膜层 $Al_2O_3 \cdot 3H_2O$，在高温烧结的作用下，$Al_2O_3 \cdot 3H_2O$ 脱水为生相变，生成 $\alpha$-$Al_2O_3$ 和 $\gamma$-$Al_2O_3$。当铝在 pH 值高于 8.38 的碱性溶液中，铝的电位-2.0V 以下的负阴极电位时，铝以金属铝状态存在；在-2.0V 以上正的阳极电位时，铝则以铝酸根离子状态存在。但图 4-2 中的各条平衡线是以金属与其离子之间或溶液中的离子与含有该离子的反应产物之间建立平衡为条件的，绘制该图时往往把金属表面附近液层的成分和 pH 值大小等同于整体溶液的数值。但是在实际反应体系中，金属表面附近和局部区域内的 pH 值与整体溶液的 pH 值其数值往往并不相同。因此在实际反应的情况下，往往会偏离平衡条件。在微弧等离子体氧化的条件下，所施加的电压不全为铝的电压，其中一部分使阴极的电位发生变化，同时也引起溶液中的电压下降。而 pH 值过大或过小，溶解速度过快，陶瓷层生成速率就会减慢。可以通过用磷酸或氢氧化钾对溶液的 pH 值进行调整，来控制陶瓷层的生成速度。

c. 电解液温度的影响　电解液温度在微弧氧化过程中对工艺的影响较大。因为微弧等离子体氧化过程会产生大量热量，引起电解液水温升高。试验表明，温度低时，陶瓷层的生长速度较快，而且陶瓷层致密，性能较佳，主要是由于反应过程中放出的热量很快散失，使烧结沉积过程容易进行；而温度过高，溶液易飞溅，熔解速度加快，陶瓷层生长减慢，且膜层也易被局部烧焦或击穿。因此，对该项技术而言，必须有一个良好的冷却系统以保证微弧等离子体氧化顺利进行。

　　试验还表明，在不同的电解液体系中，温度-成膜速率曲线不完全一致，但是其总体走向是大致相同的。即：随着温度的升高，成膜速率均呈现下降趋势。

　　② 电参数的影响　对应于不同的电解液，电参数的选择也有所不同。首先，电压选择不能过高或过低，另外，由于脉冲电压特有的"针尖"作用，使得微弧作用的局部面积大幅度下降，表面微孔相互重叠，可形成光滑、均匀的膜层。而且叠加脉冲的不对称交流电源制造简单、成本低廉，所以目前使用以交流电源为主。此外，电流密度、能量密度等也极大地影响陶瓷层的制备工艺。

　　a. 电压的影响　在一定的条件下，对电解液施加不同的交流电压而得到的氧化膜，我们可以通过单位面积增重法测定出膜厚。图 4-19 为 0.3mol/L 工业硅酸钠电解液在交流电压作用下，电压（V）与单位时间内单位面积样品增重（$\Delta m$）的关系曲线。由图 4-19 可以看出，随着电压的升高，样品在单位时间单位面积上的增重在不断增加，即氧化层的厚度在增加。可将增重换算成膜厚，即

$$h = \frac{m_2 - m_1}{A\rho} = \frac{\Delta m}{A\rho} \tag{4-14}$$

　　式中，$m_1$、$m_2$ 分别为微弧等离子体在氧化前、后铝板的质量；$A$ 为铝板的表面积；$\rho$ 为膜层的密度。

　　可用 $Al_2O_3$ 密度大致来代替氧化膜的密度。经试验和计算，经微弧等离子体氧化 30min 后的膜层可达 $15\mu m$。

　　b. 电流密度的影响　图 4-20 为磷酸盐、碳酸盐和硅酸盐体系中某三种配方的电解液微弧等离子体氧化过程中电流密度与陶瓷层厚度的关系曲线。

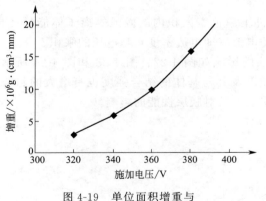

图 4-19　单位面积增重与施加电压的关系

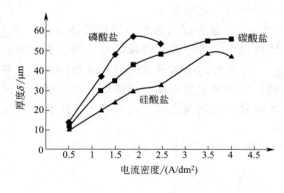

图 4-20　电流密度与膜层生长厚度的曲线图（氧化时间为 1h）

　　可见，在一定范围内（电流密度为 0~1.8A/dm²），这三种溶液中陶瓷层厚度都随着电流密度的增大而增大。但是，当电流密度进一步加大，磷酸盐体系的氧化膜层的厚度就会出现明显的下降，而硅酸盐体系的膜层厚度可以持续到电流密度为 3.5A/dm² 后才会出现下降趋势，碳酸盐体系在电流密度＞4A/dm² 时，膜厚仍然随电流密度的增大呈缓慢增长趋势。由此可知，电流密度对膜层增长有一个极值，对不同的溶液体系该极值不同。这个值的存在，对实际生产中电流与电压的选择具有较大的意义，超过该值，陶瓷层生长过程中极易

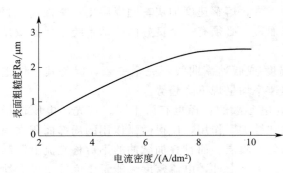

图 4-21 电流密度与表面粗糙度的
关系曲线（氧化时间为 30min）

出现脆裂现象。

图 4-21 是电流密度与表面粗糙度的关系曲线。

可见，随着电流密度的增加，膜层表面粗糙度增大。其原因是微弧等离子体氧化是靠击穿膜层、形成放电通道来进行的。随着电流密度的增加，反应速度加快，反应愈剧烈，产物就会过早地堵塞较细小的反应通道，使随着电流密度的增加，膜层表面粗糙度增大。表 4-12 给出了在一定电解液组成（NaOH＋磷酸盐）条件下，不同微弧等离子体氧化电流密度对膜层性能的影响。

表 4-12　电流密度对膜层性能的影响

| 氧化电流密度/(A/dm²) | 总膜厚/μm | 致密层厚度/μm | 显微硬度/HV | 熄弧时间/min | 膜层外观 |
|---|---|---|---|---|---|
| 3 | 62.0 | 44.8 | 854 | 105 | 细腻、均匀 |
| 4 | 78.0 | 48.3 | 796 | 75 | 细腻、均匀 |
| 6 | 87.0 | 50.5 | 729 | 33 | 不均匀 |
| 8 | 106.0 | 52.5 | 686 | 25 | 不均匀 |

由表 4-12 可知，随微弧等离子体氧化电流密度增大，熄弧时间迅速缩短。虽然在大电流密度时能够很快得到较厚的膜层，但由于微弧等离子体氧化过程中膜层形成必须经过较长时间凝结、脱水，并将初始氧化过程中形成的 $\gamma\text{-}Al_2O_3$，经高温烧结后转化为 $\alpha\text{-}Al_2O_3$，这样才能使膜层的硬度有较大幅度的提高。电流密度越高，微弧等离子体氧化的时间越短，膜层转化越不充分，硬度就越低。因此，为得到性能较为理想的膜层，必须选择合适的微弧等离子体氧化电流密度。

c. 能量密度的影响　能量密度即指处理工件上单位表面积内的微弧等离子体能量。具体地说，它表示通过微弧区单位面积氧化膜上的电流（即电流密度）与电压的乘积。

微弧等离子体氧化时的能量密度对膜层性能的影响如图 4-22、图 4-23 和图 4-24 所示，随着能量密度的提高，陶瓷层的致密度、显微硬度及其与基体的结合强度也有增大的趋势。而能量密度则与电压、电流有关，由此也可说明电参数对膜层性能的影响。

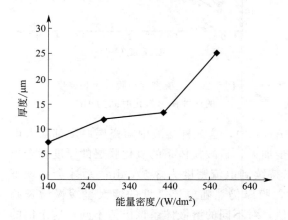

图 4-22　能量密度与膜层厚度的关系示意

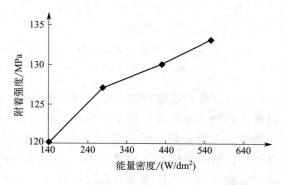

图 4-23　能量密度与附着强度的关系示意

图 4-22 说明，随着能量密度的增加，膜层的厚度显著增加，使阳极化学反应速度增大，在相同的时间内沉积的氧化物增多。同时，热效应加大，使电解液的温度升高，甚至蒸发。为了使氧化过程能正常进行，应设置冷却系统，它将有效地把电解液的温度控制在适当的范围内。一般使用的碱性电解液对氧化铝的溶解速率并没有显著影响。在微弧等离子体氧化过程中，与溶膜相比成膜过程占优势，所以表现为膜层厚度随电压、电流密度的增加而增加。由图 4-24 可见，随能量密度的增加，膜层硬度明显增加。

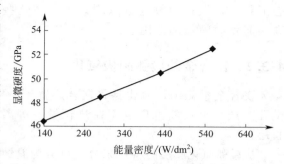

图 4-24  能量密度与膜层显微硬度的关系示意

能量密度的增加提高了试样上的电压，从而提高了放电微区中的温度。这样，更加有利于元素铝氧化生成的氧化铝、沉积反应生成的氧化铝水合物，在高温下发生由无定形到晶态的转变。温度越高，脱水后发生相变生成 $\alpha$ 相的可能性增大，$\alpha$ 相的氧化物（刚玉）的相对含量就越多，最终得到的氧化膜的显微硬度也就越高。在氧化膜的两层结构中，致密层与疏松层中的温度梯度以及与外界电解液的接触情况不同，导致了它们的相组成不同。致密层中的 $\alpha\text{-}Al_2O_3$ 相对含量高于 $50\%$ 体积分数，而疏松层中的 $\gamma\text{-}Al_2O_3$ 相对含量较高。致密层因结构致密，虽然存在气孔（放电通道），但其气孔很小，因此从表面上观察较光滑，手感好，是主要的工作层；疏松层因颗粒较大，显微结构中呈现出较大孔洞而显得粗糙不平，构件使用过程中应将其打磨掉。

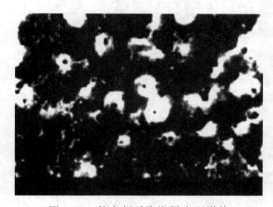

图 4-25  较高频时陶瓷层表面形貌

d. 频率的影响  图 4-25 是在与图 4-9 相同的条件下较高频时所得陶瓷层的表面形貌。

高频下微弧的阶段性变化在极短时间内完成，火花细小密集，在试样表面的局部范围内成片盘旋游走（图 4-25）；而工频时试样整个表面出现弧斑，且试样极易出现烧损现象（图 4-26）。比较图 4-25 与图 4-26(a)，工频下陶瓷层表面残留大量放电气孔，微孔周围可明显看到熔化的痕迹，形成的晶粒烧融在一起，孔隙大而深。高频下表面呈细小颗粒状，整个表面也较致密，且晶粒上放电微子孔径小而且分布均匀，与工频状

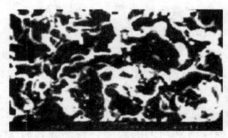

(a) 表面形貌

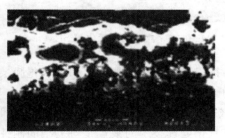

(b) 截面形貌(氧化时间为1h,频率为50Hz)

图 4-26  工频时微弧等离子体氧化陶瓷层扫描照片

态下相比，微孔的数量也急剧减少，而这些微孔为等离子体放电通道，由此也可解释高频起弧时间短的原因。

### 4.3.2 镁合金的微弧阳极氧化

镁合金微弧阳极氧化是将镁合金置于电解质水溶液中，在高电压下，使材料表面膜微孔中产生火花放电斑点。在热化学、等离子体化学和电化学共同作用下，生成陶瓷膜层。

从微弧氧化膜层的特点来分，可分为腐蚀防护膜层、耐磨膜层、电防护膜层、装饰膜层、功能性膜层等。

微弧氧化工艺流程一般为：除油→去离子水漂洗→微弧氧化→自来水漂洗，比普通的阳极氧化工艺简单。表4-13为镁合金微弧氧化与常用的两种阳极氧化工艺对比。

表 4-13 镁合金微弧氧化（MAO）与两种典型阳极氧化工艺比较

| 工艺 | 溶液化学成分 | 溶液温度/℃ | 电流密度/(A/cm²) | 电压/V |
|---|---|---|---|---|
| DOW17 | 重铬酸钾<br>二氧化胺<br>磷酸 | 71~82 | 0.5~5 | ≤100 |
| HAE | 氢氧化钾<br>氢氧化铝<br>氟化钾<br>磷酸钠<br>锰酸钾 | 室温 | 1.8~2.5 | ≤8 |
| MAO | 氢氧化钾<br>硅酸钾<br>氟化锂 | 10~20 | 0.5~1.5 | ≤340 |

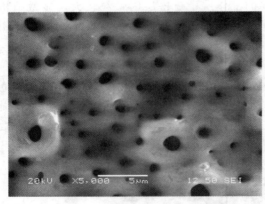

图 4-27 Mg-0.5Ca 合金微弧氧化膜 SEM 形貌

图 4-27 为 Mg-0.5Ca 合金在 10g/L NaOH＋18g/L $Na_2SiO_3$ 溶液中的微弧氧化膜 SEM 形貌。微弧氧化膜主要由多孔的 MgO、$MgSiO_3$、$MgAl_2O_4$ 和无定形相组成，膜厚可超过 $100\mu m$。

镁合金微弧氧化工艺具有如下优点。

① 微弧氧化的电解质为碱性物质，不含铬、氰化物等致癌物质，对操作者和环境的污染性能小。

② 微弧氧化膜层与底漆的结合力比阳极氧化得到的膜层的结合力强。

③ 镁合金化学转化膜层薄而软，使用过程中容易被损伤，保护性能差。阳极氧化膜层的保护性能比化学氧化膜层好，但微弧氧化陶瓷膜层的耐蚀性能却优于阳极氧化膜层。

④ 较普通阳极氧化，膜的孔隙率大大降低，耐蚀性及耐磨性有较大提高。

阳极氧化处理技术的缺点是对复杂的制件难以得到均匀的膜层，膜的脆性较大，同时膜的多孔特性对于提高膜的防护性也带来很大的困难。而等离子体微弧阳极氧化电压高，设备投资大。由于产生电弧，局部过热，溶液需要大功率冷却设备，能耗大，在汽车零件上的生产和应用受到限制。

### 4.3.3 钛合金的微弧阳极氧化

钛合金具有比强度大、热稳定性好、密度小、抗腐蚀性能好等优良性能，在化学、航天、航海工业中得到了广泛应用。钛无毒，与人体组织及血液有较好的相容性，是医疗界广泛使用的先进材料。但钛合金硬度低、耐磨性差，特别是吸气性导致钛合金很容易与其他金属接触发生接触腐蚀，严重制约了它的应用。目前，采用离子注入、热喷涂、热氧化、阳极氧化和 PVD/PCD 等技术在提高钛合金的耐腐蚀性、耐磨性、耐高温性能等方面取得了一定的效果。但这些表面处理手段要么是需要真空或者是惰性气体保护条件，要么是需要保持高温，因而大大增加了涂层的制备成本。为了满足工业化生产的要求，需要探索、寻找新的钛合金表面技术，以便在提高性能的前提下降低生产成本。

图 4-28 是钛合金微弧氧化膜层的 SEM 形貌。由图可知，陶瓷膜表面凹凸不平，带有微米级和亚微米级的孔洞，部分大孔洞中嵌套了尺寸较小的孔。根据钛合金微弧氧化技术的基本原理，影响钛合金微弧氧化工艺的因素主要有电解液浓度、电解液成分、电压、电流密度、微弧氧化时间、脉冲频率以及钛合金微弧氧化前的表面状态。

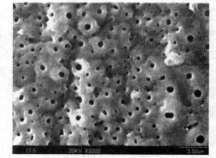

图 4-28　钛合金微弧氧化膜层 SEM 形貌

钛合金微弧氧化膜层有 3 个不同的层：即过渡层、致密层（内层）和疏松层（外层）。各层的薄厚、结构及组成主要受基体的化学成分、电解液组成和处理制度的影响。

由基体内向外分为过渡层、致密层和疏松层。靠近基体的是过渡层，它和基体是冶金结合，膜与基体结合牢固；在多数电解液体系中，致密层主要由金红石 $TiO_2$ 相和少量的锐钛矿 $TiO_2$ 相组成；过渡层和疏松层主要由锐钛矿 $TiO_2$ 相和少量的金红石 $TiO_2$ 相组成。电解液组成的不同使膜层组成相和相的含量不同，因而膜层具有不同的性能。

钛合金微弧氧化技术具有如下优点。

① 处理后表面获得陶瓷化的氧化膜，表面除具有良好的韧性、耐腐蚀、耐磨特性外，还具有功能陶瓷的一些特性，如磁电屏蔽能力、生物医学性能及良好的绝缘性（绝缘电阻大于 $100M\Omega$）等；

② 采用脉冲电流，对基体材料热输入小，基本上不会恶化材料原有的力学性能；

③ 氧化膜与基体结合强度高，氧化膜组织结构在较宽的范围内可调；

④ 打磨掉疏松层后，工件可基本保持原始尺寸；

⑤ 设备简单、操作方便，经济高效，且无三废排放，适合绿色环保型表面改性技术的发展要求。

## 4.4 化学氧化

在金属表面上的覆盖层，除了用上述的一些方法外，还可以用化学法，使金属（包括金属涂层）表面原子与介质中的阴离子发生反应生成化合物薄膜，以达到防腐蚀的目的。在工业上使用最多的是金属的氧化处理生成氧化膜涂层，金属磷化处理生成磷酸盐膜涂层，金属涂层表面钝化处理生成铬酸盐膜涂层。这些涂层通常称为化学转化涂层。

为了使金属表面生成致密的氧化物作为覆盖层，以达到防蚀的目的，通常用两种方法，化学法和电化学法。前一种方法主要用于钢铁制品的化学氧化，后一种方法则多用于铝及其铝合金的阳极氧化。

（1）铝及铝合金化学氧化

铝及铝合金是飞机制造、兵器工业生产的重要结构材料，也是日常生活用品、建筑常用的材料之一。铝和铝合金虽然在大气中很易形成一层天然氧化膜，但膜层很薄，只有 $20 \sim 140nm$，具有一定的耐蚀性，但由于这层氧化膜是非晶的，疏松多孔，不均匀，抗蚀能力不够强，容易失去光泽、沾染污迹。

从图 4-2 铝的电位-pH 图可以看出，在特定的 pH 值（$4.45 \sim 8.38$）范围内，铝被稳定的天然氧化膜（水合氧化铝）所覆盖。天然氧化膜厚度为 $5 \sim 150nm$，由于厚度太薄，所以容易磨损、擦伤，耐腐蚀性很差。为了提高氧化膜的抗蚀性及其他性能，必须进行人工处理，增加氧化膜的厚度、强度及其他防护性能，目前，应用较多的是化学氧化与阳极氧化处理。

化学氧化是相对于阳极氧化而言的，是金属（铝）在不通电的条件下，适当的温度范围，浸入处理溶液中（也可以采用喷淋或刷涂的方式）发生化学反应，在金属表面生成与基体有一定结合力的、不溶性的氧化膜的工艺。

① 化学氧化优点

a. 铝合金化学氧化膜＋多孔性氧化膜，可以作为油漆底层，与油漆的附着力比阳极氧化膜大。

b. 化学氧化膜能导电，可在其上电泳涂装。

c. 与阳极氧化相比，化学氧化处理对铝工件疲劳性能影响较小；

d. 操作简单、不用电能、设备简单、成本低、处理时间短、生产效率高、对基体材质要求低。

② 溶液组成　化学氧化溶液应该含有两个基本化学成分：成膜剂和助溶剂。成膜剂一般是具有氧化作用的物质，它使铝表面氧化而生成氧化膜。助溶剂是促进生成的氧化膜不断溶解，在氧化膜中形成孔隙，使溶液通过孔隙与铝基体接触产生新的氧化膜，保证氧化膜不断地增厚。要在铝基体上得到一定厚度的氧化膜，必须使氧化膜的生成速度大于氧化膜的溶解速度。

③ 分类　化学氧化处理方法主要有：铬酸盐法、碱性铬酸盐法和磷酸锌法等。

铝的铬酸盐氧化膜常用作为铝建筑型材的油漆底层，这种氧化膜工艺成熟，耐蚀性和与油漆的附着力都很好，但有六价铬的废水排放问题。磷酸锌膜又称磷化膜，常用于汽车外壳铝板的漆预处理，因为磷酸锌膜经肥皂处理可生成有润滑作用的金属皂，有利于铝板的冲压成形。

④ 原理　溶解在溶液中的三价铝离子（$Al^{3+}$）与溶液中的氧和氢氧根（$OH^-$）结合，生成三氧化二铝和氢氧化铝薄膜。当氧化膜厚度达一定值时，由于膜较致密，阻碍了溶液向内层基体的扩散，使膜的生长难以继续进行。若要使膜继续生长，需向溶液中加入弱碱或弱酸。同时，还需向溶液中加入氧化剂铬酐或铬酸盐（$Na_2CrO_4$），抑制酸或碱对膜的过度溶解腐蚀，使膜的生长与溶解保持一定的速度，以得到较厚的膜层（碱性溶液中厚度达 $2 \sim 3\mu m$，酸性溶液中厚度可达 $3 \sim 4\mu m$）。

⑤ 工艺　目前广泛使用的铝及其合金的化学氧化膜的处理方法有：BV 法、MBV 法、

EW 法、Pylumin 法、Alrok 法、Alodine 及 Alocrom 法等，详见表 4-14。

表 4-14 铝及其合金的化学氧化常见工艺及条件

| 名　　称 | 溶液组成 | 温度/℃ | 时间/min |
|---|---|---|---|
| BV 法 | $K_2CO_3$ 25g/L，$NaHCO_3$ 25g/L，$K_2Cr_2O_7$ 10g/L | 煮沸 | 30 |
| MBV 法 | $Na_2CO_3$ 50g/L，$Na_2CrO_4$ 15g/L | 90～100 | 3～5 |
| EW 法 | $Na_2CO_3$ 51.3g/L，$Na_2CrO_4$ 15.4g/L，硅酸钠(干)0.07～1.1g/L | 90～95 | 5～10 |
| Pylumin 法 | $Na_2CO_3$ 7%，$Na_2CrO_4$ 2.3%，碱性碳酸铬 0.5%，$H_2O$ 90.2% | 70 | 3～5 |
| Alrok 法 | $Na_2CO_3$ 0.5%～2.6%，$K_2Cr_2O_7$ 0.1%～1% | 65 | 20 |
| Alodine 法 | $H_3PO_4$ 64g/L，NaF 5g/L，$CrO_3$ 10g/L | — | — |
| Alocrom 法 | $NH_4OH$(0.91)214mL/L，过硫酸铵 10g/L | 80 | 35 |

铝及铝合金的一般化学氧化工艺流程为：有机溶剂脱脂→挂装→化学脱脂→热水洗→流动冷水洗→出光→流动冷水洗→碱腐蚀→热水洗→流动冷水洗→出光→流动冷水洗→化学氧化→流动冷水洗→填充→热水洗→干燥→拆卸→检验。

在整个流程中要进行两次出光处理（300～400g/L $HNO_3$，5～15g/L $CrO_3$，5～25℃，2～3min）。第一次出光的目的在于去掉遗留在零件上脱脂溶液中的盐类、腐蚀产物；第二次出光处理则是为了去掉铝的氧化物及杂质。填充处理（$K_2Cr_2O_7$，90～98℃，10min），目的是为了提高经化学氧化处理所得制品的抗蚀能力。

⑥ 铝及铝合金的应用　铝及铝合金经化学氧化获得的氧化膜厚度为 0.5～4μm，较薄，多孔，质软，力学性能和抗蚀性能均不如阳极氧化膜，不能单独作为抗蚀保护层，氧化后必须涂漆，或者作为设备内部零件保护层。

a. 胶结、点焊　点焊组合件的防护；

b. 长寿命零件的油漆底层；

c. 与钢或铜零件组合的组件防护（用碱性铬酸盐法）；

d. 形状复杂的零件；

e. 电泳涂漆的底层；

f. 导管或小零件的防护；

g. 铝工件存放期间的腐蚀防护。

h. 化学氧化膜有良好的吸附能力，是有机涂层的良好底层，这种膜层电阻小，还有利于零件的焊接组合。

下列情况不能用化学氧化处理：有接触摩擦或受流体冲击的工件；无油漆保护在腐蚀性环境工作的工件；长期处在 65℃ 以上工作环境的工件。

（2）铜及铜合金化学氧化

利用化学氧化方法可以在铜及铜合金的表面上得到具有一定的装饰外观和防护性能的氧化铜膜层。

膜层的成分主要是 CuO 或 $CuO_2$，颜色可以是黑色、蓝黑色、棕色等，厚度为 0.5～2μm。铜及其合金氧化处理后，表面应涂油或清漆，以提高氧化膜的防护能力。

铜及其合金的氧化处理，广泛用于电子工业、仪器仪表、光学仪器、轻工产品及工艺品等的表面防护装饰。

关于铜的化学氧化机理存在着不同的见解，最有代表的是 Weber 的观点。他认为铜的化学氧化具有局部电池的电化学反应特征，在阳极上发生铜的氧化，其反应式如下

$$Cu \longrightarrow Cu^{2+} + 2e \tag{4-15}$$

阴极上有

$$2H_2O + 2e \longrightarrow 2OH^- + H_2 \tag{4-16}$$

析出的氢随即被氧化剂所氧化而生成水。接下来的如下反应促成了氧化铜转化膜的生成

$$Cu^{2+} + OH^- \longrightarrow Cu(OH)^+ \tag{4-17}$$

$$Cu(OH)^+ + OH^- \longrightarrow Cu(OH)_2 \tag{4-18}$$

$$Cu(OH)_2 \longrightarrow CuO \cdot H_2O \longrightarrow CuO + H_2O \tag{4-19}$$

在温度较高（如 60℃）的条件下，上述的反应将自左向右进行。虽然在形成氧化物膜的反应细节上存在着不同的见解，但过程的进行总包含着金属的溶解、中间产物的生成及氧化物的结晶（对结晶的方式，看法可能不一致）三个步骤，这是比较明确的。

表 4-15 是典型的两种铜及铜合金的化学氧化工艺。

**表 4-15　铜及铜合金的化学氧化工艺**　　　　　　　　单位：g/L

| 溶液组成的质量浓度及工艺条件 | 1 号溶液（过硫酸盐） | 2 号溶液（铜氨盐） |
| --- | --- | --- |
| 过硫酸钾（$K_2S_2O_8$） | 10～20 | |
| 氢氧化钠（NaOH） | 45～50 | |
| 碱式碳酸铜[$CuCO_3 \cdot Cu(OH)_2$] | | 40～50 |
| 氨水（$NH_3 \cdot H_2O$） | | 200mL/L |
| 温度/℃ | 60～65 | 15～40 |
| 时间/min | 5～10 | 5～15 |

1 号溶液采用过硫酸盐，它是一种强氧化剂，在溶液中分解为 $H_2SO_4$ 和活泼的氧原子，使零件表面氧化，生成黑色氧化铜保护膜。它适用于纯铜零件的氧化，为保证质量，铜合金零件氧化前应镀一层厚为 3～5$\mu m$ 的纯铜。其缺点是稳定性较差，使用寿命短，在溶液配制后应立即进行氧化。

2 号溶液适用于黄铜零件的氧化处理，能得到亮黑色或深蓝色的氧化膜。装挂夹具只能用铝、钢、黄铜等材料制成，不能用纯铜作挂具，以防止溶液恶化。在氧化过程中须经常调整溶液和翻动零件，以防止缺陷的产生。

（3）钢铁的化学氧化（发蓝）

钢铁的氧化处理，又称发蓝。钢铁的化学氧化是指钢铁在含有氧化剂的溶液中进行处理，使其表面生成一层均匀的蓝黑到黑色膜层的过程，也称钢铁的"发蓝"或"发黑"。钢铁的化学氧化有如下特点。

a. 氧化膜很薄，膜层厚度约为 0.5～1.6$\mu m$，对钢铁零件的尺寸和精度无明显影响。

b. 膜层的色泽取决于钢铁零件合金成分和表面状态，以及氧化处理的工艺和工艺规范。一般呈蓝黑色或深黑色，含硅量较高的钢铁件氧化膜呈灰褐色或黑褐色。

c. 钢铁零件经氧化处理后，其抗蚀性较低，经肥皂液皂化或 $K_2Cr_2O_7$ 溶液钝化或浸油处理，可提高抗盐雾腐蚀性能几倍至几十倍。

钢铁发蓝工艺成本低、工效高、保持制件精度，特别适用于不允许电镀或涂漆的各种机械零件的防护处理。但应注意高温碱性氧化具有碱脆的危险。因此，钢铁的氧化常用于机械零件、仪器、仪表、弹簧、武器的防护。

钢铁的化学氧化分类：根据处理温度的高低，钢铁的化学氧化可分为高温化学氧化和常温化学氧化。这两种方法不仅处理温度不同，而且所用的处理液成分不同，膜的组成不同，成膜机理也不同。

① 钢铁高温化学氧化　钢铁在含有氧化剂的碱性溶液中的氧化处理是一种化学和电化学过程。高温化学氧化是传统的发黑方法，采用含有亚硝酸钠的浓碱性处理液，

在 140℃ 左右的温度下处理 15～90min。高温化学氧化得到的是以磁性氧化铁（$Fe_3O_4$）为主的氧化膜，膜厚一般只有 0.5～1.5μm，最厚可达 2.5μm。氧化膜具有较好的吸附性。将氧化膜浸油或作其他后处理，其耐蚀性能可大大提高。由于氧化膜很薄，对零件的尺寸和精度几乎没有影响，因此在精密仪器、光学仪器、武器及机器制造业中得到广泛应用。

a. 化学反应机理　钢铁浸入溶液后，在氧化剂和碱的作用下，表面生成 $Fe_3O_4$ 氧化膜，该过程包括以下三个阶段。

钢铁表面在热碱溶液和氧化剂（亚硝酸钠等）的作用下生成亚铁酸钠

$$3Fe+NaNO_2+5NaOH =\!= 3Na_2FeO_2+H_2O+NH_3\uparrow \qquad (4\text{-}20)$$

亚铁酸钠进一步与溶液中的氧化剂反应生成铁酸钠

$$6Na_2FeO_2+NaNO_2+5H_2O =\!= 3Na_2FeO_4+7NaOH+NH_3\uparrow \qquad (4\text{-}21)$$

铁酸钠（$Na_2FeO_4$）与亚铁酸钠（$Na_2FeO_2$）相互作用生成磁性氧化铁

$$Na_2FeO_4+Na_2Fe_2O_2+2H_2O =\!= Fe_3O_4+4NaOH \qquad (4\text{-}22)$$

在钢铁表面附近生成的 $Fe_3O_4$，其在浓碱性溶液中的溶解度极小，很快就从溶液中结晶析出，并在钢铁表面形成晶核，而后晶核逐渐长大形成一层连续致密的黑色氧化膜。

b. 电化学反应机理　钢铁浸入电解质溶液后即在表面形成天然的微电偶电池，在微阳极区发生铁的溶解

$$Fe \longrightarrow Fe^{2+}+2e \qquad (4\text{-}23)$$

在强碱性介质中有氧化剂存在的条件下，二价铁离子转化为三价铁的氢氧化物

$$6Fe^{2+}+NO_2^-+11OH^- \longrightarrow 6FeOOH+H_2O+NH_3\uparrow \qquad (4\text{-}24)$$

与此同时，在微阴极上氢氧化物被还原

$$FeOOH+e \longrightarrow HFeO_2^- \qquad (4\text{-}25)$$

随之，相互作用，并脱水生成磁性氧化铁。

$$2FeOOH+HFeO_2^- \longrightarrow Fe_3O_4+OH^-+H_2O \qquad (4\text{-}26)$$

在氧化膜成长过程中，四氧化三铁在金属表面上成核和长大的速度，直接影响氧化膜的厚度与质量。首先，四氧化三铁晶核能够长大必须符合总自由能减小的规律，否则晶核就会重新溶解。四氧化三铁的临界晶核尺寸取决于其在不同条件下的饱和浓度。四氧化三铁的过饱和度愈大，临界晶核尺寸愈小，能长大的晶核数目众多，晶核长大成晶粒并很快彼此相遇，从而形成的氧化膜比较细致，但厚度比较薄。反之，四氧化三铁的过饱和度愈小，则临界晶核尺寸愈大，单位面积上晶粒数目愈少，氧化膜结晶粗大，但膜层比较厚。因此，所有能够加速形成四氧化三铁的因素都会使晶粒尺寸和膜厚减小，而能减缓四氧化三铁形成速度的因素都能使晶粒尺寸和膜厚增大。所以适当控制四氧化三铁的生成速度是钢铁化学氧化的关键。

表 4-16 是钢铁高温氧化工艺，有单槽法和双槽法两种工艺。

单槽法操作简单，使用广泛，其中配方 1 为通用氧化液，操作方便，膜层美观光亮，但膜层较薄；配方 2 氧化速度快，膜层致密，但光亮度稍差。

双槽法是钢铁在两个质量浓度和工艺条件不同的氧化溶液中进行两次氧化处理，此法得

到的氧化膜较厚，耐蚀性较高，而且还能消除金属表面的红霜。由配方 3 可获得保护性能好的蓝黑色光亮的氧化膜；由配方 4 可获得较厚的黑色氧化膜。

表 4-16　钢铁高温氧化工艺

| 氧化液组成的质量浓度/(g/L) | 单槽法 | | 双槽法 | | | |
|---|---|---|---|---|---|---|
| | | | 配方 3 | | 配方 4 | |
| | 配方 1 | 配方 2 | 第一槽 | 第二槽 | 第三槽 | 第四槽 |
| 氢氧化钠 | 550～650 | 600～700 | 500～600 | 700～800 | 550～650 | 700～800 |
| 亚硝酸钠 | 150～200 | 200～250 | 100～150 | 150～200 | | |
| 重铬酸钾 | | 25～32 | | | | |
| 硝酸钠 | | | | | 100～150 | 150～200 |
| 工艺规范 温度/℃ | 135～145 | 130～135 | 135～140 | 145～152 | 130～135 | 145～150 |
| 工艺规范 时间/min | 15～50 | 15 | 10～20 | 45～60 | 15～20 | 30～60 |

氧化液成分对氧化膜性能的影响如下。

a. 氢氧化钠　提高氢氧化钠的质量浓度，氧化膜的厚度稍有增加，但容易出现疏松或多孔的缺陷，甚至产生红色挂灰；质量浓度过低时，氧化膜较薄，产生花斑，防护能力差。

b. 氧化剂　提高氧化剂的质量浓度，可以加快氧化速度，膜层致密、牢固。氧化剂的质量浓度低时，得到的氧化膜厚而疏松。

c. 温度　提高溶液温度，生成的氧化膜层薄，且易生成红色挂灰，导致氧化膜的质量降低。

d. 铁离子含量　氧化溶液中必须含有一定的铁离子才能使膜层致密，结合牢固。铁离子浓度过高，氧化速度降低，钢铁表面易出现红色挂灰。对铁离子含量过高的氧化溶液，可用稀释沉淀的方法，将以 $Na_2FeO_4$ 及 $Na_2FeO_2$ 形式存在的铁变成 $Fe(OH)_3$ 的沉淀去除。然后加热浓缩此溶液，待沸点升至工艺范围，便可使用。

e. 钢铁含碳量　钢铁中含碳量增加，组织中的 $Fe_3C$ 增多，即阴极表面增加，阳极铁的溶解过程加剧，促使氧化膜生成的速度加快，故在同样温度下氧化，高碳钢所得到的氧化膜一定比低碳钢的薄。

钢铁发黑后，经热水清洗、干燥，在锭子油或变压器油中浸 3～5min 以提高耐蚀性。

② 钢铁常温化学氧化　钢铁常温化学氧化一般称为钢铁常温发黑，这是 20 世纪 80 年代以来迅速发展的新技术。与高温发黑相比，常温发黑具有节能、高效、操作简便、成本较低、环境污染小等优点。

常温发黑得到的表面膜主要成分是 CuSe，其功能与 $Fe_3O_4$ 膜相似。常温发黑的机理到目的为止研究得尚不够成熟，多数人认为，当钢件浸入发黑液中时钢铁件表面的 Fe 置换了溶液中的 $Cu^{2+}$，铜覆盖在工件表面。

$$CuSO_4 + Fe^{2+} =\!=\!= FeSO_4 + Cu^{2+} \tag{4-27}$$

覆盖在工件表面的金属铜进一步与亚硒酸反应，生成黑色的硒化铜表面膜。

$$3Cu + 3H_2SeO_3 =\!=\!= 2CuSeO_3 + CuSe\downarrow + 3H_2O \tag{4-28}$$

也有人认为，除上述机理外，钢铁表面还可以与亚硒酸发生氧化还原反应，生成的 $Se^{2-}$ 与溶液中的 $Cu^{2+}$ 结合生成 CuSe 黑色膜。

$$H_2SeO_3 + 3Fe + 4H^+ =\!=\!= 3Fe^{2+} + Se^{2-} + 3H_2O \tag{4-29}$$

$$Cu^{2+} + Se^{2-} =\!=\!= CuSe \tag{4-30}$$

尽管目前对发黑机理的认识尚不完全一致，但是黑色表面膜的成分经各种表面分析被一致认为主要是 CuSe。

表 4-17 是钢铁常温发黑液配方。常温发黑操作简单、速度快，通常为 2～10 min，是一种非常有前途的新技术。目前还存在发黑液不够稳定、膜层结合力稍差等问题。常温发黑膜用脱水缓蚀剂、石蜡封闭，可大大提高其耐蚀性。

常温发黑液主要由成膜剂、pH 缓冲剂、配合剂、表面润湿剂等组成。这些物质的正确选用和适当的配比是保证常温发黑质量的关键。

a. 成膜剂　在常温发黑液中，最主要的成膜物质是铜盐和亚硒酸，它们最终在钢铁表面生成黑色 CuSe 膜。在含磷发黑液中，磷酸盐亦可参与生成磷化膜，可称为辅助成膜剂。辅助成膜剂的存在往往可以改善发黑膜的耐蚀性和附着力等性能。

**表 4-17　钢铁常温发黑工艺规范**

| 发黑液组成的质量浓度/(g/L) | 配方 1 | 配方 2 | 发黑液组成的质量浓度/(g/L) | 配方 1 | 配方 2 |
|---|---|---|---|---|---|
| 碳酸铜 | 1～3 | | 复合添加剂 | 10～15 | |
| 亚硝酸 | 2～3 | 2.0～2.5 | 氟化钠 | | 0.8～1.0 |
| 磷酸 | 2～4 | 2.5～3.0 | 对苯二酚 | | 0.1～0.3 |
| 有机酸 | 1.0～1.5 | | pH | 2～3 | 1～2 |
| 十二烷基硫酸钠 | 0.1～0.3 | | | | |

b. pH 缓冲剂　常温发黑一般将 pH 控制在 2～3 的范围之内。若 pH 过低，则反应速度太快，膜层疏松，附着力和耐蚀性下降。若 pH 过高，反应速度缓慢，膜层太强，且溶液稳定性下降，易产生沉淀。在发黑处理过程中，随着反应的进行，溶液中的 $H^+$ 不断消耗，pH 将升高。加入缓冲剂的目的就是维持发黑液的 pH 在使用过程中的稳定件。磷酸-磷酸二氢盐是常用的缓冲剂。

c. 配合剂　常温发黑液中的配合剂主要用来配合溶液的 $Fe^{2+}$ 和 $Cu^{2+}$，但对这两种离子配合的目的是不同的。当钢件浸入发黑液中时，在氧化剂和酸的作用下，Fe 被氧化成 $Fe^{2+}$ 进入溶液，溶液中的 $Fe^{2+}$ 可以被发黑液中的氧化性物质和溶解氧进一步氧化成 $Fe^{3+}$；微量的 $Fe^{3+}$ 即可与 $SeO_3^{2-}$ 生成 $Fe_2(SeO_3)_3$ 白色沉淀，使发黑液浑浊失效。若在发黑液中添加如柠檬酸、抗坏血酸等配合剂时，它们会与 $Fe^{2+}$ 生成稳定的配合物，避免了 $Fe^{2+}$ 的氧化，起到了稳定溶液的作用。因此，这类配合剂也有人称之为溶液稳定剂。

另外，表面膜的生成速度对发黑膜的耐蚀性、附着力、致密度等有很大的影响。发黑速度太快会造成膜层疏松，使附着力和耐蚀性下降。因此，为了得到较好的发黑膜，必须控制好反应速度，不要使成膜速度太快。有效降低反应物的浓度，可以使成膜反应速度降低。$Cu^{2+}$ 是主要成膜物质，加入柠檬酸、酒石酸盐、对苯二酚等能与 $Cu^{2+}$ 形成配合物的物质可以有效降低 $Cu^{2+}$ 的浓度，使成膜时间延长至 10 min 左右。这类配合剂也称之为速度调整剂。

d. 表面润湿剂　表面润湿剂的加入可降低发黑溶液的表面张力，使液体容易在钢铁表面润湿和铺展，这样才能保证得到均匀一致的表面膜。所使用的表面润湿剂均为表面活性剂，常用的有十二烷基磺酸钠、OP-10 等。有时也将两种表面活性剂配合使用，效果可能会更好。表面润湿剂的用量一般不大，通常占发黑液总质量的 1% 左右。

## 4.5　金属的磷化

根据所用磷酸盐种类的不同，金属在适当的条件下同以可溶性磷酸盐为主体的溶液相接触，在表面形成不同类型的膜层。当处理溶液所用的是碱金属的磷酸盐时，金属表面上得到的将是由基底金属自身转化并生成由对应的磷酸盐和氧化物所组成的膜，称之为化学转化膜。

当金属在含有游离 $H_3PO_4$、$Me(H_2PO_4)_2$（Me 为锌、锰、铁等重金属）和加速剂（$NO_3^-$，$NO_2^-$，$ClO_3^-$ 等氧化剂）的溶液中进行处理时，表面上得到的则是由重金属的磷酸一氢盐或正磷酸所组成的膜，它是处理溶液中重金属的磷酸二氢盐的水解产物，称之为假转化膜。

在目前盛行的磷酸盐处理方法中，大都是旨在获得这种类型的膜层。可接受磷酸盐处理的金属主要有铁、铝、锌、镁及它们的合金等。

磷化膜外观通常呈浅灰或深灰色，膜厚一般在 $1\sim50\mu m$ [通常使用单位面积上的膜重，$<1g/m^2$ 为薄膜、$(1\sim10)g/m^2$ 为中等膜、$>10g/m^2$ 为厚膜]。磷化膜是由一系列大小晶体组成的，在晶体的连接点上将会形成细小裂缝的多孔结构，这种多孔结构经填充、浸油或涂漆后，在大气中有较高的抗蚀性。金属的磷化膜层有如下特点。

① 与涂层结合牢固，其耐蚀性比磷化膜涂油提高 10 倍，而比涂漆本身的耐蚀性提高 12 倍。

② 磷化处理可以在管道、气瓶和复杂的钢制零件或其他金属的内表面上，以及难以用电化学法获得防护层的零件表面上得到保护层。

③ 磷化处理所需设备简单，操作方便，可用于自动化生产，成本低、生产效率高。

④ 硬度不高，机械强度差，性脆不易变形；

⑤ 耐化学稳定性差，可溶于酸、碱溶液；

⑥ 孔隙率高，易吸收污物和腐蚀介质，必须及时进行后处理。

根据磷化液的组分不同，可得到不同的磷化膜层：有锌系涂层（磷酸锌、磷酸锌铁）、锌钙系涂层（磷酸锌钙和磷酸锌铁）、锰系涂层（磷酸锰铁）、锰铁系（磷酸锌、锰、铁混合物）、铁系涂层（磷酸铁）等磷化膜涂层。

磷化处理工艺有高温（90～98℃）、中温（50～70℃）、常温（15～35℃）磷化三种。磷化施工方法也有三种，有浸渍法（适用高、中、低温磷化工艺）、喷淋法（适用中、低温磷化工艺）和浸喷组合法。

金属表面磷化广泛用于钢铁零件的耐蚀防护、涂漆底层、润滑、减摩、电绝缘上。并应用于汽车、船舶、机械、兵器以及航天、航空工业中。

## 4.5.1 钢铁的磷化

（1）磷化膜的组成和结构

磷化膜主要由重金属的二代和三代磷酸盐的晶体组成，不同的处理溶液得到的膜层的组成和结构不同。通常，晶粒大小可以从几个微米到上百微米。晶粒愈大，膜层愈厚。在磷化膜中应用最广的有磷酸铁膜、磷酸锌膜和磷酸锰膜。

① 磷酸铁膜　用碱金属磷酸二氢盐为主要成分的磷化液处理钢材表面时，得到的非晶质膜是磷酸铁膜。磷酸铁膜的质量在 $0.21\sim0.8g/m^2$ 范围内。外观呈灰色、青色乃至黄色。磷化液中的添加物也可共沉积于膜中，并影响膜的颜色。

② 磷酸锌膜　采用以磷酸和磷酸二氢锌为主要成分，并含有重金属与氧化剂的磷化液处理钢材时，形成的膜由两种物相组成：磷酸锌和磷酸锌铁 $[Zn_2Fe(PO_4)_2\cdot4H_2O]$。当溶液中含有较高的 Fe 时，就形成一种新相 $Fe_5H_2(PO_4)_4\cdot4H_2O$。磷酸锌 $Zn_3(PO_4)_2\cdot4H_2O$ 是白色不透明的晶体，属斜方晶系；磷酸锌铁是无色或浅蓝色的晶体，属单斜晶系。

锌系磷化膜呈浅灰色至深灰结晶状。

③ 磷酸锰膜　用磷酸锰为主的磷化液处理钢材时，得到的膜层几乎完全由磷酸锰 $Mn_3(PO_4)_2 \cdot 3H_2O$ 和磷酸氢锰铁 $2MnHPO_4 \cdot FeHPO_4 \cdot 2.5H_2O$ 组成。磷化膜中锰与铁的比例，随磷化液中铁与锰的比例而改变，但铁的含量远低于锰。此外，膜中还含有少量磷酸亚铁 $Fe_3(PO_4)_2 \cdot 8H_2O$，而且在膜与基体接触面上还形成了氧化铁。用碱液脱脂后进行磷化时，磷化膜的结构呈板状。

（2）磷化膜的形成机理

磷化处理是在含有锰、铁、锌的磷酸二氢盐与磷酸组成的溶液中进行的。金属的磷酸二氢盐可用通式 $M(H_2PO_4)_2$ 表示。在磷化过程中发生如下反应

$$M(H_2PO_4)_2 \longrightarrow MHPO_4 + H_3PO_4 \tag{4-31}$$

$$3MHPO_4 \longrightarrow M_3(PO_4)_2 + H_3PO_4 \tag{4-32}$$

或者以离子反应方程式表示

$$4M^{2+} + 3H_2PO_4^- \longrightarrow MPHO_4 + M_3(PO_4)_2 + 5H^+ \tag{4-33}$$

当金属与溶液接触时、在金属/溶液界面液层中 $M^{2+}$ 离子浓度的增高或 $H^+$ 离子浓度的降低，都将促使以上反应在一定温度下向生成难溶磷酸盐的方向移动。由于铁在磷酸里溶解，氢离子被中和同时放出氢气

$$Fe + 2H^+ \longrightarrow Fe^{2+} + H_2 \tag{4-34}$$

反应生成的不溶于水的磷酸盐在金属表面沉积成为磷酸盐保护膜，因为它们就是在反应处生成的，所以与基体表面结合牢固。

从电化学的观点来看，磷化膜的形成可认为是微电池作用的结果。在微电池的阴极上，发生氢离子的还原反应，有氢气析出

$$2H^+ + 2e \Longrightarrow H_2 \tag{4-35}$$

在微电池的阳极上，铁被氧化为离子进入溶液，并与 $H_2PO_4^-$；发生反应。由于 $Fe^{2+}$ 的数量不断增加，pH 值逐渐升高，促使反应向右进行，最终生成不溶性的正磷酸盐晶核，并逐渐长大。

下面是阳极反应

$$Fe - 2e \Longrightarrow Fe^{2+} \tag{4-36}$$

$$Fe^{2+} + 2H_2PO_4^- \Longrightarrow Fe(H_2PO_4)_2 \tag{4-37}$$

$$Fe(H_2PO_4)_2 \Longrightarrow FeHPO_4 + H_3PO_4 \tag{4-38}$$

$$3FeHPO_4 \Longrightarrow Fe_3(PO_4)_2 + H_3PO_4 \tag{4-39}$$

与此同时，阳极区溶液中的 $Mn(H_2PO_4)_2$、$Zn(H_2PO_4)_2$ 也发生如下反应

$$M(H_2PO_4)_2 \Longrightarrow MHPO_4 + H_3PO_4 \tag{4-40}$$

$$3MHPO_4 \Longrightarrow M_3(PO_4)_2 + H_3PO_4 \tag{4-41}$$

式中的 M 为 Mn 和 Zn。阳极区的反应产物 $Fe_3(PO_4)_2$、$Mn_3(PO_4)_2$、$Zn_3(PO_4)_2$ 一起结晶形成磷化膜。

（3）磷化配方及工艺规范

钢铁磷化工艺通常按处理温度高低分高温、中温及低温三种类型，其特点列于表 4-18。

配方及工艺规范列于表 4-19，磷化技术目前主要朝中、低温磷化方向发展。

**表 4-18　钢铁高、中、低温磷化特点**

| 类型 | 主参数 | 特　　点 |
|------|--------|----------|
| 高温磷化 | 90～98℃<br>10～20min | 磷化速度快，膜耐蚀性、结合力、硬度及耐热性均高；但溶液挥发量大，成分变化快，膜结晶不匀，易形成夹杂 |
| 中温磷化 | 50～70℃<br>10～15min | 溶液稳定，成分较复杂，磷化速度较快；膜层耐蚀性超过高温磷化产物 |
| 低温磷化 | 15～35℃<br>20～60min | 无需加热，节省能源，成本低；溶液稳定，膜耐蚀性及耐热性差；生产率低 |

**表 4-19　钢铁磷化处理的配方及工艺规范**

| 组分与参数 | 高温型 1 | 高温型 2 | 中温型 1 | 中温型 2 | 低温型 1 | 低温型 2 |
|-----------|------|------|------|------|------|------|
| 磷酸二氢锰铁盐/(g/L) | 30～40 | | | 30～40 | | 40～50 |
| 磷酸二氢锌 $Zn(H_2PO_4)_2 \cdot 2H_2O$/(g/L) | | 30～40 | 30～40 | | 60～70 | |
| 硝酸锌 $Zn(NO_3)_2 \cdot 6H_2O$/(g/L) | | 55～65 | 80～100 | 80～100 | 60～80 | 1～3 |
| 亚硝酸钠 $NaNO_2$/(g/L) | | | | 1～2 | | 5～12 |
| 硝酸钠 $NaNO_3$/(g/L) | 15～25 | | | | 4～8 | |
| 硝酸锰 $Mn(NO_3)_2 \cdot 6H_2O$/(g/L) | | | | | 3～4.5 | |
| 氧化锌 $ZnO$/(g/L) | | | | | | |
| 氟化钠 $NaF$/(g/L) | | | | | | |
| 游离酸度 | 3.5～5 | 6～9 | 5～7.5 | 4～7 | 3～4 | 3～5 |
| 总酸度 | 36～50 | 40～60 | 60～80 | 60～80 | 70～90 | 75～95 |
| $T$/℃ | 94～98 | 90～95 | 60～70 | 50～70 | 20～30 | 15～30 |
| $t$/min | 15～20 | 10～15 | 15～20 | 10～20 | 30～45 | 20～40 |

磷化工艺过程为预处理-磷化-后处理。预处理对成膜过程与质量影响很大，除按常规方法进行脱脂净化、除锈、水洗外，还应在磷化前进行活化处理。最简单的活化方法是在浓度为 3～5g/L 草酸溶液及室温中浸渍 1min。也常采用某些电位比铁正的金属盐稀溶液或含钛离子、焦磷酸根离子的弱碱性溶液中做化学活化。后处理的作用主要是提高磷化膜防护能力或减摩性。常用填充工艺和封闭工艺方法如表 4-20 所示。

**表 4-20　磷化后处理工艺规范**

| 名　　称 | 处　　理 | 操作条件 | 备　　注 |
|---------|---------|---------|---------|
| 皂化处理 | 钾肥皂，10～30g/L | (50～70℃)×(4～6min) | 用碳酸钠溶液调 pH 在 8～10 |
| 填充处理 | 0.015%铬酸溶液 | (70～90℃)×(3～5min) | $Cr^{6+}/Cr^{3+}=3$;可添加磷酸增效 |
| 浸油处理 | 机油，锭子油 | (105～115℃)×(5～10min) | 浸油后干燥温度 80℃ |
| 封闭处理 | 硝基漆或合成树脂漆 | 室温刷漆或浸漆 | 漆膜宜在 150～180℃焙干 |

用电化学方法促进磷化过程方面也已做过大量研究，但在工业上应用还不太成熟。一般电化学磷化可简化处理液成分，避免氧化剂作促进剂时的若干弊病（如产生有毒气体、溶液稳定性差、泥渣大量沉积或成本高等），在低温条件下快速获得薄而高性能的磷化膜。电化学磷化方法有阴极极化法、阳极极化法、恒电流恒电位阳极化法、电流波形法及交流电法等。

研究表明，外加电流对磷化过程的影响有如下特点。

① 阴极处理可大大加速磷化过程，交流电处理可获得与阴极处理相同的效果，但阳极处理阻碍磷化膜的形成。

② 电化学磷化生成的磷化膜，一般比在相同条件下不通电流而生成的磷化膜多孔，膜层薄，结晶细致，适于作油漆底层。

### 4.5.2  有色金属的磷化处理

(1) 锌及锌合金的磷化处理

锌合金磷化常用于电镀锌、热浸镀锌、压铸锌及某些合金，多采用锌系磷化。可以在钢铁磷化液的基础上作某些调整，或添加特殊的添加剂来获得锌及其合金的磷化液。往往添加某些阳离子如铁、锰或镍，以调节晶核生成与生长过程，改善磷化膜的均匀性及晶粒粗细。

锌合金的磷化膜处理液配方及工艺参数见表 4-21。磷化前的活化可采用钛-磷酸盐溶液浸渍，或喷涂不溶性磷酸锌浆料。后处理主要是钝化，可在 $30\sim100g/L$ 的重铬酸钾水溶液中，在 $70\sim95℃$ 条件下浸渍 $3\sim15s$。

**表 4-21  锌合金磷化膜处理溶液及工艺参数**

| 组分与参数 | 含量及工艺参数 | | | |
|---|---|---|---|---|
| | 配方 1 | 配方 2 | 配方 3 | 配方 4 |
| 磷酸锰铁盐 | $55\sim65g/L$ | | $30\sim40g/L$ | |
| 磷酸二氢锌 $[Zn(H_2PO_4)_2]$ | | $35\sim45g/L$ | | |
| 硝酸锌 $[Zn(NO_3)_2\cdot6H_2O]$ | $50g/L$ | | $80\sim100g/L$ | $60\sim80g/L$ |
| 硝酸锰 $[Mn(NO_3)_2\cdot6H_2O]$ | | | $30\sim40g/L$ | |
| 亚硝酸钠 $(NaNO_2)$ | | | | $1\sim2g/L$ |
| 磷酸 $(H_3PO_4)$ | | $25g/L$ | | $20\sim30g/L$ |
| 氧化锌 $(ZnO)$ | $12\sim15g/L$ | | | $20\sim30g/L$ |
| 氟化钠 $(NaF)$ | $7\sim10g/L$ | | | |
| 游离酸度 | | $12\sim15$ | $6\sim9$ | $2\sim5$ |
| 总酸度 | | $65\sim75$ | $80\sim100$ | $50\sim60$ |
| pH 值 | $3\sim3.2$ | | | |
| 温度/℃ | $20\sim30$ | $90\sim95$ | $50\sim70$ | $30\sim35$ |
| 时间/min | $25\sim30$ | $8\sim12$ | $15\sim20$ | $20\sim30$ |
| 备注 | 配方 4 用于镀层，用硝酸调 pH 值 | | | |

用室温下工作的溶液效果很好，在这种条件下，由于溶液的腐蚀性不强，锌溶解得不快。甚至镀锌的工件也能磷化，并得到满意的效果：钢件和镀锌的工件不应当在一起磷化。

最难于磷化的是锌-铝合金。溶解在溶液里的铝是极强的负催化剂，$0.5g/L$ 这样低的含量就可以使成膜过程完全停止。为了消除这一有害影响，建议采取如下措施。

① 用室温下工作的溶液磷化，因为这种溶液里铝溶解很慢。

② 先用质量分数为 10% 的氢氧化钠或氢氧化钾，选择性地溶去合金表面的铝。因为锌较难溶，表面层几乎完全由锌组成。

③ 往溶液里加 $2g/L$ 氟化钠或氟硅酸钠，促使铝从溶液中沉淀出来。

④ 在碱性溶液里阳极磷化。对此最适用的溶液含有 $422g/L$ 的 $K_2CrO_3$ 和 $75g/L$ 的 $H_3PO_4$。这种溶液锌磷化的最佳工作条件是：电压 $36\sim40V$，室温下处理 $30\sim40min$。

近来，已经研究出几种能同时磷化不同金属，特别是钢、锌和铝的溶液。所有这些溶液都含有氟化物添加剂。这样的溶液处理铝的数量最多可以占被处理总表面积的 10%。但是这种溶液并不适用于所有的锌表面，例如，用森氏钢氮化浸渍镀锌法生产的镀锌表面其效果不稳定，磷化前要增加特殊的预处理。

（2）钛及钛合金的磷化处理

钛及钛合金表面有一层自然氧化膜，结构致密，如果在其表面涂敷有机涂层则结合力很差。一般采用化学转化膜处理，最成功的是使用磷酸盐处理。钛合金的磷酸盐转化膜用做涂层的底膜，同时磷酸盐转化膜具有润滑作用，可用于钛合金的冲压成形和拉拔加工。如果钛合金磷化膜的主要目的是用于防腐蚀，磷化处理后，要用肥皂或油封闭。钛及钛合金磷化通常采用的工艺如下。

① 30～50g/L 磷酸三钠、20～40g/L 氟化钠、50～70g/L 醋酸（质量分数为 36%），温度为室温，时间仅几分钟。

② 50g/L $Na_3PO_4 \cdot 12H_2O$、20g/L $KF \cdot 12H_2O$、26mL/L（质量分数为 50%），温度为室温，时间为 2min。

（3）镁合金磷化处理

镁合金表面磷酸盐转化膜有磷酸盐/高锰酸钾、磷酸锌、锌-钙磷酸盐等。几种磷酸盐/高锰酸钾化学转化处理工艺见表 4-22。可见，由于工艺不同，得到的镁合金表面转化膜形貌及其耐蚀性能差别较大（见图 4-29）。膜层越均匀、致密，耐蚀性能越好。例如，表 4-22 中 4 号工艺获得的涂层腐蚀速度最低，仅为 $0.01mA/cm^2$；而 3 号涂层耐蚀性最差，腐蚀速度高达 $10mA/cm^2$。不含高锰酸盐的单纯磷酸盐成膜液中，多以氯酸盐、硝酸盐或亚硝酸盐等氧化性化合物为促进剂。促进剂的含量与高锰酸盐相比要低得多，但溶液稳定性较差。而对于高锰酸盐/磷酸盐体系中，$KMnO_4$ 起到了促进剂的作用，元素 Mn 还参与了成膜。其成膜机理与铬酸盐处理类似，不同的是高锰酸钾是强氧化剂，还原时可形成溶解度较低的低价锰氧化物进入膜层。随着时间的延长，膜层中锰的含量逐渐增加，膜层颜色也逐渐加深，这可能是因为膜层中形成锰的氧化物增多引起的。形成的磷化膜的主要成分为锰的氧化物和镁的氟化物，膜厚为 4～6$\mu m$。这种膜层为微孔结构，与基体结合牢固，具有良好的吸附性，其耐蚀性与铬化膜相当，可以用作镁合金加工工序间的短期防蚀或涂漆前的底层。

镁合金无论是用磷酸盐转化处理还是用磷酸盐/高锰酸盐转化处理，其最大的缺点是溶液的消耗很快，要不断地校正溶液的浓度与酸度，使得高锰酸盐/磷酸体系的应用受到了限制。pH 值是最重要的一个因素。由于金属在酸性条件下较容易失去电子而转化为离子，这样能促进金属基体与磷酸盐的反应。对于磷酸锌涂层，当 pH 值为 2.5 时，转化液由小薄片堆积而成的花簇状且膜层并未完全覆盖 AZ91D 基体表面；当 pH 值下降到 2.15～2.5 之间时，基体完全由薄板样的磷酸盐转化膜所覆盖。对于磷酸盐/高锰酸盐膜层，当 pH＞4.0 时，其附着力很好；当 pH＜3.0 时，虽然所得膜厚达 20$\mu m$ 以上，但是不仅附着力很差，而且表面不致密。

根据不同的磷酸盐组成，镁及镁合金在适当的条件下同可溶性磷酸盐为主体的溶液相接触时，能在其表面形成两种不同类型的膜层。

① 当磷酸的碱金属盐或铵盐作处理液时，在金属表面得到与镁对应的磷酸盐〔如 $Mg_3(PO_4)_2$、$Zn_3(PO_4)_2$〕或氧化物组成的膜，即磷化转化膜；

② 在含有游离磷酸、磷酸二氢盐〔如 $ZnH_2PO_4$、$MnH_2PO_4$ 等〕及加速剂的溶液中进行处理时，表面能得到由二价金属离子一氢盐或正磷酸盐 $Me_3(PO_4)_2$ 所组成的膜，称为磷化伪转化膜。

镁合金表面磷化膜成膜生长机理可分为两个阶段：第 I 阶段为镁合金表面微阳极（$\alpha$

相）和微阴极（$\beta$ 相）的形成；第 II 阶段主要是 $Zn_3(PO_4)_2 \cdot 4H_2O$ 和金属锌分别在基体的 $\beta$ 相和 $\alpha$ 相沉积。当基体完全覆盖后，不会发生锌和镁的置换，只是 $Zn_3(PO_4)_2 \cdot 4H_2O$ 继续长大形成厚片状晶体，最终成膜。

表 4-22　几种磷酸盐/高锰酸钾化学转化处理工艺

| 序号 | 溶液成分 | 工艺条件 | 镁合金 | 腐蚀电流密度/(mA/cm²) |
|---|---|---|---|---|
| 1 | 65mmol/L $H_3PO_4$ 40mmol/L NaF, 29mmol/L ZnO, 102mmol/L $Zn(NO_3)_2$, 28mmol/L $NaClO_3$, 34mmol/L $NH_3 \cdot H_2O$, 7mmol/L 有机胺 | pH=2.4 $T=40\sim45℃$ $t=1\sim3min$ | AZ91D | 0.27 （基体） 0.02 （涂层） |
| 2 | 锰酸盐和磷酸盐 | pH=3~4 $T=45\sim55℃$ $t=20\sim30min$ | AZ91D | 0.032 0.0032 （封闭） |
| 3 | 20g/L $Na_2HPO_4$, 7.4mL/L $H_3PO_4$, 3g/L $NaNO_2$, 1.84g/L $NaNO_3$, 5g/L $Zn(NO_3)_2$, 1g/L NaF | pH=3±0.2 $t=5min$ | AM60 | 10.00 |
| 4 | 20g/L $KMnO_4$, 60g/L $MnHPO_4$ | $T=50℃$ $t=5min$ | AZ91D | 0.01 |
| 5 | 7.0~7.5g/L $H_3PO_4$ (85%), 2.36g/L ZnO, 2.04g/L NaF, 10.6g/L $NaNO_3$, 3.0g/L NaCl, 1.2g/L 有机胺 | pH=2.15~2.5 $T=45\sim55℃$ $t=3min$ | AZ91D | 0.27（基体） 0.014~0.029 （涂层） |
| 6 | 20mol/m³ $KMnO_4$, 100mol/m³ $Na_2B_4O_7$ 50~200mol/m³ HCl | pH=8 | AZ91D | / |

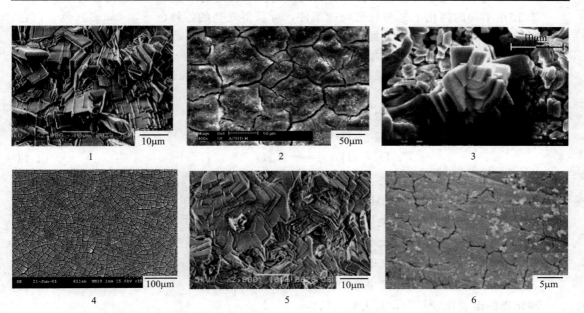

图 4-29　不同工艺形成的磷化膜扫描电子显微形貌（1~6 分别对应表 4-22 中的 1~6 号工艺）

图 4-30 为镁合金 AZ91D 磷酸盐化学转化膜成膜机理示意图。在处理液中首先发生局部微电池腐蚀过程，阳极过程为 $\alpha$-Mg 优先溶解，阴极析氢既可发生于 $\alpha$ 相，又可发生于 $\beta$ 相上。在成膜初期，磷酸盐在 $\alpha$ 相和 $\beta$ 相都发生沉积反应，首先在阴极发生，然后主要在阳极发生。结晶形态分别为球状和絮状。但反应初期，在 $\alpha$ 相上沉积速度高于在 $\beta$ 相上沉积的速度。

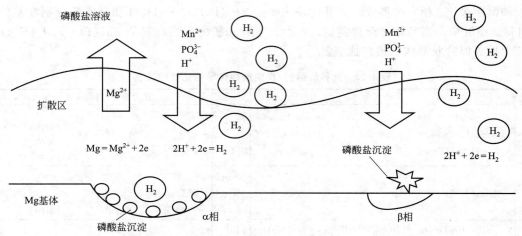

图 4-30  镁合金 AZ91D 磷酸盐化学转化膜成膜机理示意图

# 4.6  金属的铬酸盐钝化

将金属（如 Zn、Cd 和 Sn 镀层）放在含有铬酸酐为主的溶液中，进行化学处理，使其表面生成一层铬酸盐膜的工艺过程称为铬酸盐钝化。铬酸盐钝化有如下特点。

① 铬酸化学转化膜，能提高锌等金属耐大气、二氧化碳和水蒸气腐蚀的能力 2～4 倍。

② 使用不同的钝化工艺与规范处理条件，可获得光亮的各种色彩，（如彩虹色、白色、军绿色和黑色等），赋予金属表面以美丽的装饰外观。

③ 提高耐蚀性和抗污染能力。

金属在酸性溶液中铬酸盐成膜的过程，实质上是金属溶解和铬酸盐膜生成的过程。

第一步是铝酸酐溶于水，形成铬酸和重铬酸，金属在酸性溶液中溶解，消耗 $H^+$ 离子，造成金属与溶液界面上的碱性增高，pH 值上升，其反应如下

$$3CrO_3 + 2H_2O \longrightarrow H_2Cr_2O_7 + H_2CrO_4 \tag{4-42}$$

$$Cr_2O_3 + 5H_2O \rightleftharpoons 2CrO_4^{2-} + 10H^+ + 6e \tag{4-43}$$

$$M + Cr_2O_7^{2-} + 14H^+ \longrightarrow 3M^{2+} + 2Cr^{3+} + 7H_2O \tag{4-44}$$

第二步是当 pH 到达一定值时，即产生一系列成膜反应，在金属表面上形成以碱式铬酸铬、碱式铬酸盐和 $Cr_2O_3 \cdot 3H_2O$ 等组成的钝化膜。其反应如下

$$Cr^{3+} + OH^- + CrO_4^{2-} \longrightarrow Cr(OH)CrO_4（碱式铬酸铬） \tag{4-45}$$

$$2M^{2+} + 2OH^- + CrO_4^{2-} \longrightarrow MCrO_4 \cdot M(OH)_2（碱式铬酸盐） \tag{4-46}$$

$$2Cr^{3+} + 6OH^- \longrightarrow Cr_2O_3 \cdot 3H_2O \tag{4-47}$$

钝化膜的组成比较复杂，其大致结构为

$$Cr_2O_3 \cdot Cr(OH)CrO_4 \cdot Cr_2(CrO_4)_2 \cdot MCrO_4 \cdot M_2(OH)_2CrO_4 \cdot M(CrO_2)_2 \cdot xH_2O \tag{4-48}$$

根据电子显微镜观察推断，铬酸盐膜具有 $Cr_2O_3 \cdot CrO_3 \cdot xH_2O$ 结构，或 $Cr(OH)_3 \cdot Cr(OH)CrO_4$ 结构。由此可见钝化膜是由 $Cr^{3+}$ 和 $Cr^{6+}$ 的碱式铬酸盐等组成。其中 $Cr^{3+}$ 呈绿色、$Cr^{6+}$ 呈红色。

由于各种颜色的折光率不同，构成钝化膜呈彩色。$Cr^{3+}$ 难溶、强度高，在钝化膜中起骨架作用；$Cr^{6+}$ 易溶、较软，依附 $Cr^{3+}$ 而成膜。它在潮湿大气中能慢慢从膜中渗出、溶于

膜表面凝结水中，并离解成铬酸，具有使金属镀层再钝化的作用。因此，铬酸盐膜的有效防蚀期，取决于膜中 $Cr^{6+}$ 的溶出速度。铬酸盐转化膜厚度一般在 $10\sim150nm$。实践中发现钝化膜厚度与膜色有一定关系。随着钝化膜厚度的减薄，膜的彩色变化由红褐色→玫瑰红→金黄色→橄榄绿色→紫红色→浅黄色→青白色。近几十年钝化工艺发展迅速，有彩色钝化（包括高、中、低浓度铬酸彩色钝化、三酸一次钝化、三酸二次钝化）、白色钝化、五酸军绿色钝化、黑钝化、蓝色钝化和白色与染色相结合的钝化工艺等。

铬酸盐钝化的工艺流程如下：工件表面预处理→水洗→铬酸盐处理→流动冷水清洗→后处理。下面将简单介绍几种金属的铬酸盐处理工艺。

（1）预处理

对锌、镉镀层而言，通常只需经过电镀后的最后一道清洗便可直接进行铬酸盐处理。铬酸盐膜的膜层厚度为 $6\sim30s$ 较为合适。

锌合金的压铸件通常采用的预处理：NaOH 6g/L，处理温度 90℃，处理时间 $30\sim60s$。

经上述方法进行表面清理和洗涤后，将零件在室温下浸入 1％～2％（质量分数）的硫酸或磷酸溶液中处理 $15\sim30s$，以中和残留的碱液。

（2）工艺方法

按工艺和所得膜的性质的不同，可将锌和镉的铬酸盐处理分为以下两种

A 类：浸渍法，溶液具有抛光表面的性质，其 pH 为 $0.0\sim1.5$，可得到具有中等耐蚀性的光亮膜，其膜层色泽从无色到带浅黄的乳白色。

B 类：浸渍法，溶液不具抛光性质，其 pH 为 $1.0\sim3.5$，可得到耐蚀性高的膜，膜层色泽从黄色到黑色。

（3）溶液组成及工艺条件

锌与铝的铬酸盐处理溶液的组成及工艺条件见表 4-23。

表 4-23　锌与铝的铬酸盐处理溶液的组成及工艺条件

| 溶液组成 | | 处理时间/s | 温度/℃ | pH 值 |
|---|---|---|---|---|
| 1）$Na_2Cr_2O_7$ | 200g/L | 16 | 室温 | |
| $H_2SO_4$（相对密度 1.84） | 6mL/L | | | |
| 2）$CrO_3$ | 5g/L | $3\sim7$ | 室温 | $0.8\sim1.3$ |
| $H_2SO_4$（相对密度 1.84） | 0.3mL/L | | | |
| $HNO_3$（相对密度 1.42） | 3mL/L | | | |
| 冰醋酸 | 5mL/L | | | |
| 3）$CrO_3$ | 200g/L | $5\sim15$ | 室温 | |
| $H_2SO_4$ | 10g/L | | | |
| $HNO_3$ | 30g/L | | | |

锌和镉的铬酸盐处理溶液主要由六价铬化合物和活化剂组成，其中六价铬化合物为铬酸或碱金属的重铬酸盐；活化剂则可以是硫酸、硫酸盐或氯化物，以及某些有机酸等。

铬酸有毒，从对鱼类的毒害作用看，铬酸盐的最大允许质量浓度应为 1mg/L。当铬酸的质量浓度达到 30mg/L 时，人体出现中毒的症状，六价铬有致癌作用。因此，含铬酸盐的废水必须经过无公害处理才能排放，处理费用昂贵，许多国家正在逐步限制，甚至完全禁止六价铬的使用。

三价铬的毒性比六价铬的毒性要小得多，废水处理也相对简单，其成膜机理也与六价铬钝化大不一样，因此把其归在无铬钝化类型中。

三价铬钝化锌及锌合金的工艺。这种钝化溶液含有 Cr(Ⅲ) 化合物、$F^-$ 及除 $HNO_3$ 以

外的其他酸，用氯酸盐或溴酸盐作氧化剂，或者用过氧化物（例如，K、Na、Ba、Zn 等过氧化物）和 $H_2O_2$ 作氧化剂。Cr（Ⅲ）化合物可以用硫酸铬、硝强铬，但最好用 Cr（Ⅵ）溶液的还原产物，溶液里还加有阴离子表面活性剂，处理温度在 $10\sim50℃$ 之间。钝化之后可以上漆。其典型的工艺配方如下。

① 1%（体积分数）Cr（Ⅲ）化合物、3mL/L 硫酸（质量分数为 96%）、3~6g/L 氟化氢铵、2%（体积分数）过氧化氢（质量分数为 35%）、2.5mL/L 表面活性剂。

② 用 7g/L 溴酸钠代替①中的过氧化氢。

③ 用 10g/L 氯酸钠代替①中的过氧化氢。

④ 用 4mL/L 浓盐酸代替①中的硫酸。

上述配方中的三价铬化合物系由 94g/L 铬酸和 86.5g/L 偏重亚硫酸钾及 64g/L 偏重亚硫酸钠的反应而得到产物。

表面活性剂是一种胺系表面活性剂 32mL/L 水溶液。Cr（Ⅲ）化合物也可以用硫酸铬（Ⅲ）或醋酸铬（Ⅲ），含量为 0.5g/L。用这种铬盐配制的溶液在使用前必须在 80℃加热，以使 Cr（Ⅲ）水化。

溶液的 pH 值在 1~3 之间，使用温度为 $20\sim35℃$，浸渍 10~30s。

## 4.7　着色处理技术

目前，着色和染色处理广泛用于金属制品的表面装饰，它是通过一定的处理，使金属表向上产生与原来不同的色调，并保持金属光泽的工艺。

金属的着色可通过化学或电化学方法实现。一般金属着色有化学法、热处理法、置换法、电解法等几种工艺方法。用这些工艺所得膜层的外观效果受多种因素影响，其中工件表面预处理和后处理状态对膜层的影响较大。

金属的染色是一种通过金属表面的大量微孔或金属表面对染料的强烈吸附和化学反应使金属表面发色的工艺，有时亦可用电解法使金属离子与染料共同沉积而产生色彩。下面将对几种合金的着色和染色进行简单介绍。

### 4.7.1　铝合金的着色

铝合金的着色包括自然着色法和电解着色法。前者是电解的同时，就使氧化膜获得颜色；而后者是先制得阳极氧化膜，然后再着色。

（1）自然着色法

在特定的电解液条件下，铝合金在进行阳极氧化的同时就着上了特定的颜色。这种方法称为自然着色法。自然着色法包括合金着色法和电解液着色法，详见表 4-24。

表 4-24　自然着色法的分类

| 自然着色法 | 合金着色法 | 含有硅、铬、锰等成分的铝合金材料在进行阳极氧化处理时间，产生带有颜色的氧化膜的方法 |
| --- | --- | --- |
| | 电解液着色法 | 在以磺基水杨酸、马来酸和草酸等为主的有机酸溶液中进行阳极氧化处理而得到着色氧化膜的方法 |

一般认为，自然着色法的原理是合金中的成分通过嵌入整个氧化膜组织的微细粒子对光的散射和吸收而显色。其中着色微粒是基体材料的成分，即非氧化态的金属粒子或是有机酸的分解产物。颜色的深浅与氧化膜的厚度有关。

铝及其合金着色的工艺流程及条件如下：铝制工件→机械抛光→化学脱脂→清洗→化学处理→清洗→自然着色→清洗→封闭→光亮→成品检验。下面对自然着色法的工艺条件进行简单的介绍，详见表 4-25。

表 4-25　自然着色法配方及工艺条件

| 序号 | 配 方 | | 工艺条件 | | | | |
|------|-------|------|------------------|--------|--------|--------|--------|
| | 成分 | 浓度/(g/L) | 电流密度/(A/dm²) | 电压/V | 温度/℃ | 厚度/μm | 色泽 |
| 1 | 磺基水杨酸 硫酸 铝离子 | 62～68 5.6～6.0 1.5～1.9 | 1.3～3.2 | 35～65 | 15～35 | 18～25 | 青铜色 |
| 2 | 草酸 草酸铁 硫酸 | 5 5～80 0.5～4.5 | 5.2 | 20～35 | 20～22 | 15～25 | 红棕色 |
| 3 | 钼酸铵 硫酸 | 20 5 | 1～10 | 40～80 | 15～35 | 保持峰值电压至所需色泽 | 金黄色 褐色 黑色 |

阳极氧化膜的色泽受电解液的酸浓度、时间、电流和电压等因素的影响，要严格按工艺规范操作。该方法有如下特点。

① 自然着色法工艺简单，无污染，但其需要高电压和高电流，耗电量大。

② 必须用离子交换装置连续净化电解液，对电解液中 $Al^{3+}$ 的含量也有严格要求。

③ 有机酸价格较贵，着色成本高。

（2）电解着色法

电解着色法是先在一般电解液中生成氧化膜，然后在含有金属盐的电解液中再次进行电解，使金属盐的阳离子沉积在氧化膜微孔底层，从而实现着色，因此该法也称二次电解着色法。

电解着色法主要是通过电解把金属盐溶液中的金属离子沉积在阳极氧化膜的底部，光线射到此类金属粒子上时发生漫散射，从而使氧化膜产生色彩。

工艺流程和条件：铝制工件→脱脂→清洗→电解抛光或化学抛光→清洗→硫酸阳极氧化→清洗→中和→清洗→电解着色→清洗→封闭→光亮化处理→成品检验。

下面简单介绍电解着色法的工艺条件，详见表 4-26。

表 4-26　交流电解着色工艺条件

| 序号 | 成分/(g/L) | 电压、电流密度 | pH 值 | 时间/min | 温度/℃ | 颜色 |
|------|-----------|---------------|-------|----------|--------|------|
| 1 | 硫酸镍 25 硫酸镁 20 硫酸铵 15 硼酸钠 25 | 10～17V 0.2～0.4A/dm² | 4.4 | 2～15 | 20 | 青铜色至黑色 |
| 2 | 硫酸亚锡 10 硫酸 10～15 稳定剂 适量 | 8～16V | 1～1.5 | 2.5 | 20 | 浅黄色至深古铜色 |
| 3 | 硫酸钴 25 硫酸铵 15 硼酸 25 | 17V | 4～4.5 | 13 | 20 | 黑色 |
| 4 | 硫酸镍 50 硫酸钴 50 硼酸 40 磺基水杨酸 10 | 8～15V | 4.2 | 1～15 | 20 | 青铜色至黑色 |

在电解着色的预处理中，要水洗充分，并进行空气搅拌，保证温度均匀，以免出现色调不一致的缺陷；尽量避免出现电接触不良、电极配置不当等情况的发生；同时要注意控制电压、电流和 $Na^+$、$Cl^-$、$NO_3^-$、$Al^{3+}$ 等离子的含量。

### 4.7.2　不锈钢的着色

自从英国的 W. H. 哈特菲尔德和 H. 格林在 1927 年发明第一项不锈钢着色技术，并获得专利开始，随后有许多科学家进行了研究，相继申请了大量专利，但由于着色膜是疏松的，其耐污性及耐磨性很差，未能实用。直到 1972 年国际镍公司发明了因科法以后，不锈钢着色技术才开始进入大规模的商品化生产。

彩色不锈钢具有色彩鲜艳、耐紫外线照射、耐磨、耐蚀、耐热和加工性能良好等优点。

在不锈钢表面形成彩色的技术大体有 6 种：化学着色法、电化学着色法、高温氧化法、有机物涂覆法、气相裂解法及离子沉积法。

不锈钢着色广泛应用于航天航空、原子能、军事工业、海洋工业、轻工业、建筑材料和太阳能利用等领域，成为轻工产品升级换代的重要材料。

彩色不锈钢的着色原理是不锈钢表面经着色处理后，形成一层无色透明的氧化膜，对光干涉产生色彩。即不锈钢氧化膜表面的反射光线与通过氧化膜折射后的光线干涉，而显示出色彩。

（1）不锈钢的化学着色

化学着色法制备彩色不锈钢的过程，包括预处理、化学着色和后处理 3 个部分，工艺流程为：不锈钢工件→水洗→碱性脱脂→水洗→电解抛光→水洗→浸蚀→水洗→化学着色→水洗→电解成膜→水洗→封闭→水洗→烘干。

化学着色法是将不锈钢工件浸在一定的溶液中，因化学反应而使不锈钢表面呈现出色彩的方法。化学着色法分为 4 种：碱性着色法、硫化法、重铬酸盐氧化法和酸性着色法。

① 碱性着色法　不锈钢在含有氧化剂及还原剂的强碱性水溶液中进行着色。此方法的特点是在自然生长的氧化膜上面，再生长氧化膜（即着色前，不必除去不锈钢表面的氧化膜），随着氧化膜的增厚，表面颜色变化如下：由黄色→黄褐色→蓝色→深藏青色。

② 硫化法　不锈钢表面经过活化后，再浸入含有氢氧化钠和无机硫化物的溶液中，使不锈钢表面发生硫化反应，生成黑色、均匀、装饰效果好的硫化物，但耐蚀性能差，需涂覆罩光涂料。碱性着色和硫化着色的配方和工艺参数见表 4-27。

表 4-27　不锈钢碱性着色和硫化着色的配方和工艺参数

| 溶液组成及工艺条件 | 含量及参数 | | 溶液组成及工艺条件 | 含量及参数 | |
|---|---|---|---|---|---|
| | 碱性着色 | 硫化着色 | | 碱性着色 | 硫化着色 |
| 高锰酸钾/(g/L) | 50 | | 硫氰酸钠/(g/L) | | 60 |
| 氢氧化钠/(g/L) | 375 | 300 | 硫代硫酸钠/(g/L) | | 30 |
| 氟化钠/(g/L) | 25 | 6 | 水/(g/L) | 500 | 604 |
| 硝酸钠/(g/L) | 15 | | 温度/℃ | 120 | 100～120 |
| 亚硫酸钠/(g/L) | 35 | | | | |

③ 重铬酸盐氧化法　经过活化后的不锈钢浸入高温熔化的重铬酸钠中，进行浸渍强烈氧化。生成黑色氧化膜，但金属失去光泽，难以得到均匀的色泽，不适用于装饰方面的应用。配方及工艺条件如下：

重铬酸盐在 320℃开始熔化，至 400℃放出氧气而分解

$$4Na_2Cr_2O_7 \xrightarrow{\triangle} 4Na_2CrO_4 + 2Cr_2O_3 + 3O_2 \uparrow \tag{4-49}$$

新生的氧活性强。不锈钢浸入后表面开始氧化，其氧化物是 Fe、Ni、Cr 的氧化物（例如 $Fe_3O_4$）。操作温度为 400～500℃，处理时间为 15～30min。

④ 酸性着色法　经过活化的不锈钢在含有氧化剂的硫酸水溶液中进行着色。这种方法着色控制容易，着色膜的耐磨性较高，适合于进行大规模生产。著名的因科法就是属于酸性着色法。酸性着色法的主要配方和工艺参数见表 4-28。

表 4-28 中的配方 1，随着膜厚的增加所显示的色彩变化为：棕色→蓝色→金黄色→红色→绿色。配方 2 随着膜厚的增加所显示色彩变化为：浅棕→深棕→浅蓝（或浅黑）→深蓝（或深黑）。配方 3 的彩色膜为金黄色。

**表 4-28　不锈钢酸性着色法的配方和工艺参数**

| 溶液组成及工艺条件 | 含量及参数 | | |
|---|---|---|---|
| | 配方 1 | 配方 2 | 配方 3 |
| 硫酸 /(g/L) | 490 | 550～640 | 1100～1200 |
| 铬酸 /(g/L) | 250 | | |
| 重铬酸钾 /(g/L) | | 300～350 | |
| 偏钒酸钠 /(g/L) | | | 130～150 |
| 温度/℃ | 70～90 | 95～102 | 80～90 |
| 时间/min | | 5～15 | 5～10 |

保证工件色彩的重复性是具有生产价值的条件。在批量生产中，掌握色彩的一致性是非常重要的。影响色彩重复的因素很多，如各种不锈钢的电化学性能不一致，着色的温度、浓度和时间的变化，都会使色彩发生变化，不锈钢着色的控制方法有两种。

a. 温度时间控制法　这是最简单的方法。即固定一定的温度，将不锈钢在着色液中浸渍一定时间，就能得到一定的颜色。但这种方法在实验室小试尚可，在工业生产中难以得到重复的颜色。这是由于着色液的组成可能发生变化，着色液的温度也很难控制得完全一致。

b. 控制电位差法　这是工业生产最常用的方法。即以饱和甘汞电极或铂电极作为参比电极，测量着色过程中不锈钢的电位，时间变化曲线（如图 4-31 所示）。从起始电位起，随

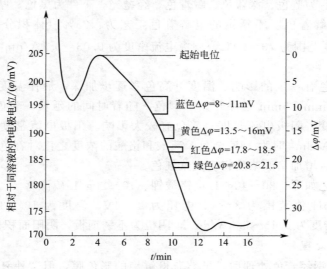

图 4-31　不锈钢着色的电位-时间曲线

着时间的延长，不锈钢的电位逐渐下降。某一电位和起始电位之间的电位差与一定的颜色对应，这个关系几乎不随着色液的温度和组成的变化而变化。因此控制电位差法比温度时间控制法更适合于工业生产。

不锈钢的化学着色，是由于光的干涉效应产生的，氧化膜的微小区别，就会得到完全不同的颜色。因此同一工件各个部分的颜色一致性，特别是表面积较大的工件，是一个难题。保证色彩的均匀性是工件具有应用价值的基础，影响着色均匀性的因素主要有三个方面：首先是预处理，要保证工件着色的均匀一致，必须保证工件着色前表面状态均匀一致；其次是处于着色槽中不锈钢工件各部分的温度必须均匀一致；最后还要保证工件各部分的化学反应均匀一致，即槽液要适当的搅拌，使槽液各部分成分含量完全一样。

在铬酸-硫酸着色溶液中，处理温度一般为 $70 \sim 90 ℃$，最佳温度为 $80 ℃$。如果在着色液中加入适量的催化剂，可使着色液温度降低至 $50 \sim 70 ℃$，最佳为 $60 ℃$。这样既降低了热能消耗，又减少了有毒废气的排放。

不锈钢着色一般要求表面粗糙度较低。除在预处理时，加强电解抛光外，还可以在着色时，加入适量的光亮剂，可使工件的表面粗糙度明显降低。

a. 不锈钢着蓝色和黄色　在酸性着色法中，除表 4-28 所列之外，在添加剂和操作时间、温度不同时，可着蓝色和黄色，见表 4-29。

表 4-29　不锈钢着蓝色和黄色

| 溶液组成及工艺条件 | 含量及参数 | | 溶液组成及工艺条件 | 含量及参数 | |
|---|---|---|---|---|---|
| | 配方 1 | 配方 2 | | 配方 1 | 配方 2 |
| $CrO_3/(g/L)$ | $240 \sim 250$ | $490 \sim 500$ | 时间(黄色)/min | $7 \sim 8$ | $5 \sim 6$ |
| $H_2SO_4/(g/L)$ | $540 \sim 550$ | $280 \sim 300$ | 时间(金黄色)/min | $9 \sim 10$ | $8 \sim 9$ |
| $(NH_4)_6Mo_7O_{24} \cdot 4H_2O/(g/L)$ | | 50 | 温度/℃ | $70 \sim 80$ | $70 \sim 80$ |

b. 不锈钢黑色化学氧化　不锈钢的黑色化学氧化适用于海洋舰艇、高热潮湿环境下使用仪器中的不锈钢部件着色，只需将工件用油洗净即可氧化，工艺为：$300 \sim 500mL/L$ 重铬酸钾、$300 \sim 350mL/L$ 硫酸（$d = 1.84g/cm^3$）。温度：对于镍铬不锈钢为 $95 \sim 102 ℃$，对于铬不锈钢 $100 \sim 110 ℃$，时间为 $5 \sim 75min$。

一般工件氧化后为蓝色、深蓝色、藏青色。经抛光，工件为黑色。厚度小于 $1 \mu m$。

c. 不锈钢的电解着色　不锈钢的电解着色工艺为：$25\%$（体积分数）$H_2SO_4$、$60 \sim 250g/L$ $CrO_3$、温度范围为 $70 \sim 90 ℃$、阳极电流密度为 $0.03 \sim 0.1A/dm^2$，工件为黑色，阴极为铅板。

温度对电解着色有一定的影响，温度升高色彩逐步加深，最佳温度范围为 $80 \sim 85 ℃$。处理时间为 $20 \sim 30min$，$5min$ 工件开始上颜色，随着时间的延长，颜色逐步加深。$20min$ 以后，颜色基本不变。阳极电流密度对着色有较大影响。阳极电流密度为 $0.03A/dm^2$ 时，为玫瑰紫色，$0.05A/dm^2$ 时为 18K 金色。硫酸和铬酸的浓度之比对着色液有影响。铬酸浓度高时为金黄色，再增加铬酸浓度将变成紫红色。

电解着黑色工艺如下：$20 \sim 40g/L$ 重铬酸钾、$10 \sim 20g/L$ 硫酸锰、$20 \sim 50g/L$ 硫酸铵、$10 \sim 20g/L$ 硼酸、pH 值范围为 $3 \sim 4$、电压为 $2 \sim 4V$、温度为 $10 \sim 30 ℃$、时间为 $10 \sim 20min$、阳极电流密度为 $0.15 \sim 0.3A/dm^2$，阴极为不锈钢板，阴阳面积比为 $3 \sim 5$。

（2）着色的后处理

① 坚膜　不锈钢经着色处理后，虽然获得鲜艳的彩色膜，但这种氧化层疏松多孔，孔隙率为 $20\% \sim 30\%$，膜层也很薄，柔软不耐磨，容易被污染物沾染，还必须进行坚膜处理。

坚膜处理的机理是，在电解坚膜阴极表面上析出的氢，将着色膜孔中残留的六价铬还原为三价铬沉淀［如 $Cr_2O_3$、$Cr(OH)_5$］，形成尖晶石填入细孔中，使疏松、柔软的彩色膜进一步硬化，并具有耐磨和耐腐蚀性能。若加入适当的催化剂，将使耐磨性和耐腐蚀性有较大的提高，耐磨性可提高 10 倍以上。

坚膜处理可用化学方法或电解方法，其配方及工艺参数如表 4-30 所示，其中电解坚膜最常用。

**表 4-30　坚膜处理的配方及工艺参数**

| 溶液组成及工艺条件 | 含量及参数 | | 溶液组成及工艺条件 | 含量及参数 | |
|---|---|---|---|---|---|
| | 化学坚膜 | 电解坚膜 | | 化学坚膜 | 电解坚膜 |
| 重铬酸钾/(g/L) | 15 | | pH 值 | 6.5～7.5 | |
| 氢氧化钠/(g/L) | 3 | | 阴极电流密度/(A/dm²) | | 0.2～1 |
| 铬酐/(g/L) | | 250 | 阳极 | | 铅板 |
| 硫酸/(g/L) | | 2.5 | 温度/℃ | 60～80 | 室温 |
| | | | 时间/min | 2～3 | 5～15 |

影响电解坚膜质量的因素包括坚膜温度、时间、电流密度和使用的促进剂等。

温度高时，坚膜速度快，效果好，其颜色易变深，色调不易控制；温度低时，坚膜速度慢，效果差。

坚膜时间一般最好控制在 5～10min，时间太短达不到坚膜效果。

电流密度一般控制在 $0.2～0.5A/dm^2$ 范围内，电流密度高时坚膜速度快，但颜色易变深。

$SeO_2$、$H_3PO_4$、$H_2SO_4$ 都是促进剂，对色彩稳定效果好，加了 $2.5g/L$ $SeO_2$ 以后，坚膜处理时间可以降低为 3～5min。

化学坚膜时，要严格控制坚膜处理温度，当温度高于 80℃ 时，工件易变为紫色；温度低于 60℃ 时，硬化效果差。

② 封闭　不锈钢着色膜进坚膜处理后，其硬度、耐磨性、耐腐蚀性能得到改善，但表面仍为多孔，容易污染，如手印等；若先经电解坚膜处理，随后再用质量分数为 1% 的硅酸盐溶液，在沸腾条件下浸渍 5min，将使多孔膜封闭，且耐磨性将得到进一步提高。

**（3）着色膜的性能**

① 光学性能　彩色不锈钢色彩鲜艳，主要有棕色、蓝色、金黄色、红色和绿色。加上其中的中间色可得十几种色彩；着色膜的光学性能稳定，能长期经受紫外光线照射而不改变颜色。黑色不锈钢能吸收光能的 90% 以上，具有优越的吸热特性，是用作太阳能吸热设备的良好材料。

② 耐腐蚀性能　彩色不锈钢的着色膜厚度可达几十至几百纳米，比一般不锈钢的钝化膜（厚度一般为 2～3mn）要厚得多；而且彩色不锈钢经坚膜处理后，着色膜的铬铁含量比远远高于不锈钢基体，还可能（如果使用钼酸盐坚膜）形成钼保护层。因此彩色不锈钢的耐蚀性要显著高于一般不锈铜钝化。

③ 耐热性能　彩色不锈钢存沸水中浸泡 28d，在 200℃ 以上空气中长期暴露，以及加热到 300℃，其表面色泽和着色膜的附着性均无明显变化。

④ 加工成形性能以及加热　彩色不锈钢可承受一般的模压加工，深拉延、弯曲加工和加工硬化。对彩色不锈钢进行 180° 的弯曲试验和深冲 8mm 的杯突试验，着色膜均无损伤，表现出良好的可加工性。

⑤ 耐磨和抗擦伤性能　彩色不锈钢的着色膜与不锈钢基体的结合力良好，具有很好的

耐磨性和抗擦伤性能，着色膜能经得住负荷 5N（500gf）的橡皮摩擦 200 次以上，并能经得住负荷 1.2N（120gf）钢针的刻划。

⑥ 耐擦洗性能　彩色不锈钢如果表面受到指纹、油渍或污垢的污染，就会损害其外观，可采用软布浸透中性的水溶性洗涤剂进行擦洗，很容易洗净复原。不宜用有机溶剂洗涤，忌用去污粉、金属纤维等擦洗。

## 思考题

1. 为什么化学转化膜与金属表面上覆盖层（例如金属的电沉积层）不一样？

2. 微弧阳极氧化与普通阳极氧化有何区别？

3. 论述钢铁常温化学氧化机理。

4. 钢铁的磷化处理与镁合金磷化机理有何不同？

5. 铝阳极氧化膜的封闭方法有哪些？

6. 解释不锈钢的着色原理。

7. 汽车车身为什么采用磷化处理？

8. 为什么零件表面电镀铝后还需要进行铬酸盐处理？

9. 建筑铝合金门窗采用了哪种表面处理方法？

10. 不锈钢是如何着色的？

## 第 5 章

# 气相沉积技术

　　气相沉积技术是材料表面科学重要组成部分，近年来，表面工程学发展迅速，新的表面涂层技术不断涌现，气相沉积就是其中发展最快的新技术之一。所谓的气相沉积技术，是指在气相沉积进程中，发生物理或化学反应的一种表面成膜新技术。其特征表现为在金属或非金属材料基体表面牢固沉积同类或异类金属或非金属及其化合物，以改善原材料基体的物理和化学性能或获得新材料的方法。气相沉积技术按照发生的物理或化学反应类型，可分为物理气相沉积（Physical Vapour Deposition，简称 PVD）和化学气相沉积（Chemical Vapour Deposition，简称 CVD）。PVD 法有真空蒸发沉积、磁控溅射沉积、粒子束沉积及外延生长等；CVD 法有等离子体增强化学气相沉积、激光化学气相沉积、阳极反应沉积及 LB 技术等。

　　气相沉积技术是一门跨学科技术，它的理论基础和实验研究涉及如材料微观检测技术、材料学、真空物理学、电磁学、等离子体物理学、等离子体化学、化学动力学、化学热力学、传热学、流体力学等。随着计算机技术、真空技术、薄膜制备技术及表面物理科学技术的进一步发展、融合及推动，气相沉积技术取得了快速的发展。各种气相沉积基础理论及工业技术应用领域得到了极大扩展。由于气相沉积层膜分别具有优良的光透性、光敏感性、高禁带宽度、高硬度、高耐磨性、高抗高温氧化性等不同的优异综合性能，已经成为光学、电学、能源、微电子、机械、新材料制备的技术基础。美国、日本、欧洲等世界先进国家非常重视气相沉积技术，投入大量人力和财力进行研究开发，在太阳能电池、超大规模集成电路、新型硬质涂层刀具、红外光学窗口、紫外防护涂层、信息显示及超大容量存储器件等领域取得了丰富成果。

　　中国的科技工作者，自 20 世纪 70 年代以来，在气相沉积技术的基础研究、工艺方法、设备研制、技术推广方面都取得了很大成果，有的气相沉积设备及膜涂层产品在国际市场上广受好评。多年来，我国的表面材料科学家和新型热处理技术专家为气相沉积技术的发展作出了重要贡献。

　　由于各种气相沉积技术的差异，也决定了气相沉积技术的工艺特点也是不同的。PVD 具有非热平衡类型特点，PVD 的基材沉积温度一般都低于 650℃，一般情况下，不会改变基材的力学性能和尺寸稳定性，沉积工艺也不会产生有害残余气体。

　　CVD 具有热平衡技术特点，气体反应源的温度远低于沉积反应温度，所以在沉积过程中，较容易改变反应源物质组分，获得种类众多的碳化物、硅化物、氧化物、氮化物、硼化物及单金属或合金涂层等。CVD 涂层的厚度均匀性较好，薄膜（或涂层）和基材结合力较强，对形状复杂、大面积的工件应用更适合。CVD 工艺及设备相对较简单，适合工业化生产。但 CVD 技术也有自身的一些特点和不足，如基材一般具有较高的温度（大约在 1000℃ 附近），超过钢基材的回火温度，沉积后常常需要再进行相应的热处理，基材容易产生变形，像基材是硬质合金这样的材料，也会因高温氧化等因素使得基材表面脱碳，基材的抗弯强度明显下降。CVD 通常有废气排出，对环境和材料研究者具有一定的危害，对这些废气的处理，既增加了沉积周期，又增加了产品的成本。

## 5.1 物理气相沉积

物理气相沉积是一种物理气相反应生长法，是利用某种物理过程，在低气压或真空等离子体放电条件下，发生物质的热蒸发或受到粒子轰击时物质表面原子的溅射等现象，使物质原子从物质源在基材表面生长，实现与基材性能明显不同薄膜（涂层）的特定目的物质转移过程。

物理气相沉积过程可概括为三个阶段：从源材料中发射出粒子；粒子运动到基材；粒子在基材上积聚、形核、长大、成膜。

物理气相沉积技术的主要特点如下。

① 沉积层需要使用固态的或者熔融态的物质作为沉积过程的源物质，采用各种加热源或溅射源使固态物质变为原子态。

② 源物质经过物理过程而进入气相，在气相中及在基材表面并不发生化学反应。

③ 需要在相对较低的气体压力环境下沉积，沉积层质量较高。

④ 物理气相沉积获得的沉积层较薄，厚度范围通常为纳米或微米数量级，属于薄膜范畴。因此，物理气相沉积技术通常又称为薄膜技术，是其他表面覆层技术所无法比拟的。

⑤ 多数沉积层是在低温等离子体条件下获得的，沉积层粒子被电离、激发成离子、高能中性原子，使得沉积层的组织致密，与基材具有很好的结合力，不易脱离。

⑥ 沉积层薄，通过对沉积参数的控制，容易生长出单晶、多晶、非晶、多层、纳米层结构的功能薄膜。

⑦ 由于物理气相沉积是在真空条件下进行的，没有有害废气排出，属于无空气污染技术。

⑧ 物理气相沉积多是在辉光放电、弧光放电等低温等离子体条件下进行的，沉积层粒子的整体活性很大，容易与反应气体进行化合反应，可以在较低温度下获得各种功能薄膜。同时，基材选用范围很广，如可以是金属、陶瓷、玻璃或塑料等。

可见，物理气相沉积技术的这些特点，使它在制备超大规模集成电路、光学器件、磁光存储器件、热敏感器件及太阳能利用等高新科技领域具有广阔的应用前景。

由于粒子发射可以采用不同的方式，因此，物理气相沉积技术可以分为真空蒸发沉积、溅射沉积、离子沉积、外延沉积等。物理气相沉积的一些具体分类及工艺特点见表 5-1。

表 5-1  物理气相沉积分类的一些具体分类及工艺特点

| 分类 | 名称 | 气体放电方式 | 基材偏压/V | 工作气压/Pa | 金属离化率/% |
|------|------|------|------|------|------|
| 真空蒸发沉积 | 电阻蒸发沉积 | — | 0 | $10^{-3} \sim 10^{-4}$ | 0 |
|  | 电子枪蒸发沉积 | — | 0 | $10^{-3} \sim 10^{-4}$ | 0 |
|  | 激光蒸发沉积 | — | 0 | $10^{-3} \sim 10^{-4}$ | 0 |

续表

| 分类 | 名称 | 气体放电方式 | 基材偏压/V | 工作气压/Pa | 金属离化率/% |
|---|---|---|---|---|---|
| 溅射沉积 | 二极型离子沉积 | 辉光放电 | 0 | $1\sim3$ | 0 |
| | 三极型离子沉积 | 辉光放电 | $0\sim1000$ | $1\sim10^{-1}$ | $10^{-1}\sim10^{-2}$ |
| | 射频溅射沉积 | 射频放电 | $100\sim200$ | $10^{-1}\sim10^{-2}$ | $15\sim30$ |
| | 磁控溅射沉积 | 辉光放电 | $100\sim200$ | $10^{-1}\sim10^{-2}$ | $10\sim20$ |
| | 离子束溅射沉积 | 辉光放电 | 0 | $10^{-1}\sim10^{-3}$ | $50\sim85$ |
| 离子沉积 | 空心阴极离子沉积 | 热弧放电 | $50\sim100$ | $1\sim10^{-1}$ | $20\sim40$ |
| | 活性反应离子沉积 | 辉光放电 | 1000 | $1\sim10^{-2}$ | $5\sim15$ |
| | 热丝阴极离子沉积 | 热弧放电 | $100\sim120$ | $1\sim10^{-1}$ | $20\sim40$ |
| | 阴极电弧离子沉积 | 冷场致弧光放电 | $50\sim200$ | $1\sim10^{-1}$ | $60\sim90$ |
| 外延沉积 | 分子束外延沉积 | — | 0 | $10^{-3}\sim10^{-4}$ | 0 |
| | 液相外延沉积 | — | 0 | $1\sim10^{-1}$ | 0 |
| | 热壁外延沉积 | — | 0 | $1\sim10^{-1}$ | 0 |

## 5.1.1　真空蒸发沉积

　　真空蒸发沉积是物理气相沉积技术中最为常用的方法之一，它具有简单方便、容易操作、成膜速率快、效率高等特点。在真空蒸发沉积技术中，人们只需产生一个真空环境，在真空条件下，给待蒸发物质提供足够的热量可获得蒸发所必需的蒸汽压，在适当的温度下，蒸发粒子在基材上凝聚，实现了真空蒸发沉积。

　　研究发现，在真空中可以蒸发的材料很多，蒸发粒子最终在基材上生长形成薄膜。真空蒸发沉积过程由三个步骤组成：蒸发源材料由凝聚相转变成气相；在蒸发源与基材之间蒸发粒子的传输；蒸发粒子到达基材后凝聚、形核、长大、成膜。

　　基材可以选用的材料众多，根据具体所需的薄膜性质，基材可以保持在某一温度下，当蒸发在真空中开始时，蒸发温度通常降很多，对于正常蒸发所使用的压强一般为 $10^{-3}\,\mathrm{Pa}$，这一压强能确保大多数发射的蒸发粒子具有直线运动轨迹，基材与蒸发源的距离一般保持在 $10\sim45\mathrm{cm}$。真空蒸发沉积设备的结构示意图如图 5-1 所示。

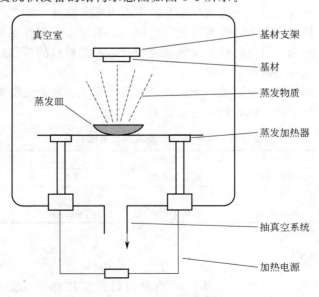

图 5-1　蒸发沉积装置示意图

真空蒸发沉积的设备一般由沉积膜室、抽真空系统、蒸发源、基材支架、基材加热系统和轰击电极以及蒸发电源、加热电源、轰击电源、进气系统等。沉积膜室的内顶端装有基材支架，基材安装在支架上，沉积膜室底端设有蒸发源，用高真空机组抽真空，真空度保持在 $10^{-5}$Pa 左右。

许多材料的蒸发温度为 $1000\sim2000$℃，可以用电阻加热作蒸发源，选作蒸发源材料的熔点必须远远高于这一温度，最简单的和最常用的方法是用高熔点的材料作为加热器，它相当于一个电阻，通电后产生热量，电阻率随之增加。当温度为 1000℃时，蒸发源的电阻率为冷却时的 $4\sim5$ 倍；在 2000℃时，增加到 10 倍。这样一来，加热器产生的焦耳热就足以使蒸发材料的分子或原子获得足够大的动能而蒸发。然而，只满足这个条件还是不够的，还必须考虑蒸发源材料作为杂质进入薄膜的量，也就是蒸发源材料的蒸汽压。为了尽可能减少蒸发源的污染，薄膜材料的蒸发温度应低于表 5-2 所列蒸汽压 $10^{-8}$Torr（1Torr = 133.322Pa）时对应的温度。

表 5-2　几种常用蒸发源材料在不同蒸汽压下的平衡温度

| 蒸发源材料 | 熔点/℃ | 平衡温度 | | |
|---|---|---|---|---|
| | | 蒸汽压 $10^{-8}$Torr | $10^{-6}$Torr | $10^{-2}$Torr |
| C | 3700 | 1800 | 2126 | 2680 |
| W | 3410 | 2117 | 2567 | 3227 |
| Ta | 2996 | 1957 | 2407 | 3057 |
| Mo | 2617 | 1592 | 1957 | 2527 |
| Nb | 2468 | 1762 | 2127 | 2657 |
| Pt | 1772 | 1292 | 1612 | 1907 |

根据蒸汽压来选择蒸发源材料可以说只不过是一个必要条件。另一个麻烦的问题是高温时某些蒸发源材料与薄膜材料会发生反应。如 $CeO_2$，它既能与 Mo 反应，又能与 Ta 反应，所以一般用 W 作蒸发源。又由于 $B_2O_3$ 与 Mo、Ta 和 W 均有反应，故最好选用具有耐腐蚀性的 Pt 作蒸发源。像锗这样的材料，常用石墨作坩埚或在 Ta 舟内衬上石墨纸。钨还能与水汽或氧发生反应，形成挥发性的氧化物 WO、$WO_2$ 或 $WO_3$。钼也能与水蒸气或氧反应而形成挥发的 $MoO_3$。有些金属甚至还会与蒸发源作用而形成合金，如 Ta 和 Au、Al 和 W 高温下形成合金等，一旦形成合金，蒸发源就容易烧断，所以必须有效地抑制这种反应，如果不能很好地解决这个问题，只好降低蒸发源温度或使蒸发源材料的量远远大于薄膜材料，以减小蒸发源消耗而避免发生断裂的危险。

真空蒸发沉积技术包括电阻蒸发沉积、电子束蒸发沉积、激光蒸发沉积、高频感应加热蒸发沉积等。它们的真空蒸发沉积技术特点如表 5-3 所示。

表 5-3　几种真空蒸发沉积技术的特点

| 技术名称 | 电阻蒸发沉积 | 电子束蒸发沉积 | 高频感应加热蒸发沉积 | 激光蒸发沉积 |
|---|---|---|---|---|
| 热能来源 | 高熔点金属 | 高能电子束 | 高频感应加热 | 激光能量 |
| 功率密度/(W/cm²) | 小 | $10^4$ | $10^3$ | $10^6$ |
| 特点 | 简单成本低 | 金属化合物 | 蒸发速率大 | 纯度高，不分馏 |

## 5.1.2　电阻蒸发沉积

为了使蒸汽压达到 $10^{-2}$Torr 量级，待蒸发的材料要加热到比熔点稍高的温度。但是也有在比熔点低的温度下就升华的物质（Cr、Mo、Si、Mg、Mn 等），也有在比熔点高得多的温度下才能升华的物质（Al、In、Ca 等）。要有高的蒸发速度，就要有高的温度。

对蒸发材料加热，就要有加热丝（细丝）、板（蒸发皿）、容器（坩埚）等，其上放置蒸发材料。可是，一旦这些坩埚、板等和蒸发材料起反应，形成了合金，就再也不能使用了，必须更换它。另外，已形成的合金和坩埚材料蒸发出来，会降低膜的纯度。要想避免这种不利沉积状况，就要注意坩埚的材料和形状。特别是在沉积膜纯度要求很高的情况下，最好用电子枪蒸发源。

热丝和蒸发皿直接通电，利用所产生的热能使物质蒸发的这种蒸发源总称为电阻加热蒸发源。热丝和蒸发皿主要用 W、Ta、Mo、Nb 等高熔点金属做成，有时也用 Fe、Ni、镍铬合金（用于 Bi、Cd、Mg、Pb、Sb、Se、Sn、Ti 等的蒸发）。它们的形状根据实际要求不同而有所改变。一些常见的电阻式加热装置见图 5-2。

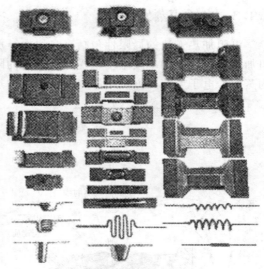

图 5-2　常见电阻式加热器

应用各种材料，如高熔点氧化物、高温裂解 BN、石墨、难熔金属等制成的坩埚也可以作为蒸发容器。这时，对被蒸发物质的加热可以采取两种方法，即普通的电阻加热法和高频感应法，前者依靠缠绕在坩埚外的电阻丝实现加热；而后者用通水的铜制线圈作为加热的初级感应线圈，它靠在被加热的物质中或在坩埚中感生出感应电流来实现对蒸发物质的加热。可见，在对后者加热的情况下，需要被加热的物质或坩埚本身具有一定的导电性。

利用电阻加热器加热蒸发沉积设备构造简单、造价便宜、使用可靠，可用于熔点不太高的材料（低于 1300℃）的蒸发镀膜，尤其适用于对膜层质量要求不太高的大批量的生产中。迄今为止，在镀铝制镜的生产中仍然大量使用着电阻加热蒸发的工艺。采用电阻加热蒸发的蒸发沉积技术时，但应注意的是加热器材料的选用。常用的电阻加热器的材料为 W、Ta 和 Mo 等高熔点的金属。在加热时，加热器材料被蒸发的分子数非常少，这样才能减少使加热器材料作为杂质而进入薄膜的可能性。为了做到这一点，加热器材料的使用温度应当低于它的平衡蒸汽压（$10^{-5}$Pa）的温度。此外，要选择合适的加热器材料和蒸发材料的组合，使它们在高温时不会因为发生扩散和化学反应而形成合金或化合物。Al、Fe、Ni 和 Co 等金属会与 W、Ta、Mo 等金属在高温时形成合金．即使是 Ta 和 Au 在高温下也会形成合金。在形成合金之后，加热器材料的熔点要下降，加热器就容易烧坏。所以，应当选用不会与薄膜材料形成合金的材料来制作加热器。如果做不到这一点，那就要降低加热器的使用温度。

电阻加热方式的缺点是加热所能达到的最高温度有限，加热器的寿命也较短。近年来，为了提高加热器的寿命，国内外已采用寿命较长的氮化硼合成的导电陶瓷材料作为加热器。据国外专利报道，可采用 20%～30% 的氮化硼和能与其相熔的耐火材料所组成的材料来制造坩埚，并在表面涂上一层含 62%～82% 的锆，其余为锆硅合金的材料。可是，这种坩埚的成本较高，因此也有人将注意力集中在研制高质量、低成本的石墨坩埚上。采取精确地计算和控制石墨坩埚的合理功率，改进坩埚的结料方式，避免坩埚过热以及研制高纯、高密度的石墨发热体。这样将石墨坩埚的寿命可提高到十几个小时以上。

### 5.1.3　电子束蒸发沉积

电阻加热方法的局限性包括来自坩埚、加热体以及各种支撑部件可能的污染。另外，电阻加热法的加热功率或温度也受到了一定的限制。因此电阻加热法不适用于高纯或难熔物质的蒸发。电子束蒸发方法正好克服了电阻加热方法的上述两个不足，因而它已成为蒸发法高速沉积高纯物质薄膜的一种主要的加热方法，电子束加热装置如图5-3所示。

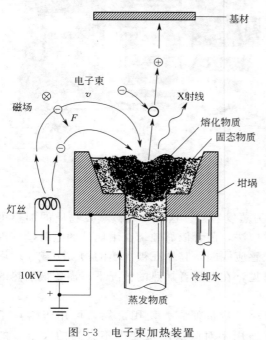

图5-3　电子束加热装置

在电子束加热装置中，被加热的物质被放置在水冷的坩埚中，电子束只轰击到其中很少的一部分，而其余的大部分在坩埚的冷却作用下仍处于很低的温度，即它实际上成了蒸发物质的坩埚材料。因此，电子束蒸发沉积可以做到避免坩埚材料的污染。在同一蒸发沉积装置中可以安置多个坩埚，这使得人们可以同时或分别对多种不同的材料进行蒸发。

在图5-3中，由加热的灯丝发射出的电子束受到数千伏的偏置电压的加速，并经过横向布置的磁场线圈偏转270℃，然后到达被轰击的坩埚处。这样的实验布置可以避免灯丝材料对于沉积过程可能存在的污染。电子束蒸发的一个缺点是电子束能量的绝大部分要被坩埚的水冷系统所带走，因而其热效率较低。由于这种装置与X射线管的结构相同，会产生相当强的X射线，因此，在真空室的内部或者外部必须设有X射线的屏蔽装置。

### 5.1.4　溅射沉积

物理气相沉积的第二种常见的方法是溅射沉积，它利用带有电荷的离子在电场中加速后具有一定动能的特点，将离子引向欲被溅射的靶电极。在离子能量合适的情况下，入射的离子将在与靶表面的原子的碰撞过程中使后者溅射出来。这些被溅射出来的原子带有一定的动能，并且会沿着一定的方向射向基材，从而实现在基材表面上的沉积。

溅射沉积和蒸发沉积在本质上是有区别的：蒸发沉积是由能量转换引起的，而溅射沉积是由动量转换引起的，所以溅射时溅射出的原子是有方向性的。利用这种现象来沉积物质制作薄膜的方法就是溅射沉积。在实际进行溅射时，多半是让被加速的正离子轰击作为蒸发源的阴极（靶子），再从阴极溅射出原子，所以也称为阴极溅射。

在溅射沉积过程中，离子的产生过程与等离子体的产生或气体的辉光放电过程密切相关。因此，首先需要对气体放电这一物理现象有所了解。

（1）辉光放电和溅射现象

在进行阴极放电时，常可观察到阴极附近的管壁上附有电极的金属层，这正是由溅射沉积引起的。

所谓辉光放电，就是当容器内的压强在 0.1~10Pa 时，在容器内装置的两电极加上电压而产生的放电。放电状态和放电时电极间的电位如图 5-4 所示。辉光放电就是正离子轰击阴极，从阴极发射出次级电子，此电子在克鲁克斯暗区被强电场加速后再冲撞气体原子，使其离子化后再被加速，然后再轰击阴极，这个过程反复进行。在这个过程中，当离子和电子相结合或是处在被激发状态下的气体原子重新恢复原态时都会发光。

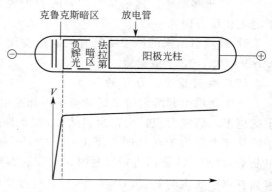

图 5-4　辉光放电状态和不同位置处的电位

溅射率 $v$ 是能说明溅射现象的一个基本特征量：溅射率 $v$ 是被溅射出来的原子数与入射离子数之比，它是衡量溅射过程效率的一个参数。入射离子的种类、能量大小对物质的溅射率有很大的影响，如图 5-5 所示。

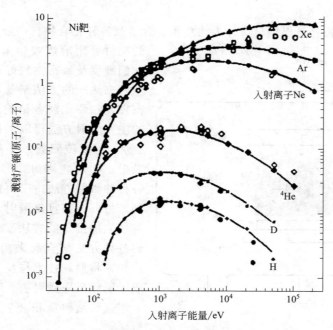

图 5-5　Ni 的溅射率与入射离子种类和能量之间的关系

以下的几个溅射现象的特点可以用溅射率 $v$ 来进行解释。

① 假如用某种离子在某固定的电压下轰击各种物质，那么就会发现 $v$ 随元素周期表族的变化而变化。反之，靶子种类一定，用不同种类的离子去轰击靶子，那么，$v$ 也随元素周期表的族的变化而做周期性的变化。

② 溅射率 $v$ 随入射离子的能量即加速电压 $V$ 的增加而单调增加。不过，$V$ 有临界值（一般是 10V）。在 10V 以下时，$v$ 为零。当电压非常高（＞10kV）时，由于入射离子会打

入靶内，$v$ 反而减小。

③ 对于单晶靶，$v$ 的大小随晶面的方向而变化。因此，被溅射的原子飞出的方向是不遵守余弦定律的，而是沿着晶体的最稠密面的方向。

④ 对于多晶靶，离子从斜的方向轰击表面时，$v$ 增大。由溅射飞出的原子方向多和离子的正相反方向相一致。

⑤ 被溅射出来的原子所具有的能量要比由真空蒸发飞出的原子所具有的能量（大约在 0.1eV）大 $1\sim2$ 个数量级。

（2）溅射原子、分子的形态

单体物质引起溅射时，通常离子的加速电压越高，被溅射出来的单原子就越少，复合粒子就越多。研究发现，当靶为多晶 Cu 时，加速 Ar 离子的电压越高，$Cu_2$ 就越多；当 Ar 离子的加速电压为 100eV 时，溅出粒子中 Cu 只有 5％ 左右。当把 Ar 离子加速到 12keV，对单晶 Cu(100) 的靶面进行溅射时，则除观察到有中性原子状态的 Cu、$Cu_2$ 出现外，还可观察到有离子状态的 $Cu_N^+$（$N=1\sim11$）的复合粒子。另外，当用 Ar 离子轰击 Al 时，可观察到 $Al_N$（$N=1\sim7$）的复合粒子。在用 Xe 离子轰击 Al 时，可观察到 $Al_N$（$N=1\sim18$）。通常把这种复合粒子称为群。

在溅射化合物时，这里以 Ar 离子轰击 GaAs 为例。这种情况下，溅射出来的原子与分子中有 99％ 是 Ga 或者 As 的中性单原子，剩下的才是中性 GaAs 分子。

（3）溅射沉积装置

溅射法使用的靶材可根据材质分为纯金属、合金及各种化合物。一般来讲，金属与合金的靶材可用冶炼或粉末冶金的方法制备，它们纯度及致密性较好；化合物靶材多采用粉末热压的方法制备，它们的纯度及致密性往往要比前者稍差。目前，溅射沉积的主要溅射方法可以根据其特征分为以下 4 种：①直流溅射；②射频溅射；③磁控溅射；④反应溅射。但是根据使用目的，各种的溅射方法内又可能有一些具体的差别。另外，在直流溅射方法中又可以结合各种施加偏压的方法。另外，还可以将上述各种方法结合起来构成某种新的方法，比如，将射频技术与反应溅射相结合就构成了射频反应溅射法。

直流溅射沉积装置的示意图如图 5-6 所示。

直流溅射又被称为阴极溅射或二极溅射。在直流溅射过程中，常用 Ar 作为工

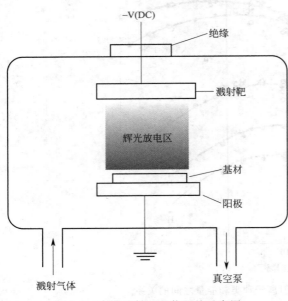

图 5-6　直流溅射沉积装置的示意图

作气体。工作气压是一个重要的参数，它对溅射速率以及薄膜的质量都具有很大的影响。相对较低的气压条件下，阴极鞘层厚度较大，原子的电离过程多发生在距离靶材很远的地方，因而离子运动至靶材处的几率较小。同时，低压下电子的自由程较长，电子在阳极上消失的几率较大，而离子在阳极上溅射的同时发射出二次电子的几率又由于气压较低而相对较小。这使得低压下的原子电离成为离子的几率很低，在低于 1Pa 的压力下甚至不易发生自发放

电。这些均导致低压条件下溅射速率很低。

随着气体压力的升高，电子的平均自由程减小，原子的电离概率增加，溅射电流增加，溅射速率提高。但当气体压力过高时，溅射出来的靶材原子在飞向衬底的过程中将会受到过多的散射，因而其沉积到基材上的概率反而下降。因此随着气压的变化，溅射沉积的速率会出现一个极值，如图5-7所示。一般来讲，沉积速度与溅射功率（或溅射电流的平方）成正比，与靶材和衬底之间的间距成反比。

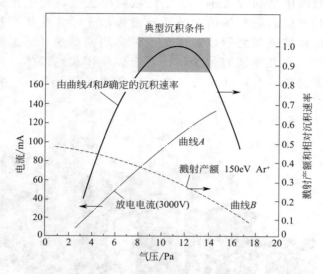

图 5-7　溅射沉积速率与工作气压间的关系

溅射气压较低时，入射到衬底表面的原子没有经过很多次碰撞，因而能量较高，这有利于提高沉积时原子的扩散能力，提高沉积组织的致密程度。溅射气压的提高使得入射的原子能量降低，不利于薄膜组织的致密化。

因此，和真空蒸发沉积相比，溅射沉积具有以下特点。

a. 对于任何待沉积材料，只要能做成靶材，就可以实现溅射；

b. 溅射所获得的薄膜与基材结合力较强；

c. 溅射所获得的薄膜纯度高，致密性好；

d. 溅射工艺可重复性好，膜厚度可控制，同时可以在大面积基材上获得厚度均匀的薄膜。

但溅射沉积也存在一些不足，如相对真空蒸发沉积，它的沉积速率较低，基材会受到等离子体的辐照等基材温度而升高，影响沉积层的质量。

磁控溅射又称为高速、低温的溅射技术。它在本质上是按磁控模式运行的二极溅射。在磁控溅射中不是依靠外加的电源来提高放电中的电离率，而是利用了溅射产生的二次电子本身的作用。直流二极溅射中产生的二次电子有两个作用：一是碰撞放电气体的原子，产生为维持放电所必需的电离率，二是到达阳极（通常基材是放在阳极上）时撞击基材引起基材的发热。通常希望前一个作用越大越好（事实上却很小），而后一个作用越小越好（事实上却很大，位基片可升温至约350~400℃）。在磁控溅射装置中，增设了和电场正交的磁场。二次电子在这正交的电场和磁场的共同作用下，不再是做单纯的直线运动，而是按特定的轨迹做复杂的运动。这样二次电子到达阳极的路程大大地增加了，碰撞气体并使气体电离的几率也就增加了，因此二次电子的第一个作用也就大大地提高了，二次电子在经过多次碰撞之后本身的能量已基本耗尽。对基材的撞击作用也就明显地减少了。此外，在磁控溅射装置中的阳极置于磁控靶的周围，基材并不放于阳极上，而是在靶对面处于悬浮电位的基片架上，所以二次电子主要是落在阳极上而并不轰击在基材上。这样，二次电子的第二个作用在磁控溅射中是大大地削弱了。可见，在直流二极溅射中的二次电子的作用总是利小害大，但在磁控溅射中的二次电子的作用是利大害小。在磁控溅射中正是利用了正交的磁场和电场的作用，使二次电子对溅射的有利作用充分地被发挥出来，并使其对基材升温的不利影响尽量减小。这就是磁控溅射之所以能成为一种实用的高速、低温溅射源的原因。利用磁控溅射技术可以沉积几乎所有的金属、合金、导体和绝缘体，并且可以在低熔点的金属和塑料上面沉积膜，而且沉积的速度可以高达 $0.5\mu m/min$。常见的磁控溅射镀膜机如图 5-8 所示。

图 5-8　磁控溅射镀膜机

　　磁控溅射源可以按照其磁场形成方式或是按照其结构形式来分类。按磁场形成的方式可以分为电磁型溅射源和永磁型溅射源。永磁型溅射源的构造简单、造价便宜，磁场分布可以调节，磁场均匀区可以做得较大。但它的缺点是磁场较弱，而且磁场大小无法变化。由于不管什么时候靶材总有磁场存在，所以较容易使铁磁性杂质或碎片吸在靶材表面，从而形成"磁性污染"。一般工业用的设备大都是采用永磁型溅射源。如果要求在溅射过程中经常调整磁场的大小以及靶材需要铁磁材料来制造时，就应当考虑采用电磁型溅射源。磁控溅射按照结构形式来分类时可分为：实心柱状磁控靶、空心柱状磁控靶、溅射枪、S枪、平面磁控溅射靶等。通常应用较多的是柱状磁控溅射靶和平面磁控溅射靶。目前柱状磁控溅射靶的直径已达 3.5m，平面磁控溅射靶的长度达 8m。高功率、大面积磁控溅射靶的出现，为工业化生产中的应用开辟了广泛的道路。

　　如果在产生溅射材料的同时还通入反应气体就是反应溅射。反应溅射有两种形式：一是采用化合物的靶。在溅射时由于离子轰击的作用，使靶材化合物分解。例如在使用单纯氩作为溅射气体后，则产生的膜的化学配比将会失真。为了弥补分解组分的损失，可在氩气中添加一定数量的反应气体来生成化合物，从而保证膜的成分的不变；二是采用纯金属、合金或混合物来做靶材，在由惰性气体和反应气体组成的混合溅射的气氛中，通过溅射及化学反应得到化合物的膜。这两种形式的主要区别在于沉积速率和反应气体气压不同。可以用于反应溅射的反应气体有：空气、$O_2$ 或 $H_2O$、$N_2$ 或 $NH_3$、$H_2S$、As 等。其中有些气体有毒，在使用中一定要注意安全问题。

### 5.1.5　离子镀

　　离子镀由于具有与基材附着力大、速度大等优点，受到西方发达国家的高度重视，在日本得到广泛使用。这种方法是马托克斯在 1963 年首先提出的。后来美国国家航空和航天管理局（NASA）用它做成了人造卫星等用的金属润滑膜而被实用化。从用途上看，由于用离子镀附着强度大、速度快、绕射着膜多、没有公害等，人们一直盼望着它能成为代替电解电镀的无公害电镀法。在一般电镀和印刷电路的制造方面，正在对它进行实用化的研究。

　　离子镀技术是结合蒸发与溅射两种薄膜沉积技术而发展的一种物理气相沉积方法。如图 5-9 的示意图所示，这种方法使用蒸发方法提供沉积用的物质源，同时在沉积前和沉积中采用高能量的离子束对薄膜进行溅射处理。正是由于在这一技术中同时采用了蒸发和溅射两种手段，因而在装置的设计上需要将提供溅射功能的等离子体部分与产生物质蒸发的热蒸发部分分隔开来。

　　在沉积开始之前，先在 $2 \sim 5kV$ 的负偏压下对衬底进行离子轰击，其作用是对基材表面进行清理，清除其表面的污染物。紧接着，在不间断离子轰击的情况下开始蒸发沉积过程，但要保证离子轰击产生的溅射速度低于蒸发造成的沉积速度。在沉积层初步形成之后，溅射可以持续下去，但也可以停止离子的轰击和溅射。

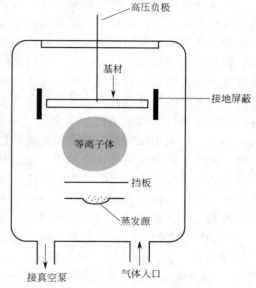

图 5-9　离子镀装置示意图

　　离子镀的主要优点在于它所制备的薄膜与基材之间具有良好的附着力，并且薄膜结构致密。这是因为，在蒸发沉积之前以及沉积的同时采用离子轰击衬底和薄膜表面的方法，可以在薄膜与衬底之间形成粗糙洁净的界面，并形成均匀致密的薄膜结构和抑制柱状晶生长，其中前者可以提高薄膜与衬底间的附着力，而后者可以提高薄膜的致密性，细化薄膜微观组织。离子镀的另一个优点是它可以提高薄膜对于复杂外形表面的覆盖能力。这是因为，与纯粹的蒸发沉积相比，在离子镀过程中，原子将从与离子的碰撞中获得一定的能量，同时加上离子本身的轰击等，这些均造成原子在沉积到基材表面时具有更高的动能和迁移能力。

　　在薄膜的应用中，经常需要沉积一层比较厚的、符合化学配比的化合物。为了沉积化合物，用一般的 PVD 方法有许多困难，而用反应性离子镀就很容易实现。反应性离子镀的本质是在一般的离子镀过程中引入化学过程，即在蒸发金属的同时通入能与金属发生化学反应的气体，在加入各种等离子体的活化方式后，使其能在较低的温度下发生化学反应形成化合物的沉积层。采用反应性离子镀沉积化合物膜，不但沉积温度低、能够得到符合化学配比的化合物沉积层，而且沉积的速度也快（约 $1\mu m/min$）。

按照放电方式的不同，反应性离子镀可以分为狭义反应性离子镀、高频反应性离子镀、活性反应性离子镀、低压离子体镀、反应性空心阴极离子镀等。各种反应离子镀的特点见表5-4。

表 5-4　各种反应性离子镀的特点

| 种类 | 放电方式 | 施加的电压 | 特点 |
| --- | --- | --- | --- |
| 狭义反应性离子镀 | 基材直接加负高压 | 数百伏至数千伏 | 温度控制困难,可大型化 |
| 高频反应性离子镀 | 高频电场 | 高频电压 | 离化率高,控温和大型化困难 |
| 活性反应性离子镀 | 探极加正电位 | 数十伏 | 控温容易,可大型化 |
| 低压离子体镀 | 基材上直接加交流或直流正电位 | 数十伏 | 控温容易,可大型化 |
| 反应性空心阴极离子镀 | 空心阴极电子枪 | 零至数十伏 | 离化率高 |

狭义的反应性离子镀和高频反应性离子镀都是直接在基材上施加负高压，通过高能离子轰击来提高结合力，但是沉积层表面容易变粗糙。而且温度控制也困难。应用活性反应性离子镀和低压等离子蒸镀法时，为了避免因离子轰击而难以控温的缺点，故在基材上不加负高压，而是利用加热器加热基材来达到提高附着力的目的，省掉了易出故障的高压电缆。活性反应性离子镀中装有探测极来吸引蒸发源附近的电子以便促进离子化。低压离子体镀是活性反应性离子镀的一种改进方法，它是将直流正电位或交流电压（数十伏）直接加在基材上，这样可使工件接受低强度的离子轰击，溅射掉结合不牢的粒子，增加了膜层和基底的结合力，而且不再采用探测极，从而使装置简化。另一种先进的离子镀法是反应性空心阴极离子镀法。该法利用空心阴极放电原理，以低电压、大电流产生的电子束流打到坩埚的蒸镀材料上进行加热蒸发。和传统的使用负高压、低电流的 e 型电子枪相比，空心阴极电子枪的性能更趋于稳定。另外，密集于坩埚上方的电子束能更有效地对蒸出来的镀膜材料蒸气进行电离，因此，沉积速率和成膜的质量都大大地提高。

离子镀主要的应用领域是制备钢及其他金属材料的硬质涂层，比如各种工具耐磨涂层中广泛使用的 TiN、CrN 等。在制备这些涂层的反应离子镀（RIP）中，电子束蒸发形成的 Ti、Cr 原子束在 $Ar-N_2$ 等离子体的轰击下反应形成 TiN 或 CrN 涂层。这一技术被广泛用来制备氮化物、氧化物以及碳化物涂层。

## 5.1.6　外延沉积（生长）离子镀

外延生长是在单晶基材上生长一层有一定要求的、与衬底晶向相同的单晶层的方法。外延生长技术发展于 20 世纪 50 年代末 60 年代初，为了制造高频大功率器件，需要减小集电极串联电阻。生长外延层有多种方法，但采用最多的是气相外延工艺，常使用高频感应炉加热，衬底置于包有碳化硅、玻璃态石墨或热分解石墨的高纯石墨加热体上，然后放进石英反应器中。也可采用红外辐照加热。为了克服外延工艺中的某些缺点，外延生长工艺已有很多新的进展：减压外延、低温外延、选择外延、抑制外延和分子束外延等。外延生长可分为多种，按照衬底和外延层的化学成分不同，可分为同质外延和异质外延；按照反应机理可分为利用化学反应的外延生长和利用物理反应的外延生长；按生长过程中的相变方式可分为气相外延、液相外延和固相外延等。

（1）分子束外延法

分子束外延（Molecular Beam Epitaxy，简称 MBE）是一种物理沉积单晶薄膜方法，是一种新的晶体生长技术。其方法是将半导体衬底放置在超高真空腔体中，和将需要生长的单晶物质按元素的不同分别放在喷射炉中（也在腔体内），源材料通过高温蒸发、辉光放电离子化、气体裂解、电子束加热蒸发等方法，产生分子束流。入射分子束与衬底交换能量后，经表面吸附、迁移、成核、生长成膜，在基材上生长出极薄的（可薄至单原子层水平）单晶体和几种物质交替的超晶格结构。分子束外延主要研究的是不同结构或不同材料的晶体和超晶格的生长。该法生长温度低，能严格控制外延层的层厚组分和掺杂浓度，但系统复杂，生长速度慢，生长面积也受到一定限制。生长系统配有多种监控设备，可对生长过程中基材温度、生长速度、膜厚等进行瞬时测量分析。对表面凹凸、起伏、原子覆盖度、黏附系数、蒸发系数及表面扩散距离等生长细节进行精确监控。由于 MBE 的生长环境洁净、温度低、具有精确的原位实时监测系统、晶体完整性好、组分与厚度均匀准确，是良好的光电薄膜、半导体薄膜的生长工具。分子束外延结构示意图如图 5-10 所示。

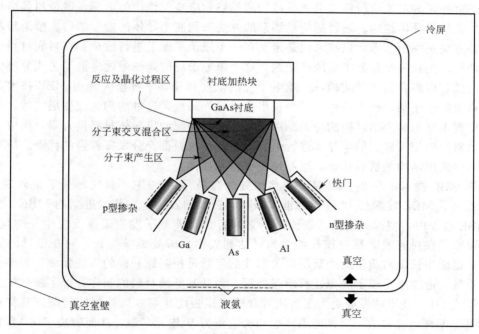

图 5-10　分子束外延结构示意图

分子束外延是用真空蒸发技术制备半导体薄膜材料发展而来的。随着超高真空技术的发展而日趋完善，由于分子束外延技术的发展开拓了一系列崭新的超晶格器件，扩展了半导体科学的新领域，进一步说明了半导体材料的发展对半导体物理和半导体器件的影响。分子束外延的优点就是能够制备超薄层的半导体材料；外延材料表面形貌好，而且面积较大，均匀性较好；可以制成不同掺杂剂或不同成分的多层结构；外延生长的温度较低，有利于提高外延层的纯度和完整性；利用各种元素的黏附系数的差别，可制成化学配比较好的化合物半导体薄膜。

分子束外延作为已经成熟的技术早已应用到了微波器件和光电器件的制作中。但由于分子束外延设备昂贵而且真空度要求很高，所以要获得超高真空以及避免蒸发器中的杂质污染，需要大量的液氮，因而提高了日常维护的费用。

MBE 能对半导体异质结进行选择掺杂，大大扩展了掺杂半导体所能达到的性能和现象的范围。调制掺杂技术使结构设计更灵活。但同样对控制平滑度、稳定性和纯度有关的晶体生长参数提出了严格的要求，如何控制晶体生长参数是应解决的技术问题之一。

MBE 技术自问世以来有了较大的发展，但在生长Ⅲ-Ⅴ族化合物超薄层时，常规 MBE 技术存在两个问题：①生长异质结时，由于大量的原子台阶，其界面呈原子级粗糙，因而导致器件的性能恶化；②由于生长温度高而不能形成边缘陡峭的杂质分布，导致杂质原子的再分布（尤其是 p 型杂质）。其关键性的问题是控制镓和砷的束流强度，否则都会影响表面的质量。这也是技术难点之一。

MBE 基本上是真空沉积的一种复杂变种，其复杂程度取决于各个研究工作想要达到的目标。因为是真空沉积，MBE 的生长主要由分子束和晶体表面的反应动力学所控制，它同液相外延（LPE）和化学气相沉积（CVD）等其他技术不同，后两者是在接近于热力学平衡条件下进行的。而 MBE 是在超高真空环境中进行的，如果配备必需的仪器，就能用许多测试技术对外延生长做在位或原位质量评估。

分子束外延的重要阶段性成果就是掺杂超晶格和应变层结构的出现。掺杂超晶格是一种周期性掺杂的半导体结构。通过周期性掺杂的方法来调制半导体的能带结构。掺杂超晶格的有效制备方法是掺杂技术，该技术就是定义在一个原子平面上进行掺杂。在衬底材料生长停止的条件下，生长一个单原子层的掺杂剂，这个单原子层的杂质通过高温工艺或分凝便形成一个掺杂区，因而界面非常陡峭，二维电子气的浓度和迁移率都增大。用 MBE 技术，在外延层晶格失配小于某一临界条件下，生长出高质量外延层，这种结构为应变层结构。应变层结构的出现丰富了异质结结构的种类。因为晶格常数匹配的半导体材料很有限，而应变层结构可使晶格常数相关较大的半导体进行组合，使两种材料都充分发挥各自的优点。应变层结构具有晶格匹配结构的所有优点，可制作量子霍尔器件。

随着 MBE 技术的发展，出现了迁移增强外延技术（MEE）和气源分子束外延（GS-MEE）技术。MEE 技术自 1986 年问世以来有了较大的发展。它是改进型的 MBE。在砷化镓的 MBE 过程中，使镓原子到达表面后不立即直接与砷原子发生表面反应生长砷化镓层，而是使镓原子在衬底表面具有较长的距离，达到表面台阶处成核生长。它在很低的温度下（200℃）也能生长出高质量的外延层，关键性的问题是控制镓和砷的束流强度，否则会影响表面的质量。近年来出现了气源迁移增强外延，为硅基低维材料的制作开辟了新的工艺研究方向。气源 MBE 技术的发展是为了解决砷和磷束流强度比率难以控制的问题。其特点是继续采用固态Ⅳ族元素和杂质源，再用砷烷和磷烷作为Ⅴ族元素源，从而解决了用 MBE 方法生长 InP 系的主要困难。

MBE 作为一种高级真空蒸发形式，因其在材料化学组分和生长速率控制等方面的优越性，非常适合于各种化合物半导体及其合金材料的同质结和异质结外延生长，并在技术半导体场效应晶体管（MESFET）、高电子迁移率晶体管（HEMT）、异质结构场效应晶体管（HFET）、异质结双极晶体管（HBT）等微波、毫米波器件及电路和光电器件制备中发挥了重要作用。近年来，随着器件性能要求的不断提高，器件设计正向尺寸微型化、结构新颖化、空间低维化、能量量子化方向发展。MBE 作为不可缺少的工艺和手段，正在二维电子气（2DEG）、多量子阱（QW）和量子线、量子点等到新型结构研究中建立奇功。MBE 的未来发展趋势就是进一步发展和完善 MEE 和 GS-MEE。

目前世界上有许多国家和地区都在研究 MBE 技术，包括美国、日本、英国、法国、德国和我国台湾。具体的研究机构有日本的东京工学院电学与电子工程系，日本东京大学，日本理化研究所半导体实验室，日本日立公司，日本 NTT 光电实验室，美国佛罗里达大学材料科学与工程系，美国休斯敦大学真空外延中心，英国利物浦大学材料科学与工程系，英国牛津大学物理和理化实验室，牛津大学无机化学实验室，德国薄膜和离子技术研究所，德国 University of Ulm 的半导体物理实验室，德国西门子公司，法国的 Thomson CSF 公司，台湾大学电子工程系等。

在超薄层材料外延生长技术方面，MBE 的问世，使原子、分子数量级厚度的外延生长得以实现，开拓了能带工程这一新的半导体领域。半导体材料科学的发展对于半导体物理学和信息科学起着积极的推动作用。它是微电子技术、光电子技术、超导电子技术及真空电子技术的基础。历史地看，外延技术的进展和用它制成所要求的结构在现代半导体器件的发展中起了不可缺少的作用。MBE 的出现，无疑激发了科学家和工程师们的想象力，给他们提供了挑战性的机会。分子束外延技术的发展，推动了以 GaAs 为主的 III-V 族半导体及其他多元多层异质材料的生长，大大地促进了新型微电子技术领域的发展，造就了 GaAs、GeSi 异质晶体管及其集成电路以及各种超晶格新型器件。特别是 GaAs IC（以 MESFET、HEMT、HBT 以及以这些器件为主设计和制作的集成电路）和红外及其他光电器件，在军事应用中有着极其重要的意义。GaAs MIMIC（微波毫米波单片电路）和 GaAs VHSIC（超高速集成电路）将在新型相控阵雷达、阵列化电子战设备、灵巧武器和超高速信号处理、军用计算机等方面起着重要的作用。

20 世纪 90 年代中美国有 50 种以上整机系统使用 MIMIC。所谓整机系统包括灵巧武器、雷达、电子战和通信领域。在雷达方面，包括 S、C、X、Ku 波段用有源发射/接收（T/R）组件设计制作的相控阵雷达；在电子战方面，Raytheon 公司正在大力发展超宽带砷化镓 MIMIC 的 T/R 组件和有源诱饵 MIMIC；在灵巧武器方面，美国 MIMIC 计划的第一阶段已有 8 种灵巧武器使用了该电路，并在海湾战争中得到了应用；在通信方面，主要是国防通信卫星系统（DSCS）、全球（卫星）定位系统（GPS）、短波超高频通信的小型倾向毫米波保密通信等。

光电器件在军事上的应用，已成为提高各类武器和通信指挥控制系统的关键技术之一，对提高系统的生存能力也有着特别重要的作用。主要包括激光器、光电探测器、光纤传感器、电荷耦合器件（CCD）摄像系统和平板显示系统等。它们被广泛地应用于雷达、定向武器、制导寻的器、红外夜视探测、通信、机载舰载车载的显示系统以及导弹火控、雷达声纳系统等。而上述光电器件的关键技术与微电子、微波毫米波器件的共同之处是分子束外延、金属有机化合物气相沉积等先进的超薄层材料生长技术。行家认为未来半导体光电子学的重要突破口将是对超晶格、量子阱（点、线）结构材料及器件的研究，其发展潜力无可估量。未来战争是以军事电子为主导的高科技战争，其标志就是军事装备的电子化、智能化。而其核心是微电子化。以微电子为核心的关键电子元器件是一个高科技基础技术群，而器件和电路的发展一定要依赖于超薄层材料生长技术如分子束外延技术的进步。

分子束外延生长具有以下一些特点：①生长速率极慢，大约 $1\mu m/h$，相当于每秒生长一个单原子层，因此有利于实现精确控制厚度、结构与成分和形成陡峭的异质结构等。实际上是一种原子级的加工技术，因此 MBE 特别适于生长超晶格材料。②外延生长的温度低，因此降低了界面上热膨胀引入的晶格失配效应和衬底杂质对外延层的自掺杂扩散影响。③由于生长是在超高真空中进行的，衬底表面经过处理可成为完全清洁的，在外延过程中可避免沾污，因而能生长出质量极好的外延层。在分子束外延装置中，一般还附有用以检测表面结构、成分和真空残余气体的仪器，可以随时监控外延层的成分和结构的完整性，有利于科学研究④MBE 是一个动力学过程，即将入射的中性粒子（原子或分子）一个一个地堆积在衬底上进行生长，而不是一个热力学过程，所以它可以生长按照普通热平衡生长方法难以生长的薄膜。⑤MBE 是一个超高真空的物理沉积过程，既不需要考虑中间化学反应，又不受质量传输的影响，并且利用快门可以对生长和中断进行瞬时控制。因此，膜的组分和掺杂浓度可随源的变化而迅速调整。

（2）液相外延

液相外延是由溶液中析出固相物质并沉积在衬底上生成单晶薄层的方法。液相外延由尼尔松于 1963 年发明，成为化合物半导体单晶薄层的主要生长方法，被广泛地用于电子器件的生产上。薄层材料和衬底材料相同的称为同质外延，反之称为异质外延。液相外延可分为倾斜法、垂直法和滑舟法三种，其中倾斜法是在生长开始前，使石英管内的石英容器向某一方向倾斜，并将溶液和衬底分别放在容器内的两端；垂直法是在生长开始前，将溶液放在石墨坩埚中，而将衬底放在位于溶液上方的衬底架上；滑舟法是指外延生长过程在具有多个溶液槽的滑动石墨舟内进行。在外延生长过程中，可以通过四种方法进行溶液冷却：平衡法、突冷法、过冷法和两相法。

## 5.2 化学气相沉积技术

化学气相沉积（CVD）是在一定的真空度和温度下，将几种含有构成沉积膜层的材料元素的单质或化合物反应源气体，通过化学反应而生成固态物质并沉积在基材上的成膜方法。通过控制反应温度、反应源气体组成、浓度、压力等参数，就能方便地控制沉积层的组织结构和成分，改变其力学性能和化学性能，满足不同条件下对工件使用性能的要求。与 PVD 时的情况不同，CVD 过程多是在相对较高的压力环境下进行的，因为较高的压力有助于提高薄膜的沉积速率。此时，气体的流动状态已处于黏滞流状态。气相分子的运动路径不再是直线，而它在基材上的沉积几率也不再等于 100%，而是取决于气压、温度、气体组成、气体激发状态、薄膜表面状态等多个复杂因素的组合。这一特性决定了 CVD 薄膜可以被均匀地涂覆在复杂零件的表面上，而较少受到阴影效应的限制。CVD 方法和 PVD 方法的主要区别如表 5-5 所示。

表 5-5　CVD 方法和 PVD 方法的主要区别

| 项目 | PVD 方法 | CVD 方法 |
|---|---|---|
| 物质源 | 生成物的蒸气 | 含有生成物组分的化合物蒸气 |
| 激发方式 | 蒸发热的消耗 | 激发能的供给 |
| 形成温度 | 250～2200℃（蒸发源）<br>25℃～适当的温度（基材） | 150～2000℃（基材） |
| 生长速率 | 25～240μm/h | 25～1500μm/h |
| 形成效率 | 小 | 中 |
| 可能制备的薄膜材料 | 所有固体(Ta、W 比较困难)、卤化物、热稳定的化合物 | 除了碱金属以及碱土金属以外的所有金属（Ag、Au 困难）、氮化物、碳化物、氧化物、金属间化合物、合金硒化物等 |
| 用途 | 表面保护膜、光学薄膜、电子器件用膜等 | 装饰膜、表面保护膜、光学膜、功能薄膜等 |

利用 CVD 技术，可以制备的薄膜种类范围很广，包括固体电子器件所需的各种功能薄膜、轴承和工具的耐磨涂层、发动机或核反应堆部件的高温防护涂层等。特别是在高质量的半导体晶体外延技术以及各种介电薄膜的制备中，大量使用了化学气相沉积技术。同时，这些实际应用又极大地促进了化学气相沉积技术的发展。比如，在太阳能电池应用领域，应用化学气相沉积技术制备的薄膜材料就包括多晶 Si、非晶 Si、纳米金刚石膜等多种不同的材料。

广泛采用化学气相沉积技术的原因，除了它可以用于各种高纯晶态、非晶态的金属、半导体、化合物薄膜的制备之外，还包括它可以有效地控制薄膜的化学成分、高的生产效率和低的设备及运行成本以及与其他相关工艺都具有较好的相容性等特点。

可见，化学气相沉积技术可以制备各种碳化物、硼化物、金刚石、金属、合金和金属化合物层等，在新材料、电子、光学、机械、能源、航空航天等工业中广泛应用，发挥着巨大作用。

化学气相沉积的过程可以在常压下进行，也可以在低压下进行。由于低压下气态反应物质的扩散速度比常压下大，这对于反应物质与基材的扩散、吸附、反应和膜层的生长均匀性都能起到很好的作用，使沉积层的质量有明显的改善。CVD 法制备薄膜的过程，可以分为以下五个主要过程。

① 反应气体的热解；

② 反应气体向基材表面扩散；

③ 反应气体吸附于基材的表面；

④ 在基材表面上发生化学反应；

⑤ 在基材表面上产生的气相副产物脱离表面而扩散掉或被真空泵抽掉，在基材表面沉积出固体反应产物薄膜，常见的 CVD 装置如图 5-11。

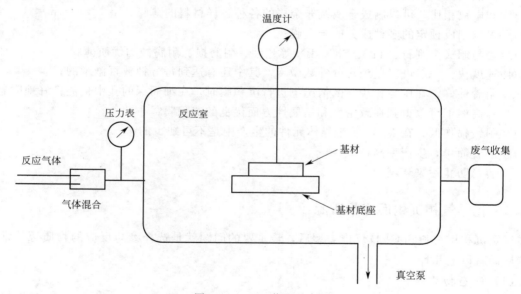

图 5-11　CVD 装置示意图

CVD 工艺中的材料源，通常是采用挥发性的化合物，由气体携带入高温的反应区，通过化学反应在工件表面生成薄膜。由于不少 CVD 工艺的副产品都是腐蚀性的和有毒的，所以必须有废气的收集和处理装置。

由于制取沉积层材料的不同及使用领域的不同，在 CVD 技术中会采用不同的化学反应类型。在实际应用中，最常见的 CVD 反应方式有以下几种。

① 热分解反应；

② 金属还原反应；

③ 化学输运反应；

④ 氧化或加水分解反应；

⑤ 等离子体激发反应等反应；

⑥ 金属有机物化学气相沉积。

反应的若干例子用反应式表示如下。

生成 Si 的热分解反应：$SiH_4 \longrightarrow Si + 2H_2$（反应温度：700～1100℃）

生成 Si 的还原反应：$SiCl_4 + 2H_2 \longrightarrow Si + 4HCl$（反应温度：1200℃）

生成 $SiO_2$ 的氧化反应：$SiH_4 + O_2 \longrightarrow SiO_2 + 2H_2$（反应温度：400℃）

生成 Cr 的置换反应：$CrCl_2 + Fe \longrightarrow Cr + FeCl_2$

生成 GaAs 的金属有机物化学气相沉积：$Ga(CH_3)_3 + AsH_3 \longrightarrow GaAs + 3CH_4$（通入 $H_2$）

## 5.2.1 化学气相沉积技术的特征

化学气相沉积（CVD）法，简言之，就是利用高温条件下的化学反应来生成薄膜。高温是 CVD 法的一个重要特点。首先可以说，由于高温使其用途受到了限制。除特别的材料之外，不超过数百度的温度就不能发生反应。因此在要求采用如 PVD 法那样低温的场合就无法使用。现在采用 CVD 法进行塑料表面涂覆层的沉积加工还无法完成。不过，在 PVD 法中也是同样，在高温下一般来说可以制备性能良好的薄膜。

CVD 法的主要特点如下。

① 和电镀相比，可以制成金属及非金属的各种各样材料的薄膜；

② 可以制成预定的多种成分的合金膜；

③ 容易制成金刚石、TiC、SiC、BN 等超硬、耐磨损、耐腐蚀的优质薄膜；

④ 速度快，一般可以达到每分钟数微米，其中还有达到每分钟数百微米的；

⑤ 附着性好，在压强比较高的情况下进行沉积膜时，在细而深的孔中也能良好地附着；

⑥ 在高温下可以得到在致密性和延展性方面优良的沉积膜；

⑦ 射线损伤低，在 MOS 等半导体元件的生产中是不可缺少的；

⑧ 装置简单，生产率高；

⑨ 容易防止污染环境。

## 5.2.2 化学气相沉积反应物质源

确定沉积层材料和 CVD 反应类型后，最重要的问题就是选择参与反应的物质源，常用的物质源有以下几种。

（1）气态物质源

气态物质源是指在室温下呈气态的物质，如 $H_2$、$CH_4$、$O_2$、$SiH_4$ 等。这种物质源对 CVD 工艺技术最为方便，因为它只用流量计就能控制反应气体流量，而不需要控制温度，这就使沉积层设备系统大为简化，对获得高质量沉积层成分和组织非常有利。

（2）液态物质源

在室温下呈液态的反应物质称液态物质源，这类物质源液分两种，一种是该液态物质的蒸气压即使在相当高的温度下也很低，必须加入另一种物质与它反应，生成气态物质送入沉积室，参与沉积反应，而另一种液态物质源在室温下或稍高一点的温度下，就能得到较高的蒸气压，满足沉积工艺技术的要求，这种液态物质源很多，如 $TiCl_4$、$CH_3CN$、$SiCl_4$、$BCl_3$ 等。控制液态物质源进入沉积室的量，一般采用控制载气和加热温度，当载气（$CH_4$、Ar 等）通过被加热的物质源时，就会携带一定数量这种物质的饱和蒸气。

载气携带物质的量，可由该液体在不同温度下的饱和蒸气压数据或蒸气压随温度变化的曲线，定量地估算出单位时间内进入反应室的蒸气量 $n$。要想准确地控制物质源蒸气量，达到反应气体分压的要求，就必须严格地控制工作载气流量和加热温度。但在实际应用时，还应该注意以下两个问题。一是一些文献中给出的物质蒸气压数值的测定条件和实际使用条件通常是不一样的，如不根据具体条件使用这些数据会造成较大的误差，另一方面是盛装液体物质源容器的大小和形状，也会影响携带蒸气量的多少。所以，为了精确控制反应物质流量，应该按具体条件试验测定出不同温度和不同载气流下，每种液态物质源的蒸气量，确保沉积工艺的要求。

（3）固态物质源

固态物质源，如 $AlCl_3$、$NbCl_5$、$TaCl_4$ 等。它们在较高温度下（大约在 $10^2℃$ 数量级），才能升华出需要的蒸气量，可用载气带入沉积室中，因为固体物质源的蒸气压在随温度变化时，一般都很灵敏，因此，对加热温度和载气量的控制精度更加严格，这对沉积层设备、制造提出了更高的要求。

### 5.2.3　化学气相沉积层质量影响因素

（1）沉积温度

沉积温度是影响沉积层质量的重要因素，而每种沉积层材料都有自己最佳的沉积温度范围，一般来说，温度越高，CVD 化学反应速率加快，气体分子或原子在基材表面吸附和扩散作用加强，故沉积速率也越快，此沉积层致密性好，结晶完美，但过高的沉积温度，也会造成晶粒粗大的现象。当然沉积温度过低，会使反应不完全，产生不稳定结构和中间产物，沉积层和基材表面的结合强度大幅下降。

（2）反应气体分压（气体配比）

反应气体分压是决定沉积层质量好坏的重要影响因素之一，它直接影响沉积层形核，生长、沉积速率、组织结构和成分等。对于沉积碳化物、氮化物沉积层等时，通入金属卤化物的量（如 $TiCl_4$）应适当高于化学当量计算值，这对获得高质量的沉积层是很重要的。

（3）沉积室压力

沉积室压力与化学反应过程密切相关，压力会影响沉积室内热量，质量及动量传输，因此影响沉积速率、沉积层质量和沉积层厚度的均匀性。在常压水平反应室内，气体流动状态可认为是层流；而在负压立式反应室内，由于气体扩散增强，反应生成废气能尽快排出，可获得组织致密、质量好的沉积层，更适合大规模工业化生产。

### 5.2.4　化学气相沉积装置

化学气相沉积装置有多种，有实验室用的、还有工业生产用的。但是各种类型的 CVD 装置的基本结构和原理都是一样的。选用 CVD 装置主要应当考虑如下几点：反应室的形状和结构；加热方法和加热温度；气体供应方式；基材材质和形状；气密性和真空度；原料气体种类；产量等。

CVD 装置是由反应室、气体流量控制系统、蒸发容器、排气系统和排气处理系统组成的。CVD 装置的加热方式有电加热、高频诱导加热、红外辐射加热和激光加热等。根据装置结构和实验目的，可适当选择加热方法。在 CVD 方法中一般来说只加热基材，使反应只在基材表面进行。

考虑反应室结构的主要目的是为了制备均匀薄膜。CVD 反应是在基板表面上的反应，因此在制备薄膜过程中，应当抑制在气相中的反应，向基材表面供应足够的反应气体，而且同时迅速抽掉反应生成物气体。

反应室结构一般采用水平型、垂直型和圆筒型。水平型反应室 CVD 装置产量高。但是膜的均匀性较差；垂直型反应室 CVD 装置采用基材的转动系统，可以得到均匀薄膜，但是产量低。为了解决上述问题，可采用圆筒型反应室 CVD 装置。近年来，随着计算机技术和控制技术在化学气相沉积领域的应用，极大地提高了自动化生产水平。如已开发出了传动带式 CVD 装置。表 5-6 给出了各种结构的 CVD 装置。

表 5-6　不同结构的 CVD 装置

| 结构 | 加热方法 | 温度范围/℃ |
| --- | --- | --- |
| 水平型 | 加热板方式、红外辐射加热、诱导加热 | 约 500<br>约 1200 |
| 垂直型 | 加热板方式、诱导加热 | 约 1200 |
| 圆筒型 | 红外辐射加热、诱导加热 | 约 1200 |
| 连续型 | 加热板方式、红外辐射加热 | 约 500 |
| 管状炉型 | 电阻加热 | 约 1000 |

CVD 反应气体包括原料气体、氧化剂、还原剂等。原料气体由气体、液体或者固体物质供应。在液体的情况下，先把液体装在蒸发容器中，保持一定的温度使其蒸发。在固体的情况下，把它放在蒸发容器中加热，通过蒸发或者升华使其蒸气进入反应室。气体流量可用浮标流量计或质量流量计控制。

薄膜制备时有两个最重要的物理量。一个是气相反应物的过饱和度，另一个就是沉积温度。两者结合起来，决定了薄膜沉积过程中的形核率、沉积速率和薄膜的微观结构。通过调整上述两个参数，获得的沉积产物可以是单晶或多晶状态的，也可以是非晶状态的。

要想得到结构完整的单晶薄膜，两个重要的条件就是气相的过饱和度要低、沉积的温度要高，相反的条件则促进多晶甚至非晶薄膜的生成。因而在强调薄膜晶体质量的情况下，多采用高温的 CVD 系统，而在强调材料的低温制备条件的场合，多使用低温的 CVD 系统。

各种薄膜的制备温度一般不同。CVD 装置的基材温度分为低温、中温和高温三个区域。表 5-7 给出了用 CVD 方法制备薄膜时基材温度范围的三个区域。

表 5-7　CVD 方法制备薄膜时基材的三个温度区域

| 生长温度区 | | 反应系 | 薄膜 | 应用实例 |
| --- | --- | --- | --- | --- |
| 低温生长 | 室温~200℃ | 紫外线激发 CVD、臭氧氧化法 | $SiO_2$、$Si_3N_4$ | 钝化膜 |
| | 约 400℃ | 等离子体激发 CVD | $SiO_2$、$Si_3N_4$ | |
| | 约 500℃ | $SiH_4$-$O_2$、$SiO_2$ | $SiO_2$ | |
| 中温生长 | 约 800℃ | $SiH_4$-$NH_3$ | $Si_3N_4$ | 钝化膜<br>电极材料 |
| | | $SiH_4$-$CO_2$、$H_2$ | $SiO_2$ | |
| | | $SiCl_4$、$CO_2$-$H_2$ | $SiO_2$ | |
| | | $SiH_4$ | 多晶硅 | |
| 高温生长 | 约 1200℃ | $SiH_4$-$H_2$ | Si | 外延生长 |
| | | $SiCl_4$-$H_2$ | | |

低温区指的是在集成电路 IC 的制作中能在铝的配线上制备薄膜的温度，一般在 400℃左右。中温区指的是在 IC 的制作过程中掺杂在基材上的杂质原子不发生再分布的温度区域，在这个温度下制备钝化膜和电极。高温区指的是硅、碳膜等的外延生长温度区，大约在 1000℃以上。

高温 CVD 系统被广泛应用于制备半导体外延薄膜，以确保薄膜材料的生长质量。这类系统可分为热壁式和冷壁式两种，例如制备（Ga，In）、（As，P）系列半导体薄膜就是采用热壁式。这类装置的特点是使用外置的加热器将整个反应室加热至较高的温度。例如，一般需要将临近 In、Ga 物质源区的温度控制在 $800\sim850℃$ 的较高温度范围，而将薄膜沉积区的温度控制在 700℃ 左右。根据沉积速率对温度的依赖性可知，这样做既有利于实现物质源的输运，也可以减少放热反应的反应产物在器壁上的沉积。例如，属于这一类的化学气相沉积过程用于 GaAs 类材料制备。

等离子化学气相沉积（PCVD）可以在较低温度下反应生成无定形薄膜，典型的基材温度是 300℃ 左右。在等离子放电时，一般气压为十到几百帕，电子密度和电子能量分别为 $10^0\sim10^{12}/cm^3$ 和 $1\sim10eV$。高速运动的自由电子的温度高于 $10^4K$，而离子、原子和分子的温度大约只有 $298\sim573K$。高能电子使得只有在高温下才能发生的反应可在较低温度下发生反应。

等离子聚合也可视为 CVD 过程，一般认为它的成膜机理有两种，即等离子诱导聚合和等离子聚合。前者单体聚合取决于放电时的激发气体，而且单体必须是碳链三重键或烯族双重键，等离子激活可使其他单体与这些键结合而形成聚合物；后者是等离体子中的电子、高能离子和原子碰撞产生的原子反应过程，并不要求单体是非饱和多重键，最终的聚合物与初始单体截然不同，并且形成单体中间基（图 5-12）。

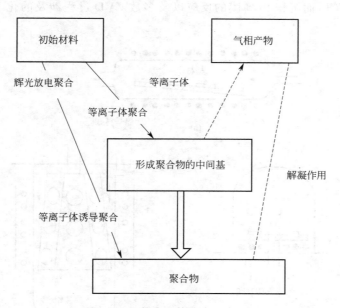

图 5-12　等离子体聚合示意图

这两种机理在等离子聚合过程中是同时存在的。聚合物以高度交叉结合的形式生长，因而易于制成无微孔、结构致密、机械强度高和附着力强的均匀沉积膜层。

金属有机物化学气相淀积（MOCVD）是近十几年发展起来的新型外延技术，用来制备超晶格结构和二维电子气材料，从而获得各种超高速器件和量子阱激光器等。MOCVD 之所以如此快的发展，主要是其独特的优点所决定的。MOCVD 的适用范围广，几乎可以生长所有化合物及合金半导体；可以生长超薄外延层，获得很陡的界面过渡（$10^{-9}m$）；生长各种异质结构；外延层均匀性好，基材温度低，生长易于控制，适宜于大规模生产。

MOCVD 与分子束外延（MBE）相比，除了同样具有超薄层、陡界面外延生长的能力外，还具有处理挥发性物质（如磷等）的明显优势，且设备简单、操作方便、便于大规模生产，因而更具实用价值。

MOCVD 是生长 GaAs 和 GaAlAs 的理想方法。大多数Ⅲ族元素的烷基化合物都容易得到，含一个或两个碳原子的有机化合物在室温下通常是有中等挥发性的液体，并在摄氏几百度温度下分解。用三甲基镓（TMG）和三甲基铝（TMA）来生长 GaAs 和 GaAlAs 就是典型的例子。TMG 通常是在 0℃ 下使 $H_2$ 通过它而成为稀释蒸汽输送进反应室。As 以 $AsH_3$ 的形式输送。反应室是有水冷壁的玻璃室。基材放在加热底座以上，对 GaAs 为 500～700℃。晶体的外延生长是金属有机物和氢化物分解的结果。

MOCVD 一般用金属有机化合物［如二甲基锌 $Zn(CH_3)_2$，即 DMZ 和二乙基锌 $Zn(C_2H_5)_2$，即 TEZ］作为 P 型掺杂剂或氢化物（如 $H_2S$）作为 N 型掺杂剂。由于装置中没有加热壁，反应物以高过饱和度出现在生长表面上，故其不平衡程度可能更像 MBE 而不像通常的 CVD。用这种方法容易获得高质量的 GaAs、InP 和 GaAlAs 外延层。

图 5-13 所示的几种反应装置都属于冷壁式 CVD 装置，它们的特点是使用感应加热装置对具有一定导电性的样品台进行加热，而反应室器壁则由导电性较差的材料制成，且由冷却系统冷却至较低的温度。冷壁式装置可以减少吸热反应的反应产物在反应容器壁上的沉积。例如由 $H_2$ 还原 $SiCl_4$ 而沉积 Si 薄膜的反应以及多数 CVD 过程涉及的化学反应都属于这种反应类型。

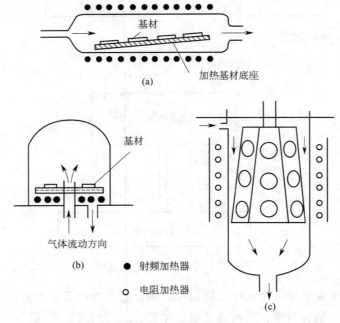

图 5-13　几种冷壁式 CVD 反应装置示意图

在上述所示的装置中，大多采取了具有一定倾斜角度的基材放置方法。这样做的目的是强制加快气体的流速，部分抵消反应气体通过反应室后发生贫化的现象。但在图 5-13（b）所示的反应器中，基材是水平放置的。反应气体由反应器的中心输入之后，在均匀流过基材表面的同时，也会将反应的产物气体带出反应器。高温 CVD 装置除了可被用于半导体材料的外延生长之外，还被广泛应用于模具部件耐磨涂层的沉积领域。

在半导体工业中，还要用到低温 CVD 装置。它的主要用途是各类绝缘介质薄膜，如 $SiO_2$、$Si_3N_4$ 等的沉积。由于用作半导体器件引线的 Al 与 Si 基底在 450℃ 以上要发生化学反应，因而低温 CVD 装置的工作温度多低于这一温度。随着等离子体技术的发展，现在，可以借助于等离子体技术，可以有效地降低介质薄膜的沉积温度。

## 5.3　气相沉积技术制备薄膜

### 5.3.1　等离子体增强化学气相沉积（PECVD）技术

随着 CVD 和 PVD 技术的迅速发展，目前，把两者技术结合而发展了一种新的气相沉积技术——等离子体增强化学气相沉积（PECVD）技术。它具有沉积温度低（小于600℃）、应用范围广、设备简单、基材变形小、绕镀性能好、沉积层均匀、可以掺杂等特点，既克服了 CVD 技术沉积温度高，对基材材料要求严的缺点，又避免了 PVD 技术附着力较差，设备复杂等不利条件，是一种具有很大发展前景和实际应用价值的新型高效气相沉积技术。

在低压化学气相沉积过程进行的同时，利用辉光放电等离子体对沉积过程施加影响的技术称为等离子体增强化学气相沉积（PECVD）技术。从这种意义上来讲，传统的 CVD 技术依赖于较高的基材温度实现气相物质间的化学反应与薄膜的沉积，因而可以称之为热 CVD 技术。表 5-8 给出了用 PECVD 和 CVD 技术沉积各种薄膜的基材温度。

**表 5-8　PECVD 和 CVD 方法基材的沉积温度**

| 化合物 | 反应物 | 沉积温度/℃ | |
|---|---|---|---|
| | | CVD | PECVD |
| $Si_3N_4$ | $SiH_4$<br>$NH_3$（$N_2$） | 700~900 | 300~500 |
| $SiO_2$ | $SiH_4$<br>$N_2O$ | 900~1200 | 200~300 |
| $Al_2O_3$ | $AlCl_3$<br>$O_2$ | 700~1000 | 200~500 |

通常的气体分子呈现电中性，因而它是绝缘体，但是，处在电离状态的气体产生大量的正离子和电子，从而表现出导电性。在电离气体中。正负电荷的相互作用是相当强的，因此正负电荷密度几乎相等，保持电中性。这种保持电中性电离状态的气体，一般叫做等离子体。在低压容器中的气体，在电场作用下发生电离现象。气体中的电子在电场作用下加速，和中性原子碰撞而损失能量。如果碰撞是弹性的，中性原子或分子的动能增加。气体温度上升；如果碰撞是非弹性的，产生激发、电离或分解现象，出现大量离子或基团。它们都是化学活性的。重复上述过程，使气体很快变成等离子体状态，此时放电空间必须大于 Debye 长度。

当直流电压加到低气压气体上时，则表现出如图 5-14 所示的放电特性。其中，辉光放电由正常辉光放电和反常辉光放电组成。平板式电容器辉光放电装置示意图见图 5-15。

等离子体增强化学气相沉积技术种类很多，如直流 PECVD、脉冲直流 PECVD、射频 PECVD、微波 PECVD 等。近年来，各种沉积膜技术的交叉融合，出现了 PVD 和 PECVD 技术复合沉积、离子渗氮与 PECVD 同炉复合沉积的装置与技术等。目前，产业化气相沉积硬质涂层材料多数应用直流和脉冲等离子体增强化学气相沉积技术。

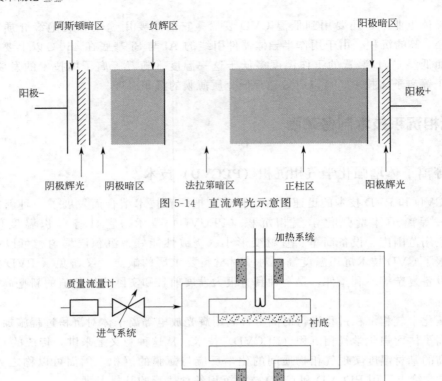

图 5-14　直流辉光示意图

图 5-15　平板式电容器辉光放电装置示意图

在 PECVD 装置中，工作气压大约处于 $5\sim500\mathrm{Pa}$ 的范围内，电子和离子的密度一般可以达到 $10^{9}\sim10^{12}\mathrm{cm}^{-3}$，而电子的平均能量可达 $1\sim10\mathrm{eV}$。PECVD 方法区别于其他 CVD 方法的特点在于等离子体中含有大量高能量的电子，它们可以提供化学气相沉积过程所需的激活能。电子与气相分子的碰撞可以促进气体分子的分解、化合、激发和电离过程，生成活性很高的各种化学基团，因而显著降低 CVD 薄膜沉积的温度范围，使得原来需要在高温下才能进行的 CVD 过程得以在低温实现。低温薄膜沉积的好处包括可以避免薄膜与基材间发生不必要的扩散与化学反应、避免薄膜或基材材料的结构变化与性能恶化、避免薄膜与基材中出现较大的热应力等。

大多数化学元素可以通过与化学基团结合而被气化，例如 Si 与 H 反应形成 $SiH_4$，而 Al 与 $CH_3$ 结合形成 $Al(CH_3)_3$ 等。在热 CVD 过程中，上述气体在通过加热的基材时，吸收一定的热能而形成活性基团，如 $CH_3$ 和 $Al(CH_3)_2$ 等。其后，它们相互结合而沉积为薄膜。而在 PECVD 的场合下，等离子体中电子、高能粒子与气相分子的碰撞将提供形成这些活性化学基团所需要的激活能。

## 5.3.2　PECVD 过程的动力学

在 PECVD 过程中，粒子获得能量的途径是其与等离子体中能量较高的电子或其他粒子的碰撞过程。因此，PECVD 薄膜的沉积过程可以在相对较低的温度下进行。PECVD 过程中发生的微观过程如下。

① 气体分子与等离子体中的电子发生碰撞，产生出活性基团和离子。其中，形成离子的几率要低得多，因为分子离化过程所需的能量较高。

② 活性基团可以直接扩散到基材。

③ 活性基团也可以与其他气体分子或活性基团发生相互作用，进而形成沉积所需的化学基团。

④ 沉积所需的化学基团扩散到基材表面。

⑤ 气体分子也可能没有经过上述活化过程而直接扩散到基材附近。

⑥ 气体分子被直接排出系统之外。

⑦ 到达基材表面的各种化学基团发生沉积反应并释放出反应产物。

与高温 CVD 时的情况相似，在基材表面上发生的具体沉积过程也可以被分解为表面吸附、表面反应以及脱附等一系列的微观过程。同时，沉积过程中还涉及离子、电子轰击基材造成的表面活化、衬底温度升高引起的热激活效应等。

### 5.3.3　PECVD 装置

PECVD 方法是把低气压气体原料送入反应室，通过外加电场、微波和激光产生等离子体，反应气体受激分解、离解和离化，发生非平衡的化学反应，在基板表面形成薄膜。根据这个基本原理，开发了各种类型的 PECVD 装置。

（1）放电方式

直流辉光放电是把直流电压加在反应室内的两个电极之间而产生的，此时，在阴极有电压降，正离子在这里被加速；惰性气体 Ar 被电离，它的正离子可能进入到膜中。高频辉光放电是目前常用的放电方法。加高频电场的方法有电容耦合方法和电感耦合方法两种。电感耦合方法是从石英管反应室外部通过无电极放电方式加高频电场。此方法在放电过程不存在电极腐蚀和污染等问题。电容耦合方式，尤其是具有平行板两电极型 PECVD 装置，具有放电稳定及放电效率高等特点而得到广泛应用。

（2）排气系统

PECVD 装置一般使用于具有毒性、腐蚀性、可燃性、爆炸性的气体原料，因此，排气系统必须考虑安全和防止大气污染等问题。PECVD 技术对真空度要求不高，一般使用机械泵和扩散泵即可满足实验要求，有时根据实验要求用分子泵。在制备薄膜过程中、反应室内的残留气体成为严重的污染源，例如 N、O、C 和 $H_2O$ 等。因此，先抽真空，然后送入惰性气体，再抽高真空，可以尽管减少残留气体的浓度，减少污染。用 PCVD 方法制备薄膜时，工作气压为十至数百帕之间。总之，应根据实际的实验要求和目的，适当选择适用的排气系统。

（3）反应室

PECVD 装置的反应室应当根据放电形式的具体要求设计加工，它的材料应具有在基材温度下不变形、耐腐蚀、溅射率低、放气量少等特点。基材加热采用外加热方法，即电阻加热或者红外辐射加热方法。基材温度对薄膜结构和性质产生重要影响。反应室的温度、气体浓度和气体组成应当均匀，尤其对大的反应室更应当做到这一点。电极形状、尺寸、相对配置、电极材料和电极间距离也对放电影响很大。在制备薄膜过程中进行掺杂时，在其之前使用过程的杂质源等残留气体有很坏的影响。为了避免这个问题，人们开发了多室 PECVD 装置，太阳能电池膜的制备就使用多室 PECVD 装置。

（4）送气系统

同时使用多种气体时应当控制好混合气体的组成比。气体流量用浮标流量计或质量流量计控制。后者可以相当准确地控制流量，而且流量相当稳定。送气管道采用耐腐蚀材料，反应室内的进气孔位置和形状对膜质和均匀性都有影响。

（5）压力测量

用 PECVD 装置制备薄膜时，先抽高真空，然后通入原料气体使工作压力在十帕至数百帕之间。因此要用高真空计和低真空计。在放电过程中，气压的控制是相当重要的。尤其在等离子体聚合反应中，气压的微小变化会严重影响薄膜结构。使用普通的真空计要准确测量气压是困难的。此时最好使用薄片真空计。它可以测量与气体种类无关的绝对压力值。

（6）电源

PECVD 装置用的电源有直流电源、高频电源和微波电源。高频电源的频率一般为 13.56MHz，微波电源的频率为 2.45GHz。

高频电源的输出阻抗为 $50\Omega$ 和 $70\Omega$。而等离子体负载阻抗大于它，而且在制备薄膜过程中并不是常数。为了使高频电源的输出功率基本耦合到反应室内，可在电源和反应室之间配置匹配网络。匹配网络有：$\pi$ 型、L 型和 T 型，其中最常用的是 $\pi$ 型匹配网络。

## 5.3.4　PECVD 技术制备薄膜材料

（1）半导体薄膜材料的制备

以非晶硅 $\alpha$-SiC：H 为代表的半导体非晶薄膜材料主要是用 PECVD 方法制备。它是把 $SiH_4$ 和 $H_2$ 的混合气体送入反应室，加在反应室内两电极上的电场产生等离子体。反应室内的残留气体用排气系统抽走。由于 $SiH_4$ 具有毒性和腐蚀性，所以必须采取相应的措施防止环境污染。用 PECVD 方法制备薄膜时影响膜厚的参数很多，而且这些参数不是独立的，是互相制约的。电源可用高频、直流或者微波电源。

在直流 PECVD 方法中，薄膜形成在阴极处。在阴极处形成的薄膜受到阴极附近空间电荷场的影响。稀释气体 Ar 等容易进入到膜中。为此，应在阴极前方放置和基材等电位的屏蔽网。反应室是用钢材制作的电容耦合式 PECVD 装置。一个电极和反应室壁为等电位时，两个电极变成非对称性结构、在相对反应室壁漂浮的电极上形成负的自偏压。这时与直流辉光放电 PECVD 装置的情况很相似，受到 $SiH_x^+$，$Ar^+$ 等正离子的强烈影响。用 PECVD 方法制备薄膜材料时，正离子和游离基都参与了薄膜形成过程。

在电感耦合 PECVD 装置中。基材可放在辉光放电的各个位置上，但是反应室不易扩大，放电不均匀，放电效率比较低。当反应室用石英管制作的电容耦合式 PECVD 装置时其特性类似于电感耦合式装置，没有自偏压，外加磁场的 PECVD 装置的特点是可以在低气压下放电，而且在磁场作用下提高电子寿命。

制备非晶硅膜时常用的原料气体为 $SiH_4$。稀释气体为 Ar、He 和 $H_2$ 等。采用 $H_2$ 为稀释气体时，在非晶硅膜中含有大量的氢，因此非晶硅膜通常写为 $\alpha$-SiC：H。它在空气中被加热时放出大量的氢气。在膜中的氢的存在以及氢的状态可以用红外吸收光谱进行检测。

用 PECVD 方法还可以制备 $\alpha$-Ge、$\alpha$-C、$\alpha$-SiC 等各种非晶薄膜材料。当提高基材温度时，增加热分解的成分，其反过程接近 CVD 方法，容易形成多晶膜，在低的基材温度下，提高电源功率时会出现微晶化现象。

（2）绝缘薄膜材料的制备

近年来，作为高可靠性钝化技术，PECVD 方法深受人们的重视。用 PECVD 方法制备的具有代表性的钝化膜为 $Si_3N_4$ 薄膜。过去 $Si_3N_4$ 薄膜是用 CVD 方法，以 $SiH_4 + N_2 + NH_3$ 为原料气体，在高温（700~1000℃）条件下制备的。它具有耐酸性和对碱金属的阻挡性，而且致密性好，适用于隔离技术。但是，由于在高温下制备 $Si_3N_4$ 膜，故受到各方面的限制。现在用 PECVD 方法可在低温下制备 $Si_3N_4$ 膜，而且有些性能优于用 CVD 方法制备的 $Si_3N_4$ 膜，从而扩大了它的应用领域。用 PECVD 方法还可以制备 $SiO_2$ 和 $Al_2O_3$ 等绝缘薄膜。

用 PECVD 方法制备绝缘膜，影响结构和性质的主要因素是基板温度、工作气压、原料气体浓度、流量、电源功率、基材材料、反应室结构以及等离子体的产生方法等。

（3）直流等离子体增强化学气相沉积（DCPECVD）技术

DCPECVD 金刚石膜因其优异的物理性能使其开发与应用越来越受到人们的青睐。目前 PECVD 金刚石膜的应用研究主要集中在切削刀具、磨削刀具、刀具涂层、医用手术刀、电子材料、高温半导体器件、紫外探测器、光学窗口材料、雷达干扰带、散热元件、传声材料等领域，其中尤以机床刀具、热沉、半导体及光学的应用研究为多。

金刚石具有高硬度、高耐磨性、低摩擦系数、高热导率等优良特性，是加工新型材料的理想刀具材料。研究表明，金刚石厚膜焊接刀具的使用寿命比硬质合金刀具高数十至上百倍，且具有极高的加工精度。用 DCPECVD 金刚石膜制作的拉丝模，其耐用程度为硬质合金拉丝模的 200~250 倍，且加工效率高、产品质量好。

金刚石的热导率在所有物质中是最高的，为铜的五倍，它的热膨胀系数与具有较高热导率的其他金属材料相比，更接近于制作电子器件的 Si 等材料的热膨胀系数，因而是半导体激光器、微波器件和集成电路的理想热沉材料。采用金刚石膜作为热沉材料的上述器件性能更好。

金刚石膜具有很高的杨氏模量和弹性模量，便于高频声学波高保真传输，是制作高灵敏的表面声学波器件的新型材料。

由于 DCPECVD 金刚石膜广泛的应用前景和潜在的巨大经济效益，国内外许多国家都在致力于 PECVD 金刚石膜的应用研究工作，其中有些公司或机构的研究成果已经商品化。GE、Crystallume、Raython、Deamonex 等公司从事 DCPECVD 金刚石薄膜工具的生产；日本的 Sumitomo 电气公司已将 CVD 金刚石膜成功地应用在螺旋钻头、硬质合金刀片等刃具上；其他如瑞典的 Sandvik 公司、德国的 Guhring 公司已经开发出厚度在 300 μm 以上的 DCPECVD 金刚石厚膜工具；英国的 De Beer 公司和 Diamond 公司已生产出 CVD 金刚石膜工具等。在国内，北京人工晶体研究所已生产出 DCPECVD 金刚石厚膜工具，南京航空航天大学在从事 DCPECVD 金刚石膜的产业化工作等。

DCPECVD 金刚石膜相对其他红外材料具有十分优异的物理性质，如表 5-9 所示。

表 5-9　金刚石与其他常用红外材料物理性质的比较

| 物理性质 | 金刚石 | ZnSn | ZnS | Ge | $Al_2O_3$ |
|---|---|---|---|---|---|
| 带隙/eV | 5.48 | 2.7 | 3.9 | 0.664 | 9.9 |
| 长波截止/μm | — | 20 | 14 | 23 | 5.5 |
| 吸收系数 10.6μm | 0.1~0.06 | 0.0005 | 0.2 | 0.02 | — |
| 吸收系数 5μm | — | — | — | — | 1.9 |
| 折射率 | 2.38 | 2.40 | 2.19 | 4.00 | 1.63 |
| $dn/dT/(10^{-3}/K)$ | 1.0 | 6.4 | 4.1 | 40 | 1.3 |
| 热导率/[W/(cm·K)] | 20 | 0.19 | 0.27 | 0.59 | 0.35 |
| 热膨胀系数/($\times 10^{-6}/K$) | 1.3 | 7.6 | 7.9 | 5.9 | 5.8 |
| 显微硬度/MPa | 83000 | 1370 | 2300 | 7800 | 18000 |

除了在 3~5μm 位置存在微小吸收峰外（由声子振动所引起），从紫外（0.22μm）到远

图 5-16  Norton 公司生产的
金刚石导弹头罩

红外（毫米波段）整个波段，CVD 金刚石膜都具有高的透射率，是大功率红外激光器和探测器的理想窗口材料。CVD 金刚石膜的高透射率、高热导率、优良的力学性能、发光特性和化学惰性，使它可作为光学上的最佳应用材料。Norton 公司制备出了 $\Phi$100mm 整体金刚石球罩，见图 5-16，并使热导率达到 12.5W/(cm·K) 的水平。

用直流电弧喷射法 DCPECVD 合成金刚石是在 1988 年首先由 Kurihara 报道的。典型的 DCPECVD 如图 5-17 所示。

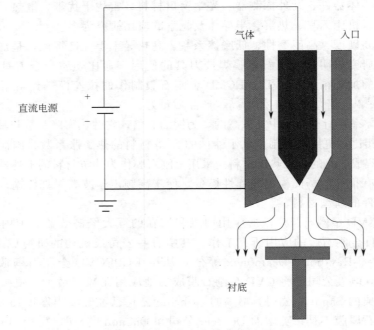

图 5-17  直流等离子体喷射原理图

中间为阴极棒，围绕阴极棒的是桶状阳极，在两极之间施加直流电压，当气体通过时引发电弧，加热气体，高温膨胀的气体从阳极喷嘴高速喷出，形成等离子射流。引弧的气体一般使用 Ar，等形成等离子射流后，通入反应气体如 $H_2$ 和 $CH_4$，$H_2$ 和 $CH_4$ 被等离子化（平均等离子体温度可达 5000K，足以满足气体的分解），并到达水冷样品台上的基片，在基片上形核，生长金刚石膜。基材被冷却到 1000～1500K，常用 Mo 为衬底材料。

采用 DCPECVD 金刚石膜沉积设备进行金刚石膜制备研究，见图 5-18。通过磁场和流体动力学控制等离子体稳定旋转，在 90% 循环气体状态下工作。金刚石厚膜是在 Mo 块基材上沉积的，沉积时间均大于 20h。磁场线圈采用 4.0A×20V 的功率进行旋转控制。炬的输入功率是用稳流器进行稳定性控制。采用制冷机制冷的循环水冷却系统控制整个设备和衬底的冷却效果。

前处理采用金刚石粉研磨基材，然后用纯净水超声波清洗，再用乙醇超声脱水，最后用高压热风吹干衬底表面，放入沉积炉中。基材的温度用红外测温仪测量。自支撑金刚石薄膜的厚度用千分尺测量。用扫描电镜照片 SEM 表征金刚石薄膜表面晶形和端面形貌。

图 5-18 DCPECVD 金刚石膜沉积设备

在现有的条件下，由于主要工艺参数除了甲烷浓度、等离子体炬功率以及工作气压可以独立调节外，基材温度这一重要参数并非独立变量，因此很难调节出最佳沉积工艺条件。基材温度的高低主要取决于基片与沉积台的接触状况，并与等离子体炬功率、工作气压有一定的依存关系，即通过调节等离子体炬的功率和工作气压能适当调节基材的温度，不过调节范围有限。因此在基材与沉积台之间均匀排布锡片，以便在高温熔化后充分填充基片与沉积台间的空隙，使得基片能够迅速降温。此外在实验中可以通过采用调节工作气压以及调节等离子体炬功率的方法来适当调整基材温度，以免基材温度过高或过低，以期在比较接近优化工艺参数的条件下制备金刚石薄膜。

为了获得高的形核密度且不影响金刚石薄膜的质量，采用了高甲烷浓度形核和低甲烷浓度生长的工艺。在实验中，氢气流量保持为 14.4SLM，氢气的总流量为 3.5SLM，其中从等离子体炬的上部加入 2.0SLM，下部加入 1.5SLM。甲烷浓度（甲烷流量与氢气总流量的简单比值）除在形核期采用 3%～6% 形核 10～30min 外，在金刚石膜生长期保持在 1% 以下。基片采用 $\phi$26mm×6mm 的钼块，相对金刚石薄膜工艺研究中所用的基材，厚度增加了 4mm 左右，主要考虑是增加基材径向温度分布的均匀性，减小热变形，利于制备完整的金刚石薄膜。

在实验结束时，大部分金刚石薄膜都在关机的瞬间受热应力的作用，自动从基材表面脱落，但有时会在脱落时开裂甚至炸成碎片，如果金刚石厚膜仍然附着在基材上，可以使用 HF 或 $HNO_3$ 试剂溶解基片，获得金刚石薄膜。

沉积金刚石薄膜，其影响因素包括：基体材质、基体温度、碳源浓度、沉积室气压、等离子源功率等。但最主要的影响参数还是甲烷浓度和基体温度。下面分别加以论述。

甲烷浓度对金刚石厚膜的晶形和纯度及生长速度有较大的影响，会造成金刚石膜生长不稳定现象。当金刚石晶核上的碳氢基团的沉积速度大于吸附的碳氢基团在金刚石薄膜表面的迁移速度时，将导致部分碳氢基团的偏聚，从而导致二次形核的出现。甲烷浓度的增加，使碳氢基团在金刚石薄膜表面的沉积速度增加，二碳氢基团在一定温度下其在金刚石表面上的迁移速度基本不变。因此甲烷浓度增加，二次形核也随之增大。同时与金刚石共沉积的石墨，由于氢浓度偏低，不能将其完全刻蚀，使其夹杂于金刚石晶体中，也使晶形变差。但是，从以前的研究表明，虽然甲烷浓度低时金刚石晶形较好，但成膜致密度较低，存在较多孔洞。此外，甲烷浓度升高导致了非晶碳、石墨的沉积速度的提高，同时降低了氢的相对浓度，使氢对非晶碳、石墨的刻蚀速度减慢，从而使金刚石薄膜中的非金刚石相增加。当然金刚石厚膜的生长速度随浓度的增加而增大。因此，在金刚石厚膜生长开始阶段采取较高甲烷浓度进行快速生长，保证形核密度，而在膜厚达到一定程度后，减小甲烷浓度以便于稳定生长。虽然甲烷浓度的降低会导致沉积速率的减小，但是在生长速率和生长不稳定性之间必须寻找平衡，以确保稳定制备出高质量的金刚石薄膜。

图 5-19　金刚石薄膜

影响金刚石薄膜质量的第二个主要参数就是基材温度，它主要是对金刚石薄膜的纯度有影响。随着基片温度的升高，金刚石薄膜中非金刚石碳的相对含量先是逐渐降低，在一最佳温度值达到最低值后又逐渐增加。这是由于当基片温度较低时，活性原子氢的浓度较其他活性基团如 $CH_3$ 的浓度降低得更快（氢气较甲烷更难分解，因此 H 较 $CH_3$ 更易复合），表现为甲烷有效浓度的增加；而当基材温度较高时，金刚石薄膜表面原子氢的脱附率大大高于其吸附率，不管从热力学还是动力学上，石墨都将越来越易于沉积。在实验中发现沉积温度在 1000℃ 左右时，金刚石薄膜的 Raman 光谱表现良好，金刚石特征谱峰很高，没有任何其他特征峰。从实验结果来看，利用直流等离子体喷射法制备金刚石薄膜总是受到基片温度波动等因素的影响。制备的金刚石薄膜如图 5-19 所示。

图 5-20(a) 所示是在 4kPa，1.8％$CH_4$，950℃ 下沉积 30h 所得的金刚石薄膜，断口组织为致密的柱状晶；图 5-20(b) 是其表面形貌，厚度均匀，无任何裂纹，晶粒刻面清晰可见，晶形棱角分明，而且该浓度下的平均沉积速率可以达到 35μm/h，其激光 Raman 光谱如图 5-21 所示，可以看出在 1332.5cm$^{-1}$ 处的金刚石特征谱峰极高，无任何石墨及无定形碳特征峰，说明膜的内在质量很好，是高质量金刚石薄膜。

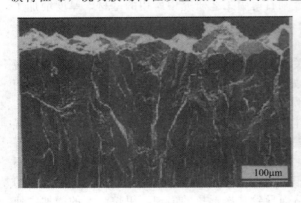

(a)截面形貌　　　　　　　　　　　　　(b)表面形貌

图 5-20　金刚石薄膜的截面与表面形貌扫描电镜照片

金刚石膜的透光光谱如图 5-22，可见沉积的金刚石膜具有极宽的光谱透过性、极低的吸收系数及很高的折射率等光学特性，如波长在 486～656nm 时，折射率为 2.44～2.41。

除在红外区 $3\sim5\mu m$ 因声子振动存在吸收峰外，从远红外到真空紫外即 $0.22\mu m$ 至毫米波段，金刚石的透光性能优异，尤其在红外波段的高光学透波性，使其成为制作高密度，防腐蚀耐磨红外光学窗口的理想材料。把它应用在高超音速飞行导弹和拦截器的头罩及红外焦平面列阵热成像装置的窗口材料，成为目前及将来引人注目的光学应用领域。

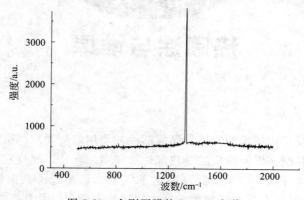

图 5-21　金刚石膜的 Raman 光谱

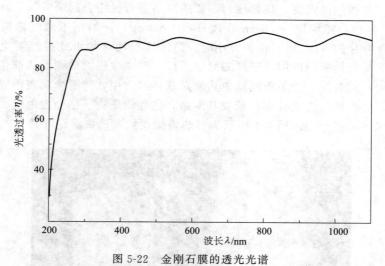

图 5-22　金刚石膜的透光光谱

### 思考题

1. 什么气相沉积技术？
2. 物理气相沉积特点是什么？
3. 常见的物理气相沉积分类有哪些？试举例说明？
4. 试论述溅射沉积工作原理？
5. 离子镀有什么特点？
6. 分子束外延有哪几种？它们的特点是什么？
7. 化学气相沉积的特征是什么？影响因素有哪些？
8. 试分析等离子体增强化学气相沉积（PECVD）技术特点及分析一种薄膜的沉积过程。

# 第6章

# 热喷涂与堆焊

随着航空、航天及民用技术的发展，热端部件的使用温度要求越来越高，已达到高温合金和单晶材料的极限状况。燃料轮机的受热部件如喷嘴、叶片、燃烧室，它们处于高温氧化和高温气流冲蚀等恶劣环境中，承受温度高达 1100℃，已超过了高温镍合金使用的极限温度（1075℃）。陶瓷涂层具有低的热导率、高的抗热冲击能力以及良好的力学性能。

怎样才能将金属的高强度、高韧性与陶瓷的耐高温有机结合起来？

20 世纪 70 年代热障涂层（Thermal Barrier Coating）开始用于燃气轮机叶片，目前用于燃气轮机首级叶片的 TBC 能工作上万小时。热障涂层通常是由抗高温氧化的黏结底层和耐高温的陶瓷面层所构成的两层或三层的涂层系统。热障涂层涂敷到受热部件（尤其是燃气轮机的高温合金）的表面，能阻止或减少热流对部件的作用，降低金属表面温度，在提高燃气温度的同时，提高燃气轮机效率并延长其寿命，已在汽轮机、柴油发电机、喷气式发动机等热端材料上取得一定应用。图 6-1 所示为带热障涂层的发动机涡轮叶片。

图 6-1　带热障涂层的发动机涡轮叶片

涂层的制备工艺有很多，主要有热喷涂、热分解化学气相沉积、物理气相沉积以及溶胶-凝胶等，热喷涂是一种有效的制备工艺，其中的等离子喷涂具有高温和快速冷却两大特点，有助于纳米结构的形成。等离子喷涂制备纳米涂层主要是通过工艺控制，将未熔融和半熔融粉体的纳米结构保留于涂层中，形成"二元结构"的纳米涂层。

热喷涂应用十分广泛，是表面工程领域内表面改性最有效的技术之一。通过热喷涂技术可以赋予材料表面哪些功能呢？

通过选择不同的涂层材料和不同的工艺方法，可制备减摩耐磨、耐腐蚀、抗高温、热障功能、催化功能、电磁屏蔽吸收、导电绝缘、远红外辐射等多种功能涂层。

要制备不同的功能涂层，怎样选择不同的涂层材料和不同的热喷涂工艺方法呢？要回答这个问题，需要对热喷涂技术有较为全面的了解，下面我们就将逐步了解热喷涂技术。

# 6.1　热喷涂

## 6.1.1　热喷涂简介

（1）热喷涂技术的发展简史

热喷涂技术最早可以追溯到 20 世纪初，至今约有一百年的历史。最早的热喷涂装置是将熔化的金属液注入由旋管喷出的热空气流中，被雾化并喷射到工件上。这种早期的热喷涂装置热源采用单独的炉子，涂层材料采取液态形式。由于它的喷涂效率低、材料利用率低以及涂层质量差，没有什么实用价值。后来利用氧—乙炔火焰加热金属丝，能在陶瓷、石器、木材上喷涂具有光泽的金属层作为装饰用。这种氧—乙炔火焰线材喷涂工艺方法目前仍在应用。

1910 年瑞士 M. V. Schoop 博士将低熔点金属的熔体喷射在工件表面而形成涂层，由此诞生了以提高机件耐蚀、耐磨、耐热等性能为目的的热喷涂技术。

20 世纪 20 年代苏联、德国和日本开始使用电弧喷涂，使热喷涂技术得到了新的发展，其应用范围由低熔点金属扩大到了难熔金属领域。

20 世纪 30 年代到第二次世界大战之前，由于火焰线材喷涂设备的进一步完善和火焰粉末喷涂工艺的出现，热喷涂的应用领域已经由早期的工艺美术装饰性涂层发展到了喷涂锌和铝作为水和气的防腐蚀涂层，喷涂铝作为耐热和抗氧化涂层；喷涂钢材来恢复机械零件的尺寸。

这个时期，人们对于工件表面的净化和粗化处理技术进行了研究和改进。除喷砂外，还出现用机床车制沟槽，用专用旋转工具滚出槽纹，以及用镍片电火花拉毛等方法制备工件表面。值得指出的是，发现了钼对于许多光滑洁净的金属表面具有良好的自黏结作用，这就开创了用喷涂钼来作为结合底层的新方法，从而提高了涂层与工件基体的结合强度。

由于火焰喷涂层与工件基体的结合强度较低，许多工业部门曾持有怀疑态度。涂层的多孔性又限制了它在强腐蚀介质中的应用。第二次世界大战之后，许多人致力于在喷涂层的基础上加以重熔处理的研究，以便能消除涂层中的气孔，达到与基材形成冶金结合的目的。尽管当时采用过还原性火焰，甚至于向火焰中加入助熔剂的方法，但终因涂层和基材的氧化，相互不发生浸润而告失败。直到 1953 年，由于自熔合金的研究成功，火焰重熔工艺才得到了新生。这是 20 世纪 50 年代热喷涂材料方面最重大的突破。它不仅促成了火焰喷熔工艺的诞生，也刺激了热喷涂材料的发展。

20 世纪 50 年代后期，为了满足航空、航天、原子能等尖端技术对于高熔点、高纯度、高强度涂层的迫切要求，人们不得不在提高热喷涂热源的温度、喷射速度以及改善热涂气氛等方面作新的探索。爆炸喷涂和等离子喷涂是该时期的最大研究成果。爆炸喷涂极大地提高了喷涂颗粒的速度和动能，所获得的涂层质量具有结合强度高和气孔率少的特点。等离子喷涂技术不仅把热源温度提高到万摄氏度以上而且具有焰流速度高以及喷涂气氛可控的特点，摆脱了受涂层材料熔点高以及某些材料化学活性强的限制。其后，对于转移型的等离子弧的研究，又促使等离子弧粉末堆焊工艺的形成。

20世纪60年代，各种热喷涂技术达到了相当完善的地步。尤其是放热型自黏结镍包铝复合粉末的发明，不仅改变了喷涂层与工件基材之间的结合机理，提高了它们之间的结合强度，而且开拓了热喷涂材料向复合粉末方向发展的新途径。

脉冲放电线爆喷涂技术是20世纪60年代末期新出现的热喷涂工艺。这种工艺的最大特点是可以对小至10mm的内孔表面进行喷涂。

20世纪70年代，200kW液稳弧喷涂装置的研制成功，不仅大大地提高了生产效率（每小时可喷涂50kg以上粉末），而且喷涂成本大幅度下降。此外，80kW高能等离子喷涂设备、环境气氛控制箱和低压等离子喷涂设备的出现，以及电子计算机技术开始应用到等离子喷涂系统中，不仅使许多活性材料的喷涂成为可能，而且在涂层质量方面有了质的飞跃。

20世纪80年代以来，低压等离子喷涂和超音速火焰喷涂也相继问世。热喷涂技术在自身不断发展与完善的同时，在各个应用领域也取得了很大的成就。例如美国PWA飞机发动机公司对2800多个发动机零部件的48种材料进行热喷涂，使发动机的大修期从4000h延长到16000h以上。

（2）热喷涂的原理及特点

① 热喷涂基本原理　热喷涂是采用各种热源使涂层材料加热熔化或半熔化，然后用高速气体使涂层材料分散细化并高速撞击到基体表面形成涂层的工艺过程。其原理示意图如图6-2所示。

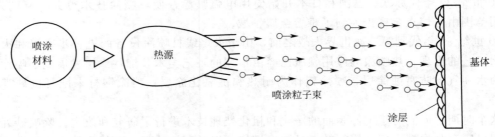

图6-2　热喷涂原理示意图

② 涂层形成过程　涂层形成的大致过程是：涂层材料经加热熔化和加速→撞击基体→冷却凝固→形成涂层。其中涂层材料的加热、加速和凝固过程是三个最主要的方面。

涂层材料的熔化非常关键，一般希望所有涂层材料都完全熔化并一直保持到撞击基体表面之前，并且不产生挥发。一些简单的模型可以描述热气流中固体粉末的熔化过程。将材料参数及有关变量，如热导率、熔化温度等，统一纳入到加热条件及气流动力学方程中，可得到以下不等式

$$\frac{S(\lambda \Delta T)^2}{V\mu} \geq \frac{L^2 d^2}{16P} \tag{6-1}$$

式中，$S$为粉末在焰流中的运动距离；$\lambda$为平均边界层的热导率；$\Delta T$为平均边界层的温度梯度；$V$为平均焰流速度；$\mu$为平均焰流黏度；$L$为粉末材料的熔化潜热；$d$为粉末的平均直径；$P$为粉末密度。

根据上述不等式，为达到完全熔化，存在一个临界粉末滞留时间及临界粉末尺寸。熔滴的滞留时间主要取决于焰流速度、能量和喷涂距离。耐熔氧化物的临界尺寸一般为5~

$45\mu m$，熔点低于 2200K 的金属粉末则为 $45\sim160\mu m$。

涂层材料的喷涂速度主要由焰流速度决定，同时也与材料的粒径有关。喷涂材料在飞行速度最大时撞击基体的颗粒动能与冲击变形最大，形成的涂层结合较好。因此，调整喷嘴与工件的距离到最佳位置非常重要。

熔滴撞击基材后扩展成薄膜，撞击时的高速度有助于熔滴的扩展，但会因为表面张力或凝固过程而停止扩展，并凝固成一种扁平的薄饼状结构。如果颗粒有部分未熔，则未熔部分会从基板反弹出来，留下空洞或包裹在涂层中形成类似于"夹杂"的组织。如果液滴过热，即撞击基体时温度过高，液滴黏度太低，会造成"喷溅"现象，即熔滴扩展后不会立刻凝固，而是边缘变厚，趋于破裂，脱离中心液滴并收缩，凝固成许多小球状液滴。因此未熔和过热都是喷涂过程中应避免的。

③ 涂层结构　如图 6-3 所示是等离子喷涂钼涂层显微结构形貌图。可见涂层由大小不一的扁平颗粒、未熔化的球形颗粒、夹杂和孔隙组成。

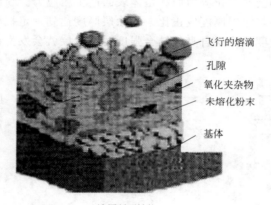

涂层断面结构

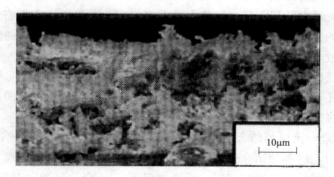

涂层表面结构

图 6-3　热喷涂涂层结构示意图

几乎所有热喷涂层都具有上述相同的特征，差别只在于尺寸的大小和数量的多少。图中的黑色细长物为夹杂，它是由于喷涂过程中熔滴发生氧化而形成氧化膜，最后以夹杂形式存在于涂层中。未熔化颗粒也会在涂层中形成夹杂。夹杂一般来说会损害涂层的结合强度。但有些夹杂也有有利的一面，如含钼涂层中形成的氧化钼具有减磨作用，含钛涂层中形成的氮化钛硬度很高具有耐磨作用。

热喷涂层一般都会有一部分孔隙（0.025%～50%），其产生原因主要有三个：第一是未熔化颗粒的低冲击动能；第二是喷涂角度不同时造成的遮蔽效应；第三是凝固收缩和应力释放效应。涂层中的孔隙特别是穿孔，将损坏涂层的耐腐蚀性能，增加涂层表面加工后的粗糙度，降低涂层的结合强度、硬度、耐磨性。但是，孔隙可以储存润滑剂，提高涂层的隔热性能，减小内应力并因此增加涂层厚度，以及提高涂层抗热震性能。此外，孔隙还有助于提高涂层的可磨耗性能，特别适用于可磨耗封严涂层中。

④ 热喷涂中的相变　喷涂过程中熔滴撞击基体冷却凝固形成涂层。相对基体来说，熔滴尺寸非常小，冷却速度可以达到 $10^6$ K/s，冷却后会形成非晶态或亚稳相，完全不同于同样材料在轧制态或铸态的组织结构。在高温环境下使用时，涂层的这些亚稳态结构会向稳定相转变，或发生分解，有些相变甚至会产生相变应力，导致深层破坏，因此在设计涂层时应引起注意。例如 $\alpha$-$Al_2O_3$ 材料硬度高、耐磨性好，但是 $\alpha$-$Al_2O_3$ 等离子喷涂层，由于快速凝固，形成的是 $\gamma$-$Al_2O_3$ 涂层，其性能特点不同于 $\alpha$-$Al_2O_3$ 材料。

⑤ 涂层应力　大部分涂层材料的冷却凝固伴随着收缩过程。当熔滴撞击基体并快速冷却、凝固时，涂层内部会产生拉应力而在基体表面产生压应力。喷涂完成后，在涂层内部存在残余拉应力，其大小与涂层厚度成正比。当涂层厚度达到一定程度后，涂层中的拉应力超过涂层与基体的结合强度或涂层自身的结合强度时，涂层就会发生破坏（图 6-4）。

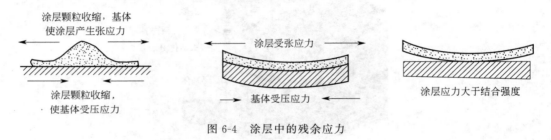

图 6-4　涂层中的残余应力

涂层中存在残余应力是热喷涂涂层的特点之一，残余应力的存在影响涂层的质量，限制了涂层的厚度。因此，薄涂层一般比厚涂层具有更好的结合强度。高收缩材料如某些奥氏体不锈钢易产生较大的残余应力，因此不能喷涂厚的涂层。由于涂层应力的限制，热喷涂层的最佳厚度一般不超过 0.5mm。

喷涂方法和涂层结构也影响涂层的应力水平。致密涂层中的残余应力要比疏松涂层的大。涂层应力大小还可以通过调整喷涂工艺参数来部分控制，但更有效的办法是通过涂层结构设计，采用梯度过渡层缓和涂层应力。

⑥ 涂层结合机理　涂层的结合包括涂层与基材表面的结合及涂层内部的结合。前者的结合强度称为结合力，后者的结合强度称为内聚力。目前，一般认为涂层与基材表面之间的结合以及涂层颗粒之间的结合机理相同，均属物理-化学结合，包括以下几种类型。

a. 机械结合　机械结合是指具有一定功能的熔融状粒子撞击到经粗化处理的基材表面时，铺展成扁平状的液态薄片覆盖并紧贴基材表面的凹凸点上，在冷凝时收缩咬住凸点（或称抛锚点），形成机械结合。机械结合是热喷涂涂层与基材结合的最主要形式。

b. 微冶金结合　在喷涂放热型喷涂材料时，熔融微粒到达基材表面后，放热反应可维持几微秒，基材表面微区内接触温度可高达基材的熔点，因此，有可能使熔融粒子与基材形成微区冶金结合，提高涂层与基材间的结合性能。

c. 扩散结合　当熔融的喷涂材料高速撞击基材表面形成紧密接触时，由于变形、高温等作用，在涂层与基材间有可能产生微小的扩散，增加涂层与基材间的结合强度。如，在碳钢基材上喷涂镍包铝复合粉末时，发现结合层由 Ni-Al-Fe 等元素组成，厚度约为 $0.5\sim1\mu m$。

d. 物理结合　当基材表面极其干净或进行活化处理后，基材与涂层间充分润湿形成分子间的作用力。

一般来说，喷涂层与基材表面的结合以机械结合为主，某些情况下会产生微冶金结合、扩散结合、物理结合。

机械结合为主的结合机理决定了热喷涂涂层的结合强度比较差，只相当于其基体材料的 $5\%\sim30\%$，最高也只能达到 70MPa。

⑦ 热喷涂技术的特点　采用热喷涂技术制备的各种涂层，具有许多独特的优点。主要有以下几点。

a. 可在各种基体上制备各种材质的涂层　金属、陶瓷、金属陶瓷、工程塑料、玻璃、石膏、木材、布、纸等几乎所有固体材料都可以作为热喷涂的基材。

b. 可喷涂的材料范围广　包括各种金属及合金、陶瓷、金属陶瓷、金属间化合物、非金属矿物、塑料等几乎所有的固态工程材料，因而能够制备各种各样的保护涂层和功能涂层，如耐磨、减摩自润滑、耐蚀、抗氧化、耐高温、热障、绝缘、导电、超导、辐射、防辐射、屏蔽、抗干扰、波长吸收、催化及生物功能等涂层。

c. 操作灵活　可喷涂各种规格和形状的物体，特别适合于大面积涂层，并可在野外作业。

d. 涂层厚度范围宽　从几十微米到几毫米的涂层都能制备，且容易控制；喷涂效率高，成本低。喷涂时生产效率为每小时数公斤到数十公斤。

e. 对基体材料热影响小　与热扩散渗镀、气相沉积、高温合成、烧结等工艺相比，热喷涂对基材的热影响很小，基体受热温度一般在 $30\sim200℃$ 之间，因此变形小，热影响区浅。

热喷涂技术的局限性主要体现在热效率低、材料利用率低、浪费大和涂层与基材结合强度较低三个方面。尽管如此，热喷涂技术仍然以其独特的优点获得了广泛的应用。

（3）涂层材料

热喷涂材料的选材范围虽然广泛，但是为了确保热喷涂层的工艺质量，对热喷涂用材料仍然有一定的要求。

首先，热喷涂材料最好有较宽的液相区，因为涂层材料需要熔化后才能喷涂到基体上去，而较宽的液相区可以使熔滴在较长时间内保持液相。一般金属材料和氧化物陶瓷材料都适合热喷涂技术；但如果材料在高温下易分解或挥发，则不适合用热喷涂技术喷涂涂层。碳化物类材料（如碳化钨）耐磨性能非常好，但易分解，为喷涂这类材料涂层，一般采用碳化钨-金属（镍或钴合金）复合材料喷涂，喷涂温度控制在金属熔点之上，碳化钨分解温度之下。这样，金属相在喷涂中熔化喷射在基体表面形成涂层，而碳化钨则不熔化或分解很少，仅靠气流加速获得动能，高速撞击并镶嵌在金属涂层中，形成高耐磨的碳化钨-金属复合涂层。塑料粉末熔点低，在高温下易分解，喷涂时需控制塑料材料的加热时间，尽量避免塑料的分解。因此也推荐采用分解温度比较高的塑料（如聚乙烯、尼龙等）进行喷涂。

其次，对喷涂材料的形状与尺寸也有要求，一般喷涂用材料都必须是线材或粉末材料。线材的规格一般为 $\phi1\sim3mm$，而粉末为 $\phi1\sim100\mu m$ 之间。用来生产线材和粉末材料的方法都可以用来生产喷涂用线材和粉末。粉末材料热喷涂的重要特点是材料成分可按任何比例调配，组成复合粉末，获得某些特殊性能的涂层。而线材由于受加工性能的限制，只有塑性好的材料才可以制造成线材。对于难制备成线材的材料，可以制成棒材或带材。

## 6.1.2 热喷涂工艺

（1）火焰喷涂

火焰喷涂（Flame Spray）是对线材火焰喷涂（Wire Flame Spray）和粉末火焰喷涂（Powder Flame Spray）的统称。火焰喷涂虽然历史悠久，但目前仍广泛使用。

火焰喷涂一般通过氧-乙炔气体燃烧提供热量加热熔化喷涂材料，通过压缩气体雾化并加速喷涂材料，随后在基体上沉积成涂层。燃烧气体还可以用丙烷、氢气或天然气。燃烧气体的自由膨胀对喷涂材料加速的效果有限。为了实现喷涂，喷嘴上通有压缩空气流或者高压氧气流，使熔融材料雾化并加速。在特殊场合下，也可用惰性气体作压缩气流。

根据喷涂材料的形式不同，火焰喷涂可分为线材火焰喷涂和粉末火焰喷涂，原理示意如图 6-5 所示。

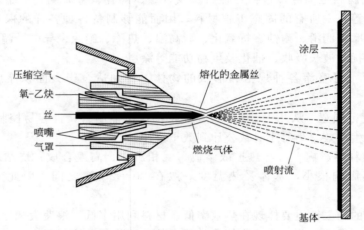

图 6-5　线材火焰喷涂的原理示意图

喷涂用线材送入喷枪后，由喷枪内的驱动轮连续输送到喷嘴，在喷嘴前端被同轴燃烧气的火焰加热而熔化，然后被压缩空气雾化并加速，喷涂在基体表面。一套完整的线材火焰喷涂装置如图 6-6 所示。除了线材（连续的金属丝）可以用这种方法喷涂以外，棒材（约 60cm 长的脆性陶瓷棒）和带材（装有金属粉末的柔性塑料管）都可以用同样的方法进行喷涂。

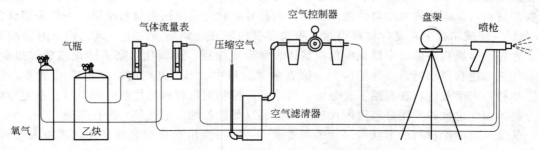

图 6-6　线材火焰喷涂设备示意图

粉末火焰喷涂与线材火焰喷涂的不同之处在于喷涂材料不是线材而是粉末，其原理示意如图 6-7 所示，用少量气体将喷涂粉末输送到喷枪的喷嘴前端，通过燃气加热、熔化并加速喷涂到基体表面，在喷嘴前端加上空气帽，可以压缩燃烧焰流并提高喷涂速度。

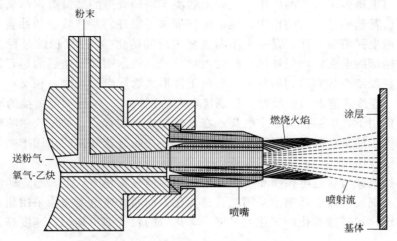

图 6-7　粉末火焰喷涂的原理示意图

线材火焰喷涂比粉末火焰喷涂便宜，但选材范围要窄，因为有些材料很难加工成线材。不论线材火焰喷涂还是粉末火焰喷涂，其工艺特性是相同的。火焰喷涂的焰流温度较低，一般用于金属材料和塑料的喷涂。

火焰喷涂的优势在于设备投资少，操作容易，设备可携带到现场施工。无电力要求，沉积效率高等，至今仍是喷涂纯钼涂层的最好选择。但是涂层氧含量较高，孔隙较多，涂层结合强度偏低，涂层质量不高。

（2）电弧喷涂

电弧喷涂（Arc Spray）的原理示意如图 6-8 所示，两根彼此绝缘并加有 $18 \sim 40 \mathrm{V}$ 直流电压的线形电极，由送丝机构向前输送，当两极靠近时，在两线顶端产生电弧并使顶端熔化。同时吹入的压缩空气使熔融的液滴雾化并形成喷涂束流，沉积在工件表面。

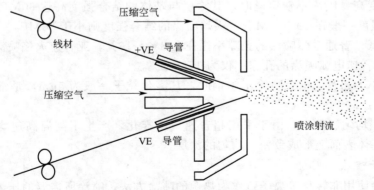

图 6-8　电弧喷涂原理示意图

电弧喷涂只能用于具有导电性能的金属线材，当前主要用于喷涂锌铝防腐蚀涂层、不锈钢涂层、高铬钢涂层，用于大型零件的修复和表面强化。

电弧喷涂的涂层密度可达 $70 \% \sim 90 \%$ 理论密度，比同样的火焰喷涂涂层要致密，结合强度（$10 \sim 40 \mathrm{MPa}$）要高。而且电弧喷涂的运行费用较低，喷涂速度和沉积效率都很高，因此是喷涂大面积涂层尤其是长效防腐锌、铝涂层的最佳选择。

近年来，超音速电弧喷涂广泛应用于机械、化工、电力、冶金等行业，特别是在火力发电厂的锅炉管道上得到了很好的应用，较好地解决了锅炉管道的高温磨损和腐蚀问题，为电厂的安全稳定运行起到了重大的作用，也给电厂带来了很好的经济效益和社会效益。超音速电弧喷涂与普通电弧喷涂一样，是一个不断重复进行的熔化-雾化-沉积的过程。其基本原理是燃烧于丝材端部的电弧将均匀送进的丝材熔化，经拉伐尔喷嘴加速后的超音速气流将熔化的丝材雾化为粒度细小分布均匀的粒子，喷向工件形成涂层。喷涂时，相交成一定角度（通常为30°～60°）连续送进的两根丝材，分别接电源的正负极。丝材端部短接的瞬间，接触起弧；在电源的作用下，电弧保持稳定燃烧；在电弧发生点的背后，经拉伐尔喷嘴加速后速度达到超音速的气流使熔化的丝材脱离并雾化为粒子，在超音速气流的作用下喷射到经过预处理的基材表面形成涂层。

超音速电弧喷涂与普通电弧喷涂工作原理相似，但在雾化方式上，超音速电弧喷涂与普通电弧喷涂有差别。普通电弧喷涂采用亚音速雾化，而超音速电弧喷涂采用超音速雾化。与亚音速雾化相比，超音速雾化的雾化效果好，雾化后的粒子细小均匀，速度高，有利于获得高质量的涂层。

超音速电弧喷涂设备包括电源、喷枪、送丝机构及其他附件，关键设备是超音速电弧喷枪。喷枪采用拉伐尔喷嘴和气体循环冷却技术，高压空气经喷枪的头部进入枪体，在冷却拉伐尔喷嘴的同时，将自身加温，然后进入拉伐尔喷嘴，加速到超音速。超音速气流与熔化的丝材相作用，将丝材雾化为粒度细小、分布均匀的粒子，并将其加速到超音速。

与常规电弧喷涂、亚音速火焰喷涂相比，超音速电弧喷涂涂层具有以下特点。

a. 热效率高　火焰喷涂产生的大部分热量散失到大气和冷却系统中了，热能的利用率仅为8%～15%。而电弧喷涂是直接用电能转化为热能来熔化丝材，热能利用率高达70%～80%。

b. 生产效率高　电弧喷涂的生产效率高，表现在单位时间内喷涂的金属丝材多。一般情况下，其生产效率是火焰喷涂的8倍以上。

c. 结合强度高　喷涂不锈钢丝时，其涂层与基体的结合强度高达60MPa。而普通电弧喷涂，其结合强度一般在20～40MPa，火焰喷涂的结合强度则小于20MPa。

d. 孔隙率低　普通电弧喷涂的孔隙率往往在8%～15%，亚音速火焰喷涂的孔隙率一般大于6%，而超音速电弧喷涂的孔隙率仅为1%～2%。

e. 粒子细小　超音速电弧喷涂不锈钢时，其雾化粒子一般为$5\mu m$，是常规电弧喷涂粒子尺寸的1/4～1/8。

f. 涂层组织均匀、致密　由于采用超音速气流雾化，产生了高温高速均匀细小的喷涂粒子，沉积到基体表面上形成致密、均匀的涂层。

（3）等离子喷涂

等离子喷涂使用非转移等离子弧作为热源的喷涂方法，喷涂所需要的压缩电弧靠等离子喷涂枪产生。在喷涂枪中，阴极常用钨及钨合金或其他高熔点材料制作；阳极也叫喷嘴，一般用纯铜制作；圆柱形阴极尖端和与其同心的漏斗状阳极配置构成电弧室；切向或轴向送进的工作气体流经喷嘴中的电弧时，发自阴极的电子与气体分子或原子相互作用，使气体离解或电离；工作气体在电弧区被加热；并在径向、轴向方向膨胀，加速喷出喷嘴形成等离子射流。

等离子弧通常要靠高频放电火花引燃。粉末形式的喷涂材料由惰性气体携带注入射流后，射流将其加速、加热到熔化或半熔化状态，喷射到基体的表面。飞行的高温粒子因冲击变形以及随后的快速凝固和冷却，成为激冷薄片，粘附在经过处理的基体表面上。这些激冷薄片（又称扁平化粒子）的不断堆积形成了层状结构涂层。喷涂的基体可以是任何固体材料，而不一定是导体。等离子喷涂原理如图 6-9 所示。

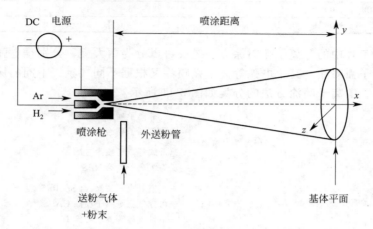

图 6-9　等离子喷涂原理示意图

在直流等离子弧喷涂枪体中，水冷喷嘴的机械压缩、热压缩以及自磁压缩效应，使等离子射流的核心温度高达 32000℃，速度在 2000m/s 以上，其能量密度接近 $10^5$ W/mm$^2$，仅次于激光和电子束。等离子焰流的温度分布如图 6-10 所示。等离子弧射流具有高温、高焓和高速等能量特征，最难熔的材料（如碳化钽，熔点为 3875℃）也能在等离子射流中熔化并喷涂成形。

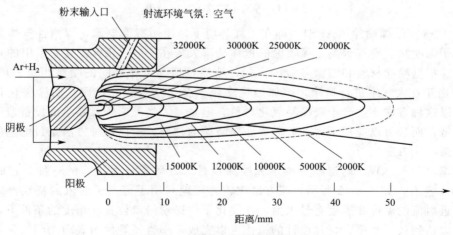

图 6-10　等离子焰流的温度分布

喷涂材料送入射流的方式，取决于等离子枪体的设计，有外送粉、内送粉和轴向送粉等方式。粉末质量流量、枪体的移动速度和喷涂遍数等因素决定了涂层最终厚度（多数在 0.10～0.50mm）。喷涂中，基体的受热量小，甚至可以用纸作为喷涂的基体。喷涂前，作为基体的工件一般不需预热，有时根据需要也可预热到 200℃ 以下。喷涂中工件通常不会发生金属相变和产生较大的变形。等离子喷涂与其他喷涂方法性能比较见表 6-1。

**表 6-1 等离子喷涂与其他喷涂方法性能比较**

| 项目 | 热源温度/℃ | 粒子速度/(m/s) | 结合强度/MPa | 涂层增氧量/% | 孔隙率/% | 熔敷效率/(kg/h) | 涂层厚度/mm |
|---|---|---|---|---|---|---|---|
| 等离子喷涂 | 6000～32000 | 200～700 | 20～70 | 0.1～1 | 1～5 | 1～5 | 0.1～2 |
| 高速氧燃气喷涂 | 2500～3100 | 500～1000 | >70 | ≈0.2 | 1～10 | 1～5 | 0.2～2 |
| 爆炸喷涂 | 约3000 | 800～1200 | >80 | ≈0.1 | 0.1～1 | — | — |
| 电弧喷涂 | 4000～6000 | ≈240 | 10～30 | 0.5～3 | 10～20 | 6～60 | 0.2～10 |
| 火焰喷涂 | 2500～3000 | 0～180 | <8 | 4～6 | 10～30 | 1～10 | 0.2～10 |

　　已经应用于工程中的等离子弧喷涂方法主要可以分为两大类，分别是电弧等离子弧喷涂和射频感应等离子弧喷涂。其中电弧等离子弧喷涂又根据不同气氛、不同的压力和不同的介质分为多种类型。等离子喷涂方法的分类如图 6-11 所示。

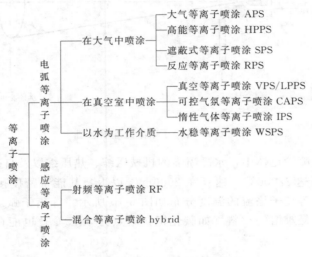

图 6-11　等离子喷涂方法的分类

　　① 空气等离子弧喷涂（APS）　即在大气环境下，使用直流电源，以惰性气体为工作气体的等离子弧喷涂。空气等离子弧喷涂的枪体功率大多在 40～80kW；其涂层中的孔隙率在 1%～5%。根据喷涂材料和喷涂参数的不同，喷涂枪口与工作之间的喷涂距离一般在 80～150mm。由于在大气中进行喷涂，被加热喷涂粒子会与空气相互作用，使涂层含有较多氧化物，所以这种方法不适合于喷涂易氧化材料。但是，大气等离子弧喷涂的设备造价和运行成本均较低，而且可以应用于大多数需要涂层防护的领域，所以这种方法是目前应用最普通的等离子弧喷涂方法。

　　低功率（2～12kW）内送粉等离子弧喷涂也是大气等离子弧喷涂的一种，它的喷涂距离在 40mm 左右，如图 6-12 所示，该方法比较合理地利用了等离子射流的特点，即在等离子出口附近射流的温度和速度有最大值。在优化了内送粉粉口位置和角度的条件下，其喷涂质量也可以达到较好水平。特殊设计的枪体可以完成较小直径管件内表面的喷涂，目前内孔等离子喷涂方法已可以喷涂直径为 40mm 左右的孔内壁。

　　② 高能等离子弧喷涂（HPPS）　为满足陶瓷材料对涂层密度和结合强度以及喷涂效率的更高需求而开发的一种高能、高速的等离子弧喷涂技术。在电弧电流与普通大气等离子喷涂相当的条件下，利用较高的工作电压（可达几百伏特）提高功率，并采用更大的气体流量来提高射流的流速（马赫数 $M > 5$）。这种先进的技术具有高效率和高熔敷率的特点，但是其运行成本也很高。应用高能等离子弧喷涂的典型例子有：在大型高级印刷辊的表面喷涂氧

化铬（$Cr_2O_3$）、在涡轮机过流部件表面喷涂 $ZrO_2$ 陶瓷面层等。

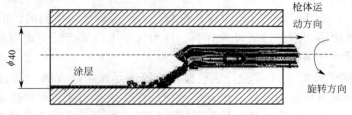

图 6-12 内孔等离子喷涂示意图

③ 真空等离子弧喷涂或低压等离子弧喷涂（VPS/LPPS） 尽管不同的研究者习惯于使用不同的名称，但多数文献都认为这是同一种喷涂方法。这是一种在真空室内进行等离子弧喷涂的方法，1980 年开始得到应用，是为了生产高质量的 MCrAlY 涂层。因为这种方法具有良好的工艺机动性以及高的喷涂质量和效率，是目前唯一能和电子束物理气相沉积（EB-PVD）竞争的热喷涂方法。

采用这种方法进行喷涂时，首先将喷涂室抽真空，使压力小于 0.1kPa，再充入惰性气体（如氩气），其压力达 5～40kPa 后进行喷涂。为了使喷涂过程中喷涂室的气体压力不变，要使用高效真空泵排出不断注入的等离子体。这是一种制取无污染致密涂层的有效方法，1990 年德国科学家 Steffens. H. D. 就曾利用这种方法成功地制备了氧含量极低的钛涂层，现在这项技术已经被应用于热障涂层制备、生物涂层材料制备等。该方法还具有使用反接转移弧技术获得清洁基体表面的功能，即将转移弧电源反接于基体和喷嘴，靠电弧的阴极雾化作用，能迅速地气化基体表面残存的氧化物。

由于这种方法所获得的射流在离喷嘴出口较远的地方才会产生较大的湍流，这使得射流的高速区（可达 900m/s）和高热区域延长，这些都有利于喷涂粒子的加热和加速，提高喷涂粒子的润湿和扁平化程度。通过提高喷涂室的压力（20kPa 以上），可以部分补偿因气压低而带来的射流能量密度的损失，同时提高粒子速度和弥补驻留时间的不足。由于冷却能力和空气对流的减少，会使基体材料加热到更高的温度，一方面能改善涂层与基体间的扩散条件，使涂层的结合强度更高；另一方面也有助于减少喷涂部件的残余应力。

该方法的喷涂功率常在 50～120kW；使用氩＋氦或氩＋氢等混合气体；喷涂距离一般在 250～300mm。喷涂过程中，既无严重的化学元素挥发，也不易生成氧化物或氮化物，且涂层的致密性很好。涂层厚度一般在 100～400μm，孔隙率在 1% 以下。

通过喷涂前预抽真空，有效控制了氧对涂层的危害。因此，可以喷涂那些对氧高度敏感的材料，如钛和某些难熔金属等。由于喷涂粒子和基体减少了氧化，结果使涂层的结合强度、密度更高。但这种方法需要完备的真空设备和较高运行费用；残留在喷涂室内的残留粉末需要及时地清除，喷涂室内的对流和热传导也不如大气等离子弧喷涂充分。

④ 惰性气体等离子弧喷涂（IPS） 这种方法通常采用和真空等离子弧喷涂同样的设备，但在喷涂室抽真空后，要充入压力约为 101.325kPa 的惰性气体，相当于在常压惰性气体环境中完成喷涂，同样也可防止基体和涂层材料的氧化反应。

⑤ 可控气氛等离子弧喷涂（CAPS） 它是一种通过控制气氛和压力来获得高质量涂层的方法。这种方法的适用范围更广，甚至可以在 400kPa 压力的惰性气体气氛中制备等离子涂层，其最大的优点是能够防止喷涂材料的蒸发，可以适用于具有不同蒸气压的材料。

⑥ 反应等离子弧喷涂（RPS） 最初的反应等离子弧喷涂是对真空等离子弧喷涂进一步

改进的结果。该方法在真空等离子弧喷涂过程中，在喷嘴的出口处的等离子射流中加入反应气体（如 $CH_4$），反应气体会与加热中的喷涂颗粒相互作用，进而得到新的生成物。例如，可以用这种方法获得的 TiC，它是靠喷涂钛粉和注入甲烷反应后得到的。由于这些 TiC 是弥散在涂层中的，对涂层的耐磨性能极为有利。在大气中也能进行反应式等离子弧喷涂，并且可以使用空气＋活性气体作为工作气体。

⑦ 遮蔽式等离子弧喷涂（SPS）　这种形式的等离子弧喷涂方法，其目的是要减少真空等离子弧喷涂对喷涂室系统的过高要求，进而降低操作成本。这与焊接技术的遮蔽式方法类似，喷涂的现场被包围在一个惰性气体的氛围内，用以防止大气中的氧对等离子弧射流及其喷涂粒子的污染。

⑧ 水稳等离子弧喷涂（WSPS）　水稳等离子弧喷涂是一种高功率和高速等离子弧喷涂方法，它在由高速旋转的水形成的涡流通道里产生电弧，工作过程中，由水蒸气分解形成 $O_2$ 和 $H_2$ 作为工作气体。与气体等离子弧喷涂方法相比，其焰流温度更高，射流更长，射流能量也更高，因而特别适合于高熔点氧化物陶瓷的大面积喷涂。其主要优点是：输出功率大（150～200kW），涂层结合强度可达到气体等离子弧喷涂涂层的 2～3 倍，并且涂层致密，使其硬度、耐磨性和耐热冲击性能也有很大提高。

这种方法的喷涂效率高，沉积率可达 50kg/h，涂层厚度可达 20mm，而且可以喷涂粒度分散性较大的粉末，因而特别适合陶瓷部件的喷涂成形。由于只需水和空气作为工作介质，其运作成本比其他喷涂方法经济。该方法的缺点是焰流为氧化焰，不适合喷涂容易氧化的材料，此外，喷涂枪体积大且比较笨重。

⑨ 感应方式等离子弧喷涂　射频等离子弧体又叫射频-感应耦合等离子体，由于它的等离子体流速低，仅为 20～60m/s。所以原型的射频等离子体发生器是不能用来喷涂的。用于喷涂的射频等离子发生器，是附加轴向高速粉末喷嘴或与直流等离子弧喷涂枪组合为一体的混合装置，这样的组合兼有两种发生器的特点。它的工作频率在 40～4000kHz 或更高，电功率可以达到 200kW。感应源部件是一个水冷铜制螺线管，它环绕着一个石英管，其上端安装工件气体和送粉入口或直流喷枪，而下端开放。工作前，石英管内先抽真空，再充入惰性气体，工作时，将螺线管接入高频、高压和小电流，使石英管内建立起的磁场，将工作气体电离，形成等离子体，然后再把电流升到工作电流。

等离子体因感应电流的存在而被加热，电离后由石英管的另一端喷出，形成射频粒子射流。此时点燃直流喷涂枪，将在轴线方向送入的粉末加热、加速喷射到工件表面，形成了射频等离子涂层。射频-直流等离子装置的电功率、气体流量和真空度等参数控制着等离子体的温度、尺寸、形状以及射流的速度。射频等离子弧喷涂不使用电极，所以没有电极的烧损问题，所生成的等离子更清洁，喷涂的涂层通常是均匀无气孔的。由于喷涂射流是在真空腔内形成的，可以熔敷活性的甚至有毒的金属，如钙、铀、铌和钛。可喷涂的粉末粒度范围要比常规等离子弧喷涂大。一组典型的射频-直流等离子弧喷涂参数如下：射频功率 9kW，射频频率 4MHz，直流电功率 27kW，工作腔内气体压力为 27kPa；直流工作气体（Ar）的流量为 54L/min，射频工作气体流量分别为氩气 190L/min、氢气 8.4L/min；送粉气流量 18L/min；送粉速率 3～5g/min；喷涂距离 300～500mm。

（4）爆炸喷涂

爆炸涂层形成的基本特征，一般认为仍然是高速熔融粒子碰撞基体的结果。爆炸喷涂原理示意如图 6-13 所示。

爆炸喷涂的最大特点是粒子飞行速度高、动能大，所以爆炸喷涂涂层具有：①涂层和基体的结合强度高；②涂层致密，气孔率很低；③涂层表面加工后粗糙度低；④工件表面温度低。

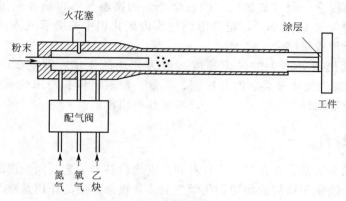

图 6-13　爆炸喷涂原理示意图

爆炸喷涂可喷涂金属、金属陶瓷及陶瓷材料，但是由于该设备价格高，噪音大，属氧化性气氛等原因，国内外应用还不广泛。

目前世界上应用最成功的爆炸喷涂是美国联合碳化物公司林德分公司 1955 年取得的专利，其设备及工艺参数至今仍然保密。我国于 1985 年左右，由中国航天工业部航空材料研究所研制成功爆炸喷涂设备，就 Co/WC 涂层性能来看，喷涂性能与美国联合碳化物公司的水平接近。

在爆炸喷涂中，当乙炔含量为 45％时，氧-乙炔混合气可产生 3140℃的自由燃烧温度，但在爆炸条件下可能超出 4200℃，所以绝大多数粉末能够熔化。粉末在高速枪中被输运的长度远大于等离子枪，这也是其粒子速度高的原因。

（5）超音速火焰喷涂

为了与美国联合碳化物公司的爆炸喷涂抗争，20 世纪 60 年代初期，美国人 J. Browning 发明了超音速火焰喷涂技术，称之为"Jet-Kote"，并于 1983 年获得美国专利（图 6-14）。

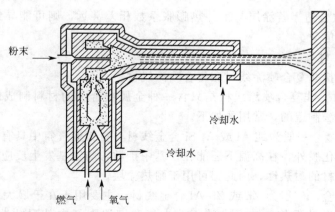

图 6-14　Jet-Kote 超音速粉末火焰喷枪原理图

近些年来，国外超音速火焰喷涂技术发展迅速，许多新型装置出现，在不少领域正在取代传统的等离子喷涂。

在国内，武汉材料保护研究所、北京钢铁研究总院、北京钛得新工艺材料有限公司等也在进行这方面研究，并生产出有自己特色的超音速喷涂装置。

燃料气体（氢气、丙烷、丙烯或乙炔-甲烷-丙烷混合气体等）与助燃剂（$O_2$）以一定的比例导入燃烧室内混合，爆炸式燃烧，因燃烧产生的高温气体以高速通过膨胀管获得超音速。同时通入送粉气（Ar 或 $N_2$），定量沿燃烧头内碳化钨中心套管送入高温燃气中，一同射出喷涂于工件上形成涂层。

在喷涂机喷嘴出口处产生的焰流速度一般为音速的 4 倍，即约 1520m/s，最高可达 2400m/s（具体与燃烧气体种类、混合比例、流量、粉末质量和粉末流量等有关）。粉末撞击到工件表面的速度估计为 550～760m/s，与爆炸喷涂相当。

### 6.1.3　热喷涂材料

热喷涂技术的发展是建立在热喷涂材料和热喷涂设备和工艺共同发展的基础上的，热喷涂材料很大程度上决定了涂层的物理和化学性能。热喷涂涂层的作用是赋予基体材料或工件表面以某种功能，起防护或装饰作用。热喷涂材料按组成成分可分为金属、合金、自熔性合金、复合材料、陶瓷和有机塑料等；热喷涂材料按形状可分为以下几种。

① 线材　喷涂设备简单，操作方便，耗能少，成本低，工艺因素影响小，涂层质量稳定。

② 粉末　不受线材成型工艺的限制，成本低，来源广，组元间可按任意比例调配，组成各种组合粉、复合粉，从而得到相图上存在或不存在的相组织，获得某些特殊性能。

但无论是线材还是粉末，必须具有下述特点，才有实用价值。

① 热稳定性好　热喷涂材料在喷涂过程中，必须能够耐高温，即在高温下不改变性能。

② 使用性能好　根据工件要求，所得涂层应该满足各种使用要求，即喷涂材料也必须具有相应性能。

③ 润湿性好　润湿性好，得到的涂层与基体的结合强度高，自身密度好，且涂层也平整。

④ 固态流动性好（粉末）　流动性（与粉末形状，湿度，粒度有关）好，才能保证送粉的均匀性。

⑤ 热膨胀系数合适　若涂层与工件热膨胀系数相差甚远，则可能导致工件在喷涂后冷却过程中引起涂层龟裂。

（1）热喷涂线材

热喷涂线材包括非复合喷涂线材和复合喷涂线材。

① 非复合线材　非复合喷涂线材是只含一种金属或合金的材料制成的线材。这些线材是用普通的拉拔方法制造的，常用的如下。

a. Al 及 Al 合金　一般为纯 Al 或 Al-Si 合金线材，在工业气氛中具有较高的耐蚀性；铝除能形成稳定的氧化膜外，在高温下还能在铁基中扩散，与铁基发生反应生成抗高温的铁铝化合物，提高了钢材的耐热性，因此铝可用于耐热涂层。

b. Zn 及 Zn 合金　一般为 Zn 或 Zn-Al 合金线材，主要用于在干燥大气、农村大气或在清水中金属构件的腐蚀保护，在污染的工业大气和潮湿大气中其耐蚀性有所降低；在酸、碱、盐中锌不耐腐蚀。在锌中加入铝可提高涂层的耐蚀性，铝的质量分数为 30% 时，锌-铝合金耐蚀性最佳。主要用于大气及水中的腐蚀防护。

c. Cu 及 Cu 合金　纯铜不耐海水腐蚀，纯铜涂层主要用于电器开关和电子开关元件的电触点以及工艺美术品的表面装饰。黄铜具有一定的耐磨性、耐蚀性，且色泽美观，其涂层广泛用于修复磨损件，也可作为装饰涂层。黄铜中加入 1% 左右的锡，可提高黄铜耐海水性能，故有海军黄铜之美誉；铝青铜抗海水腐蚀能力强，同时具有较高的耐硫酸、硝酸腐蚀性能，主要用于泵的叶片、轴瓦等零件的喷涂。磷青铜具有比锡青铜更好的力学性能，耐蚀和耐磨性能，而且是美丽的淡黄色，可用于装饰涂层。

d. Ni 及 Ni 合金　一般为 Ni 及 Ni-Cr、Ni-30% Cu（蒙乃尔合金），镍涂层即使在 1000℃ 高温下也具有很高的抗氧化性能，在盐酸和硫酸中具有较高的耐蚀性。Ni-Cr 合金涂层作为耐磨、耐高温涂层，可在 800~1100℃ 高温下使用，但其耐硫化氢、亚硫酸气体及盐类腐蚀性能较差；蒙乃尔合金涂层具有优异的耐海水和稀硫酸腐蚀性能，具有较高的非强氧化性酸的耐蚀性能，但耐亚硫酸腐蚀性能较低。

e. Sn 及 Sn 合金　锡涂层耐蚀性好，主要用于食品器皿的喷涂和做装饰涂层；巴氏合金则主要用于轴承、轴瓦等强度要求不高的滑动部件的耐磨涂层。

f. Fe 及 Fe 合金　各种碳钢和低合金钢丝均可作为热喷涂材料，T8 为典型高碳钢丝喷涂用材。在喷涂过程中，碳及合金元素有所烧损，易造成涂层多孔和存在氧化物夹杂等缺陷，但仍可获得具有一定硬度和耐磨性的涂层，广泛用于耐磨损的机件和尺寸的修复。不锈钢可分为铬、镍不锈钢两大类，目前焊接用的不锈钢丝均可用于喷涂。铬不锈钢中常用 Cr13、1Cr13-4Cr13 型马氏体不锈钢，喷涂过程中颗粒有淬硬性，颗粒间结合强度高，涂层硬度高，耐磨性好，并且具有相当好的耐蚀性能，常用作磨损较严重及中等腐蚀条件下工件机件的表面强化，尤其适合于轴类零部件的喷涂，涂层不龟裂；以 18-8 型奥氏体不锈钢为代表的镍铬不锈钢涂层具有优异的耐蚀性和较好的耐磨性，主要用于工件在多数酸和碱环境下的易磨损件的防护与修复。

g. Pb 及 Pb 合金　铅耐稀盐酸和稀硫酸浸蚀，能防止 X 光等，主要用于滑动耐磨涂层和防护涂层。

h. Mo　钼耐磨性好，同时又是金属中唯一能耐热浓盐酸腐蚀的金属，钼与很多金属如普通碳钢、不锈钢、铸铁、铝及其合金等结合良好，因此钼涂层常用打底层；另外，钼喷涂层中会残留一部分 $MoS_2$ 杂质，或与硫发生反应生成 $MoS_2$ 固体润滑膜，因而钼涂层可作为耐磨涂层。

② 复合喷涂线材　复合喷涂线材就是把两种或两种以上的材料复合而制成的喷涂线材，复合喷涂线材中大部分是增效复合喷涂线材，即在喷涂过程中不同组元相互发生热反应生成化合物，反应热与火焰热相叠加，提高了熔滴温度，达到基体后会使基体局部熔化产生短时高温扩散，形成显微冶金结合，从而提高结合强度。

制造复合喷涂线材常用的复合方法如下。

a. 丝-丝复合法　将各种不同的组分的丝绞、轧成一股。

b. 丝-管复合法　将一种或多种金属丝穿入某种金属管中压轧而成。

c. 粉-管复合法　将一种或多种粉末装入金属管中加工成丝。

d. 粉-皮压结复合法　将粉末包在金属丝外。

e. 粉-粘合剂复合法　把多种粉末用粘合剂混合挤压成丝。

（2）喷涂用粉末

热喷涂用的粉末的种类很多，类似的我们也可以将它们分为：非复合喷涂粉末和复合喷涂粉末两类。

① 非复合喷涂粉末　非复合喷涂粉末属简单粉末，每个粉粒仅由单一的成分组成。它又可分为以下 3 种。

a. 金属及合金粉末　大量应用的合金粉末主要是 Ni 基、Fe 基、Co 基、Cu 基合金粉末，一般都可用水雾法、气雾法或其他方法制得。

喷涂合金粉末（也称冷喷合金粉末）：这种粉末不需要或不能进行重熔处理。按其用途分为打底层粉末和工作层粉末。打底层粉末用来增加涂层与基体的结合强度；工作层粉末保证涂层具有所要求的性能。

喷熔合金粉末（又称自熔性合金粉末）：因合金中加入了强烈的脱氧元素（如 Si、B），在重熔过程中它们优先与合金粉末中的氧和工件表面的氧化物作用，生成低熔点的硼硅酸盐覆盖在表面，防止液态金属氧化，改善对基体的润湿能力，起到良好的自熔剂作用。

b. 陶瓷材料粉末　热喷涂陶瓷粉末主要是指金属氧化物（如 $Al_2O_3$、$TiO_2$ 等）、碳化物（如 WC、SiC 等）、硼化物（如 $ZrB_2$、$CrB_2$ 等）、硅化物（如 $MoSi_2$ 等）、氮化物（如 VN、TiN 等）。

c. 塑料粉末　塑料涂层具有美观、耐蚀的性能，有热塑性（受热熔化或冷却时凝固，如聚乙烯、尼龙粉等）和热固性（受热产生化学变化、固化成型、环氧树脂、酚醛树脂等）两类。

② 复合喷涂粉末　复合材料粉末是由两种或更多种金属和非金属（陶瓷、塑料、非金属矿物）固体粉末混合而成。它又可分为以下几种（图 6-15）。

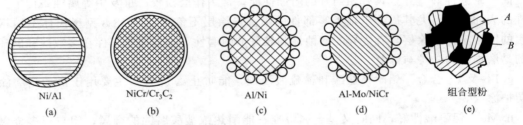

| Ni/Al | NiCr/Cr₃C₂ | Al/Ni | Al-Mo/NiCr | 组合型粉 |
| (a) | (b) | (c) | (d) | (e) |

图 6-15　复合型粉末结构示意图（Ni/Al 为 Ni 包 Al，余同）

a. 包覆型粉　由一种或几种成分作为外壳，均匀连续或星点间断地包覆由一种或几种成分组成的核心的粉体，包覆层与核心的重量比可从 1%～99%，包覆层的宏观厚度最低可为 $2\sim3\mu m$。

b. 组合型粉　由不同相混杂而成的颗粒，没有核壳之分。

复合粉技术和产品的发展是热喷涂技术的重要突破，为涂层性能的提高和优化设计开辟了宽广的领域，这是因为：复合粉的粉粒是非均相体，在热喷涂作用下形成广泛的材料组合，从而使涂层具有多功能性；复合材料之间在喷涂时可发生某些希望的有利反应，改善喷涂工艺，提高涂层质量；包覆型复合粉的外壳，在喷涂时可对核心物质提供保护，使其免于氧化和受热分解。

包覆型粉的制备可采用气相沉积法（包括热分解法、高温沉积法及氢还原法等）和液相沉积法。组合型复合粉的制备可采用热扩散法、共还原法、烧结破碎法、混合团聚法。

实际生产中，由于机件的形状、大小、材质、施工条件、使用环境及服役条件千差万别，因而对涂层性能的要求也不一样，所以在设计产品和修复零件时，就涉及如何正确选用热喷涂层，采用怎么样的工艺来实现等，这将关系到以后使用时的成败。因此，在进行涂层设计时，就要对工件使用情况和工件表面应具备的性能有透彻的了解，准确判定工件的失效原因，有目的地进行涂层的选择和系统的设计。

## 6.1.4 冷喷涂技术

冷喷涂（cold spray）又称为冷气动力喷涂（cold gas dynamic spray method），是近期发展起来的一种新兴的喷涂技术，尚处于初期阶段。20 世纪 80 年代中期苏联科学家在用示踪粒子进行超音速风洞试验时发现，当示踪粒子的速度超过某一临界速度时，示踪粒子对靶材表面的作用由冲蚀变为沉积，由此提出了冷喷涂的概念。研究人员利用该技术在不同的基体上成功地沉积了纯金属、合金和金属陶瓷复合涂层。20 世纪 90 年代获得实用冷喷涂专利技术，于 2000 年推出第一台商用计算机控制的喷涂设备。冷喷涂不像热喷涂那样依赖于热能，更多依赖于高的速度和动能。其过程通过加压的预热气流、逐渐缩放的喷嘴和加压的粉末送料器，产生细的高度聚焦的喷涂气流（最重要的是高的压力和细小粉料）。

冷喷涂技术是一项既经济又实用的喷涂技术，可用于材料的表面涂层制备，改善和提高材料的表面性能。如耐磨性、耐蚀性、导电性、材料的力学性能等其他功能，最终达到提高产品质量的目的。

冷喷涂技术可获得低氧化物含量、低内应力、高硬度、大厚度涂层，冷喷涂纳米材料将成为喷涂技术领域的研究前沿之一。冷喷涂技术是在低温状态下实现涂层的沉积，涂层中形成的残余应力低（主要是压应力），涂层厚度可达数毫米；对基体热影响区小，对喷涂粉末无任何影响，无氧化，无污染；可最大限度地保持喷涂粉末材料的原始性能，制备的涂层性质基本保持原始材料的性能；为制备纳米结构涂层以及金属材料表面纳米化提供了一种重要的工艺方法。与现有的涂层技术比较，喷涂效率高，粉末利用率高（喷涂粉末可以回收），制备的涂层致密，孔隙率低，残余应力低，对基体材料热影响区小，可以制备高热传导率、高导电率的涂层以及其他功能涂层，喷涂噪声低。

迄今的研究表明，冷喷涂可以实现 Al、Zn、Cu、Ni、Ti、Ag、Co、Fe、Nb、Ni、Cr 等金属和合金的涂层制备，同时可制备高熔点 Mo、Ta 以及高硬度的金属陶瓷材料 $Cr_3C_2$-NiCr、WC-Co 等涂层。该工艺发展将为制备优越性能的金属涂层、金属陶瓷涂层、非晶与纳米结构的金属涂层提供有效的方法。

（1）冷喷涂原理

冷喷涂是基于空气动力学原理的一种喷涂技术，冷喷涂原理如图 6-16 所示。

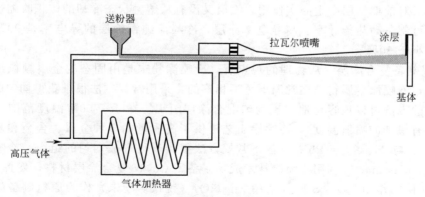

图 6-16 冷喷涂原理示意图

冷喷涂是利用高压气体（如 $H_2$、He、$N_2$ 混合气体或空气）低温加热（不超过 600℃），携带粉末颗粒，通过拉瓦尔喷管（Laval nozzle）产生速度高达 $300\sim1200m/s$ 的超音速气流，在金属粉末完全固态下从轴向撞击基体材料，通过较大的塑性流动变形而沉积于基体表面上形成涂层。喷涂过程中，高速粒子撞击基体是形成涂层还是对基体起喷丸或冲蚀作用，取决于粒子的速度。

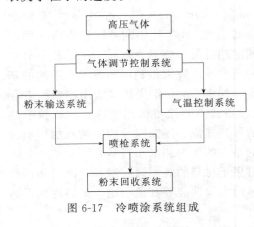

图 6-17　冷喷涂系统组成

冷喷涂系统的构成基本上分 6 大部分：喷枪系统、送粉系统、气体温度控制系统、气体调节控制系统、高压气源以及粉末回收系统。如图 6-17 所示。其核心是喷枪拉瓦尔喷嘴和加热器。

（2）冷喷涂的特点

冷喷涂是一种完全不同于热喷涂的新技术。以等离子弧、电弧、火焰为热源的热喷涂技术，粉末颗粒或线材被加热到熔化状态。这种高温不可避免地使喷涂材料在喷涂的过程中发生相变、化学反应及辐射等现象。冷喷涂以高压气体为动力，可以实现低温下的涂层沉积。冷喷涂与传统的热喷涂工艺在喷涂过程中的差别，决定了冷喷涂具有以下技术特点。

① 氧化物含量低　金属材料在低温喷涂过程中的氧化非常有限，对于制备 Cu、Ti 及其合金等易于氧化的材料和对制备纳米、非晶等温度敏感的涂层具有十分重要的意义。也可以用来制备对温度敏感的非晶材料涂层。所有的研究结果都表明，冷喷涂涂层结构致密，涂层中氧含量基本与涂层原始粉末一致。在冷喷涂氧化物含量仅为 0.2%，粉末火焰喷涂的氧化含量为 1.1%。

② 对基体的热影响小　基本不改变基体材料的组织结构，因此基体材料的选择范围广泛，可以是金属、合金甚至塑料，也就是说可以实现异种材料的良好结合。如沈阳金属所已经成功地在 PTC 陶瓷基体上制备了纯铝涂层。

③ 沉积率高，喷涂效率高，经济性好　当金属粉末粒子速度超过其临界速度后，随着速度的增加，沉积效率增加，最高可以达到 80% 以上。粉末可以回收利用，粉末利用率达 100%，喷涂效率可达 3kg/h。直接使用压缩空气作为喷涂气体，降低了使用成本，增加了经济效益，设备相对简单。

④ 涂层孔隙率低　由于冷喷涂的颗粒以高速撞击而产生强烈塑性变形形成涂层，后续粒子的冲击又对前期涂层产生夯实作用，涂层又没有从熔融状态冷却的体积收缩过程，故孔隙率较低。可制备高热传导率、高导电率涂层，冷喷涂纯铜涂层的导电率是 90%，火焰喷涂的导电率小于 50%。

⑤ 可以制备复合涂层　从物理的观点看，冷喷涂粉末是由固态的金属颗粒组成。相比热喷涂来说，冷喷涂金属粉末在常温下是不相溶的，采用常规方法很难获得均匀的组织，而采用冷喷涂的方法可以很容易地实现均匀混合涂层组织。在 0~700℃ 温度范围（对于每种涂层材料都有最佳的喷射温度），冷喷涂工艺提供了高质量的多种金属、合金和复合材料涂层。例如，Ni 与 Ti、Al 与 Pb 在常温下常规方法很难获得形成均匀的组织，冷喷涂可获得均匀的组织。Eastman 等利用冷喷涂技术成功制备了 $Cu_2W$ 复合涂层材料，发挥了 Cu 基体及 W 的强化协同作用。Das S K 等采用 $Zn_2TiO_2$（锐钛矿粉末）作为原料制备的冷喷涂涂层，涂层保留了粉末原有的结构。

⑥ 形成的涂层承受压应力　由于涂层可以承受压应力，因而可以制备厚涂层。有研究者制备的铜、铝及其合金涂层厚度大于 5mm，美国 Pennsylvania State University 在钛表面沉积 $Cr_3C_2$-20Ni-5Cr 涂层，涂层厚度可达 1.5mm。合金涂层有很高的密度，涂层硬度达到

$575HV_{0.3}$。铜涂层表面硬度为 $150HV_{0.3}$，铝涂层硬度为 $45HV_{0.3}$。

⑦ 冷喷涂具有较高的结合力　如在铝基体上喷涂铜涂层，结合力可以达到 66MPa，400℃回火后可以达到 195MPa，钛表面沉积 $Cr_3C_2$-20Ni-5Cr 涂层与基体的抗剪强度达 413MPa。Kreye 等测试了 Cu 涂层的结合强度。拉伸强度约 35MPa（EN582 标准），且断在涂层和基体界面，当断裂发生在涂层与基体界面时，涂层的剪切强度约 30MPa，在涂层内剪切强度约为 18MPa。Van 等用拉销（Stug）试验测试了 Cu、Fe、Al 涂层的结合强度，用胶将直径 2.69mm 的拉销粘到涂层上，然后拉下来，涂层的结合强度为 68～82MPa，且断在胶上。

（3）临界速度

临界速度是指喷涂粒子碰撞基体材料前能正常形成涂层的速度。当高压气体携带粉末材料经喷枪喷嘴加速后，能否形成所期望的涂层，粉末材料的飞行速度十分关键，是冷喷涂最重要的工艺参数。粒子碰撞基体材料前的速度，对于一定的喷涂材料存在一定的临界速度。只有超过临界速度的喷涂粒子才能形成涂层。根据不同种类的材料，喷涂粒子的临界速度一般为 500～700m/s。高速金属粒子碰撞基体后产生局部高压以及大的塑性变形，破碎并挤出粒子和基体表面的氧化膜，使粒子与基体间紧密接触。对于给定材料，临界速度的存在意味着粒子的结合需要一定的塑性变形量。因此喷涂粒子的加速行为以及碰撞基体的变形行为是非常重要的。碰撞粒子速度对粒子与基体变形、碰撞界面温度升高影响较大。随着喷涂粒子速度的增加，粒子的扁平率以及界面接触面积增加，随着粒子初始温度的增加，碰撞界面的最高温度增加。当粒子速度超过临界速度后将产生绝热剪切失稳。而绝热剪切失稳造成的剧烈塑性变形将提供有效接触面来形成结合。在临界速度附近，界面局部温度可能达到喷涂粒子的熔点。当喷涂粒子速度超过临界速度后，有可能发生碰撞熔化，形成局部冶金结合。原子间金属结合与冶金结合都将有利于粒子的沉积。表 6-2 为部分涂层材料的临界速度。

表 6-2　部分涂层材料的临界速度

| 材料名称 | 临界速度/(m/s) | 材料名称 | 临界速度/(m/s) |
|---|---|---|---|
| 铝 | 680～700 | 铜 | 560～580 |
| 铁 | 620～640 | 镍 | 620～640 |

（4）影响喷涂效果的因素

在喷涂过程中，粉末颗粒的速度决定了涂层的沉积速率和结合强度。因此，能够对粉末颗粒的速度产生影响的因素都将会影响喷涂效果。在研究冷喷涂的优化工艺中发现，影响喷涂效果的因素主要有以下几个方面。

① 气体压力　这是粉末颗粒能否达到临界速度的决定因素，气体压力增大可有效提高金属粉末的速度。

② 气体温度　在气体压力一定的条件下，通过加热器预热气体，能够进一步提高粉末颗粒的速度。另外，气体温度的升高还将使粉末颗粒获得一定的温度，从而有助于撞击基体时更易产生塑性流动变形。有研究表明，提高气体温度可以增加粒子的速度，从而提高沉积效率。

③ 颗粒尺寸　由于气体的密度、黏滞系数相对较小，气体对粉末颗粒的作用力有限，所以粉末颗粒不能太大；颗粒太小又将受到高速气流作用于基体表面产生冲击波。试验表明，较为适中的颗粒尺寸为 5～50μm。

④ 气体种类　一般认为在相同的温度和压力下，不同种类的气体会产生不同的速度，且差别较大。试验中发现，相同条件下 He 气产生的速度远高于其他常用气体，Karthikeyan 等研究了用高压 He 和 $N_2$ 气冷喷涂 Ti 粉末，结果表明，采用 He 气喷涂比 $N_2$ 气喷涂效率高，且孔隙率低。

⑤ 喷涂距离　超音速双相流离开喷嘴以后，空气对其速度、方向、温度的影响都将发生变化。粉末颗粒及气体的速度、温度随离开喷嘴距离变化而变动。

在喷涂的过程中需要综合考虑各种因素的影响，选择最佳的工艺参数。表 6-3 给出了一般冷喷涂的主要技术参数。

**表 6-3　冷喷涂的主要工艺参数**

| 加工参数 | 选择范围 |
|---|---|
| 工作气体 | 空气、氮气、氦气 |
| 喷射压力/MPa | 1～3 |
| 喷射温度/K | 0～873 |
| 气体速度/(m³/min) | 1～2 |
| 粉末输送速度/(kg/h) | 5～15 |
| 喷射距离/mm | 10～50 |
| 消耗功率/kW | 5～25 |
| 粉末粒度/μm | 1～5 |

（5）涂层材料与基体材料的匹配性

在一定的喷涂工艺参数条件下，用不同的涂层材料在相同的基体材料上或用相同的涂层材料，在不同的基体材料上制备涂层，其结合强度有显著的不同。图 6-18 为各种不同的涂层材料在不同的基体材料上形成涂层粒子变形的示意图。

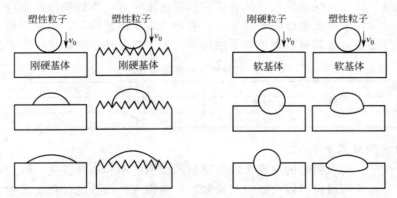

图 6-18　不同涂层材料与不同基体材料匹配喷涂粒子变形示意图

从图中可以清楚地看出，具有塑性的粉末粒子在一定的喷涂速度下，无论是碰撞在光滑的还是粗糙的刚性（如不锈钢等）基体材料上，均将产生塑性变形，在基体表面上形成涂层；而具有塑性或刚性的涂层材料粒子在一定喷涂速度下，碰撞在光滑的软（铝、铜等）基体材料上，均将产生嵌入式变形，形成涂层，但两者具有不同的结合强度。

（6）冷喷涂技术的发展

冷喷涂的工艺正广泛用于各个领域。冷喷涂工艺以动能（微粒速度）代替热能（高温），从而使旧工艺得到改进。各发达国家都在努力研究用这种与热喷涂不同的独特喷涂方法制备各类涂层，已经取得了很大的进展。美国公司已经成功用冷喷涂技术制备耐磨、耐腐蚀等涂层和生产汽车和飞机用的新型韧性涂层，在梯度涂层中连接异种金属，制造小型涂层复合件以及进行低温涂覆等。

目前，我国冷喷涂的研究及应用还处于起步阶段，关于冷喷涂的报道还比较少。中科院沈阳金属所与俄罗斯理论与应用力学研究所自 2000 年开始合作，共同开展了利用冷喷涂技术制备新型涂层的研究工作。

冷喷涂技术对于扩展热喷涂领域具有极其重要的意义，为表面工程技术的应用开辟了新的途径。各国都在不断地研究冷喷涂技术工艺，并逐渐将冷喷涂用到工业生产当中，促进了工业生产的发展。它不仅在涂层的制备技术和金属材料表面纳米化等方面具有重要价值，而且在更多的制备复杂结构材料的复合技术方面也会发挥巨大的作用。比如，用于商用的火箭发动机，采用铜涂层很好地解决了燃烧室中管道系统的热量循环问题，是利用铜涂层有很好的热传导系数，并能与基体有很好的结合力。在汽车维修领域中，采用冷喷涂技术可以给汽车涂上不同的金属，同时可以降低对车体的影响。对汽车的缸体、密封阀等也可以进行喷涂维修。在飞机制造业中，由于冷喷涂不产生热影响，因此可以对零部件进行防腐保护喷涂。冷喷涂在电力部门应用导电性能良好的铜涂层，可大大降低电力损耗。

冷喷涂技术对贵重材料可以进行收集和再利用，因此比投资比较大的其他表面处理工程具有一定的商业竞争能力。

综上所述，高速冷喷涂是一项发展迅速的工业表面喷涂新技术，具有其他表面喷涂不可替代的优点，拥有潜在的广泛应用市场。冷喷涂以其温度低、对基体的热影响小、沉积率高和经济性好。并且可制备复合涂层、涂层深层空隙率低，具有较好的结合力以及厚涂层能承受压应力等特点。冷喷涂技术对于扩展及补充热喷涂技术具有极其重要的意义，在工业上能够带来更大的经济效益。为表面工程技术的应用开辟了新的途径。它不仅在涂层的制备技术和金属材料表面自身纳米化方面具有重要价值，而且在制备复杂结构材料的复合技术方面也将发挥巨大的作用。

# 6.2　堆焊技术

## 6.2.1　堆焊技术简介

机械零件大多数是用金属材料制造的，在使用中由于相配合零件表面的相互作用会引起磨损；零件的金属表面由于大气的影响发生化学和电化学的作用而招致腐蚀。有时两种现象同时发生，称为磨蚀。随着现代工业和科学技术的发展，机械零件经常处于异常复杂和苛刻的条件下工作，大量机械设备往往因磨损、腐蚀或磨蚀而报废，直接和间接损失相当惊人。因此，国内外对研究开发金属表面强化和抗磨技术普遍关切和重视，各种强化方法不断涌现。堆焊技术是利用焊接方法进行强化机械零件表面的一种维修焊接技术。图 6-19 所示是电弧堆焊修复的电机转子和足辊。利用这一技术可以改变零件表面的化学成分和组织结构，完善其性能，延长零件的使用寿命，具有重要的经济价值。

（1）堆焊的特点

堆焊是指将具有一定使用性能的合金材料借助一定的热源手段熔覆在母体材料的表面，以赋予母材特殊使用性能或使零件恢复原有形状尺寸的工艺方法。堆焊技术是焊接的一个分支，是金属晶内结合的一种熔化焊接方法。但它与一般焊接不同，不是为了连接零件，而是用焊接的方法在零件的表面焊一层或数层具有一定性能材料的工艺过程。其目的在于修复零件或增加其耐磨、耐热、耐蚀等方面性能。因此，堆焊具有一般焊接方法的特点，但又有其特殊性。

图 6-19　电弧堆焊修复的电机转子和足辊

堆焊的物理本质、冶金过程和热过程等方面的基本规律与一般焊接是相同的,但由于其目的在于发挥堆焊层的特殊性能,所以还有它自身的一些特点。

① 影响堆焊层性能的主要因素是堆焊层的合金成分和组织性能　因此根据零件的使用条件,选择最优的焊接材料与工艺方法相配合进行堆焊至为重要。

② 由于堆焊主要在于发挥堆焊层的特殊性能,所以除修补零件可用相同或相近于基体金属的焊接材料外,一般都使用具有特殊成分和性能的焊接材料。这就使堆焊在多数情况下,又有异种材料(特别是高合金)焊接的特点。

③ 为了保证堆焊层的特殊性能堆焊时要尽量降低稀释率　所谓稀释率是表示堆焊焊缝中含有母材金属的百分率,如稀释率 10%,表示堆焊层中母材金属含量为 10%,堆焊合金含量为 90%。稀释率是堆焊中一项重要的指标。

④ 堆焊合金与基体金属的相变温度和膨胀系数等物理性能要尽量相近,以免在堆焊、焊后热处理及使用过程中产生较大的组织应力与热应力,造成堆焊层的开裂、剥离等。

(2) 堆焊的分类

堆焊方法的发展也随生产发展的需要和科技进步而发展,当今已有多种堆焊方法。堆焊是熔化焊,因此从原则上讲,凡是属于熔化焊的方法都可用于堆焊。现按实现堆焊的条件,将常用的堆焊方法综合分类,如图 6-20 所示。

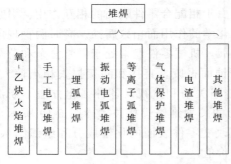

图 6-20　常用堆焊方法的分类

手工电弧堆焊简便灵活,应用广泛。而且随着焊接材料的发展及工艺方法的改进,逐渐克服了其生产率低、劳动条件差及降低堆焊零件的疲劳强度等缺点,使手工电弧堆焊的应用范围不断扩大。例如应用加入铁粉的焊条使生产率显著提高;采用酸性药皮的堆焊焊条可以大大改善焊接的工艺性能,使粉尘量下降,改善焊工的工作条件;应用手工电弧熔化自熔性合金粉末,可以获得平整而薄的性能优异的堆焊层,而且熔深也很小。

氧-乙炔火焰堆焊具有堆焊层薄、熔深浅的特点,设备简单,工艺适应性强,特别是氧-乙炔火焰温度低,堆焊后可保持复合材料中硬质合金的原有形貌和性能,也是应用较广的堆焊工艺。

振动电弧堆焊采用细焊丝并使其连续振动,能在小电流下保证堆焊过程的稳定性,使零件受热较小,热影响区较小,变形也小,并能获得薄而平整的、硬度较高的堆焊合金层,在机械零件修复中得到了广泛应用。为了提高振动电弧堆焊层的质量,生产中应用了各种保护介质(如水蒸气、压缩空气、二氧化碳)及焊剂层下保护的振动电弧堆焊。其中,二氧化碳保护振动焊，能隔离氮的侵入而获得质量好的堆焊层；能够减弱氢的作用，而提高抗裂性能，生产率较高。但是，振动电弧堆焊的生产率低、堆焊层耐磨性一般、修复零件抗疲劳性能下降，所以在重要机械零件上的应用受到了限制。

高频感应堆焊靠高频电流加热熔化堆焊材料而形成堆焊层。一般来说，高频加热中使加热温度略高于堆焊材料的熔化温度，略低于基体金属的熔化温度。这样既可使零件受热小、变形小，又能使基体金属和堆焊合金获得具有钎焊性质的冶金结合。高频感应堆焊层的厚度为 0.1～2mm，并且具有操作简便、熔深浅、生产率高等优点，在机械零件的耐磨场合得到广泛应用。

随着科技的发展和精密产品的需求，还发展了高能束热源的粉末堆焊技术。高能束粉末堆焊是将高能束流作为热源，以一定成分的合金粉末作为填充金属的特种堆焊工艺。高能束粉末堆焊主要包括等离子弧堆焊、电子束堆焊、激光堆焊以及近几年来发展起来的聚焦光束堆焊。利用高能束热源可以实现热输入的准确控制，获得热畸变小、稀释率低、组织致密、成型美观、性能优越的堆焊层，而且，高能束粉末堆焊生产率高、堆焊过程易于实现机械化和自动化。

等离子弧堆焊就是利用等离子弧高温加热的一种熔化堆焊方法，仍然属于电弧堆焊。但是，等离子弧是一种经过压缩的自由电弧，热效率高，能量集中，温度极高，弧柱中心温度可达 15000～33000℃，能在很短时间内迅速加热工件，降低了热传导损失。采用等离子粉末堆焊工艺，基体材料和堆焊材料之间形成融合界面，结合强度高；堆焊层组织致密，耐蚀及耐磨性好；稀释率低，材料特性无变化；利用粉末作为堆焊材料可以提高合金设计的选择性，特别是能够顺利堆焊难熔材料，如 WC 材料等。

激光堆焊可以实现热输入的准确和局部控制，热影响区和变形小，厚度、成分和稀释率可控性好，激光堆焊技术理论上可以获得任意的焊层厚度。而且，由于激光堆焊速度高，冷却速度快，可以获得组织致密、性能优越的堆焊层，焊接质量易于保证，焊接可靠性高，符合现代生产的发展趋势，因而成为国内外学者的研究热点，近十几年来得到了迅速发展。

电子束堆焊利用会聚的高速电子流，能源利用率很高，可达 30％以上。电子束斑点直径小，加热功率密度大、速度快，热影响区面积小，焊缝纯净度高。而且母材的加热不受金属蒸气的影响，熔敷金属冷却速度快，熔敷层的耐磨性大大提高。但是，一般说来，电子束堆焊必须在真空中进行，而且还需要高压电子枪以及精密的控制设备，虽然可以获得较高质量的堆焊层，但是成本较高，目前主要应用于活性金属的表面堆焊以及精密零件的近净形制造。

聚焦光束表面堆焊是近年来发展起来的新型表面堆焊技术，采用聚焦光束进行堆焊，设备造价仅为同功率激光的 1/3，降低了工艺成本。聚焦光束用于表面堆焊时，金属材料对光束的吸收率高，能源利用率达 50％以上。聚焦光束粉末堆焊的功率与传统的电弧堆焊相当，但加热过程平静，对熔池无机械力作用，可获得低稀释率的堆焊层。

（3）堆焊的应用

堆焊既可用于修复材料因服役而导致的失效部位，亦可用于强化材料或零件的表面，其目的都在于延长零件的使用寿命、节约贵重材料、降低制造成本。堆焊技术的显著特点是堆焊层与母材具有典型的冶金结合，堆焊层在服役过程中的剥落倾向小，而且可以根据服役性能选择或设计堆焊合金，使材料或零件表面具有良好的耐磨、耐腐蚀、耐高温、抗氧化、耐辐射等性能，在工艺上有很大的灵活性。

就堆焊的应用范围而言，它遍及各种机械使用和制造部门。广泛应用于汽车、拖拉机、冶金机械、矿山、煤矿机械、动力机械、石油化工设备、建筑、运输设备以及工具和模具的制造与修理中。其中轧辊堆焊占相当大的比重，轧辊堆焊修复费用仅为新辊价格的 1/4～1/2，而且经修复后，其寿命往往高于新辊，其经济效益和社会效益十分显著。采用堆焊方法修复旧轧辊以提高轧辊的使用寿命已成为我国轧钢企业降低成本、提高效益的重要举措。到 20 世纪 90 年代，绝大多数大中型钢铁企业均具有了轧辊堆焊修复的能力。堆焊材料方面，针对被修复零件的服役要求，我国相继开发了耐磨的硬质合金复合堆焊材料（包 WC 的管状焊条以及含碳化物的钴基合金、镍基合金、铁基合金粉末），耐冷热疲劳的 CrNiWMoNb 及镍马氏体时效钢等模具堆焊材料，以及用于轧辊修复的低合金钢堆焊材料（30CrMnSi，40CrMn）、热作模具钢堆焊材料（3Cr2W8，Cr5Mo）、弥散硬化钢堆焊材料（15Cr3Mo2MnV，25Cr5WMoV，27Cr3Mo2W2MnVSi）、马氏体不锈钢堆焊材料等。

利用堆焊技术制造某些零件时，不仅可发挥零件的综合技术性能和材料的工作潜力，还能节约大量的贵重合金。例如，一般热锻模用 5CrMnMo 或 5CrNiMo 等合金钢整体模制造，而我国有的工厂已成功地应用 45Mn2 铸钢基体电渣堆焊合金材料来制造，从而大量节约了贵重的 Ni、Mo 等合金元素。又如，水轮机的叶片，基体为碳素钢，在可能发生气蚀部位堆焊一层不锈钢，使之成为耐气蚀的双金属叶片；在金属模具制造中，基体要求强韧性，选用价格相对低廉的碳钢、低合金钢制造，而刃模部位要求高硬度、耐磨，因此堆焊耐磨合金，既节省大量的合金，又能提高模具的使用寿命。

### 6.2.2 氧-乙炔火焰堆焊

氧-乙炔火焰是一种多用途的堆焊热源，火焰温度低，而且可以调整火焰能率，堆焊时能获得非常小的稀释率（1%～10%），熔深浅、母材熔化量少。氧-乙炔火焰堆焊层表面平滑美观、质量良好，而且设备简单，可随时移动，操作简便、灵活，成本低。但其缺点是热源分散、温度不高、生产效率低、劳动强度大。因此只适于小批量的中小型零件的堆焊。

（1）氧-乙炔火焰的分类及性质

由于氧和乙炔的混合比不同，氧-乙炔火焰有氧化焰、中性焰和碳化焰（还原焰）三种类型。其构造和形状如图 6-21 所示。

① 中性焰　氧和乙炔混合体积比为 1∶（1～1.1）时，氧与乙炔充分燃烧，内焰区内为 CO 和 H$_2$，没有氧与乙炔过剩，这种火焰称为中性焰，其内焰具有一定还原性。中性焰最高温度 3050～3150℃，由焰心、内焰和外焰三部分组成。焰心为光亮的蓝白色圆锥形，内焰为蓝白色，呈羽毛状，外焰从里到外逐渐由淡蓝色变为橙黄色。中性焰主要用于焊接低碳钢、低合金钢、高铬钢、不锈钢、紫铜、锡青铜、铝及其合金等。

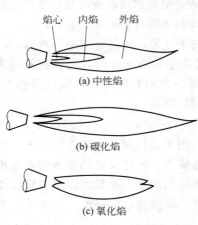

图 6-21　氧和乙炔焰的构造和形状

② 氧化焰　氧和乙炔混合体积比大于 1.1（一般在 1.2～1.7 之间）时，出现氧过剩的火焰，最高温度 3100～3300℃。氧化焰由焰心和外焰两部分组成。焰心短而尖，呈青白色。外焰短、略呈紫色。氧化焰火焰挺直，伴有剧烈的嘶嘶声。由于存在过剩的游离氧，氧化焰具有氧化性，焊钢件时焊缝易产生气孔和变脆。主要用于焊接黄铜、锰黄铜、镀锌铁皮等。

③ 碳化焰　氧和乙炔混合体积比小于 1（一般在 0.85～0.95 之间）时，乙炔未完全燃烧，这种火焰称为碳化焰。碳化焰的焰心、内焰和外焰三个部分都很明显。焰心较长，呈蓝白色。内焰边界清楚，呈淡蓝色，有游离的自由碳。外焰软而长，呈橙黄色，随着乙炔气比

例的加大，外焰并伴有黑烟。碳化焰最高温度 2700～3000℃，火焰中有游离状态碳及过多的氢，焊接时会增加焊缝含氢量，焊低碳钢有渗碳现象。主要用于高碳钢、高速钢、硬质合金、铝、青铜及铸铁等的焊接或补焊。

（2）氧-乙炔火焰堆焊工艺

氧-乙炔火焰堆焊工艺与气焊工艺差别不大，包括焊前零件表面的清理、焊前预热、焊后缓冷、操作方法、焊接工艺参数的选择、焊接缺陷及变形的防止等。与电气焊不同的是对火焰能率的选择，堆焊时希望熔深越浅越好，因此在保证适当生产率的同时应尽量采用较小号的焊炬和焊嘴，使稀释率与合金元素的烧损降低到最小限度。

① 堆焊前的准备　为保证焊接质量，堆焊前应把焊材及焊件表面的氧化物、铁锈、油污等去除干净，以免产生夹渣、气孔等缺陷。

如果待堆焊表面出现磨损或沟槽时，应采用机加工方式进行消除。如果机加工厚度超过堆焊层厚度，可先用与基体同材质的材料堆焊打底。

由于堆焊合金与基体金属的物理性能不同，为防止产生裂纹和减小焊接变形，焊前需进行预热，具体的预热温度根据基体的材料和工件的大小确定。

② 火焰的选择　乙炔过剩的碳化焰温度较低，加热速度较慢，合金元素烧损少，而且表面渗碳、降低表面熔点、减少熔深，多选用碳化焰，内焰是焰心长度的几倍称为几倍乙炔过剩焰。不同的堆焊合金要求采用不同倍数的乙炔过剩焰，倍数越高渗碳越多，过大则堆焊合金硬度不均匀、焊缝不平整，一般不大于 4。

③ 堆焊工艺参数　氧-乙炔火焰堆焊的工艺参数主要包括：火焰的性质、焊丝直径的选择、火焰能率、焊接速度、喷嘴与工件间的倾斜角度的选择等。合理地选择堆焊工艺参数是获得高性能焊接接头的重要条件。

选择堆焊工艺时，首先依据的是基体材料的种类以及厚度。应考虑该基体材料的热物理性能，例如熔点、导热性等。对某些熔点较高、导热性较好的材料。在选择堆焊工艺参数时，各种工艺参数的确定应尽可能保证焊件表面具有较高的热量。

a. 焊丝直径　氧-乙炔火焰堆焊时，焊丝直径的选择主要依据焊件的厚度以及堆焊面积选择。如果焊丝过细，则焊丝熔化太快，容易造成熔合不良和表面焊层高低不平，降低焊缝质量；如果焊丝过粗，焊丝的加热时间就会增加而使热影响区增大，容易造成过热组织，降低堆焊层的质量。焊丝过粗还可能使焊缝产生未焊透现象。

b. 火焰能率　火焰能率是以每小时混合气体的消耗量来表示的，单位是升/小时。火焰能率的大小主要是根据被堆焊件的厚度、金属材料的性质（如熔点、导热性能等）以及焊件的空间位置来选择。堆焊较厚的焊件时，火焰能率应选择大一些。相反，在堆焊薄件时，为了避免焊件被烧穿以及堆焊层组织过热，火焰能率应选小一些。堆焊熔点较高且导热性好的金属材料（如紫铜等）时，要选用较大的火焰能率；堆焊熔点较低且导热性较差的金属材料（如铅等），则要选用较小的火焰能率。

火焰能率是由焊炬型号和焊嘴号码的大小来决定的。焊嘴孔径越大，火焰能率也越大；相反，焊嘴孔径越小，火焰能率也越小。

c. 堆焊速度　堆焊速度直接影响到生产率的高低和产品质量的好坏。因此，必须根据不同的产品来正确选择堆焊速度。通常情况下，对厚度大、熔点较高的焊件，堆焊速度要慢些，以免产生未熔合等缺陷；对厚度较薄、熔点低的焊件，堆焊速度要快一些，以免焊件产生烧穿、过热等缺陷，降低产品质量。

除了考虑到上述因素以外，还要根据操作者的技术水平、堆焊层的位置以及其他具体条件来选择。在保证堆焊质量的前提下，应尽量加快堆焊速度，来提高堆焊生产率，缩小热影响区，避免过热、过烧、产生大的变形。

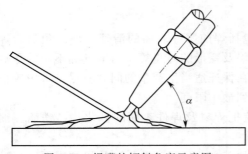

图 6-22　焊嘴的倾斜角度示意图

d. 焊嘴的倾斜角度　焊嘴的倾斜角度是指焊嘴与焊件间的夹角，如图 6-22 所示。焊嘴倾角的大小，要根据焊件的厚度、焊嘴大小和金属材料的熔点和导热性、空间位置等因素来决定。焊嘴倾斜角度大，则火焰集中，热量损失较小，焊件得到的热量多，升温就快；焊嘴倾斜角小，火焰分散，热量损失较大，焊件升温就慢。实际焊接过程中，焊嘴倾斜角度并非不变，而是应根据情况随时调整。

（3）氧-乙炔火焰堆焊的应用及实例

① 硬质合金的氧-乙炔火焰堆焊　硬质合金的堆焊可采用氧-乙炔火焰、气电焊等方法。其中氧-乙炔火焰堆焊比电弧堆焊更适于硬质合金，它的熔深浅，母材熔化量少，而且堆焊合金的硬度稳定，因此应用较广泛。具体的堆焊要点如下。

a. 焊前工件的准备　工件表面的铁锈、油污、毛刺等都应仔细清除。工件表面不得有裂纹、砂眼等缺陷。如果是修复密封件表面时，应把磨损的沟槽全部用机械加工消除。机械加工切除的厚度超过堆焊层厚度时，要先用与基体金属相同的材料堆焊打底层。

b. 氧-乙炔火焰堆焊时，采用"3 倍乙炔过剩焰"。这种"3 倍乙炔过剩焰"属于碳化焰，其温度较低，对堆焊金属和工件加热较缓和，火焰保护气氛良好，所以堆焊合金中的碳及其他合金元素的烧损最少。

c. 对于熔点较低、流动性较好的硬质合金，堆焊时必须把被焊表面水平放置，否则合金熔液会向下坡处流动，使堆焊层厚度不均匀。

d. 为防止堆焊合金或基体产生裂纹和减少变形，工件堆焊前，需要进行预热，并注意焊后缓冷。

e. 硬质合金氧-乙炔火焰堆焊时，堆焊基体金属表面不应完全熔化成熔池，而只需加热到基体金属呈现"出汗"状态便立即进行堆焊。为此应注意将火焰调为碳化焰，且火焰焰心尖端与堆焊面的距离保持在约 3mm，直至堆焊表面出现润湿，也就是熔化极薄的一层。这样才能使基体金属混入堆焊合金中的比例最少，保证堆焊层的性能不致下降。当工件表面加热至略呈"出汗"状态的瞬间，将焊嘴微微抬高，使焰心与堆焊面的距离稍微拉开，即可加焊丝进行堆焊。

f. 堆焊时焊丝和熔池都应处在还原焰的保护中，不得将火焰急速从熔池表面移去，但同时应尽量避免堆焊合金过多地渗碳。

g. 每层堆焊可得到 2～3mm 厚的堆焊层，要求一次性焊好。如果要得到更厚的堆焊层时，可以连续堆焊 2～3 层。堆焊完成后，根据需要可用火焰重新熔化堆焊层，以保证堆焊质量，减少缺陷。

h. 堆焊缺陷及防止措施。翻泡和气孔：基体金属过热，堆焊表面局部温度过高，堆焊层混入过多的基体金属，火焰比例变动，火焰晃动，保护气氛不良及基体表面准备工作不完善等因素都会引起翻泡和气孔。堆焊过程中应随时调整火焰注意保持"3 倍乙炔过剩焰"，并正确掌握火焰对堆焊表面的加热程度。

如果堆焊层中出现翻泡和气孔，可待全部堆焊完后，用"3 倍乙炔过剩焰"将翻泡处堆焊金属熔化后并用焊丝将其去除，再用同样的火焰把熔化去除处重熔一次并焊补完整。

夹渣：夹渣主要来源于基体金属与合金焊丝发生冶金反应的产物以及合金焊丝中的夹杂物。堆焊时要注意火焰对熔池的浮渣操作。堆焊第二层时，第一层表面的焊渣必须去除干净，或使其全部浮起，否则容易造成夹渣。此外，待焊工件表面焊前也应严格地进行清理。

疏松：疏松是由于火焰离开熔池太快，使熔池金属急剧冷却凝固造成的。为此，特别是接头处应认真地按工艺规程收口，同时在更换合金焊丝时应注意火焰始终对准熔池，以保持熔池温度并免受外界空气的侵袭。

如堆焊层出现疏松，则会使堆焊金属的抗腐蚀性能显著下降，影响工件表面的使用性能与寿命。

裂纹：堆焊前预热温度低，堆焊过程温度控制不良和堆焊后急速冷却，都易使堆焊层出现裂纹。若接头处收口过急，或火焰突然从堆焊熔池表面离开，往往会产生龟裂。因此，焊前预热与焊后缓冷是硬质合金氧-乙炔火焰堆焊的一个重要特点。此外，在未经退火的淬火零件上堆焊也容易产生裂纹。

避免堆焊层出现裂纹的措施是：堆焊必须不间断地进行，如果在不得已的情况下需要中断堆焊时，应将焊件放在炉中保温，重新堆焊时，要用火焰把堆焊层末尾处熔化 15～20mm 后再开始堆焊；若需要较长时间的中断，则需要将焊件按焊后缓冷处理，重新堆焊前要重新预热工件。任何情况下，中断堆焊时都不能将火焰很快地从熔池表面离开，而应当将火焰缓慢地、按螺旋式地向上移动。

硬度不均匀：堆焊时，当使用大直径的合金焊丝、采用不适当的焊嘴或操作不当时，由于堆焊层厚度不均匀可能引起硬度的不均匀。堆焊层过硬的区域通常是由于渗碳所造成的；堆焊层硬度较低的区域通常是由于基体金属混入堆焊层的结果。

避免堆焊层硬度不均匀的措施是：堆焊时火焰比例要保持稳定，最好单独使用乙炔发生器或采用瓶装乙炔，而且操作者的技术要熟练，才能得到组织和硬度均匀的堆焊层。

② 不锈钢阀座的堆焊　由 0Cr18Ni12Mo2Ti 及 0Cr18Ni9Ti 奥氏体不锈钢制成的阀座，是发动机上重要的零件之一，其工作条件十分复杂苛刻。为此，要求制成阀座的材料在常温和高温下都具有足够的硬度、耐磨性和和耐蚀性能。采用单一材料制成的所谓整体阀座，不可能满足上述各项性能要求。因此，在设计和维修中均规定需在阀座面上进行氧-乙炔火焰堆焊。

阀座面氧-乙炔火焰堆焊工艺方法的操作要点如下。

a. 堆焊焊丝选用钴基合金焊丝 HS111 或 HS112。

b. 堆焊前，彻底消除母材表面的污物及焊丝表面的污物，然后在车床上加工出需要堆焊的阀座表面。

c. 采用焊炬将阀座表面预热至 600～650℃，然后在表面撒覆上一层 CJ101 堆焊熔剂。

d. 必要时先用 1Cr19Ni9Nb 焊丝堆焊过

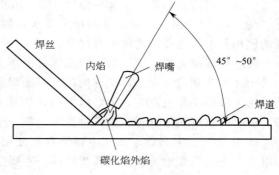

图 6-23　堆焊操作示意图

渡层。堆焊时焊丝作上下运动，一边划破熔池，一边填充焊丝，并使焊丝端头和焊接熔池均置于碳化焰的保护之中（见图 6-23）。焊接速度要快些，以使过渡层应尽量薄。过渡层堆好后，用火焰重熔一遍，若发现存在气孔，可适当加大氧气流量重熔，待气孔消除后，再调回碳化焰施焊。

e. 堆焊 HS111 钴铬钨合金焊丝时，采用 2～2.5 倍的乙炔过剩焰施焊，操作方法同前面所述。

### 6.2.3 手工电弧堆焊

(1) 手工电弧堆焊的特点

手工电弧堆焊与一般手工电弧焊的特点基本相同，设备简单，使用可靠，操作方便灵活，成本低，适宜于现场堆焊和全位置焊接，特别适合形状不规则零件的堆焊和难以自动化的场合。因此，手工电弧堆焊是目前主要的堆焊方法之一。

手工电弧堆焊的缺点是生产效率低、劳动条件差、稀释率高。当工艺参数不稳定时，易造成堆焊层合金的化学成分和性能发生波动，同时不易获得薄而均匀的堆焊层。手工电弧堆焊主要用于堆焊形状不规则或机械化堆焊可焊性差的工件。

手工电弧堆焊用焊条的药皮主要有钛钙型、低氢型和石墨型三种。焊芯多以冷拔焊丝为主，也可用铸芯或管芯。为了减少合金元素的烧损和提高堆焊合金的抗裂性能，一般多采用低氢型药皮的堆焊焊条。

由于手工电弧堆焊成本低、灵活性强，就其堆焊基体的材料种类而言，手工电弧堆焊既可以在碳素钢工件上进行，又可以在低合金钢、不锈钢、铸铁、镍及镍合金、铜及铜合金等工件上进行。就其应用范围而言，手工电弧堆焊的应用遍及各种机械工程和制造部门，广泛用于车辆、工程机械、矿山机械、动力机械、石油化工设备、电力、建筑、运输设备以及模具的制造与修复中。

(2) 手工电弧堆焊工艺

手工电弧堆焊工艺与手工电弧焊工艺基本相同，主要包括堆焊前焊件表面清理，焊条在堆焊前的烘干及清理，堆焊工艺参数的选择及必要的预热、保温和层间温度的控制等。二者的主要差别是规范参数有所不同。堆焊时要求熔深越浅越好，因此应尽量采用小电流、低电压、慢焊速，使稀释率与合金元素的烧损率降低到最小限度。

① 焊前准备　严格清除表面的铁锈、油污等，堆焊工件表面不得有气孔、夹渣、包砂、裂纹等缺陷，如有上述缺陷须经焊补清除，再粗车后方可堆焊。

焊条使用前必须烘干，加热温度 350～400℃，保温 2h。

② 焊条的选用　根据工件的技术要求，如工作温度、压力等级、工作介质以及对堆焊层的使用要求，选择合适的堆焊焊条。

按堆焊焊条分类，用于某一产品零件的焊条，有时也可用于其他产品零件。例如 D507 为马氏体高铬钢堆焊焊条，又称阀门密封面焊条，除了用于中温高压阀门密封面的堆焊外，还可用于堆焊工作温度在 450℃ 以下的碳钢或合金钢轴类零件。有些焊条虽不属于堆焊焊条，但有时也可用于堆焊，如碳钢焊条、低合金钢焊条、不锈钢焊条和铜合金焊条等。

③ 电源种类和极性　手工电弧堆焊所使用的电源与手弧焊电源相同，一般包括交流弧焊电源、直流弧焊电源和逆变弧焊电源。在焊条牌号确定之后，根据焊条药皮的类型选择电源种类和极性。如果堆焊一般结构钢工件，对堆焊层性能要求不高，并采用酸性堆焊焊条（如 D502、D512）时，应选用弧焊变压器。当堆焊零件要求比较高，又要求采用碱性低氢型堆焊焊条时，必须选用弧焊整流器或直流弧焊发电机，且采用反极性接法，即焊条接正极，工件接负极。在条件允许的情况，应尽量选用直流电源。因为直流电源的电弧稳定，且反极性接法熔深浅。

在无电源的工地进行堆焊，可选用直流弧焊发电机。另外，选用电源还应根据所需堆焊电流的大小，选择合适的电源容量。

④ 焊条直径及焊接电流　焊条直径的选择主要取决于构件的尺寸和堆焊层的宽度。增大焊接电流能提高生产率。但电流过大，稀释率增大，易造成堆焊合金成分偏析和堆焊过程中液态金属流失等焊接缺陷。焊接电流过小，易造成夹渣、未焊透等缺陷，且降低生产率。一般的，在保证堆焊合金成分合格的条件下尽量选择大电流；但不应在焊接过程中因电流过大而使焊条发红、药皮开裂、脱落。

⑤ 堆焊层数　堆焊层数是以保证堆焊层厚度满足设计要求为前提。对于较大构件时需要堆焊多层。堆焊第一层时，为减小熔深，一般采用小电流；或者堆焊电流不变，提高堆焊速度，同样可以达到减少熔深的目的。

（3）堆焊质量及常见缺陷的预防措施

① 堆焊质量　堆焊操作时还应注意以下事项。

a. 防止堆焊层金属开裂　一般堆焊层金属的硬度高、塑性低，特别是基体材料与堆焊层合金成分相差较大时，二者的线膨胀系数差别较大，从而引起相当大的内应力，易使堆焊层金属在堆焊后的冷却过程中产生开裂。防止开裂的主要方法是设法减小堆焊时的焊接应力，这可通过下述方法达到。

对工件进行焊前预热和焊后缓冷，这是防止开裂的主要措施。堆焊层开裂倾向的大小与工件及堆焊层合金的含碳量和合金元素的含量有关，所以预热温度根据所用焊接材料的碳当量及堆焊部件刚度大小等情况可选择 $100\sim350℃$。

堆焊过渡层法（又叫打底焊法），即先用塑性好、强度不高的普通焊条或不锈钢焊条进行打底焊，这样也可以减少内应力，防止开裂。对堆焊层金属硬度很高，并预热有困难的工件，采用此法相当有效。

避免连续多层堆焊，防止堆焊部位过热，有些情况下可以减小应力，防止堆焊层裂纹或剥离。

b. 防止堆焊层金属的硬度不符合要求　堆焊层硬度主要取决于堆焊焊条的合金成分和焊后热处理。为此堆焊过程中要尽量降低稀释率和减少合金元素的烧损，常采用小电流、短弧堆焊。

c. 防止堆焊件变形　对细长轴及直径大而壁厚不大的圆筒形零件表面堆焊时，要注意防止焊后变形。一般可采用夹具或焊上临时支撑铁，以增大零件刚度；采用预先反变形法、对称法或跳焊法，也可以防止或减小堆焊件变形；对于要求较高的，可以在堆焊过程中设法测量变形，通过改变焊接顺序随时调整变形方向及变形量。

d. 提高堆焊效率　在保证堆焊质量的前提下，应设法提高手工电弧堆焊的效率。

将堆焊表面放在倾斜或立焊位置，进行横焊，每焊一道后先不打渣就连续堆焊并排的另一道，直到把表面堆焊完一层再打渣。这种方法效率高，堆焊层表面光洁，且母材熔化较少。

采用模具使堆焊层按模具的形状强迫成形，可以提高堆焊的尺寸精度和堆焊效率，节约焊条并减少堆焊后的加工量。

堆焊内孔壁时，往内孔填砂进行堆焊，可提高生产效率。

此外，采用多条焊、填丝焊等也可提高堆焊效率。

② 常见缺陷及预防措施　手工电弧堆焊常见的缺陷有气孔、裂纹、夹渣、未焊透及成形不良等。

a. 气孔　手工电弧堆焊过程中产生的气孔种类很多，有表面气孔、焊层内部气孔；有时以单个分布，有时以密集分布等。堆焊时产生气孔主要是焊前处理和堆焊工艺参数的影响。如堆焊前基体表面有包砂、缩松、夹皮等缺陷，或堆焊面上有氧化皮、铁锈、水、油污等；焊条在使用前未经烘干，或烘干的时间、温度没有达到要求，都会导致堆焊层气孔的产生。工艺参数主要包括焊接电流、电压、焊接速度等。一般来说，电流小，熔池存在时间短，不利于气体逸出；而电流过大，焊芯的电阻热增大，会使焊条药皮中的某些组成物（如碳酸盐）提前分解，因而增加气孔倾向。堆焊时，电弧电压过高（电弧拉长）或操作技术不当，会使空气中的氮侵入熔池，而出现氮气孔。操作时，局部堆焊时间过长，基体或堆焊金属自身的碳与合金氧化物发生氧化还原反应生成 CO 气孔。

b. 裂纹　手工电弧堆焊的裂纹缺陷有焊层的横向或纵向裂纹、热影响区裂纹、弧坑处裂纹等。裂纹产生的原因很复杂，主要包括基体材料处理和工艺参数的影响。同气孔产生的原因一样，基体上如有包砂、缩松等缺陷，也会使焊层在缺陷处的拉应力集中，在焊后冷却过程中，由收缩力而引起的应变超过焊层材料本身的抗拉强度而产生裂纹。工艺参数的影响是指堆焊前的预热、焊后缓冷措施不当或返修方法不当以及操作技术不当所造成。应该严格执行工艺评定后得出的预热、缓冷工艺进行操作。堆焊时在熄弧处要逐渐填满弧坑，慢慢拉断电弧，必要时将熄弧处移出焊道。

c. 夹渣和未焊透　夹渣和未焊透缺陷主要是由工艺参数不稳定和操作不当所引起。在堆焊过程中如发现电弧不稳定，电流忽大忽小，则可能是由于电焊机出现故障或网路电压波动所致。此时应及时停止操作，查找原因，排除故障后再进行堆焊。对熔渣较厚的焊条堆焊时，应注意操作手法，以利熔渣的浮出，从而防止夹渣和未焊透。

d. 焊道成形不良　焊道成形不良是指堆焊后，焊道宽窄不均、高低不平，以致机械加工时达不到尺寸要求。这类缺陷主要是操作不当所致。堆焊操作时，应注意控制熔池形状，防止流淌，特别是堆焊最后一层要注意焊道的平整度。

（4）手工电弧堆焊应用实例

形状较简单的高速钢刀具，例如车刀、刨刀、铣刀等可以采用手工电弧堆焊的方法制造。特别是利用废高速钢作堆焊材料，制造一些焊后基本不需要热处理、经磨削后便可使用的刀具。

① 堆焊前准备　根据刀具外形尺寸要求做好堆焊毛坯的准备，堆焊槽不宜太深，边角处应有圆角。清除堆焊槽处的油、锈、水分等污物。为减少堆焊后的加工量，刀具刃部的几何形状应尽量依靠紫铜或石墨成形模具来保证。典型的堆焊毛坯示意见图 6-24 和图 6-25。

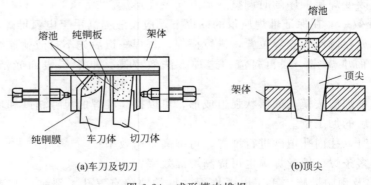

(a)车刀及切刀　　　　　　　　　(b)顶尖

图 6-24　成形模中堆焊

② 堆焊工艺　较大毛坯堆焊前要预热至 350～400℃，对较小的毛坯件（如车刀等）也

可不预热堆焊。堆焊焊条选用 D307，采用直流电源，焊条接正极。堆焊过程中采用较小电流多层堆焊，每焊完一层要将熔渣清理干净，焊后将毛坯放入石棉灰中或炉中缓冷，以防止产生裂纹。

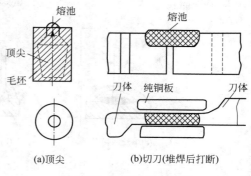

图 6-25　毛坯形槽中堆焊

对于较小的堆焊件，焊后在空气中冷却也不会产生裂纹。同时在空气中冷却后高速钢堆焊层已经被淬火，得到淬火组织，硬度可达 57～61HRC。因此焊后只要进行 2～3 次 560～580℃回火（每次保温 1h），即可得到较高的硬度。回火最好在堆焊后 24h 以内进行，回火后的刀具用砂轮磨后即可使用。

对于需要机械加工的堆焊刀具，应在堆焊后先进行退火，机械加工后再淬火并回火，热处理可以采用锻造高速钢的热处理工艺。

某些堆焊高速钢后的刀具毛坯，可以进行锻造。其作用是改善堆焊层的金相组织，以提高切削性能和改变堆焊层外形尺寸以减少加工量。

若用高速钢刃部和 45 钢柄部对接，工艺与上述基本相同，所不同的是焊条选用 D337 或 D397 效果更佳，焊前预热和焊后热处理要求更严一些。

## 6.2.4　埋弧堆焊

自动埋弧堆焊是利用埋弧焊的方法在零件表面堆敷一层有特殊性能的金属材料的工艺过程。其目的是增强材料表面的耐磨、耐腐蚀等性能。埋弧堆焊的实质与一般埋弧焊接没有本质区别，自动埋弧堆焊与一般的自动埋弧焊大致相同，所采用的设备完全是自动埋弧焊的设备。但为了增加熔敷率，降低母材稀释率，二者之间也存在着差别，即自动埋弧堆焊希望在不降低生产率的条件下获得最小的熔深。

（1）埋弧堆焊的分类及特点

① 埋弧堆焊的分类　为了降低稀释率、提高熔敷速度，埋弧堆焊有多种形式，如单丝埋弧堆焊、多丝埋弧堆焊、带极埋弧堆焊、串联埋弧堆焊、粉末埋弧堆焊等，如图 6-26 所示。

a. 单丝埋弧堆焊　目前单丝埋弧堆焊的应用比较普遍，主要是用合金焊丝、药芯焊丝或普通低碳钢丝作电极，与烧结焊剂配合，靠焊丝或焊剂过渡合金。单丝埋弧堆焊的缺点是熔深大、稀释率高、熔敷效率不高。为了提高堆焊效率和降低稀释率，在单丝埋弧焊基础上发展了添加冷丝、振动堆焊和撒放合金剂等方法。

为了降低稀释率，可采用下坡埋弧堆焊工艺、增大焊丝伸出长度（即增加焊接电压）、降低焊接电流、减小焊接速度、电弧向前吹和增大焊丝直径等措施。还可以摆动焊丝使焊道加宽，从而稀释率下降，并可改善与相邻焊道的熔合。

b. 多丝埋弧堆焊　在单丝埋弧焊基础上发展了多丝埋弧堆焊，其中又有振动堆焊、多丝摆动堆焊等提高效率和降低稀释率的方法。采用两根或两根以上的焊丝并列地接在焊接电源的一个极上，同时向焊接区送进。电弧周期性地从一根焊丝转移到另一根焊丝。这样，每一次起弧的焊丝都有很高的电流密度，可获得较大的熔敷效率。使双丝埋弧堆焊的电弧位置不断变动，也可以获得较浅的熔深和较宽的堆焊焊道。多丝堆焊可以采用很大的电流，而稀释率却很小。

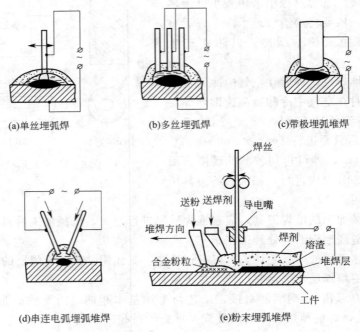

(a)单丝埋弧焊      (b)多丝埋弧焊      (c)带极埋弧堆焊

(d)串连电弧埋弧堆焊      (e)粉末埋弧堆焊

图 6-26   各种埋弧堆焊工艺示意

还可采用双丝双弧埋弧堆焊法，即两根焊丝沿堆焊方向前后排列。这两根焊丝可用一个电源或两个焊接电源分别供电。前一个电弧用较小的焊接电流以熔化少量母材，后一个电弧用较大的焊接电流，起到堆焊作用，以提高熔敷效率。

也可以采用串联电弧堆焊，这种方法的电弧是在自动送进的两根焊丝间燃烧，两根焊丝大多呈 45°角，焊丝垂直于堆焊方向，分别连接交流电源两极，空载电压 100V 左右。由于电弧间接加热母材，大部分热量用于熔化焊丝，所以稀释率低，熔敷量大。

c. 带极埋弧堆焊   用合金带极、药芯带极或普通低碳钢带极代替焊丝作电极，配合烧结焊剂层下进行堆焊。堆焊时，电弧在带极端部局部引燃，并沿带极端部迅速移动，类似于不断摆动的焊丝，因此熔深很浅。由于电弧燃烧处有很高的电流密度而使熔敷效率很高。

带极埋弧堆焊的熔敷效率高、熔深浅而均匀、稀释率低、堆焊焊道宽而平整。一般带极厚度约 $0.4\sim0.8$mm，宽度约 60mm。若采用外加磁场来控制电弧，则带极宽度可达 180mm。带极堆焊所用的设备可以用一般埋弧焊机改装，也可以采用专用设备。

为了获得更高的生产率，可增加带极宽度。如用厚度 0.5mm、宽度 180mm 的带极，堆焊电流为 1800A，每小时熔敷面积可提高到 $0.9m^2$，而稀释率仅 3%～9%。

高速带极埋弧堆焊速度较高，对母材热量输入小，热影响区晶粒细小。用于堆焊在氢介质中工作的工件时，可以大大提高抗氢致裂纹的能力，而且工件变形小，主要用于堆焊较薄的工件。高速带极埋弧堆焊需要较大的焊接电流，磁收缩现象严重，因此对磁控装置的要求较高。

随着堆焊技术的发展，还可采用双带极、多带极或加入冷带等埋弧堆焊工艺，可大大提高熔敷效率。除了实芯带极外，粉末带极也有应用。

d. 合金粉粒埋弧堆焊   合金粉粒填充金属埋弧堆焊时先将合金粉粒堆铺在工件上，电弧在左右摆动的焊丝与工件之间燃烧，电弧热将焊丝和电弧区附近的合金粉粒、工件和焊剂熔化，熔池凝固后形成堆焊层。对于不能加工成丝极或带极的堆焊合金，可采用这种方法堆焊。

由于相当一部分电弧热消耗在熔化合金粉粒，所以大大降低了稀释率和提高了熔敷速度。送粉与送丝的质量比由 1.0 增加至 2.3 时，稀释率从 40％ 下降至接近 0，一般取粉/丝比值为 1.0～2.0。所填加合金粉粒的质量约为熔化焊丝质量的 1.5～3 倍。

合金粉末埋弧堆焊绝大多数采用的是低碳钢焊丝（如 H08A）。在不增加焊接电流的条件下，其熔敷效率约为单丝埋弧焊的 4 倍，且熔深浅、稀释率低。但必须严格控制堆焊过程，尤其是粉末颗粒堆放量要均匀、工艺参数要稳定。目前，国内外采用这种堆焊工艺制造大面积耐磨合金复合钢板，堆焊合金常采用高铬合金铸铁。

② 埋弧堆焊的特点　埋弧堆焊实质上和一般埋弧焊相同。它们之间的区别在于埋弧堆焊希望在不降低生产率的条件下尽量获得较小的熔深。埋弧堆焊的过程是用一层一定厚度的焊剂覆盖在堆焊区上，使电弧在通有电流的堆焊工件和金属丝之间引燃，堆焊工件、金属焊丝和焊剂在堆焊电弧的高温作用被部分熔化并形成金属蒸气和焊剂蒸气，在焊剂层下造成一个密闭的空腔，电弧在此空腔内燃烧。在空腔的上面覆盖着熔化的焊剂层外壳，使堆焊熔池与大气隔绝（见图 6-27）。这样既保护了液态金属不受氧化、氮化，又防止了液态金属的飞溅，使堆焊层金属中的有害杂质减少，提高了堆焊质量。

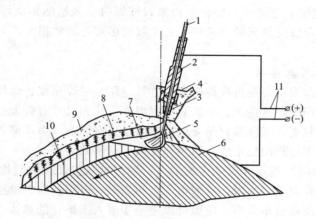

图 6-27　埋弧堆焊方法示意图

1—金属焊丝；2—导电杆；3—导电嘴；4—焊剂杯；5—堆焊电弧；6—钢轧辊（堆焊工件）；
7—堆焊熔池；8—焊渣壳；9—未熔化的焊剂；10—堆焊金属层；11—堆焊电源

埋弧堆焊与手工堆焊方法比较，其优点如下。

a. 堆焊层金属质量稳定，焊缝成形好。选用不同的焊丝和焊剂，可以获得不同性能的堆焊层。

b. 生产率高，埋弧堆焊过程是连续进行的，采用大直径焊丝时可以使用较大的堆焊电流，易于实现机械化和自动化，因此自动埋弧堆焊的生产率比手工电弧堆焊高得多。

c. 劳动条件好，自动埋弧堆焊是在焊剂层下进行的，消除了弧光对焊工的危害，同时减少了金属的飞溅和有害气体的析出，改善了焊工的劳动条件。

埋弧堆焊的热量输入较大，堆焊熔池大，稀释率比其他电弧堆焊方法高。埋弧堆焊需焊剂覆盖，只能在水平位置堆焊，适用于形状规则且堆焊面积大的焊接件。埋弧堆焊不仅可用来修复一些外形平整的机械零件，而且还可用以堆焊出具有特殊性能的堆焊层，尤其是大面积的形状规则的平面、圆柱面以及大直径容器的内壁零件等，如轧辊、车轮轮缘、曲轴、化工容器和核反应压力容器衬里等。

（2）埋弧堆焊的材料

埋弧堆焊时，需要使用焊剂和兼作电极的填充焊丝或带极。填充金属有丝状和带状两种，而且均可制作成实芯和药芯的。易拔制的材料如奥氏体钢、某些低合金钢、镍基合金、紫铜等可制成实芯；药芯焊丝可制成圆形和矩形截面，合金成分容易调节，适用于高合金钢、高铬铸铁等。焊剂有熔炼焊剂、黏结焊剂和烧结焊剂，埋弧堆焊一般采用烧结焊剂。

埋弧堆焊层合金过渡的方式如下。

① 通过合金焊丝或焊带向堆焊层过渡（渗入）合金元素，这种方式获得的堆焊层成分均匀、稳定可靠，合金元素损失少，能满足堆焊层性能要求。但这种合金化方式只适用于能轧制和拉拔成丝状或带状的堆焊合金。

② 通过药芯向堆焊层过渡合金元素，这种方式一般采用烧结焊剂。这种方法克服了某些高合金焊丝难于制造或根本不能制造的困难，利用低碳、低合金钢做外皮，中间填加堆焊层所需的合金成分。

③ 也可以将堆焊层所需的合金元素以铁合金粉末形式加入到烧结焊剂内，配合低碳钢或低合金钢焊丝，得到不同成分的堆焊层。但是这种合金化方式得到堆焊层成分稳定性较差。

④ 堆焊前在焊剂层下先铺设一层合金粉末，堆焊时熔入熔池形成堆焊合金层。这种方式的堆焊层成分的稳定性受粉末量和堆焊工艺参数的影响，波动很大，对堆焊工艺条件要求严格。

（3）埋弧堆焊工艺及参数

埋弧堆焊的工艺参数主要是指堆焊电流、电弧电压、堆焊速度、焊丝直径及焊丝送给速度等，在实际堆焊工作中，这些工艺参数对堆焊焊道形状和尺寸有很大的影响。此外，电源极性、焊剂牌号及颗粒度、工件倾斜角等对堆焊质量也有影响。埋弧堆焊时正确地选择工艺规范参数，是保证堆焊过程的稳定性、质量和提高生产率的关键。

① 堆焊电流的影响 随着堆焊电流的增大，堆焊电弧发出的热量增加，传到工件的热量也增多。而且当堆焊电流增大时，放射电子更为激烈，电弧的压力也随之增大。电弧下面的堆焊熔池的液体金属被挤出很多，电弧可以进一步潜入未熔化的基体金属，使基体金属的熔透深度显著增加。堆焊电流对熔深深度的影响可用下式表示，即

$$h = KI$$

式中，$h$ 为熔深，mm；$K$ 为比例系数，mm/A；$I$ 为堆焊电流，A。

比例系数 $K$ 表示当堆焊电流每增加 1A 时熔深 $h$ 的增加量。$K$ 值的大小与堆焊电流种类、极性、焊剂种类和焊丝直径有关。通常 $K=0.01\sim0.02$；对于自动焊接的船形位置焊和开坡口对接焊，取 $K=0.015\sim0.02$；对于不开坡口的对接焊，取 $K=0.01\sim0.015$；对于自动堆焊，常取 $K=0.01$。

当堆焊电流增大时，由于堆焊电弧潜入基体金属，电弧的活动能力降低，堆焊焊缝的宽度增加不大。由于堆焊电流增大，焊丝的熔化速度加快。但是在这种情况下，堆焊焊缝的宽度增加不多，堆焊焊缝的余高增大，从而引起堆焊焊缝较大的应力集中。电流对堆焊焊缝尺寸的影响如图 6-28 所示。

另外，当堆焊电流增大时，由于堆焊焊缝的宽度增加不多，焊剂的熔化量也受到影响。这对堆焊焊缝的形状尺寸和堆焊层金属合金成分的填补不利。因此，在实际生产中当增大堆焊电流时，就必须相应地提高电弧电压，以达到同时增加堆焊焊缝宽度的目的。

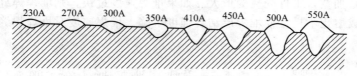

图 6-28　堆焊电流对堆焊焊缝形状的影响

（焊丝直径 2mm，材料为低碳钢）

②　电弧电压的影响　电弧工作电压是影响熔滴过渡、金属飞溅及焊道宽度的重要参数，对堆焊质量影响较大。特别是细焊丝埋弧堆焊对工作电压比较敏感。

埋弧焊电弧电压随着电弧长度的变化而变化。当电弧长度增大时，电弧电压升高，则电弧作用于工件的面积增大（图 6-29），堆焊焊缝的宽度显著增加；反之，当电弧长度减小时，电弧电压降低，电弧的活动性减小，作用于工件的面积也减小，堆焊焊缝的宽度也减小（图 6-30）。

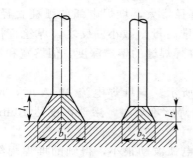

图 6-29　电弧长度（电弧电压）对

堆焊焊缝宽度的影响

（$l_1$，$l_2$：电弧长度；$b_1$，$b_2$：堆焊焊缝宽）

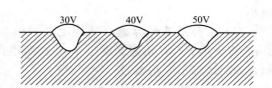

图 6-30　电弧电压对埋弧堆焊焊缝

形状尺寸的影响

（堆焊电流 1000A，焊速 20m/h，

焊丝 H08A，直径 4mm）

如果工作电压较低，会使焊层表面成形粗糙，焊道宽度减小，熔化不良，出现凹坑，容易断弧，堆焊过程不稳定。如果工作电压过高，会使弧长增加，电弧摆动作用加剧，焊件被电弧加热的面积加大，使焊道宽度增加，而熔深变化不大，同时也增加了焊剂的消耗。另外，随着工作电压的提高，熔滴变大，工件温度升高，变形增加，金属飞溅较大，焊道成形不良，而且由于温度上升，焊道氧化作用剧烈，堆焊层机械性能下降。因此，工作电压过高过低，都会降低堆焊质量。

当采用不同成分焊丝时，由于焊丝熔点的差别，工作电压也就不同，一般高碳钢焊丝工作电压宜偏下限，低碳钢焊丝宜偏上限。

单丝焊时，调整不同的电弧电压可得到不同宽度的堆焊焊道。这也正是单丝堆焊不同宽度的密封面，可一遍焊成的技术特点。

实际上，单纯的调节堆焊电流或电弧电压，并不能得到满意的焊缝成形。为了得到稀释率小、成形好的堆焊层，堆焊电流与电弧电压应有良好的配合。

③　堆焊速度　堆焊速度指每分钟焊道形成的长度，它将直接影响基体金属的熔化深度、热影响区大小、堆焊层的厚度和焊道的成形。

在保持其他规范参数不变的情况下，堆焊速度过小电弧停留的时间长，单位堆焊焊缝长度上受到的电弧热增加，熔深增加；同时，由于单位时间内焊丝的熔数量增加，使堆焊层加厚，焊缝（焊道）加宽，工件受热变形大。如果堆焊速度过快，则堆焊焊缝宽度和熔深都将减小，甚至会造成熔化不良，使堆焊层结合强度下降。堆焊速度对堆焊焊缝形状的影响如图6-31所示。

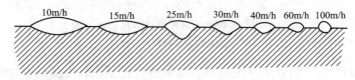

图 6-31　堆焊速度对焊缝形状的影响

当增加堆焊速度时，熔透深度及熔宽都显著地减小，但堆焊焊缝的堆高量减小很少。此外，当堆焊速度增加时，焊丝金属在整个堆焊焊缝中的百分比含量也会降低，基体金属的成分在堆焊焊缝中所占的比例增加，即稀释率增加。随着堆焊速度的增加，焊剂的消耗量相应地减少。

④ 焊丝直径　其他工艺参数保持稳定，若焊丝直径增大，堆焊电弧的弧柱直径增加，熔池范围扩大，使堆焊焊缝的宽度增加，熔池深度及堆高量则减小。反之，焊丝直径减小时，电流密度增加，加强了电弧吹透力，大大提高了堆焊焊缝的熔透深度，但熔宽和堆高量减小。

焊丝直径对堆焊焊缝熔透深度的影响如图6-32所示。当堆焊电流600A时，用直径6mm焊丝堆焊时，熔透深度为4mm；而用直径2mm焊丝堆焊时，熔透深度达10mm，较粗焊丝时增加了一倍多。

随着焊丝直径的减小，电弧潜入基体金属，因此电弧波动很小，得到的堆焊焊缝窄而深。图6-33所示为焊丝直径对熔宽的影响。当堆焊电流600A时，采用直径2mm及6mm焊丝堆焊时，所得到的堆焊焊缝的熔宽相差4.5mm。因此，为了得到较好的埋弧堆焊焊缝形状，在改变焊丝直径的同时，必须相应地改变堆焊电流和电弧电压，才能得到合适的堆焊焊缝宽度。

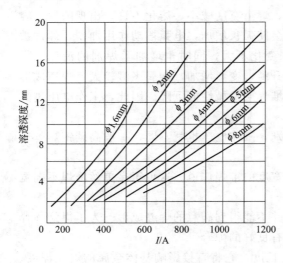

图 6-32　焊丝直径对熔深的影响　　　　图 6-33　焊丝直径对熔宽的影响

⑤ 焊剂颗粒大小　同一类型的焊剂，由于颗粒大小不同，对堆焊焊缝的熔透深度影响不同。因为焊剂的颗粒大小能改变焊剂在堆焊区域的堆积质量，造成堆焊区域受到的压力大

小不同，堆焊焊缝的熔透深度也随之变化。

　　焊剂颗粒大小对堆焊焊缝形状尺寸的影响如图 6-34 所示，当采用细颗粒焊剂堆焊时，得到的堆焊焊缝熔透深度较粗颗粒的焊剂要深一些。

　　⑥ 堆焊电流种类及极性　埋弧堆焊电源有交、直流两种，在合金钢的自动埋弧堆焊中多采用直流电源。直流电源极性对堆焊焊缝形状尺寸的影响，主要表现在堆焊焊缝的熔透深度和堆高量这两个方面。

　　采用直流反接堆焊时，所得到的堆焊焊缝熔深最大；反之，采用直流正接时，所得到的堆焊焊缝熔深最小。而采用交流堆焊所得到的堆焊焊缝熔透深度几乎是直流电源的正接和反接的平均值。自动埋弧堆焊多采用直流反接法。

　　⑦ 焊丝伸出长度　焊丝在堆焊过程中受到的电阻热作用与焊丝的伸出长度成正比，即焊丝伸出长度增加，伸出部分的电阻热增大，焊丝熔化加快，因此积聚在堆焊电弧下面的熔融金属量增多。这就阻碍了电弧进一步向基体金属潜入，减少堆焊焊缝的熔透深度，减少了稀释率，这有利于保证堆焊质量和提高生产率。特别是用细焊丝（3.2mm）堆焊时，焊丝伸出长度对堆焊焊缝形状的影响更明显。根据试验，焊丝伸出长度通常为 20～60mm。

　　⑧ 焊丝倾斜角度　焊丝倾斜角度是指焊丝沿堆焊方向所倾斜的角度，如图 6-35 所示，分为前倾和后倾两种情况。当焊丝在后倾位置堆焊时，由于堆焊电弧弧柱倾斜角的关系，堆焊熔池中的液体金属被挤出得更多。与焊丝垂直工件堆焊相比，采用焊丝后倾的堆焊方法得到的堆焊焊缝熔透深度增加，而堆焊焊缝的宽度稍有减小。这在正常的自动埋弧堆焊中是不希望的。

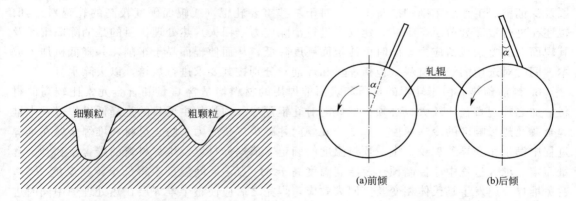

图 6-34　焊剂颗粒大小对堆焊焊缝形状尺寸的影响　　　　图 6-35　焊丝倾斜位置的示意图

　　当焊丝在前倾位置堆焊时，堆焊电弧弧柱大部分位于基体金属上，这就增加了堆焊电弧的活动性，电弧不能进一步潜入基体金属。因此，堆焊熔池中被挤出的液态金属减少，堆焊焊缝的熔透深度减少，而堆焊焊缝的熔宽则有所增加。在一般钢件（如钢轧辊）的自动埋弧堆焊常采用焊丝前倾的堆焊法，焊丝的前倾角度约为 6°～8°。

　　⑨ 堆焊工件倾斜位置　按工件的倾斜位置，埋弧堆焊分为上坡堆焊和下坡堆焊两种，如图 6-36 所示。上坡堆焊和下坡堆焊对堆焊焊缝形状尺寸都有一定程度的影响。

　　当进行上坡堆焊时，除了堆焊电弧的吹力作用外，由于熔池中液态金属本身的重力作用，使液态金属向下流动，电弧进一步潜入基体金属，因此增加堆焊焊缝的熔透深度。由于电弧的活动性降低，堆焊焊缝金属的熔宽减小，从而增加堆焊焊缝的堆高量，易形成窄而高的焊道，这对防止焊层中的气孔和裂纹都是不利的。

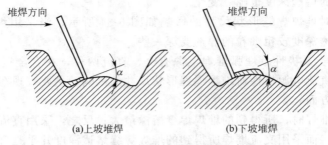

(a)上坡堆焊        (b)下坡堆焊

图 6-36   工件倾斜堆焊时的示意图

当进行下坡堆焊时，由于熔池中液态金属下淌并积聚在电弧的前方，阻碍了电弧向基体金属的潜入，结果造成堆焊焊缝的熔透深度变浅，熔宽增加，焊道宽而且平整，堆焊质量较好。因此，在埋弧堆焊中，多采用下坡焊法，焊丝倾角取 6°～8°为好。

（4）埋弧堆焊实例

① 钢轧辊的自动埋弧堆焊   轧辊是轧钢生产中的重要部件之一，轧辊质量的优劣，不仅直接影响其使用寿命，而且对钢材的质量、生产率和生产成本都有很大影响。而采用堆焊方法修复的复合轧辊，不但成本低，而且能提高轧辊使用寿命，降低轧辊耗量，合理使用及节约合金元素，并能够提高轧机的作业率和产品的质量，是一种有效的技术经济措施。

a. 轧辊堆焊前的准备   堆焊复合轧辊辊芯可采用强韧性满足要求的低碳低合金或中碳结构锻钢（铸钢）制造。若用旧轧辊辊坯，焊前必须进行探伤、车削疲劳层、焊补局部缺陷以及保证堆焊工作层车削的准备工作。对于一些重要轧辊（或辊面硬度较高的轧辊），其旧辊坯在进行辊面疲劳层车削前，建议先进行消除应力（回火）热处理。目的是消除旧辊坯及其辊面上的复杂残留应力，同时可使辊面硬度降低，从而使辊面易于车削，并降低机加工成本。同时对选用的堆焊材料（包括焊丝和焊剂）分别按其要求进行烘焙，以去除水分。

b. 焊前预热   由于轧辊的材质和表面堆焊用的材料均是含 C 量和合金元素比较高的材料，加之轧辊直径比较大，必须在堆焊前对轧辊预热。预热的主要目的是降低堆焊过程中堆焊金属及热影响区的冷却速度，降低淬硬倾向并减少焊接应力，防止母材和堆焊金属在堆焊过程中发生相变导致裂纹产生。预热温度的确定需依据母材以及堆焊材料的碳含量和合金含量而定。堆焊过程中应控制预热及层间温度高于 $M_s$ 点，层间温度不得低于预热温度 50℃，避免堆焊金属发生马氏体相变及淬回火效应，焊完之后应使整个堆焊层在热处理炉中同时进行马氏体转变，只有这样才能保证堆焊层的组织、硬度均匀性。

c. 自动堆焊过程   对于辊芯含 C 量高的轧辊堆焊，必须采用过渡层材料，这是为了避免从辊芯向堆焊金属过渡层形成裂纹。焊接参数在施焊中要求稳定，并确保焊剂有效地供应到堆焊电弧处。堆焊过程必须连续施焊，中途不允许停止。如遇意外情况停焊时，在层间温度保温装置不能保证轧辊层间温度时，应尽快进炉按预热温度要求保温。

进行圆周方向螺旋线堆焊时，为防止在辊身两端出现"缺肉"现象，在辊身的两端，即始焊部位和终焊部位，均应先沿圆周方向堆焊一周，然后再进行螺旋线堆焊。同时为保证各堆焊层间硬度的均匀性，要求堆焊时应使各堆焊层间的焊道位置相互错开 1/2 焊道宽度。

堆焊层厚度可视需要而定，当堆焊层厚度达到 20～30mm 时，为避免焊接累积应力增大，导致堆焊辊产生裂纹甚至发生严重开裂事故，必须停焊进行一次中间去应力热处理。

d. 焊后热处理   焊后热处理的主要目的是为改善焊后组织和消除焊接应力，同时使碳化物能够在基体组织上弥散析出，从而形成二次硬化，进一步提高轧辊堆焊工作层的硬度和耐磨性。堆焊完后，最好把轧辊均匀地加热到预热温度以上 50～100℃，保温 1～2h，并立即进入同一温度下的热处理炉，加热温度及保温时间则以堆焊技术要求而定。在热处理电炉对堆焊轧辊进行回火处理时，升温过程中，为保证温度均匀，升温速度要缓；降温过程中，为防止产生新的应力，也应缓慢冷却。为充分发挥材料的性能，选择中高温回火，以产生充分的弥散强化效应。回火后，待轧辊逐渐冷却至 150℃ 以后，才可以出炉，并要求在静止空气中自然冷却至室温。

e. 热处理后检查、机加工和成品检测　对经过焊后回火热处理后的堆焊轧辊进行粗加工，然后进行半成品检验，包括超声波探伤、硬度检查、外观检查、几何形状及粗加工尺寸检查等。

② 阀门密封面的埋弧堆焊　阀门是管路中必不可少的重要装置。各工业部门都需要大量的各类阀门，如化肥厂需要耐腐蚀的不锈钢阀门，炼油厂、发电厂、电站需要耐高温高压的阀门，矿业部门需要耐磨损的阀门。提高阀门的质量要从提高密封面的抗腐蚀、抗磨损性能着手，并根据阀门使用情况选用耐高温、耐腐蚀或耐磨损的堆焊材料。在密封面进行不同的堆焊工艺，以提高阀门密封面承受恶劣工况的能力。

a. 阀门待堆焊面的加工　首先对阀门待堆焊面应按图纸和加工工艺要求进行粗加工，去掉铸、锻时堆焊部位的氧化皮，以免引起焊接缺陷。待堆焊表面不允许铸造夹杂物、裂纹、砂眼、气孔等缺陷。如果发现上述缺陷，应将其清除，焊补后再进行堆焊。

b. 堆焊工艺参数及操作要点　应先在实际产品上试堆焊，初步确定堆焊电流、电弧电压、转速后再开始堆焊。堆焊后取样化验堆焊层成分和检验密封面硬度，调整合格后，按确定下来的工艺参数进行正式生产。但当堆焊原材料变更时，如焊丝、焊剂重新投料，埋弧焊机经过更换或改装，需重新进行工艺性试验，调整工艺参数。堆焊工艺参数的确定应以堆焊层合金成分为主要依据。

合理确定阀门埋弧堆焊工艺参数的要求是：堆焊层金属化学成分合格、堆焊焊道成形良好、脱渣容易，堆焊焊道尺寸符合要求，且有较高的堆焊生产效率。

堆焊前将焊丝对准堆焊面中线位置，保证接触良好。先堆积焊剂，焊剂的堆积高度为 50～70mm，以在堆焊过程中堆焊处上面的焊剂不露弧光为宜，避免破坏堆焊处的保护。按预先调整的堆焊工艺参数堆焊，随时注意堆焊电流、电弧电压随网路电压的变化，及时调整。堆焊好一圈后，应注意始焊位置和熄弧处应搭接 25～30mm，并应使焊道搭接处平缓。

c. 补焊及焊后热处理　堆焊后如发现少量缺陷，如气孔、缺肉等，可采用与堆焊层合金成分相同的焊条补焊。补焊以埋弧堆焊后趁热立即补焊为宜。如发现缺陷较大可车削掉，重新堆焊。

阀门堆焊后热处理的目的是消除热应力，避免加工后密封面变形影响密封，避免焊道延迟裂纹，调整堆焊层硬度。各种阀门堆焊件原则上埋弧堆焊密封面后都应进行回火处理。确定回火温度应综合考虑堆焊层和基体两方面的因素。当堆焊层材料要求必须进行热处理以达到技术要求的硬度值，如 Cr13 堆焊层，应按堆焊层材料本身的要求热处理，消除应力热处理不应改变堆焊层的性能。

## 6.2.5　等离子弧堆焊

等离子弧堆焊是利用等离子弧（等离子焰）高温加热的一种熔化堆焊方法。它的实质仍然是一种电弧堆焊。等离子弧堆焊具有堆焊层性能好、工件熔深浅、堆焊层稀释率低、成形好、加工余量小等一系列优点，且易于实现机械化和自动化。

（1）等离子体及等离子弧

等离子体又称等离子区，它被人们称为物质的第四态。等离子体是中性气体发生电离后，正负离子总电量相等的一种状态，当气体的电离度大于千分之一时，称为等离子体。而等离子弧是一种压缩性电弧。从本质上讲，等离子弧仍然是一种自持的气体放电现象。一般的焊接电弧是一种自由电弧，这时电弧中虽有电离，但电离度不高。自由电弧在"热压缩效应"、"机械压缩效应"和"电磁压缩效应"的作用下，使电弧受到强制压缩而产生了等离子弧（图 6-37）。

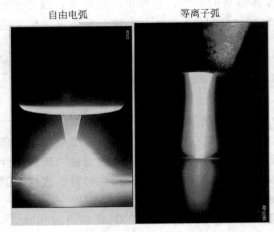

图 6-37　自由电弧与等离子电弧

根据电源的不同接法，等离子弧主要有三种形式。

① 转移型　将工件接正极，钨电极接负极，等离子弧建立在电极和工件之间 [图 6-38(a)]。引弧时，先按非转移型引弧，而后工件转接正极将电弧引出去。转移弧有良好的压缩性，电流密度和温度都高于同样焊枪结构、同样功率的非转移弧。堆焊时常用此种类型的等离子弧。

② 非转移型　将钨电极接负极，喷嘴接正极，等离子弧建立在钨极与喷嘴之间，工件不带电。等离子弧在喷嘴内部延伸出来，只从喷嘴中喷出高温焰流，又称等离子焰流 [图 6-38(d)]。这种类型的等离子弧，主要用于喷涂或焊接薄工件。

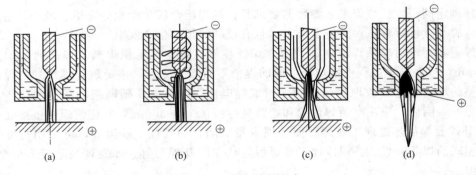

图 6-38　等离子弧形式

③ 联合型等离子弧　联合型等离子弧由转移弧和非转移弧联合组成 [图 6-38（b）、(c)]。它主要用于电流在 100A 以下的微弧等离子焊接，以提高电弧的稳定性。在用金属粉末材料进行等离子弧堆焊时，联合型等离子弧可以提高粉末的熔化速度，减小熔深和焊接热影响区。

通常将非转移型等离子弧称为等离子焰，而将转移型等离子弧称为等离子弧。等离子弧的温度分布存在很大的温度梯度。等离子弧轴心温度下降的现象对非转移弧尤为突出。但是在转移弧情况下，气体一直处于弧柱加热状态下，温度下降较为缓慢。

等离子弧有如下几个方面的优点。

① 等离子弧温度高、热量集中　等离子弧具有压缩作用，中心温度可达 16000～32000K。由于等离子弧温度高、热量集中，被加工材料不受其熔点高低的限制。因此等离子弧堆焊可以堆焊各种难熔金属合金，且生产率高，还能减少热影响区及变形。

② 等离子弧热稳定性好　等离子弧中的气体是充分电离的，所以电弧更稳定。等离子弧堆焊电流和电弧电压相对于弧长在一定范围内的变化不敏感，即使在弧柱较长时仍能保持稳定燃烧，没有自由电弧易飘动的缺点。

③ 等离子弧具有可控性　压缩型电弧可调节的因素较多，可以在很大范围内调节热效应，除了改变输入功率外，还可以通过改变气体的种类、流量以及喷嘴结构尺寸来调节等离子弧的热能和温度。等离子弧气氛可以通过选择不同的工作气体，可获得惰性气氛、还原性气氛、氧化性气氛。而且可以通过改变电弧电流、气体流量和喷嘴压缩比等来调节等离子弧射流的刚柔度，即电弧的刚柔度。

产生等离子弧的工作气体（离子气）常用的有氮气（$N_2$）、氢气（H）、氩气（Ar）、氦气（He）。选用哪种气体或混合气体，要根据具体的材料和工艺要求。等离子弧堆焊时，选用 Ar 做工作气体是比较理想的。Ar 比空气密度大，不与金属发生化学反应，不溶解于金属中，是良好的惰性保护气体。

（2）等离子弧堆焊特点

相比较其他形式的通过形成冶金结合强化表面的堆焊技术，如氧-乙炔火焰堆焊、焊条电弧堆焊等，粉末等离子弧堆焊具有突出的优点。

① 堆焊质量优良　等离子弧温度高、能量集中、稳定性好，在工件上引起的残余应力和变形小。

② 稀释率低　等离子弧堆焊的稀释率可控制在 5％～10％，或更低。

③ 使用材料范围广　堆焊合金粉末作为熔敷材料，不受铸造、轧制、拔丝等加工工艺的限制，可依据不同性能要求配置不同成分的合金粉末，特别适用于那些难于制丝但是易于制粉的硬质耐磨合金，以获得所需性能的堆焊层。

（3）等离子弧堆焊方法

根据堆焊时所使用的填充材料，等离子弧堆焊大致可分为：填丝等离子弧堆焊、熔化极等离子弧堆焊和粉末等离子弧堆焊。其中粉末等离子弧堆焊发展较快，应用更广泛。

① 填丝等离子弧堆焊　填丝等离子弧堆焊又分为冷丝、热丝、单丝、双丝等离子弧堆焊。其中，冷丝堆焊与填充焊丝的熔入型等离子弧焊接相同，由于这种方法的效率很低，目前已很少使用。

热丝等离子堆焊综合了热丝钨极氩弧焊（TIG）及等离子焊的特点。焊机由一台直流电源、一台交流电源、送丝机、控制箱、焊枪以及机架等组成。直流电源用作焊接电源，用于产生等离子电弧，加热并熔化母材和填充焊丝。交流电源作为预热电源，在自动送入的焊丝中通以一定的加热电流，以产生电阻热，从而提高熔敷效率并降低对熔敷金属的稀释程度（图 6-39）。

对于单丝堆焊焊机，预热电源的两极分别接焊丝和工件；对于双丝堆焊焊机，电源的两个电极分别接两根焊丝，堆焊时应选择合适的预热电流，使焊丝在恰好送进到熔池时被电阻热所熔化，同时两根焊丝间又不产生电弧。这样可减小焊接电流，从而降低熔敷金属的稀释率。此外，热丝堆焊还有利于消除堆焊层中的气孔。

热丝等离子堆焊主要用于在表面积较大的工件上堆焊不锈钢、镍基合金、铜及铜合金等。

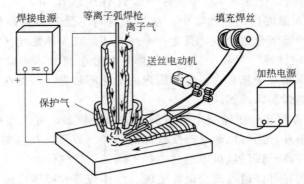

图 6-39　热丝等离子弧堆焊示意图

② 熔化极等离子弧堆焊　熔化极等离子弧堆焊是通过一种特殊的等离子弧焊枪将等离子弧焊和熔化极气体保护焊组合起来。焊接过程中产生两个电弧,一个为等离子弧,另一个为熔化极电弧。熔化极电弧产生在焊丝与工件之间,并在等离子弧中间燃烧。整个焊机需要两台电源,一台为陡降特性的电源,其负极接钨极或水冷铜喷嘴,正极接工件;另一台为平特性电源,其正极接焊丝,负极接工件。根据等离子弧的产生方法,可分为水冷铜喷嘴式和钨极式两种。前者的等离子弧产生在水冷铜喷嘴与工件之间,如图 6-40(a) 所示;后者的等离子弧产生在钨极与工件之间,如图 6-40(b) 所示。

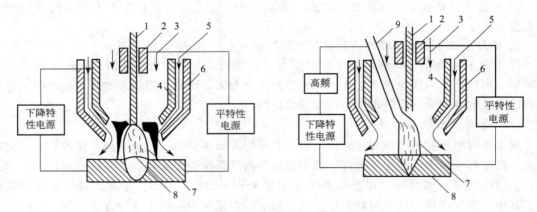

图 6-40　熔化极等离子弧堆焊示意图
1—焊丝;2—导电嘴;3、7—等离子气;4—铜喷嘴;5—保护气体;
6—保护罩;8—过渡金属;9—钨极

与一般等离子弧堆焊及熔化极气体保护堆焊相比,熔化极等离子弧堆焊具有下列优点。

a. 焊丝受到等离子弧的预热,熔化功率大;

b. 由于等离子弧流力的作用,在进行大熔滴过渡及旋转射流过渡时,均不会产生飞溅;

c. 熔化功率和工件上的热输入可单独调节;

d. 堆焊速度快。

③ 粉末等离子弧堆焊　粉末等离子弧堆焊是将合金粉末自动送入等离子弧区实现堆焊的方法。各种成分的堆焊合金粉末制造比较方便,堆焊时合金成分的要求易于满足。堆焊工作易于实现自动化,能获得稀释率低的薄堆焊层,且平滑整齐,不加工或稍加工即可使用,

因而可以降低贵重材料的消耗。适于在低熔点材质的工件上进行堆焊，特别是大批量和高效率的堆焊新零件更为方便。

粉末等离子弧堆焊机与一般等离子弧焊机大体相同，只不过利用粉末堆焊焊枪代替等离子焊机中的焊枪。粉末等离子堆焊一般采用转移弧或联合型弧。因堆焊层不需要很大的熔深，所用喷嘴的压缩孔道比一般不超过 1。为了送进粉末，喷嘴中须另外送进一股送粉气流，送粉气一般采用氩气。

粉末堆焊具有生产率高、堆焊层稀释率低、质量高、便于自动化等特点，是目前应用最广泛的一种等离子堆焊方法，特别适合于轴承、轴颈、阀门板和座、涡轮叶片等零部件的堆焊。

（4）等离子弧堆焊材料

目前国内外所采用的等离子弧堆焊粉末主要有自熔性合金粉末和复合粉末两大类。

① 自熔性合金粉末　自熔性合金粉末包括镍基、钴基、铁基、铜基等。其中镍基和钴基合金粉末具有良好的综合性能，但镍和钴属稀缺金属，成本高，一般只用于有特殊表面性能要求的堆焊。铁基合金粉末原材料来源广、价格低、性能好，得到广泛应用。

镍基自熔性合金粉末熔点低（约 $950\sim1150℃$），流动性好，具有良好的抗磨损、抗腐蚀、抗热、抗氧化性等综合性能。一般分为镍硼硅系列和镍铬硼硅系列两类。镍硼硅系列是在镍中加入适量的硼、硅元素所形成的自熔合金；镍铬硼硅系列是在镍硼硅系合金中加入铬和碳，形成用途广泛、品种较多的镍铬硼硅系自熔合金。

钴基自熔合金粉末是以金属钴为基，在钴铬钨合金中加入硼、硅元素形成。钴基自熔性合金具有优良的高温性能、较好的热强性、抗腐蚀性及抗热疲劳性能，适合应用于在 $600\sim700℃$ 高温下工作的抗氧化、耐腐蚀、耐磨损的表面涂层。

铁基自熔性合金粉末是以铁为主，由铁、铬、硼、硅等几种主要元素组成。这类合金是在铬不锈钢和镍铬不锈钢的基础上发展起来的。可分为两种类型：奥氏体不锈钢型自熔合金和高铬铸铁型自熔合金。不锈钢型铁基自熔性合金粉末是在奥氏体不锈钢成分基础上添加适量的 B、Si 元素而形成的。通过调整 C、B、Si、Ni 的含量来调整合金的硬度，并通过添加其他合金元素来改善合金的性能。高铬铸铁型铁基自熔性合金粉末是在高铬铸铁耐磨合金成分的基础上添加 B、Si、Ni 等元素研制而成的。主要应用于耐低应力磨粒磨损场合，具有很高的硬度和优异的耐磨料磨损性能。同时，为了改善合金的韧性可添加一定量的镍。

铜基合金具有较低的摩擦系数，良好的抗海水、大气腐蚀性能。铜基合金抗擦伤性好，塑性好，易于加工。目前我国研制并生产的铜基自熔合金粉末主要有两类，一种是锡磷青铜粉末，另一种是加入镍的白铜粉末。

② 复合粉末　复合粉末是由两种或两种以上具有不同性能的固相所组成，不同的相之间有明显的相界面，是一种新型工程材料。组成复合粉末的成分，可以是金属与金属、金属（合金）与陶瓷、陶瓷与陶瓷、金属（合金）与塑料、金属（合金）与石墨等，范围十分广泛，几乎包括所有固态工程材料。

近年来堆焊复合粉末的研究热点集中在通过向自熔性合金粉末中添加一种或几种能形成高硬度硬质相的元素，在一定的工艺条件下，使堆焊时形成的硬质相均匀弥散地分布在堆焊层金属中，利用硬质相的高熔点、高硬度，显著提高工件的耐磨损耐腐蚀性能。

常用的硬质相颗粒有 WC、$Cr_{23}C_6$、$Cr_7C_3$、TiC、$B_4C$、NbC、VC 等。其中 WC 颗粒来源广，成本低，得到了广泛利用。如在 Co 基合金粉末中添加 WC 形成的 WC-Co 复合粉末，WC 作为主体硬质相，采用该粉末堆焊的堆焊层具有很高的硬度，很高的抗压强度，常应用于严重磨损的工况条件下。如应用于航空发动机涡轮叶片、石化工业中高压容器中的阀座、阀芯、机械工业中的切削刀具、钻井采油工业中的套磨铣工具等。

在镍基合金粉末中添加 TiC 构成的复合粉末的研究也取得很大进展。TiC 的硬度大于 3000HV，比 WC 高 1/4；其熔点达 3250℃，也高于 WC（2630℃）。TiC 颗粒呈圆钝外形，无尖角，表面抛光后，摩擦系数低，有自润滑功能。其耐磨性好，抗氧化性优良，可用来代替 WC，并降低成本。

（5）等离子弧堆焊工艺参数

等离子弧堆焊工艺参数包括：转移弧电压和电流、非转移弧电流、送粉量、离子气和送粉气流量、焊枪摆动频率和幅度、喷嘴与工件之间的距离等。

① 转移弧电压和电流　转移弧是等离子弧堆焊的主要热源，堆焊电流和电弧电压是影响工艺指标最重要的参数。在焊枪和其他参数确定的情况下，堆焊电流在较大范围内变动时，电弧电压的变化却不大。虽然堆焊过程中电弧电压变化较小，但电弧电压的基数值却是很重要的，它影响电弧功率的大小。转移弧电压的基数值受钨极与工件之间距离影响，距离大则电压高，反之亦然。转移弧电压过低，电弧软弱无力，穿透力小，易形成未焊透缺陷。

在等离子弧堆焊过程中，随着转移弧电流的增加，过渡到工件堆焊面的热功率增加，熔池温度升高，热量增加，使工件熔深和稀释率增大。转移弧电流过小时，熔池热量不够，工件表面不能很好熔合，粉末熔化不充分，造成未熔透、气孔、夹渣等缺陷，同时焊道宽厚比小、成形差；转移弧电流小于一定数值时，未熔化的合金粉末飞散多，粉末利用率很低。电流过大时，熔深过大，稀释率大，使堆焊层合金成分变化，堆焊层性能显著降低。

② 非转移弧电流　非转移弧首先起过渡引燃转移弧的作用。在等离子弧堆焊中，一种情况是保留非转移弧，采用联合弧工作；另一种情况是当转移弧引燃后，将非转移弧衰减并去除。采用联合弧工作时，保留非转移弧的目的是使非转移弧作为辅助热源，同时有利于转移弧的稳定，但不利于喷嘴的冷却。应根据转移弧电流大小适当选择非转移弧电流值。

③ 堆焊速度　堆焊速度和熔敷率是直接联系在一起的。在保持堆焊层宽度和厚度一定的条件下，堆焊速度快，熔敷效率就高。提高堆焊速度使堆焊层减薄、变窄，工件熔深减小，堆焊层稀释率降低；当堆焊速度增加到一定程度时，成形恶化，易出现未焊透、气孔等缺陷。一般根据堆焊工件的大小、电弧功率、送粉量等合理选择堆焊速度。

④ 送粉量　送粉量是指单位时间内从焊枪送出的合金粉末量，一般用 g/min 表示。在等离子弧堆焊过程中，其他参数不变的情况下，改变堆焊速度和送粉量，熔池的热状态发生变化，从而影响堆焊层质量。增加送粉量，工件熔深减小，当送粉量增加到一定程度时，粉末熔化不好，飞溅严重，易出现未焊透。

在保证堆焊层成形尺寸一致的条件下，增加送粉量要相应提高堆焊速度。为了使合金粉末熔化良好，保证堆焊质量，要相应加大堆焊电流，使熔池的热状态维持不变，以便提高熔敷率。

堆焊速度和送粉量的大小反映堆焊生产率，从提高生产率角度出发，希望采用高速度、大送粉量、大电流堆焊。但堆焊速度和送粉量受到焊枪性能、电源输出功率等因素的制约。因此对具体工件，要合理选择堆焊速度和送粉量。

⑤ 离子气和送粉气流量　离子气是形成等离子弧的工作气体，对电弧起压缩作用，并对熔池起保护作用。离子气流量大小直接影响电弧稳定性和压缩效果。气流量过小，对电弧压缩弱，造成电弧不稳定；气流量过大，对电弧压缩过强，增加电弧刚度，致使熔深加大。离子气的流量要根据喷嘴孔径大小、非转移弧和转移弧的工作电流大小来选择。喷嘴孔径

大，工作电流大，气流量要偏大；离子气流量一般以 300～500L/h 为宜。

送粉气主要起输送合金粉末作用，同时也对熔池起保护作用。合金粉末借助于送粉气的吹力，能顺利地通过管道和焊枪被送入电弧。气流量过小，粉末易堵塞；气流量过大，对电弧有干扰。送粉气流量主要根据送粉量的大小和合金粉末的粒度、松装比来选择。送粉量大、粒度大、松装比大时，气流量应偏大。送粉气流量一般在 300～700L/h 范围内调节。

⑥ 焊枪摆动频率和幅度  焊枪摆动是为了一次堆焊获得较宽的堆焊层，摆动幅度一般依据堆焊层宽度的要求而定。单位时间内焊枪摆动次数称为焊枪摆动频率（次/min）。摆动频率应保证电弧对堆焊面的均匀加热，避免焊道边缘出现"锯齿"状。摆动频率和摆幅要配合好，一般摆幅宽，摆动频率要适当减慢；摆幅窄时摆动频率可适当加快，以保证基体受热均匀，避免未焊透的现象。

⑦ 喷嘴与工件之间的距离  喷嘴与工件之间的距离反映转移弧的电压。距离过高，电弧电压偏高，电弧拉长，使电弧在这段距离内不受喷嘴的压缩，而弧柱直径扩张，受周围空气影响使得电弧稳定性和熔池保护变差。距离过低，粉末在弧柱中停留时间短，不利于粉末在弧柱中预先加热，熔粒飞溅粘接在喷嘴端面现象较严重。喷嘴与工件之间的距离根据堆焊层厚薄及堆焊电流大小，在 10～20mm 范围内调整。

综合以上因素，等离子弧堆焊工艺中最主要的工艺参数为转移弧电流、送粉量和堆焊速度。它们应根据工件的大小、焊道尺寸、粉末种类和颗粒度的不同来加以选择和配合，其选择原则为：a. 堆焊层与基体结合良好；b. 焊道成形良好；c. 堆焊层稀释率低，熔深浅；d. 焊件边缘不发生过热与烧塌；e. 焊机功率利用充分，熔敷率高，各种消耗小。

（6）等离子弧堆焊实例

等离子弧堆焊可以用于各种材料的堆焊，但为充分发挥其优点，这种方法主要还是用来堆焊一些高耐磨、耐蚀、耐高温的工件。它的堆焊层可以做到既平滑又很薄，从而大大降低机械加工量，在有些场合甚至可以免去焊后加工。它常用于高压阀门密封面、发动机气阀阀面、工程机械刃具等的堆焊。此外也可用于堆焊油泵柱塞、耐磨环、轴承与轴颈、轧机导轨及磨具等。下面根据堆焊材料的不同分别给予简单介绍。

① 钴基合金粉末等离子弧堆焊  钴基合金具有良好的抗高温、耐腐蚀、抗磨损等综合工艺性能和显著的热硬性特点，被广泛应用在耐高温、耐磨损的场合，例如高温高压电站阀门和其他技术性能要求较高的阀门密封面上。

阀门密封面等离子弧堆焊钴基合金时应注意以下几方面。

a. 根据堆焊工件的结构刚性和材质，合理选择预热温度和焊后保温措施。阀门等离子弧堆焊常用材料的预热温度和焊后热处理温度见表 6-4。

b. 钴基合金粉末的熔点稍高，应合理选择工艺参数，如堆焊电流、工件转速、焊枪摆动频率和幅度，以保证熔合及表面成形。

c. 钴基合金粉末密度较大，使用自重式送粉器时，应根据粉末粒度、合理调整送粉气体流量，以得到适宜的送粉量，保证堆焊质量。

d. 钴基合金粉末堆焊时，易在熄弧处出现火口裂纹。应选择适宜的电弧衰减斜率和时间，待衰减到电流较小时（小于 20A）再熄弧。

② 镍基合金粉末等离子弧堆焊  阀门密封面堆焊用镍基合金粉末的化学成分是以镍为基，含有一定量的 Cr、B、Si 元素，即 Ni-Cr-B-Si 系自熔性合金粉末。

镍基合金具有良好的抗腐蚀、抗磨损和抗氧化性，综合性能良好。镍基合金还具有良好的抗擦伤性能，特别是高温下的抗蚀性，常代替钴基合金应用在电站蒸汽阀门和内燃机进排气阀密封面制造，也可用于工况比较恶劣的受到强腐蚀介质腐蚀磨损的阀门密封面制造。

与钴基合金粉末相比，镍基合金粉末，熔点低，等离子弧堆焊的工艺性能良好，液态金属流动性好。堆焊时要根据其特点合理选择工艺参数。为了防止裂纹，减小应力和变形，应采取相应的焊前预热、焊后保温措施（见表6-4）。

表 6-4  阀门常用材料焊前预热和焊后热处理温度

| 基体材料 | | 预热温度/℃ | 焊后热处理温度/℃ |
|---|---|---|---|
| 低碳钢 | 25 | 300～350 | 600～650 |
| | 35 | 小零件不预热 | 小零件在石棉中冷却或砂冷 |
| | 45 | | |
| Cr-Mo 珠光体钢 | 12CrMo | 400～450 | 680～720 |
| | 15CrMo | | |
| | 12CrMoV | 450～500 | 720～760 |
| | 15CrMoV | | |
| 马氏体不锈钢 | 1Cr13 | 450～500 | 700～750 |
| | 2Cr13 | | |
| 奥氏体不锈钢 | 1Cr18Ni9Ti | 250～300 | 860～880 |
| | Cr18Ni12Mo2Ti | | |

③ 铁基合金粉末等离子弧堆焊  铁基合金粉末的价格低、主要性能良好，被广泛应用在使用温度低于450℃、工作介质主要是水、汽、油等弱腐蚀介质的中温中压阀门密封面制造上。

阀门堆焊用铁基合金粉末主要有两大类型：一类是 Cr-Ni 铁基合金；另一类是 Cr-Mn 铁基合金。这两类铁基合金粉末的综合工艺性能良好。堆焊时可与基体低碳钢材料形成良好的冶金结合层，工艺参数可调范围较大。相对而言，Cr-Mn 铁基合金粉末熔点稍低，液态金属流动性更好。大批量堆焊小于 DN100mm 阀门密封面时，焊前不预热，焊后空冷也不会产生裂纹。

## 6.2.6  电渣堆焊

（1）电渣堆焊的特点

电渣堆焊是利用电流通过液体熔渣所产生的电阻热来进行堆焊的方法。电渣堆焊的特点是熔敷率高，一次可以堆焊很大的厚度，稀释率低，堆焊工件的熔深均匀；焊剂的消耗少，回收利用的焊剂也就减少，所以也就降低了焊剂细化的趋势和受潮的可能性。电渣堆焊还可以通过将合金粉末加到熔渣池中或作为电极的涂料进行合金元素的过渡，因此堆焊层的合金成分容易调节。

但是，电渣堆焊热输入大，加热和冷却速度低，高温的停留时间长，堆焊层的一次结晶晶粒为粗大树枝状组织，热影响区也严重过热，因此焊后必须进行热处理。另外，堆焊层不能太薄，一般应大于 15mm，否则不能建立稳定的电渣过程。电渣堆焊主要适用于堆焊厚度较大、表面形状较简单的大、中型零件。

（2）电渣堆焊工艺

电渣堆焊可以采用实芯焊丝、管状焊丝、板极或带极等进行堆焊。其中带极电渣堆焊具有熔深浅、过渡层稀释率低、堆焊层表面平整及熔敷效率高等优点。因此带极电渣堆焊为例，带极电渣堆焊的主要焊接工艺规范参数有焊接电流、焊接电压、焊接速度和焊道搭接量、带极伸出长度、磁控电流等。

① 焊接电流的影响　带极电渣堆焊电流一般比埋弧堆焊高，在一定范围内的焊接电流，能使堆焊过程稳定、焊道平滑、成形良好。若焊接电流过大，熔渣的飞溅量增加，堆焊过程不稳定。当焊接电流小时，焊道成形变差，出现未熔合的凹坑且不利于引弧造渣。

在其他条件一定时，焊接电流与焊道宽度、焊道厚度有以下关系。在一定的范围内电流增加，虽然热能增加，但热能主要用于焊带熔化而使焊道厚度增加较多。试验表明电流在一定范围内比较合适。在产品堆焊中，施焊电流不宜太大，这不仅是因为热输入增加，母材熔深加大，而且堆焊焊道厚度增加较多。而在实际操作中，对堆焊过渡层及耐蚀层，每一层堆焊厚度保证大于标准时，就能够满足设计技术条件的要求。一般堆焊层控制单层厚度为最佳。堆焊层厚度增加很多，既浪费焊材又使焊道成形较差。

② 焊接电压的影响　当其他工艺参数不变时，在给定焊接电流和焊接速度下，焊接电压的变化会影响焊道的形状。电压升高，焊道厚度与宽度都稍有增加。精确控制焊接电压对带极电渣堆焊很重要。电渣堆焊过程中对电压的变化较为敏感，当电压低于标准时，带极粘连母材，不利于堆焊开始时的引弧造渣，且堆焊过程不稳定。当电压高于时，可看到带极与熔渣之间有电弧产生、飞溅量激增，无法堆焊。当电压高于标准时就完全变成了电弧过程。

③ 焊接速度的影响　在给定的焊接电流和电压下，焊道厚度、宽度都随焊接速度而变化。当其他工艺参数不变时，随着焊接速度增加，焊道厚度及焊道宽度减少。当焊接速度太低时，生产效率低且母材受热作用时间长，使堆焊焊缝组织粗大。同时，当堆焊厚度增加时，过厚的堆焊焊道增加材料消耗，熔深增加。当焊接速度太高时，由于新卷入熔池的焊剂不能充分熔化而使渣池温度下降产生电弧，使焊道堆高太薄，并出现焊道中间低两侧高的不规则现象，影响了焊道成形质量。

④ 熔池的外磁场控制　用带极和反极性进行堆焊时，电流自带极通过熔池流向与母材相连的地线。此电流在熔池内产生一种磁收缩效应，能使熔融的渣和金属向焊道中心流动，造成焊道两侧产生咬肉（即堆焊焊道两侧咬边现象）。

在堆焊熔池的两侧施加外部磁场的主要目的是解决焊道两侧的咬边现象。当外加磁场所施加的力与焊接电流所产生的这种磁收缩效应的方向相反、作用力相等或近似于相等时，将能完全抵消焊接电流产生的自磁收缩力，而防止熔渣和熔融金属聚向熔池中心，有效地克服了焊道两侧咬边现象，改善堆焊成形，获得平坦的堆焊表面。

外加磁场电流简称磁控电流的大小是以获得平坦、厚度均匀且没有咬边的焊道为最佳。磁控电流太大时，焊道太宽，因受外加磁场力的作用，使焊道中间因缺少液体金属而形成中间下凹、两侧增厚的现象，使焊道表面成形极差。同时由于焊道两侧增厚，在道与道间的搭边处易产生夹渣。反之，若磁控电流太小，外加磁场力较弱，堆焊焊道仍会产生咬边。

⑤ 其他工艺参数　焊带伸出长度、焊剂堆积高度和操作中焊道的搭边量等对电渣堆焊质量产生影响。焊带伸出长度过长易出现咬边和夹渣等情况；过短则使电弧过程不稳定，并玷污焊机的机头使其导电情况变差，从而影响电渣形成过程。焊剂堆积过高焊缝完全埋在焊剂中，使电渣焊变成埋弧焊，这在电渣堆焊过程中是不允许的。在操作过程中焊道搭边量的大、小直接影响到大面积堆焊焊缝的平整度，而且搭边量过大易产生夹渣。

（3）电渣堆焊实例

带极电渣堆焊熔敷效率高、熔深浅、稀释率低，加之磁控堆焊能获得光滑平坦的表面，因此磁控电渣堆焊是大面积堆焊不锈钢复合层的理想方法之一。镍铬合金也可用这种方法堆焊。

堆焊前，要严格清除表面的铁锈、油污等，堆焊工件表面不得有气孔、夹渣、包砂、裂纹等缺陷。堆焊材料使用前必须烘干。

由于基体材料与堆焊层热膨胀系数相差较大，预热温度可减少内应力及焊缝中的淬硬组织，防止焊缝中产生裂纹。而且，适当的预热温度，将有利于电渣过渡，提高熔敷率。但预热温度过高会使熔深增加，从而增大焊缝熔入度和合金稀释率。但是在过渡层表面堆焊耐蚀层时，预热温度会使热影响区在危险温度区停留时间增加，从而增大腐蚀倾向，因此焊耐蚀层前不预热，而且要严格控制层间温度。

带极堆焊一般需要进行中间热处理和最终热处理。中间热处理的目的是扩散除氢，同时使组织软化，防止出现裂纹。最终热处理的目的是最后消除残余应力，改善焊缝组织。低合金表面堆焊不锈钢的热处理规范应考虑对母材和堆焊层两者的影响。

## 6.2.7 堆焊方法的选择

除以上堆焊方法外，其他凡能实现熔化焊接的方法原则上都可以用来进行堆焊。各种堆焊方法都有各自的特点和用途，现从堆焊特性的一些方面，将常用堆焊方法进行比较，见表 6-5。

表 6-5　常用堆焊方法特点比较

| 堆焊方法 | | 单层堆焊稀释率/% | 熔敷速度/(kg/h) | 最小堆焊层厚度/mm | 熔敷效率/% |
|---|---|---|---|---|---|
| 氧-乙炔火焰堆焊 | 手工送丝 | 1~10 | 0.5~1.8 | 0.8 | 100 |
| | 自动送丝 | 1~10 | 0.5~6.8 | 0.8 | 100 |
| | 粉末堆焊 | 1~10 | 0.5~1.8 | 0.8 | 85~95 |
| 焊条电弧堆焊 | | 10~20 | 0.5~5.4 | 2.5 | 55~70 |
| 钨极氩弧堆焊 | | 10~20 | 0.5~4.5 | 2.4 | 98~100 |
| 熔化极气体保护堆焊 | | 10~40 | 0.9~5.4 | 3.2 | 90~95 |
| 其中:自保护电弧堆焊 | | 15~40 | 2.3~11.3 | 3.2 | 80~85 |
| 埋弧堆焊 | 单丝 | 30~60 | 4.5~11.3 | 3.2 | 95 |
| | 多丝 | 15~25 | 11.3~27.2 | 4.8 | 95 |
| | 串联电弧 | 10~25 | 11.3~15.9 | 4.8 | 95 |
| | 单带极 | 10~20 | 12~36 | 3.0 | 95 |
| | 多带极 | 8~15 | 22~68 | 4.0 | 95 |
| 等离子弧堆焊 | 自动送粉 | 5~15 | 0.5~6.8 | 0.8 | 85~95 |
| | 手工送粉 | 5~15 | 0.5~3.6 | 2.4 | 98~100 |
| | 自动送丝 | 5~15 | 0.5~3.6 | 2.4 | 98~100 |
| | 双热丝 | 5~15 | 13~27 | 2.4 | 98~100 |
| 电渣堆焊 | | 10~14 | 15~75 | 15 | 95~100 |

选择合适的堆焊方法，应着重考虑以下因素。

① 堆焊层的性能质量要求　堆焊层的合金成分和组织是影响堆焊层性能的主要因素。不同的堆焊方法具有不同的稀释率和冷却速度，导致堆焊层的成分和组织不同。此外氧-乙炔火焰堆焊的渗碳，电弧堆焊时合金元素的烧损，都会影响堆焊层的性能。

② 堆焊件结构、形状特征　凡结构形状适合自动堆焊的应尽量选择自动化堆焊方法，不仅效率高、周期短，而且堆焊层形状、尺寸规则。焊条电弧堆焊则周期长、焊工疲劳，而且外形难以保证。堆焊件形状不规则，可优先考虑熔化极气保护或自保护半自动电弧堆焊，也可采用焊条电弧堆焊。小型精密零件采用钨极氩弧堆焊、氧-乙炔火焰堆焊甚至激光堆焊都是合适的。

③ 堆焊层尺寸特征　堆焊层厚度和面积大，宜采用电渣堆焊、多丝或带极埋弧堆焊，堆

焊层薄应选用氧-乙炔火焰堆焊。

④ 堆焊合金冶金性质特征　如 WC 硬质合金的堆焊宜选择氧-乙炔火焰堆焊、钨极氩弧堆焊、药芯焊丝 MIG 焊，质量较好，尤其是氧-乙炔火焰堆焊具有优异的耐磨性。

⑤ 低成本　在保证质量要求的前提下尽量降低成本。堆焊成本包括材料成本、能源消耗、设备费用、人工成本等。对于小批量生产，最经济的方法是焊条手工电弧焊；对于形状简单的大型、重复性工件，一般自动埋弧堆焊、电渣堆焊比较经济。相对而言，熔敷速度高的堆焊方法生产率高、工作周期短，可显著降低成本。

## 思考题

1. 热喷涂涂层与基体的结合机理有哪些，以哪种结合方式为主？
2. 热喷涂涂层的结构有哪些特点？
3. 与普通火焰喷涂相比，电弧喷涂技术有哪些特点？
4. 什么是等离子喷涂，等离子喷涂方法可以分为哪些种类？
5. 冷喷涂中的临界速度是指什么？
6. 热喷涂材料应满足哪些要求？
7. 相对于普通焊接技术，堆焊有哪些特殊要求？
8. 常用堆焊方法各有哪些优缺点，如何选择合适的堆焊方法？
9. 手工电弧堆焊常见缺陷有哪些？如何防止和消除堆焊缺陷？
10. 等离子弧堆焊不同材料时，如何选择合适的焊接工艺？

# 第 7 章

# 化学热处理

## 7.1 化学热处理概述

化学热处理是将工件置于一定温度的活性介质中保温，使活性物质的原子渗入工件的表层中，改变其表层的化学成分、组织和性能的热处理工艺，是表面合金化与热处理相结合的一项工艺技术。

化学热处理是古老的工艺之一，在中国可上溯到西汉时期。已出土的西汉中山靖王刘胜的佩剑，表面含碳量达 0.6%～0.7%，而芯部为 0.15%～0.4%，具有明显的渗碳特征。明代宋应星撰写的《天工开物》一书中，就记载有用豆豉、动物骨炭等作为渗碳剂的软钢渗碳工艺。明代方以智在《物理小识》"淬刀"一节中，还记载有"以酱同硝涂錾口，煅赤淬火"。硝是含氮物质，当有一定的渗氮作用。这说明渗碳、渗氮或碳氮共渗等化学热处理工艺，早在古代就已被劳动人民所掌握，并作为一种工艺广泛用于兵器和农具的制作。

随着化学热处理理论和工艺的逐步完善，自 20 世纪初开始，化学热处理已在工业中得到广泛应用。随着机械制造和军事工业的迅速发展，对产品的各种性能指标也提出了越来越高的要求。除渗碳外，又研究和完善了渗氮、碳氮和氮碳共渗、渗铝、渗铬、渗硼、渗硫、硫氮和硫氮碳共渗，以及其他多元共渗工艺。

化学热处理过程可分为分解、吸附和扩散三个连续阶段。

① 分解过程　渗剂通过一定温度下的化学反应或蒸发作用，形成含有渗入元素的活性介质，然后通过活性原子在渗剂中的扩散运动而到达工件的表面。单纯的分解反应要求的温度高，化学热处理时，通常是利用置换反应和还原反应。化学反应速度除取决于反应物的本性外，还与温度、压力、浓度、催化剂有关。一般增加浓度和升高温度，能增加反应速度。反应活化能的减少，能显著地增加反应速度。添加催化剂可以降低活化能，从而使反应速度剧增。

② 吸附过程　渗入元素的活性原子吸附于工件表面并发生相界面反应，即活性物质与金属表面发生吸附-解吸过程。一切固体都能或多或少地把周围介质中的分子、原子或离子吸附到自己的表面上来。金属表面原子的结合键比内部原子少，存在着指向空间的剩余引力。当周围介质中的分子、原子或离子碰撞到固体表面时，便被其吸收，并降低其表面能。粗糙的表面比平滑的表面吸附作用强，晶界比晶内吸附作用强。

③ 扩散过程　吸附的活性原子从工件的表面向内部扩散，并与金属基体形成固溶体或化合物。

化学热处理过程的扩渗规律通常用 Fick 定律来描述。Fick 第一定律指出：当扩散物质沿 $x$ 方向存在浓度梯度时，单位时间通过垂直于 $x$ 方向的单位面积的扩散物质的量（通常

称为扩散通量）与浓度梯度成正比，即

$$J = -D(\mathrm{d}c/\mathrm{d}x)\tag{7-1}$$

式中　$D$——扩散系数；

　　　$J$——扩散通量；

　　　$c$——扩散物质的浓度。

其中，浓度梯度 $\mathrm{d}c/\mathrm{d}x$ 是扩散的动力；常数 $D$ 称为扩散系数，其物理意义是单位时间内，在单位浓度梯度（$\mathrm{d}c/\mathrm{d}x=1$）的条件下，通过单位截面积的物质数量。实验证明，扩散系数 $D$ 与温度之间存在有下列关系

$$D = D_0 \mathrm{e}^{-Q/RT}\tag{7-2}$$

式中　$D_0$——扩散常数；

　　　$Q$——扩散激活能；

　　　$R$——气体常数；

　　　$T$——绝对温度。

由此可见，温度 $T$ 与扩散激活能 $Q$ 是决定扩散系数 $D$ 的相关因素。常规化学热处理是点阵扩散的纯热扩散，由于扩散激活能大，为了得到足够的渗速，往往要采用相当高的温度，扩渗时间也比较长、耗能大。特别是渗金属，大多是在 900℃ 以上的高温。离子轰击化学热处理、机械能助渗化学热处理、流态床化学热处理等，由于离子动能、运动粒子动能冲击工件表面点阵原子，使其脱位形成空位、位错等晶体缺陷，降低了扩散激活能，改变扩散机制，变为点阵缺陷扩散，而使铝等金属的扩渗温度由 900℃ 降低到 600℃ 以下，渗氮时间由几十小时缩短到几小时，节能效果十分显著。其他能（动能、光、电、磁、超声波等）助扩渗代替纯热扩渗可能是化学热处理的发展方向。

化学热处理中，分解、吸附和扩散是彼此配合并相互交叉进行的三个过程。其中，渗剂的分解是前提，通过渗剂的分解为工件表面提供充足的活性原子。如果活性原子太少，吸收后的表面浓度低，渗层的浓度梯度小，则扩散速度较慢；如果活性原子太多，则多余的活性原子将在工件表面结合成分子，阻碍工件表面继续吸收活性原子。同时，吸收和扩散的速度也应协调。如果吸收太慢，供不应求，会使扩散速度下降；如果吸收太快，来不及扩散，对渗层的组织结构和深度也有不利的影响。

## 7.2　化学热处理的分类与特点

### 7.2.1　化学热处理的分类

化学热处理有多种分类方法，比较常见的分类有以下几种。

按渗入元素分为：渗碳、渗氮、渗硼、渗铝、碳氮共渗以及碳铬复合渗等。

按渗入元素的种类和先后顺序分为：渗入一种元素的称为单元渗；同时渗入两种或两种以上元素的，称为二元或多元共渗；先后渗入两种或两种以上元素的，称为二元或多元复合渗。

按渗入元素的活性介质所处状态分为：固体法，包括粉末填充法、膏剂（料浆）法、电热旋流法等；液体法，包括盐浴法、电解盐浴法、水溶液电解法等；气体法，包括真空法、固体气体法、简介气体法、流动离子炉法等；离子轰击法，包括离子轰击渗碳、离子轰击氮化、离子轰击渗金属等。

按照渗入元素对工件表面性能的作用分为：提高工件表面的硬度、强度、疲劳强度和耐磨性，如渗碳、氮化、碳氮共渗等；提高工件表面的硬度、耐磨性，如渗硼、渗钒、渗铌等；减少摩擦系数、提高抗咬合、抗擦伤性，如渗硫、氧氮化、硫氮共渗处理等；提高抗腐蚀性，如渗硅、渗铬、渗氮等；提高抗高温氧化性，如渗铝、渗铬、渗硅等。

应当说明的是，随着科学技术的发展，化学热处理的类别也随着工艺方法和设备不断更新，有了许多新的发展。如为了加速化学热处理过程，采用了化学催渗（如稀土催渗）和物理催渗（机械能助渗）等方法、此外，还采用了多元共渗工艺，如 C-N-B、C-N、S-N、S-C-N 共渗等；还发展了复合处理工艺，如氮化加高频淬火、软氮化加高频淬火、渗硫软氮化加蒸汽处理等。特别是随着化学热处理设备的改进，逐步发展了高频感应加热渗入法、真空渗入法、离子轰击渗入法、电解渗入法、可控气氛渗入法、流态化炉床渗入法等。

## 7.2.2 化学热处理的特点

与其他表面处理手段相比，化学热处理具有以下特点。

① 通过选择和控制渗入的元素及渗层深度，可使工件表面获得不同的性能，以满足各种工况条件。

② 由于外部原子的渗入，通常在工件表面形成压应力层，有利于提高工件的疲劳强度。另外，渗层与基体金属之间是冶金结合，结合强度很高，渗层不易脱落或剥落。

③ 化学热处理通常不受工件几何形状的局限，并且绝大部分化学热处理具有工件变形小、精度高、尺寸稳定性好的特点。

④ 所有化学热处理均可改善工件表面的综合性能。大多在提高机械性能的同时，还能提高表面层的抗腐蚀、氧化、减摩、耐磨、耐热等多种性能，对提高机械产品的质量、挖掘材料潜力、延长使用寿命具有显著的成效。

⑤ 化学热处理后的工件实际上具有（表面-心部）复合材料的特点，可大大节约贵重材料，降低成本，经济效益显著。

⑥ 多数化学热处理既是一个复杂的物理化学过程，也是一个复杂的冶金过程，它需要在一定的活性介质中加热，通过界面上物理化学反应和扩散完成。因此其工艺较复杂，处理周期较长，而且对设备的要求一般也较高。

# 7.3 典型的化学热处理

## 7.3.1 渗碳

渗碳是将低碳钢的工件，在渗碳介质（渗碳剂）中加热到一定温度，使碳原子渗入其表面层，获得高碳渗层，再进行淬火并低温回火。在零件心部保持高韧性的条件下，获得高硬度马氏体表面层，从而提高零件的疲劳强度和耐磨性。渗碳是目前机械制造业中应用最广泛的化学热处理工艺。

对渗碳工艺产生主要影响的有三个参数：一是渗碳温度，常用渗碳温度为 $920\sim940℃$。温度愈高，渗碳速度愈快，渗层愈深。但温度过高会造成奥氏体晶粒粗大，降低零件的力学性能，并增加工件变形，降低设备寿命。二是渗碳时间，渗碳时间决定于对渗碳层的深度要求。渗碳层深度确定后，所需渗碳时间可根据渗碳介质的碳势、渗碳工艺方式、渗碳温度和渗碳件钢种等，利用扩散方程的解进行计算。三是渗碳介质的化学成分及渗碳气氛特性，渗碳介质的化学成分直接影响碳原子的扩散，是生产中调整和控制的重要参数，渗碳气氛用碳势进行表征。

### 7.3.1.1　渗碳工艺的特点和渗碳层的测定

① 与其他的化学热处理相比，渗碳工艺的主要特点是：渗入速度快、工艺时间短；虽然渗层硬度稍低，但脆性小；渗层厚度大，可承受更大的挤压应力；渗层硬度梯度小，不易产生剥落；心部强度较高，有更大的承载能力和抗挤压的能力；成本低，经济效益高等优点。

② 工件渗碳层的测定有三种方法。

a. 由表面测至原始组织处，即以过共析层、共析层和亚共析层三者的总和作为渗碳层深度；

b. 由表面到亚共析层的一半处的厚度作为渗层厚度，这种方法多用于碳钢；

c. 由表面到亚共析层的 2/3 处的厚度作为渗层厚度，这种方法多用于含铬钢。

### 7.3.1.2　渗碳方法

目前，渗碳方法有：气体渗碳、液体渗碳、固体渗碳和特殊渗碳。特殊渗碳通常是指在特定的物理条件下进行。

（1）气体渗碳

① 气体渗碳是指将零件放入渗碳炉内，滴入煤油或其他渗碳剂，在高温下保温一定时间后活性碳原子渗入工件的表面，形成渗碳层的过程。

与其他各种化学热处理工艺相比，气体渗碳主要优点如下。

a. 渗速较快，生产周期短，约为固体渗碳时间的一半左右；

b. 生产率高，工艺操作容易，适合于大批量生产，渗碳后可直接淬火，成本低；

c. 气氛的配比基本稳定在一个范围内，可以实现气氛控制，产品质量易于控制；

d. 劳动条件好，工件不需装箱可直接加热，大大提高了生产率和减轻劳动强度。

② 气体渗碳设备　气体渗碳设备分为周期式和连续式两大类，周期式渗碳设备采用单件或单批渗碳工艺，易于控制。设备类型有井式炉、卧式炉和滚筒炉等形式。连续式渗碳设备采用连续式装卸作业，生产率高。设备类型有振底式、输送带式、旋转罐式等形式。图 7-1 为气体渗碳装置示意图。

③ 气体渗碳剂　渗碳剂包括液态渗剂和气态渗剂两种，液态渗剂主要有煤油、甲醇、乙醇、异丙醇、乙醚、丙酮、乙酸乙酯、苯、二甲苯等。气体渗剂有天然气、丙烷、丁烷、煤气、吸热式气体等。

作为渗碳剂，要求必须具有较高的渗碳活性，含硫及其他杂质尽可能少，单位体积液体加热分解后能产生的气体体积（产气量）大；碳氧（原子数）比大于 1；碳当量（产生 1mol

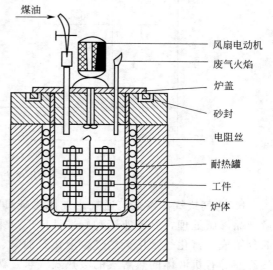

图 7-1　气体渗碳装置示意图

煤油

风扇电动机
废气火焰
炉盖
砂封
电阻丝
耐热罐
工件
炉体

活性炭所需的有机液体的质量）较小；气氛中 CO 和 H$_2$ 的含量稳定；价格低廉、货源丰富、安全卫生。

有机溶剂常被用作渗碳剂。其中煤油＋甲醇应用较为普遍。几种常用有机溶剂的碳氧比与碳当量如表 7-1 所示。

表 7-1　几种常用有机溶剂的碳氧比与碳当量

| 名称 | 分子式 | 碳氧比 | 碳当量 | 用途 |
|---|---|---|---|---|
| 煤油 | $C_{16}H_{34}$ | | 28.25 | 强渗剂 |
| 甲醇 | $CH_3OH$ | 1 | 64 | 稀释剂 |
| 乙醇 | $C_2H_5OH$ | 2 | 46 | 渗碳剂 |
| 异丙醇 | $C_3H_7OH$ | 3 | 30 | 强渗剂 |
| 乙酸乙酯 | $CH_3COOC_2H_5$ | 2 | 44 | 渗碳剂 |
| 丙醇 | $CH_3COCH_3$ | 3 | 29 | 强渗剂 |
| 乙醚 | $C_2H_5OC_2H_5$ | 4 | 24.7 | 强渗剂 |

④ 气体渗碳工艺

a. 滴入式气体渗碳　把有机化合物液体直接滴入或用燃油泵以雾状喷入炉内，在高温下发生热解，由产生的气体使工件表面渗碳。这是一种设备简单、操作方便的气体渗碳法。煤油是使用较普遍的滴入式渗碳剂，用含硫量小于 0.04％的照明煤油或渗碳专用煤油，一般通过调节滴量控制碳势，价格低廉，来源广泛，使用方便。近来，采用滴入两种有机液体，其中一种液体，如甲醇、乙醇，分解后产生渗碳能力较弱、还原能力较强的稀释气，又称为载气；另一种液体如丙酮、醋酸乙酯、煤油，形成渗碳能力较强的富化气。应用红外线仪分析气氛成分，并调节两种液体的比例，实现可控气氛渗碳。滴入式气体渗碳主要用于井式炉，大批量生产的连续炉也开始试验。其工艺过程如图 7-2 所示。

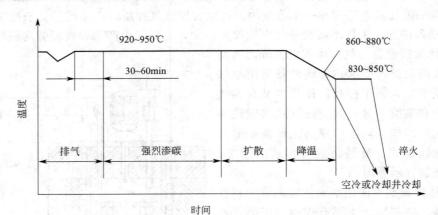

图 7-2　井式炉气体渗碳工艺过程

b. 通气式气体渗碳　通气式气体渗碳具有自动化程度高、产品质量稳定、适用于大批量产品渗碳处理，是专业厂和标准件厂广泛采用的方法。介质由富化气和稀释气（载气）两部分组成。富化气常用天然气、液化石油气、城市煤气、甲烷、丙烷以及丙酮、异丙酮、醋酸乙酯等有机液体的热解气的吸热式气氛。调节富化气和稀释气之比改变碳势，可控制工件表面的碳浓度。富化气与稀释气比例一般在 1/8～1/30 之间，以免出现过多的炭黑或焦油。通气式气体渗碳，常在密封箱式电炉或贯通式连续炉中进行。根据试验确定连续炉内各区域、各时间阶段气氛的比例及流量大小，以确定各区的碳势控制范围。碳势控制可用露点法、红外线法或氧势法。

另外，由于天然气、燃料油供应不足，推进了氮基气氛的研究。在渗碳气使用上改用氮基气氛作为载气，可不用吸热式发生器，而直接在工作炉内制取渗碳气体。有人把这种渗碳方法称为氮基气氛渗碳。

⑤ 气体渗碳的注意事项

气体渗碳介质有毒，其中 CO 是有毒气体，因此，没有点燃的炉气或发生炉中气体不允许在室内排放。在渗碳炉中，多数渗碳气体的 CO 和 $H_2$ 的含量都高于它们在空气中发生爆炸的最低含量（H 为 4%、CO 为 12.5%）。$H_2$ 及 CO 的最低可燃温度约为 595℃。因此，除了在渗碳设备上设有安全装置外，必须在温度高于 760℃ 时，才能把渗碳气体引入炉内。在修理炉子前，应切断渗碳气体供应线，清洗炉膛，并不断往炉内通空气。

（2）液体渗碳

① 液体渗碳概述　液体渗碳是指工件在熔融的液体渗碳介质中进行的渗渗碳工艺方法。

盐浴具有加热速度较快、渗碳效率高、加热均匀、变形小以及便于直接淬火等优点，适用于小型零件的小批量生产。缺点是多数的渗碳盐浴有毒，挥发气体较多，影响操作者健康；同时盐浴成分变化不宜掌握，故不适合大批量生产。

② 液体渗碳剂　液体渗碳剂含有基体盐与渗碳剂两种组分。基础盐起调整盐浴成分、熔点和流动性的作用，其中某些成分如 $BaCl_2$、$Na_2CO_3$ 等还能起到催渗作用。渗碳剂的作用是提供碳原子，一般为氰盐、碳化硅、石墨等含碳物质。

采用氰盐作为渗碳剂，能得到满意的渗碳速度与合适的表面碳浓度。但是由于氰盐剧毒，必须注意安全操作与废盐处理。为此，许多国家都在研究无毒渗碳新工艺。这些渗碳盐浴大多是用碳粉、碳化硅、碳化钙、石墨粉等为渗碳剂成分，加入到氯化物与碳酸盐的基盐中。表 7-2 列出一些常见液体渗碳剂成分。

表 7-2　一些常见液体渗碳剂成分

| 渗碳剂成分/% | 基体盐成分/% | 备注 |
|---|---|---|
| NaCN(4～6) | $BaCl_2$(80)，NaCl(14～16) | 低氰盐浴 |
| $K_4Fe(CN)_4$(6) | NaCl(33)，$BaCl_2$(64) | 原料无毒，反应后有氰根 |
| SiC(11～15) | $K_2CO_3$(73～81)，NaCl(8～12) | 无毒盐浴 |
| 石墨(10) | KCl(37)，$Na_2CO_3$(39)，NaCl(24) | |
| 石墨(0.2) | KCl(11)，$K_2CO_3$(60)，NaCl(22)，NaCl(7) | |
| 木炭(50)，$(NH_2)_2CO$(20) | KCl(10)，$Na_2CO_3$(15)，NaCl(15) | |
| 木炭(70) | NaCl(30) | |

（3）固体渗碳

① 固体渗碳概述　固体渗碳是将工件埋在渗碳剂中装箱加热和保温。

固体渗碳是一种古老的渗碳方法。但由于它价廉实用，不需要专用设备，到目前为止，国内外还在使用，并且有所发展。固体渗碳的缺点是渗碳周期长、能耗大、劳动条件差，渗碳质量较难控制和难以采用直接淬火。通常只用于小批量、小零件、渗碳层要求薄的渗碳。

② 固体渗碳剂　固体渗碳剂主要是由固体碳与起催渗作用的碳酸盐组成，虽然采用固体的渗碳介质，但其原理与气体渗碳一样，也是通过一氧化碳气体与工件表面作用释放出活性碳原子而进行的，只是渗碳剂是固体而已。表 7-3 列出一些常见液体渗碳剂成分。

表 7-3　一些常见固体渗碳剂成分

| 渗碳剂组成 | 含量/% | 备注 |
|---|---|---|
| 碳酸钡 | 3～5 | 适用于 20CrMnTi 等合金钢的渗碳,由于催渗剂含量较少, |
| 木炭 | 95～97 | 固渗碳速度较慢;但表面的碳浓度合适,碳化物分布较好 |
| 碳酸钠 | 10 | 适用于碳钢的渗碳 |
| 木炭 | 90 | |
| 碳酸钠 | 10 | |
| 焦炭 | 30～50 | 适用于渗碳层深的大型零件 |
| 木炭 | 55～60 | |
| 重油 | 2～3 | |
| 醋酸钡 | 10 | |
| 焦炭 | 75～80 | |
| 木炭 | 10～15 | |
| 醋酸钠 | 10 | 渗碳剂热强度高,抗烧结和烧损的性能好,适用于直接淬火 |
| 焦炭 | 30～35 | 等情况 |
| 木炭 | 55～60 | |
| 重油 | 2～3 | |

（4）其他方法渗碳

① 流态床渗碳　流态床渗碳就是利用流态床对工件进行加热,通过通入空气和碳氢化合物气体或利用可供炭的微粒进行渗碳。流态床渗碳速度比普通气体渗碳快。其原因可能是流态床传热速度快,微粒（$Al_2O_3$ 等）对渗碳工件表面不断冲刷能活化表面,防止炭黑形成,使碳能更有效地传输给工件表面。流态床渗碳的缺点是流态中的碳势不均匀,顶部碳势较低。

② 感应加热渗碳　感应加热渗碳是将工件放在含有渗碳介质的感应圈内加热,直接加热被处理的工件表面,使其周围介质发生分解,气体对流使钢件保持碳势进行渗碳。渗碳大多选用气体介质,如甲烷、天然气、丙烷、丙烷＋丁烷、甲烷＋吸热式气氛,也可采用膏剂或粉末固体渗剂。感应加热时磁场作用使碳原子受力,向工件表面冲击,为渗剂分解、吸附和扩散过程创造条件,使渗碳速度加快。

### 7.3.1.3　渗碳后的组织与热处理

常用于渗碳的钢为低碳钢和低碳合金钢,如 20、20Cr、20CrMnTi、12CrNi3 等。渗碳后渗层中的含碳量表面最高（约 1.0%）,由表及里逐渐降低至原始含碳量。所以渗碳后缓冷组织自表面至心部依次为：过共析组织（珠光体＋碳化物）、共析组织（珠光体）、亚共析组织（珠光体＋铁素体）的过渡层,直至心部的原始组织。对于碳钢,渗层深度规定为：从表层到过渡层一半（50%P＋50%F）的厚度。图 7-3 为低碳钢渗碳缓冷后的显微组织。

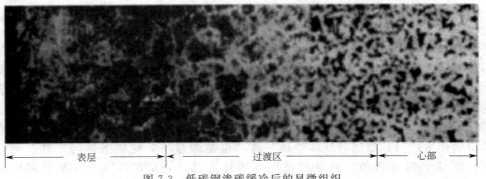

表层　　　　　　过渡区　　　　　心部

图 7-3　低碳钢渗碳缓冷后的显微组织

根据渗层组织和性能的要求，一般零件表层含碳量最好控制在 $0.85\%\sim1.05\%$ 之间，若含碳量过高，会出现较多的网状或块状碳化物，则渗碳层变脆，容易脱落；含碳量过低，则硬度不足，耐磨性差。

工件渗碳后必须进行适当的热处理，其目的是提高渗层强度、硬度和耐磨性；提高心部的强度和韧性；获得合适的组织结构。渗碳后的热处理工艺一般为淬火＋低温回火。

## 7.3.2　渗氮

渗氮俗称氮化，是指在一定温度下使活性氮原子渗入工件表面，形成含氮硬化层的化学热处理工艺。其目的是提高零件表面硬度（可达 $1000\sim1200HV$）、耐磨性、疲劳强度、热硬性和耐蚀性等。渗氮主要用于耐磨性要求高、耐蚀性和精度要求高的零件，有许多零件（如高速柴油机的曲轴、气缸套、镗床的镗杆、螺杆、精密主轴、套筒、蜗杆，较大模数的精密齿轮、阀门以及量具、模具等），它们在表面受磨损、腐蚀和承受交变应力及动载荷等复杂条件下工作，表面要求具有高的硬度、耐磨性、强度、耐腐蚀、耐疲劳等，而心部要求具有较高的强度和韧性。更重要的是还要求热处理变形小，尺寸精确，热处理后最好不要再进行机加工。这些要求用渗碳是不能完全达到的，而渗氮却可以完全满足这些要求。

（1）渗氮的特点

① 渗氮处理的优点如下。

a. 由于渗氮层中形成了硬度高的弥散分布的氮化物，使渗层具有高硬度（如 38CrMoAl 氮化后表面硬度为 $1000\sim1100HV$）和高耐磨性（这种性能可保持至 $600℃$ 左右而不下降）。

b. 由于渗氮层表面压应力和弥散分布的氮化物对晶格滑移的阻碍，工件经渗氮后疲劳极限显著提高（提高 $15\%\sim35\%$）。同时还使工件的缺口敏感性降低。

c. 由于氮化温度低，一般为 $500\sim590℃$，零件心部无组织转变，所以氮化变形小。

d. 氮化后零件表面形成一层致密的、化学稳定性较高的氮化物层，显著地提高了工件在自来水、过热蒸汽以及碱性溶液中的抗腐蚀性能。

② 渗氮处理的缺点如下。

a. 渗氮速度比其他化学热处理低得多，生产周期长。由于氨气分解温度较低，故通常的渗氮温度在 $500\sim580℃$ 之间。在这种较低的处理温度下，氮原子在钢中扩散速度很慢，因此，渗氮所需时间很长，渗氮层也较薄。例如 38CrMoAl 钢制造的轴类零件，要获得 $0.4\sim0.6mm$ 的渗氮层深度，渗氮保温时间需 50h 以上。

b. 氮化处理一般只适用于某些特定成分的钢种，如含 Cr、Mo、Al、W、V、Ti 等合金元素的钢种，否则难以达到性能指标。

（2）渗氮方法

常用的渗氮方法有气体渗氮和等离子渗氮。生产中应用较多的是气体渗氮。

① 气体渗氮是将氨气通入加热至渗氮温度的密封渗氮炉中，使其分解出活性氮原子（$2NH_3\longrightarrow3H_2+2[N]$）并被钢件表面吸收、扩散形成一定厚度的渗氮层。渗氮主要通过在工件表面形成氮化物层来提高工件硬度和耐磨性。氮和许多合金元素如 Cr、Mo、Al 等均能形成细小的氮化物。这些高硬度、高稳定性的合金氮化物呈弥散分布，可使渗氮层具有更高的硬度和耐磨性，故渗氮用钢常含有 Al、Mo、Cr 等，而 38CrMoAl 钢成为最常用的渗氮钢，其次也有用 40Cr、40CrNi、35CrMn 等钢种。

② 等离子渗氮是利用各种等离子技术，使氮渗入工件表面的工艺过程。这种化学热处理的特点是渗速快，温度低并范围宽，渗层浓度和组织易控制，变形小，节能，耗气量少，

无污染等，但设备较复杂，投资较大。

### 7.3.3 碳氮共渗

碳氮共渗处理是将工件放在能产生碳、氮活性原子的介质中加热并保温，使工件表面同时渗入碳和氮原子的化学热处理工艺，也俗称为氰化。碳氮共渗零件的性能介于渗碳与渗氮零件之间。目前中温（780～880℃）气体碳氮共渗和低温（500～600℃）气体氮碳共渗（即气体软氮化）的应用较为广泛。前者主要以渗碳为主，用于提高结构件（如齿轮、蜗轮、轴类件）的硬度、耐磨性和疲劳性；而后者以渗氮为主，主要用于提高工模具的表面硬度、耐磨性和抗咬合性。

碳氮共渗件常选用低碳或中碳钢及中碳合金钢，共渗后可直接淬火和低温回火，其渗层组织为：细片（针）回火马氏体加少量粒状碳氮化合物和残余奥氏体，硬度为58～63HRC；心部组织和硬度取决于钢的成分和淬透性。

（1）碳氮共渗的特点

由于氮的加入，碳氮共渗与渗碳相比具有以下特点。

① 渗层相变温度降低，因此碳氮共渗能在较低的温度下进行，共渗后奥氏体晶粒不致长大，工件不易过热，便于直接淬火，淬火变形小。

② 渗层深度与渗入速度增加，在相同的温度和时间条件下，碳氮共渗层的深度远大于渗碳层的深度。即在相同的温度条件下，碳氮共渗的速度远大于渗碳速度，缩短了处理时间。但碳氮共渗的渗层较渗碳层薄，在0.25～0.6mm范围。

③ 降低了渗层的马氏体相变温度，致使淬火后残余奥氏体较多，硬度有所下降，但一般具有高耐磨性。

④ 降低了渗层的临界冷却速度，提高了渗层的淬透性，使工件能在更低的冷却速度下淬硬表层，并减小淬火变形和开裂倾向。

（2）碳氮共渗方法

按所用化学介质状态不同，可分为气体、液体和固体三种碳氮共渗。

① 气体碳氮共渗 气体碳氮共渗具有无毒、质量易于控制、生产过程易于实现自动化等特点，已成为碳氮共渗的主要工艺方法。气体碳氮共渗工艺对设备的要求与气体渗碳基本相同，因此各种渗碳炉略加改造，就可适用于碳氮共渗。

气体碳氮共渗常用的介质可分为三大类。

a. 滴入的液体渗碳剂加氨气，其中有煤油＋氨、甲醇＋丙酮＋氨等；

b. 滴入含碳及氮的有机液体，其中有三乙醇胺、三乙醇胺＋尿素、甲醇＋三乙醇胺、甲醇＋三乙醇胺＋尿素、甲醇＋甲酰胺、三乙醇胺＋乙醇、醋酸乙酯＋甲醇＋甲烷＋氨；

c. 气体渗碳剂＋氨，其中有吸热式气氛＋甲烷＋氨。

前两类多用于周期作业的井式炉，第三类多用于连续作业的贯通式炉。碳氮共渗也像渗碳一样，改变共渗气氛后，可用离子轰击加热、高频加热、流动粒子炉加热等方法实现。

② 液体碳氮共渗 液体碳氮共渗通常是利用氰化物盐（氰化钠、氰化钾、黄血盐等）分解产生活性炭氮原子渗入钢件表面而得到碳氮共渗层，所以也称为液体氰化。液体碳氮共渗加热速度快，易于控制，过去采用较为普遍，但由于氰盐剧毒，现正在逐步淘汰。

液体碳氮共渗的优点是：可准确控制渗层厚度，工件质量稳定，特别适合于处理小型和薄壁零件；盐浴流动性好，温度均匀，活性炭氮原子在盐浴中均匀分布；出炉淬火后，表面保持金属光泽，无氧化。液体碳氮共渗存在的主要问题是：氰化物盐有剧毒，因此，存在着废盐处理、环境污染、劳动保护等一系列问题；对氰化物盐的运输、储存、使用、保管都必须采取严格的措施。

为了改善劳动条件，可用无毒液体碳氮共渗。例如60%～76%碳酸钠，9%～12%氯化钠，6%～9%氯化铵和9%～10%碳化硅的盐浴。

③ 碳氮共渗也可以采用固体法，但生产效率低，操作条件差，以及氰盐剧毒，目前已很少采用。

## 7.3.4　渗硼

将工件置于含硼介质中加热，使硼原子渗入材料表层形成硼化物的工艺过程称为渗硼。硼化层是 $Fe_2B$ 或 $FeB+Fe_2B$ 组成，呈针状楔入基体中。硼化层具有高硬度，其中 $Fe_2B$ 为 $1300\sim1800HV$，$FeB$ 为 $1600\sim2200HV$，$FeB$ 脆性大，$FeB$ 和 $Fe_2B$ 两相硼化层脆性和剥落倾向较大，为此，一般希望得到单相 $Fe_2B$ 的渗硼层。硼化层深度取 $0.07\sim0.15mm$ 为宜。硼化层过厚，脆性增大，剥落倾向增大。

渗硼的目的主要是提高材料的硬度、红硬性、耐磨性、耐蚀性与抗高温氧化性能。硼化层的耐磨性优于渗碳、碳氮共渗和氮化。硼化层的磨损量大约为钢的1/100，摩擦系数低。硼化层在盐酸、硫酸和大多数碱中具有良好的抗蚀性。硼化层的热硬性好，在850℃以下，能保持高硬度。渗硼已用于处理石油钻机牙轮、泥浆泵缸套、排污阀等件和热作模具，效果良好。

渗硼不但可用于钢铁材料，还可用于硬质合金、有色金属、难熔金属和陶瓷材料，这些材料制成的各种工、模具和易磨损件，经渗硼后使用寿命成倍提高；由于渗硼层脆性较大，因此，承受严重冲击的零件不宜渗硼，含 Si 量大于1%的钢种也不宜渗硼。

渗硼有固体法、液体法和气体法。

（1）固体渗硼

固体渗硼法和固体渗碳法相似，将工件表面清洗并干燥后，埋入装有渗硼剂的容器中密封加热。固体渗硼具有渗剂配制容易，渗硼后工件表面无渗剂残留，所需设备简单、不需专门设备，工艺简便，适用于各种形状的工件并可实现局部渗硼等优点，应用也较多。缺点是固体渗硼耗能大，热效率和生产效率低，工作环境差，劳动强度大，渗层组织和深度较难控制。

根据渗剂形态的特点，固体渗硼包括填充法和膏剂法。

① 填充法　是将工件埋入填充粉末或粒状渗硼剂的渗箱中，加盖密封后或不密封加热渗硼。在粉状渗硼剂中加入黏结剂制成粒状渗硼剂，可以提高渗剂的高温强度，使用时渗剂不结块、不黏结工件，劳动条件有所改善。

② 膏剂法　是在渗硼剂中添加黏结剂制成膏状或料浆，涂刷或喷涂工件表面，干燥后加热渗硼。膏剂渗硼一般装箱密封加热，有的还填充 SiC、活性炭、$Al_2O_3$，有的在 $N_2+H_2$ 保护气氛中加热。已开发出渗硼剂在加热时可自发形成保护膜的自保护膏剂渗硼剂，不需要装箱，可直接在空气介质的炉中加热，省掉渗箱，缩短加热时间，便于直接淬火。

固体渗硼剂一般由供硼剂、活化剂、填充剂组成。供硼剂的作用是产生活性硼原子，常用的供硼剂有碳化硼、硼铁、三氧化二硼、硼砂等；活化剂的作用是使被渗工件表面保持"活化"状态，使硼原子容易吸附于工件表面并向内扩散，常用的活化剂有氯化铵、氟硼酸钾、碳酸氢铵、氟化钾、氟化钠等。渗硼剂中加入稀土元素，不但可以提高渗硼速度，还有利于形成 $Fe_2B$ 渗层，提高硬度和耐蚀性，所以含稀土渗硼剂的应用逐渐增加。填充剂的作用是减少渗剂的板结和渗剂与工件的粘连，方便工件的取出，并降低成本，填充剂一般采用碳化硅、氧化铝等。

(2) 液体渗硼

液体渗硼具有设备简单，操作方便，渗速快和渗层组织及厚度易于控制，渗硼层致密以及缺陷少，渗硼后可直接淬火等优点，应用较多。其缺点是处理后的工件带走较多熔盐，并且这些熔盐不易从工件上去除。

液体渗硼主要有盐浴渗硼和电解渗硼。

① 盐浴渗硼　渗硼盐浴基本分为两类。一类是以硼砂为主，分别加入碳化硅、硅铁、铝等为还原剂，使盐浴产生活性硼原子 [B]。这种渗硼方法，渗剂价格便宜、成本低，原料供应充分，并且操作方便。但是存在坩埚寿命短、盐浴流动性差等缺点。

另一类渗剂是以中性盐为主，如 NaCl、NaCl＋KCl，再加入催渗剂（氟化物）和供硼剂（$B_4C$）。这类渗剂渗硼能力强，盐浴稳定性好，流动性好，成本低。

② 盐浴电解渗硼　电解渗硼是在硼砂熔盐中，以工件为阴极，石墨棒为阳极，在外电源作用下，熔融的硼砂发生热分解和电解，在阴极（工件）上析出的钠将 $B_2O_3$ 还原，生成活性硼原子 [B]，被工件表面吸收，扩散形成渗层。电解渗硼的电流密度为 0.1～0.5A/$cm^2$，电压为 10～20V，于 930～950℃保温 2～6h，硼化层深可达 0.15～0.35mm，电解渗硼比非电解盐浴渗硼速度快，但不适于形状复杂的工件。

③ 在铝浴中对被覆硼砂件渗硼　这种方法是将工件在熔融的硼砂浴中浸渍 5min，取出后于大气中悬挂 2～3min。在确认工件表面具有均匀的硼砂被覆层时，再将它移入熔融铝浴中，保持一定时间，靠铝还原反应生成的 [B] 进行渗硼。在使用这种方法处理时，必须根据处理零件的要求，选择硼砂被覆层的厚度，调整处理温度和时间，以达到控制硼化层组成的目的。用这种方法可降低渗硼温度。

(3) 气体渗硼

气体渗硼是将工件置于含硼气体介质中加热实现渗硼。通常用氢气为载气，用乙硼烷、二氯化硼、烷基硼化物等为供硼剂。由于这些气体有剧毒或易爆，导致气体渗硼设备复杂，因此，气体渗硼尚未在工业生产中应用。

## 7.3.5　渗硅

渗硅是将工件放入含硅的介质（如硅铁粉或含有四氯化硅的气体）中加热，使新生的活性硅渗入工件表层的一种化学热处理工艺。渗硅是提高钢铁零件的耐蚀性，特别在硫酸、硝酸、海水及大多数的盐、稀碱溶液中工件的抗蚀性的有效方法。但是渗硅层较脆，降低钢的强度及塑性，难以切削加工。由于抗蚀性的提高，渗硅后材料的腐蚀疲劳强度有很大提高，渗硅也可提高抗高温氧化性，但不如渗铝和渗铬，可用于 750℃以下工作的工件抗氧化。渗硅层硬度虽然不高但具有多空性结构，在 170～200℃油中浸煮后，有较好的减摩性。低碳硅钢片渗硅后，硅含量达到 6.0%～6.5%，显著降低铁损，提高导磁性。

渗硅层主要分全渗硅层与半渗硅层两部分。全渗硅层是铁素体柱状晶，其含硅量是由表及里的降低，但含量变化不大，平均含硅量约为 14%。全渗硅层不易腐蚀，表面均匀。半渗硅层，含硅量突然下降，平均为 5%～6%。渗硅层多孔，对耐蚀性不利。

渗硅可在粉末、盐浴或气体介质中进行，也可在真空或流态床中进行。常用渗硅剂配方及处理工艺如表 7-4 所示。

表 7-4  常用渗硅剂配方及处理工艺

| 方法 | 渗剂配方 | 处理工艺 | | 渗层厚度/mm | 说明 |
|---|---|---|---|---|---|
| | | 温度/℃ | 时间/h | | |
| 粉末法 | 硅铁粉 40%＋石墨粉 57%＋NH₄Cl 3% | 1050 | 4 | 0.95～1.1 | 黏结层易清理 |
| | 硅铁粉 80%＋Al₂O₃ 8%＋NH₄Cl 2% | 950 | 1～4 | | A₃、45、T8 钢渗硅孔隙率达 44%～54% |
| 盐浴法 | BaCl₂ 50%＋NaCl 30%～35%＋硅铁 15%～20% | 1000 | 2 | 0.35 (10 号钢) | 硅铁粒度为 0.3～0.6mm |
| | (2/3 硅酸钠＋1/3 氯化钡)65%＋SiC 35% | 950～1050 | 2～6 | 0.05～0.44 (工业纯铁) | |
| | (2/3 硅酸钠＋1/3 氯化钡)80%～85%＋硅钙合金 15%～20% | 950～1050 | 2～6 | 0.35 (工业纯铁) | 硅钙粗发为 0.1～1.4mm |
| | (2/3 硅酸钠＋1/3 氯化钠)90%＋硅铁合金 10% | 950～1050 | 2～6 | 0.35 (工业纯铁) | 钙铁粒度为 0.32～0.63mm |

## 7.3.6  渗硫

渗硫是在含硫介质中加热，使工件表面形成以 FeS 为主的转化膜的化学热处理工艺。硫不固溶于 α-铁，且迄今尚未证实渗硫工件的 FeS 膜内侧有硫的扩散层存在，故亦有称此工艺为硫化。

渗硫层实质上是由 FeS 或（FeS＋Fe₂S）组成的化学转化膜。FeS 具有密排六方晶格，硬度约为 HV60，受力时沿（0001）晶面滑移，在金属摩擦副表面起到防止金属间直接接触的作用，尤其渗层中有大量微孔，能储油而显著降低摩擦系数。但是硫化的这些长处，必须在零件表面具有较高的硬度的条件下，才能充分体现出来，因此硫化大多是在工件整体强化或表面强化（如淬火、表面淬火、渗碳＋淬火、渗氮和氮碳共渗等）之后进行；或者与渗氮、氮碳共渗同时进行。前者属于复合处理，后者分别称为硫氮共渗和硫氮碳共渗。

渗硫可分低温渗硫和高温渗硫，为了保证渗硫不影响基体的力学性能，渗硫温度一般采用略低于工件的回火温度，低温渗硫为 170～205℃，高温渗硫为 520～600℃。低温渗硫常用液体法，也有固体法、气体法、离子轰击法和真空法。液体法又有一般液体法和电解法之分。

## 7.3.7  渗金属

利用化学热处理的原理将金属原子渗入工件表面称为渗金属。它是使工件的表面层合金化，以使工件表面具有某些合金钢、特殊钢的特性。

这类化学热处理主要有渗铝、渗锌、渗铬、渗钛、渗钒、渗铌等渗金属工艺方法，它们也有固体法、液体法和气体法。这类化学热处理的机理和工艺都很相近。液体法主要以盐浴为主。固体法所用的活化剂、填充剂也都相近。

渗金属的特点是：渗层是靠加热扩散形成的。所渗元素与基体金属常发生反应而形成化合物相，使渗层与基体结合牢固，其结合强度是电镀、化学镀等难以达到的。渗层具有不同于基体金属的成分和组织，因而可以使零件表面获得特殊的性能，如抗高温氧化、耐腐蚀、耐磨损等性能。

（1）渗铝

钢铁和镍基、钴基等合金渗铝后，能提高抗高温氧化能力，提高在硫化氢、含硫和氧化钒的高温燃气介质中的抗腐蚀能力。为了改善铜合金和钛合金的表面性能，有时也采用渗铝工艺。

渗铝层最外层是不易腐蚀的铝铁金属间化合物，主要是 $Fe_2Al_5$，往里是由针状组织组成的一个薄层，是铁铝化合物与 α 固溶体两相混合，再往里是柱状晶的含铝的 α 固溶体，里面是基体。

渗铝的方法有多种：固体粉末渗铝、液体渗铝、气体渗铝、热喷涂渗铝、静电喷涂渗铝、电泳沉积渗铝、料浆渗铝等。其中应用最多的是粉末渗铝和热浸渗铝。渗铝后一般都需进行扩散退火，以降低脆性和表面铝浓度，使渗层与基体结合得更紧密。

① 固体粉末渗铝　固体粉末渗铝应用较早，是一个传统工艺，用填充法，将工件装箱加热到 900~1000℃ 并保温 6~10h。渗剂成分有铝粉、铝铁合金粉、$NH_4Cl$、$Al_2O_3$ 等，一般在 850~950℃、保温 4~8h 可获得 50~400μm 的渗铝层。可采用涂刷防渗涂料实现局部防渗。

固体粉末渗铝的原理是通过化学气相反应和热扩散作用形成渗铝层，加热时铝或铝铁合金与活化剂（如氯化铵）发生反应：

$$NH_4Cl \longrightarrow NH_3 + HCl \tag{7-3}$$
$$6HCl + 2Al \longrightarrow 2AlCl_3 + 3H_2 \tag{7-4}$$

在零件表面有以下反应：

$$AlCl_3 + Fe \longrightarrow FeCl_3 + [Al] \tag{7-5}$$

② 液体渗铝　液体渗铝（也叫热浸渗铝）就是将工件浸入熔融的铝液或铝合金液中，加热较短时间进行液-固相反应，借助于熔融的铝液与零件表面材料互溶而形成富铝的合金层。目前主要用于钢板、钢管、钢丝等的渗铝。其最大优点是生产周期短，操作方便，成本低廉，不需复杂设备。

实践表明，钢铁材料液体渗铝的化合层主要是 $Fe_2Al_5$ 和 $FeAl_3$。实际上大多是 $Fe_2Al_5$ 相，表层为 α 固溶体，实际上是纯铝。热浸铝层的形成，不仅和各相的热力学稳定性有关，而且与基材、铝液成分、镀铝时间和温度等因素有关。热浸铝层的性能主要取决于镀层厚度。厚度增加，塑性明显降低。因此，液体渗铝时，在保证钢基体与镀层间具有良好的结合力前提下，应当控制镀层的厚度。

液体渗铝的工艺要点如下。

a. 表面清理　清理零件表面附着的油污、铁锈和氧化物。

b. 助镀　在助镀剂（工业用盐酸 1000kg + 锌块 2~5kg）中浸数分钟，然后在 150℃ 左右迅速烘干。

c. 热浸铝液　热浸铝液一般为：工业纯铝 92%~94% 及铁 6%~8%，另外还加入 0.5%~2% 的硅，以增加流动性和降低渗铝层脆性。

d. 工艺参数　热浸的最佳温度是 760~800℃；保温时间一般大件 30~50min，钢带、钢丝则更短；镍基合金和耐热钢只保温几秒钟。

以耐蚀为目的的零件，热浸后可不必进行扩散退火。以抗高温氧化为目的时，需要在 950~1050℃ 保温 4~6h，随炉冷却到 500℃ 以下出炉空冷。扩散退火将改善渗铝层脆性，增加厚度，使表面光滑美观。

（2）渗锌

渗锌层具有比钢铁材料更负的电极电位，对工件形成一种良好的阴极保护层，能显著提高钢铁对大气、淡水、海水、苯、油等有机物质的抗蚀性，并能改善对含硫介质的抗蚀性，是钢铁材料防腐最经济、使用最普遍的方法。与电镀锌相比，渗锌层具有更高的表面硬度和耐磨性。渗锌具有温度低、变形小、设备简单等优点。

常用的工艺方法有粉末渗锌和液体渗锌。

① 粉末渗锌　粉末渗锌是将表面清洁的工件埋入装有粉末渗锌剂的密封容器中，加热到 $300\sim400℃$，保温一段时间，获得一定厚度的渗层，然后随炉冷却到室温。粉末渗锌使用 $100\%$ 工业锌粉或 $99.5\%$ 工业锌粉 $+0.5\%$ 氯化铵或 $50\%$ 锌粉 $+1\%\sim2\%$ 氯化铵 $+48\%\sim49\%$ 氧化铝为渗剂。其中氯化铵为活化剂以加快渗入速度；氧化铝为惰性物质以防止渗剂与工件或渗剂之间的黏结，改善零件的受热状态和渗剂分布的均匀性，提高工件表面质量。

粉末渗锌所需设备简单，操作方便。其最突出的优点是渗层均匀，没有氢脆，几乎没有变形。因此适合于形状复杂工件。粉末渗锌的缺点是工件装箱和操作时粉尘大，工作环境差。

渗锌层的组织随着渗入锌浓度逐渐减少，由表及里分别为 ε 相（$FeZn_{13}$）、δ 相（$FeZn_7$）、γ 相（$Fe_4Zn_{21}$）和 α 固溶体。

② 液体渗锌　液体渗锌（也叫热浸渗锌）是将经过表面处理的工件浸入远比工件熔点低的熔融锌中或其合金中，使工件表面获得这种金属或合金的方法。

液体渗锌的过程如下：经过溶剂处理的工件进入 $450\sim460℃$ 熔融的锌槽后，工件表面上的溶剂离开基体，使铁基体与熔融的锌发生反应，形成锌在 α-Fe 中的固溶体，通过扩散作用，生成铁锌化合物，浸渍时间为 $1\sim10min$，工件离开锌槽时，带出纯的熔融锌，覆盖在合金层表面，形成纯锌层。

热浸渗锌层的成分一般可分为三层：外层主要是纯锌；内层主要是工件基体金属的成分；内外层之间是两者组成的合金层，该层的成分和厚度受基体元素影响较大。

液体渗锌方法主要有干燥溶剂法（如 Cook.Novtemon 带钢热镀锌法）和保护气氛还原法（如 T.Sendzimir 宽带钢连续热镀锌法）。

（3）渗形成碳化物的金属元素

日本丰田中央研究所新井透等人，1969 年开发的 TD 法的内容，包括渗铬、渗钒、渗铌、渗钽等工艺。其中应用最多的是在硼砂盐浴中形成铬、钒等金属碳化物渗层。由于这些碳化物渗层具有超高硬度、高耐磨性等特性，因而很快受到重视。日本于 1971 年开始应用于生产，我国 1974 年开始研究硼砂盐浴渗钛、渗钒、渗铌等，并成功地应用于多种冷作模具和工具。

渗铬的目的主要是提高工件的耐蚀性和抗氧化性，提高持久强度和疲劳强度；并且通过渗铬处理，可用普通钢材代替昂贵的不锈钢、耐热钢和高铬合金钢。渗钛可提高工件的耐蚀性、表面硬度和耐磨性。渗钒、铌主要用于要求超高强度、高耐磨性的工件。

金属碳化物渗层的形成原理是：铬、钛、钒、铌的原子直径比较大，渗入工件中造成晶格的畸变，导致表面能升高，但由于这些元素与碳的亲和力比铁强，因此，与碳形成碳化物后可使晶格畸变减小，表面能降低，使这原子能不断地渗入。由于高温下碳原子的扩散较为容易，所以金属碳化物渗层的增厚是金属原子不断吸附于工件表面，碳原子不断由里向外扩散的结果。

渗此类金属的工艺方法有固体法、液体法、气体法、离子法等，各种方法及其特点如表7-5 所示。其中硼砂盐浴法应用最为普遍。

表 7-5　各种渗金属方法和特点

| 工艺方法 | 渗剂组分 | 特点 |
|---|---|---|
| 粉末法 | 金属粉或金属化合物、还原剂(如铝粉)、卤化铵、氧化铝等 | 装箱后在高温箱式炉、井式炉进行保温。装箱和出炉时劳动强度大 |
| 膏剂法 | 金属粉或金属化合物、活化剂、黏结剂 | 多采用感应加热 |
| 硼砂盐浴法 | 以硼砂($Na_2B_2O_3$)为基,加入金属粉或金属化合物和还原剂(如铝粉) | 多采用坩埚盐浴炉。优点是熔盐稳定,渗层均匀,盐挥发少,不易老化,无公害。缺点是工件出炉时粘盐较多 |
| 中性盐浴法 | 以中性盐为基,加入金属粉或金属化合物和还原剂(如铝粉) | 可在坩埚盐浴炉或电极盐浴炉中进行。盐浴流动性好,工件出炉粘盐少;似盐浴上下成分不均匀 |
| 电解熔盐法 | 以硼砂($Na_2B_4O_7$)为基,金属(扩渗元素)板作为阳极 | 可在电解坩埚盐浴炉中进行。熔盐稳定,无公害。工件装夹较复杂 |
| 气体法 | 金属的卤化物气体 | 气体有毒、有腐蚀,易爆炸,对设备要求高 |
| 离子法 | 以欲渗金属作中间极(源极) | 渗速快,渗层均匀,劳动条件好。但成本高 |

　　金属碳化物渗层一般具有极高的硬度,例如 TiC 和 VC 维氏硬度可达 3000 以上。同时,这些碳化物的熔点高、热稳定性好,所以抗咬合性优良;VC、NbC 层在盐酸、硫酸、磷酸、氢氧化钠、氯化钠等水溶液及含氯气体中均耐腐蚀。在浓盐酸、浓硫酸中的耐蚀性优于 Cr19Ni9 钢,能耐海水腐蚀与抵抗熔融 Al、Zn 的侵蚀。

# 7.4　化学热处理技术的新发展

　　化学热处理是应用最多、最广泛的表面强化技术,在表面工程技术领域占有十分重要的地位,但该工艺过程所需的温度较高,时间较长,并且能耗高、污染重。如何降低工艺温度,缩短周期,减少能耗,同时还能少或无污染,正是以此为出发点。化学热处理工作者通过化学或物理法催渗、物理场强化等手段,发展了许多化学热处理新技术,由于作者知识有限,以下仅从几个方面加以说明。

## 7.4.1　稀土化学热处理

　　稀土化学热处理,是将工件置于含有稀土物质的不同介质中加热,使稀土和相应的元素共同渗入工件表层,改变表面化学成分和组织,从而改变其性能。

　　由于稀土元素电子结构特殊,化学活性极强,因而对一般金属及合金有着优异的改良性能潜力。20 世纪 80 年代初,我国学者首先将稀土引进化学热处理领域,引起了国内外热处理和材料科学界的广泛关注。随后,关于稀土在化学热处理中的应用效果及其催渗、促渗机理的研究在国际上蓬勃开展,现已取得大量研究成果。

　　通过对稀土渗 C 及 C-N 共渗、稀土渗 N 及 N-C 共渗、等离子体稀土渗 N、稀土多元共渗、稀土渗 B 及 B-Al 共渗、稀土渗金属等研究证实:具有特殊电子结构与化学活性的稀土元素不仅能渗入到钢的表面,而且像其他元素一样在表面层中形成了一定浓度梯度。研究表明,在相同的化学热处理条件下,稀土元素的添加可使化学热处理过程明显加快:由于稀土元素原子半径比铁原子的大 40% 左右,其渗入后必然引起其周围铁原子点阵的畸变,从而使间隙原子在畸变区富集,当达到一定浓度后即成为 C、N、B 等化合物的形核核心,继之沉淀析出细小弥散分布的化合物,且渗层组织细化,因此使渗层性能也得到改善。

　　稀土在化学热处理过程中起着催渗的作用,了解其机理和本质,对指导渗剂选择、添加，热处理工艺改进，进一步提高渗后效果具有重要意义。为此，尚需深入探究稀土在界面上的行为，及其与晶界、位错及其他晶体缺陷的交互作用等问题。由于稀土具有优良的催化活性，高效稀土催化剂的开发已成为当前稀土应用研究的重要方向之一。通过对稀土催化机理的深入探讨，研发具有自主知识产权的新型高效稀土催渗剂，实现其革命性改进，有望带动稀土在这一领域中应用水平的全面提升，达到国际先进水平，为该技术的规模化推广应用打下良好的基础。

我国稀土资源丰富，应充分利用这一优势，研究和开发出更多、更优异的稀土化学热处理工艺，并全面拓展其应用领域，使稀土化学热处理应用的巨大潜力发挥出来。

## 7.4.2　机械能助渗化学热处理

机械能助渗是 20 世纪 90 年代我国首先开发的一项表面处理新技术。它用运动的粉末粒子冲击被加热的工件表面，粒子的运动（机械能）激活表面点阵原子，形成空位，降低了扩散激活能，将纯热扩渗的点阵扩散变为点阵缺陷扩散，从而大幅度降低扩散温度，明显缩短扩散时间，节能效果十分显著。

例如，机械能助渗 Zn 的扩散时间由普通渗 Zn 的 6～20h 缩短到 1～3h，节能效果显著；机械能助渗 Al 将普通粉末渗 Al 的 900～950℃ 降低到 440～600℃，扩渗时间由 8～20h 缩短到 1～4h；W6Mo5Cr4V2 高速钢经 520℃×1h 机械能助碳氮共渗，可获得 30～40μm 的扩散层且元化合物层，表面硬度为 1000HV 左右，钻头寿命提高 1 倍左右。

## 7.4.3　真空化学热处理的发展

真空化学热处理是指在真空条件下加热工件，渗入金属或非金属元素，从而改变表面化学成分、组织结构和性能的热处理方法。

真空化学热处理的原理与普通化学热处理相同，通常可分为分解、吸收和扩散三个基本过程。

由于在真空条件下加热，不必担心工件表面和介质的氧化，因此可以提高加热温度，从而提高渗入原子的扩散速度及介质的活性。同时，在真空加热条件下，零件表面经脱气、净化、活化，提高了工件表面对参与化学反应气体及反应产生的活性原子的吸附、吸收率。所以，相对于普通化学热处理而言，真空化学热处理最突出的优点是渗入速度快、生产效率高、渗层质量好、工艺成本低、经济性好。同时，还具有表面光洁、工件变形小、对环境污染小、劳动条件好、易于实现自动化生产等优点。

例如采用内热式真空炉进行脉冲渗，其相对渗碳时间较短，奥氏体晶粒不易长大，通常真空渗碳的温度可以比气体渗碳的温度提高 50℃ 以上。常用渗碳介质为甲烷或丙烷，它们在真空下容易分解出活性碳原子，加之脉冲渗碳工艺可以周期地彻底清除废气和补充新的渗碳气体，因此，真空渗碳炉内渗碳能保持高活性的渗碳介质，提高扩散层中渗入元素的浓度和浓度梯度；真空状态可以消除零件表面的氧化膜或活化，提高它对活性碳原子的吸附-吸收的能力。因而，一般情况下真空渗碳的速度比气体渗碳的速度快 2 倍以上，对特种钢，如不锈钢渗碳，其优点尤为显著。真空渗碳层的质量也明显优于一般气体渗碳工艺。含有容易氧化的元素，如铬、铁、硅、锰的钢种，在真空渗碳时不会产生所谓的黑色组织，保证渗层表面有良好的耐磨性和其他力学性能。零件表面光洁，渗碳层的碳浓度均匀、碳浓度梯度平缓，尤其是零件上的小孔或无通孔的内表面也能获得均匀的渗碳层，这在一般气体渗碳中是不能实现的。此外，真空脉冲渗碳还可以大量节约渗剂的用量，并且较容易进行质量控制。

### 7.4.4 等离子体化学热处理

等离子体化学热处理，是在低于常压的扩渗气氛中，利用工件（阴极）和阳极之间辉光放电产生的离子轰击工件表面，使其温度升高，实现欲扩渗原子进入工件表层的化学热处理工艺。

与普通气体热扩渗技术相比，等离子体热扩渗技术具有如下特点。

① 高速粒子的轰击产生溅射作用，使表面净化，消除表面气体吸附层及氧化物，减轻钝化层对反应的阻碍作用，使表面处于活化状态，易于吸收被渗离子和随离子一起冲击工件表面的活性原子，因而渗速快，生产周期短，可节省时间 15%～50%。

② 渗层质量高，处理温度范围宽，工艺可控性强，工件变形小，易于实现局部防渗。

③ 节能、节材、环保。一般可节能 30%以上；节省工作气体 70%～90%；无烟雾、废气污染，处理后工件表面干净，工作环境好。

④ 易实现工艺过程的计算机控制。

离子渗氮在技术上最为成熟，可以通过控制工艺参数获得韧性较好的单相化合物层，使渗氮层的脆性减小。该工艺可用于轻载、高速条件下工作的耐磨、耐蚀件及精度要求较高的细长杆类件等。其主要工艺方法有离子渗氮、离子 N-C、C-N、O-N、O-N-C、S-N、S-N-C、O-S-N 共渗等多元渗，还有离子渗碳、离子渗硫、离子渗金属等。

双层辉光离子渗金属技术是太原理工大学徐重教授发明的表面合金化技术，在国际上被称为 Xu-Tec，已获得多国专利权。其主要用途是在可导电材料表面形成具有特殊性能的合金层，厚度可从几微米到几百微米。在一个真空室内设置阳极、阴极、工件以及由欲渗合金元素组成的源极，抽真空并充以惰性气体达到工作气压后，接通直流电源，使阳极和阴极、阳极和源极之间分别产生辉光放电。离子轰击使源极溅射出合金元素并冲向工件，而工件经离子轰击而加热到高温，合金元素借助于轰击和扩散渗入表面，从而形成含有欲渗金属元素的表面合金层。

### 7.4.5 流态床化学热处理

流态床技术并不是新技术，早在 19 世纪美国已将其应用于化工、矿冶工业。20 世纪 60 年代，流态床开始应用于化学热处理。前苏联的研究发现，流态床可显著地加快渗碳过程，这受到各国的普遍重视，并先后开发出多种适用于不同气氛、不同供热方式的流态床炉。国际上已将流态床炉列为 20 世纪 80 年代发展最快的热处理炉型之一。美国自 1981～1988 年流态床制造商和代理厂商以每年 25%～40%的速度增长；日本 1981～1985 年间该炉型增长率为 180%；前苏联曾计划到 1990 年用流态床淘汰盐浴炉。

我国在 20 世纪 70 年代研制成功以石墨粒子作介质的内热式流态床，当时称作流动粒子炉，用来替代盐炉加热，以减少污染。迄今，我国流态化热处理技术已日臻完善和成熟，无论是内热式还是外热式流态炉，在炉子结构、粒子回收、流态化效果、环境净化等方面均有了根本的改观，形成了系列化产品，并向多功能化发展。在流动粒子炉内通入渗剂进行化学热处理，即为流态床化学热处理。例如流态床渗碳、流态床碳氮共渗等。例如，20CrMnTi钢在 950℃的流态床中 C-N 共渗 2h，获得 1～2mm 深度的共渗层，比一般气体渗碳快 3～5 倍。

目前，国外在流态床化学热处理方面的新发展如下。

① 将计算机控制技术引进流态床渗碳的在线控制上。

② 探讨采用流态床沉积超硬层（TD法）、渗金属等新工艺。

另一方面，目前国内外流态床仍不同程度存在粉尘污染问题。因此尚需解决以下问题。

① 进一步减少或消除粒子飞扬和粉尘污染。

② 对尾气进行净化处理。

## 7.4.6　高能束化学热处理

高能束热处理的热源通常是指激光束、电子束、离子束和电火花等。当高能束发生器输出功率的范围在 $10^3 \sim 10^{12} W/cm^2$ 的能束，定向作用于金属的表面，使其产生物理、化学或相结构转变，从而达到金属表面改性的目的，这种热处理方式称为高能束热处理。高能束辐射在金属材料表面时，由高能束产生的热量通过热传导机制在材料表层内扩散，造成相应的温度场（能够产生 $10^6 \sim 10^8 K/cm$ 的温度梯度），从而导致材料的性能在一定范围内发生变化。高能束化学热处理可以大大提高材料和零件的耐磨性、抗蚀性、抗咬合性等，在轴承、封严环等高精度、易磨损零件生产中有广泛的应用前景。

高能束化学热处理工艺中，激光淬火技术已日趋成熟，正在加速推广，而激光化学热处理技术如渗碳、碳氮共渗等则正处于开发和应用阶段，还需进一步扩大其应用范围。

总之，现代科学技术的飞速发展，为化学热处理提供了许多新工艺、新技术和新装备。正逐步淘汰能耗大、有污染的传统化学热处理工艺技术，为实现降低工艺温度、缩短周期、减少能耗和污染创造了条件。

 思考题

1. 什么是化学热处理？

2. 化学热处理一般可分为哪几个过程，各自特征是什么？

3. 化学热处理是如何分类的，各自特点有哪些？

4. 提高疲劳强度及耐磨性的化学热处理有哪些，分别说明各自的特点？

5. 提高材料耐蚀性和抗高温氧化的化学热处理有哪些？分别说明各自的适用范围。

6. 化学热处理的发展方向是什么？

# 第 8 章

# 热浸镀

　　热浸镀简称热镀，是将被镀金属材料浸于熔融金属或合金中获得镀层的方法。被镀金属材料一般为钢、铸铁及不锈钢等。热浸镀工艺是从镀锡制品开始的，远在古罗马时代就有把金属容器浸入熔融锡中进行热镀的方法。在 13 世纪后半期到 16 世纪中叶英国和法国采用热镀的方法在薄铁板上制备镀锡板。1742 年法国化学家 Melouin 将熔融锌镀在钢铁制品上。1836 年法国人 Sorel 将热镀法应用于生产中。1837 年英国人 Grawford，H. W. 取得熔融法专利。经过不断改进，熔融法已经成为热浸镀金属镀层的主要工艺。热浸镀产品广泛应用于工农业生产、国防和人们的日常生活中。图 8-1 为热浸镀产品及其应用。

　　作为镀层材料的金属或合金的熔点要比基体金属材料低得多。用于热镀的低熔点金属有锌（熔点 419.5℃）、铝（熔点 658.7℃）、铅（熔点 327.4℃）、锡（熔点 231.9℃）及其合金等。热浸镀过程中，被镀金属基体与镀层金属之间通过溶解、化学反应和扩散等方式形成冶金结合的合金层。当被镀金属基体从熔融金属中提出时，在合金层表面附着的熔融金属经冷却凝固成镀层。因此，热浸镀层与金属基体之间有良好的结合力。

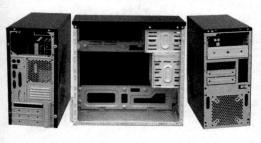

图 8-1　热浸镀产品及其应用

（1）**热浸镀的分类**

① **按镀层类别分类**

a. 热浸镀锌　热浸镀锌是目前应用最为广泛的钢铁表面在大气环境下的防护方法。它是由原始的热浸镀锡工艺发展而来的。1730 年由我国发明的锌蒸馏提纯法传至英国及法国，在此基础上 1742 年热浸镀锌出现在法国，约 1836 年开始在英国及法国用于工业生产。从 20 世纪 70 年代又开发出热镀锌-铝合金镀层钢板，其商品名称为 Galvalume。20 世纪 80 年代开发出 Galfan 合金，其耐蚀性明显优于单一的镀锌层。

b. 热浸镀铝　它的开发与应用较晚，1931 年由法国人提出了热浸镀铝的研究报告，接着 1939 年在美国完成了热浸镀铝钢板的工业规模生产。由于铝的熔点高、活性大，因此热浸镀铝的工艺与设备难度高于热浸镀锌。但是由于热浸镀铝层独特的耐高温氧化性能和更高的耐蚀性，得到了人们的高度重视和越来越广泛的应用。

c. 热浸镀锡　它是最早应用的热浸镀层。早在 16 世纪，欧洲一些国家开始用原始的简单方法生产镀锡板（马口铁）。主要用于做食品包装器具，如罐头盒及印铁制品。

d. 热浸镀铅　它也是较早发展起来的热浸镀层，美国在 1830 年开始生产热镀铅板（添加锡或锑）。由于铅的化学稳定性相当好，具有优良的抗汽油性，因而成为传统的汽车油箱的制造材料。

② **按热浸镀的基本工艺方法分类**　热浸镀的基本工艺过程分为前处理、热浸镀和后处理。按前处理的不同可分为熔剂法（干式和湿式）和保护气体还原法两大类。

a. 熔剂法热浸镀　熔剂法热浸镀的工艺流程如下：待镀件→脱脂→水洗→酸洗→熔剂处理→烘干（湿式法可以无此工序）→浸镀→后处理→成品。目前钢丝、钢管和钢铁制件的热浸镀锌多采用干式熔剂法。湿式熔剂法与干式熔剂法的根本差别是：干式熔剂法应当充分烘干再浸镀；湿式熔剂法则不需要烘干。

湿式热浸镀是工件必须通过漂浮在镀液表面的熔剂覆盖层，进入镀液。离开镀液时则有两种情况：再次通过熔剂层或通过光亮镀液表面，前者需要在镀后清洗附着在工件表面上的熔剂。

湿式熔剂法热浸镀在不进行烘干，即湿的状态下浸镀，也不会发生迸溅和飞溅现象，故称为湿式热浸镀。

热浸镀铝、锡及铅锡合金通常采用湿式熔剂法热浸镀。这是因为熔融的铝在高温状态下与氧有强亲和力。为了确保镀层质量，减少铝的氧化损失，所以必须采取覆盖保护的措施。

b. 保护气体还原法（氢还原法）热浸镀　它广泛应用于钢带连续化热浸镀锌及热浸镀铝的生产，主要是采用保护气体还原法为前处理方式。属于这类热浸镀的方法包括：森吉米尔法（Sendzimir 法）、改良的 Sendzimir 法和美钢联法等。森吉米尔法中，钢带先通过氧化炉，被直接火焰加热并烧掉其表面上的轧制油，同时被氧化形成薄的氧化铁膜，再进入其后的还原炉。在还原炉内，钢带被辐射管间接加热到再结晶退火温度，其表面上的氧化膜也被通入炉内含氢的保护气体还原成纯铁。然后，在隔绝空气条件下冷却到一定的温度后进入锅中浸镀。后来，此法又做了很大的改进，将氧化炉改为无氧化炉，从而大大提高了钢带的运行速度和镀层钢带的质量。美钢联法是先将钢带电解脱脂除去轧制油，再进入还原炉。由于美钢联法的镀层产品质量好，目前新建生产线多采用此法。

（2）**热浸镀的性能与应用**

热浸镀制品，由于镀层金属与基体相互作用，热镀层的结构常常形成具有不同成分与性质的层次。靠近基体的内层含有基体的成分最多，而接近表面的为最富有镀层金属。在表层纯金属与基体之间是合金层。合金层是由两种金属组成的中间金属化合物。这一部分的镀层有少量的基体金属和微量夹杂，因而使其结构与性能也与纯金属有所不同。一般说来，合金层较纯金属层要脆得多，而且对镀层的力学性能也是有害的。因此，在热浸镀操作中都力求把镀层厚度，特别是合金层厚度控制在一定范围内。热浸镀工艺由于对镀层金属的厚度不易精确控制，因而使镀层金属在整个表面上的分布也不均匀。

热浸镀的金属层一般较厚，因此能在某些腐蚀环境中长期使用（如镀锌与镀铝等），或作为抗特种介质腐蚀的防蚀镀层（如镀锡与镀铅-锡合金制品等）。热浸镀涂层用途广泛，其主要应用如下。

① 抗大气腐蚀环境条件下的应用

a. 在建筑上可用作屋顶板、壁板、烟道烟囱、防尘装置、下水管道、屋沿排水槽和钢窗等。

b. 在汽车工业中被用于制作消声器、遮热板、长车车身架、车厢板以及汽车排气管等。

c. 在厨房设备中用来制造炉灶、烤箱、空调器壳、室外天线架、晒衣架、加热装置等。

d. 用于制造装配用螺杆等紧固件，如路灯柱用地脚螺栓、配电线路用电杆紧固件、化工厂和炼油厂用耐高温抗蚀紧固件等。

e. 用于制造电线杆钢架、带刺钢丝网、输电钢芯铝导线和镀铝绞合钢缆等。

f. 制造适用于含硫高的工业气氛、含盐的海洋环境和腐烂食品垃圾环境中的特殊工件。

② 抗高温、抗氧化和耐蚀条件下的应用　热浸镀工件优越的抗高温氧化性能主要是由于形成的铁铝合金层具有优良的高温物理和化学性能所致，其应用领域主要包括如下方面。

a. 热处理设备中耐热元件　使用温度达 850℃ 的燃气喷管，用于渗碳炉和碳氮共渗设备；使用温度为 850～950℃ 的装料筐架，抗氧化和耐硫蚀的炉子烟道，炉用耐热输送带和传动元件；使用温度在 1000℃ 以下的热电偶保护套管等。

b. 热交换元件　锅炉中耐热抗蚀元件，如吹灰器、使用温度为 550～600℃ 的锅炉管道、空气放热器和省煤器及发动机缸套。

c. 化工和锅炉管道用紧固件　炼油厂和工业锅炉用紧固螺栓、销子等。

d. 化工反应器管道　用于生产硫酸的在 705℃ 高温下使用的抗 $SO_2$ 腐蚀的转换器、换热器管道等。

## 8.1 热浸镀锌

通常电镀锌层厚度 5～15$\mu$m，而热镀锌层一般在 35$\mu$m 以上，甚至高达 200$\mu$m。热镀锌覆盖能力好，镀层致密，无有机物夹杂。镀锌工件抗大气腐蚀的机理有机械保护及电化学保护，在大气腐蚀条件下锌层表面生成 ZnO、$Zn(OH)_2$ 及碱式碳酸锌保护膜，一定程度上减缓锌的腐蚀，这层保护膜（也称白锈）受到破坏后还会形成新的膜层。当锌层破坏严重，危及到铁基体时，锌对基体产生电化学保护，锌的标准电位 $-0.76V$，铁的标准电位 $-0.44V$，锌与铁形成微电池时锌作为阳极被溶解，铁作为阴极受到保护。热镀锌对基体金属铁的抗大气腐蚀能力优于电镀锌。

### 8.1.1 热浸镀锌的基本原理

热浸镀锌的过程实际上是铁锌反应的过程，在此过程中钢铁表面与锌液发生一系列复杂的物理化学过程，如锌液对钢铁基体的浸润、铁的溶解、铁原子与锌原子间的化学反应和相互扩散。图 8-2 为铁-锌二元合金的平衡相图，从图可知，在相图中存在 α、γ、Γ、$\Gamma_1$、δ、ζ 等金属间化合物和 η 相。在热浸镀锌温度下（450～470℃），镀层中从钢基体到表面依次形成 Γ 相、$\Gamma_1$ 相、δ 相和 ζ 相以及表层的 η 相。图 8-3 为典型的热浸镀锌层的截面图，图中各合金相的排列顺序为 Γ、δ、ζ 和 η 相。其中表面的 η 相是镀件从锌液中提出时附着在 ζ 相上的锌层（含微量铁的锌层）。

（1）Γ 相（$Fe_3Zn_{10}$）

Γ 相（$Fe_3Zn_{10}$）在 782℃由 α-Fe 和液态锌的包晶反应生成，直接附着在钢基体上，具有体心立方晶格，晶格常数为 0.897nm。在常规热浸镀锌温度 450℃下含铁量 $w_{Fe}$ 为 23.5%～28.0%。

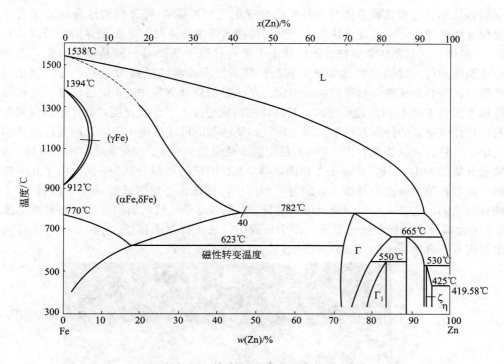

图 8-2　铁-锌二元合金平衡相图

（2）$\Gamma_1$ 相（$Fe_5Zn_{21}$）

$\Gamma_1$ 相（$Fe_5Zn_{21}$）在 550℃由 Γ 相和 δ 相的包析反应生成，具有面心立方晶格，晶格常数为 1.796nm。450℃下含铁量 $w_{Fe}$ 为 17%～19.5%，是铁锌合金相中最硬和最脆的相。$\Gamma_1$ 相通常在低温长时间加热条件下于 Γ 相和 δ 相之间出现。在常规热浸镀锌温度（450℃）和时间（数分钟）条件下，$\Gamma_1$ 和 Γ 相极薄，且难于分辨，一般用（$\Gamma + \Gamma_1$）表示，其最大厚度只能达到约 1μm。

（3）δ 相（$FeZn_7$）

δ 相（$FeZn_7$）在 665℃由 Γ 相和液态锌的包晶反应生成，具有六方晶格，晶格常数为：$a=1.28$nm，$c=5.77$nm。450℃时含铁量为 7.0%～11.5%。在较长的浸镀时间（4h）和较高的浸镀温度（553℃）下，δ 相出现两种不同的形貌，与 ζ 相相邻的富锌部分（$\delta_k$ 相层）呈疏松的栅状结构，与 $\Gamma_1$ 相相邻的富铁部分（$\delta_p$ 相层）呈密实状。$\delta_k$ 和 $\delta_p$ 相层均具有相同的晶体结构，故统称为 δ 相。短时间的浸镀，仅形成单一的 δ 相。

（4）ζ相（FeZn₁₃）

ζ相（$FeZn_{13}$）在530℃由δ相和液态锌的包晶反应生成，是在含铁量为5％～6％范围内形成的脆相，为单斜晶格，晶格常数为：$a=1.3424nm$，$b=0.7608nm$，$c=0.5061nm$，$\beta=127°18'$。

（5）η相

η相是锌液在镀层表面凝固形成的自由锌层，含铁量小于0.035％，其晶体结构和晶格常数与锌相同，有较好的塑性。

## 8.1.2 热浸镀锌层的形成过程

热镀锌层形成过程是铁基体与最外面的纯锌层之间形成铁-锌合金的过程，关于镀锌层的形成过程有两种观点，一种观点认为，当铁工件浸入熔融锌液时，首先在界面上形成锌与α铁（体心）固熔体。这是基体金属铁在固体状态下溶有锌原子所形成一种晶体。因此，当锌在固熔体中达到饱和后，锌铁两种元素原子相互扩散，便形成含铁量高的Γ相。当铁原子通过Γ相层扩散时，开始形成铁含量稍低的δ相层。在一般的热镀锌层中，δ相层较厚。此相层含有两个区域，即与Γ相层相邻的致密区，其晶体的形成速度大于生长速度，此区中晶体颗粒细小而致密；在此致密区的外部是一个组织疏松区，其结晶的形成速度小于生长速度，故其结晶粗大而疏松，呈粒状。从相图看出，δ相的稳定温度从室温到640℃。在靠近Γ相的区域，δ相中铁的质量分数约为11.5％，在靠近ζ相的区域，δ相中铁的质量分数为7％。由于在δ相的疏松区域存在着孔隙，锌液容易渗入，而与δ相反应，创造了ζ相生成的条件。ζ相位于δ相和表面纯锌层之间，它是δ相与锌液反应的结果，ζ相结晶呈针状，组织疏松。在较高温度下镀锌时，ζ相会部分地从合金层上脱落，浮于锌液中，故被称为漂移层。η相是镀锌钢件从锌液中提出时附着在合金层上的锌液凝固产物，该相中溶解少量铁。

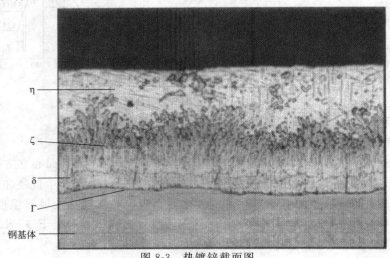

图8-3　热镀锌截面图

另一种观点认为，钢与液态锌接触时，形成锌在铁中的固溶体后，首先形成的是生成自由能较低的ζ相。他们认为有利于ζ相首先成核与生长的因素与ζ相的晶体结构和原子键有关。也就是ζ相的晶体结构比δ相的结构简单，其原子键更具金属性。以后，当与钢表面接触的ζ相中铁浓度增大时，开始形成δ相，而在α相与δ相之间也开始出现Γ相层。但Γ相的生长速率缓慢，因靠近铁侧的Γ相形成速率与靠近δ侧破坏速率相平衡。

### 8.1.3　热镀锌生产工艺

（1）带钢热镀锌

自从 1836 年法国把热镀锌应用于工业生产以来，已经有一百四十多年的发展史了。然而，锌工业还是近几十年来伴随冷轧带钢的飞速发展而得到了大规模发展的。热镀锌钢板的生产在热镀锌中占有重要地位。

热镀锌板的生产工序主要包括：原板准备→镀前处理→热浸镀→镀后处理→成品检验等。按照习惯往往根据镀前处理方法的不同把热镀锌工艺分为线外退火和线内退火两大类。

线外退火，就是热轧或冷轧钢板进入热镀锌作业线之前，首先在抽底式退火炉或罩式退火炉中进行再结晶退火，这样在镀锌线内就不存在退火工序了。钢板在热镀锌之前必须保持一个无氧化物及其他脏物存在的洁净的纯铁活性表面。这种镀锌方法是先由酸洗的方式把经退火的钢板表面氧化铁皮清除，然后涂上一层由氯化锌或者由氯化铵和氯化锌混合组成的溶剂进行保护，从而防止钢板再被氧化。如果钢板表面涂的溶剂不经烘干（即表面还是湿的）就进入其表面覆盖有熔融态熔剂的锌液进行热镀锌，此方法即称之为湿法热镀锌。为了减少浸锌时间和降低锌液对锌锅的浸蚀以及为了容易捞取锌渣，往往在锌锅的下部充有大量的铅液。钢板进入锌锅时，首先接触熔融熔剂，然后进入铅层，只在锌锅出口处，钢板才在短时间内和锌液接触，所以又常常称作铅-锌法热镀锌。

湿法镀锌不能向锌液中加铝，因为铝很容易和熔剂发生下列化学反应

$$2Al + 3ZnCl_2 \Longrightarrow 2AlCl_3 + 3Zn \tag{8-1}$$

较不活泼的金属锌从其化合物中被活泼金属铝所代替，但是生成的 $AlCl_3$ 即使在 123℃ 的低温下也能沸腾，因此就很快地从熔剂中蒸发出来被消耗掉。同时 $AlCl_3$ 也可能和氯化铵作用生成 $AlCl_3 \cdot NH_3$，而 $AlCl_3 \cdot NH_3$ 也在 400℃ 就沸腾了。因为湿法热镀锌只能在无铝状况下镀锌，所以镀层的合金层很厚且粘附性差。另外，生成的锌渣都积存在锌液和铅液的界面处而不能沉积锅底（因为锌渣的比重大于锌液而小于铅液），这样钢板因穿过渣层而污染了表面，所以此镀锌方法目前已基本被淘汰。

单张钢板干法热镀锌机组，由于对原始工艺进行了一系列的改革，例如，改进了清洗、烘干传动方式，特别是采用辊镀法控制镀层厚度之后，使镀锌质量获得了显著的提高。

这种工艺方法一般是采用热轧叠轧薄板作为原料。首先把经过退火的钢板送入酸洗车间用硫酸或盐酸清除钢板表面的氧化铁皮。酸洗之后的钢板立即浸入水箱中浸泡等待镀锌，这样可防止钢板再氧化。镀锌之前向水箱中加入盐酸，使浓度达到 5~15g/L，以便清洗钢板表面的残存黄锈。钢板以人工送进镀锌作业线，先由循环水清洗，若板面酸洗灰严重时，可采用高压水喷洗。经橡胶辊挤干后钢板浸入由 50.5%$ZnCl_2$ 和 5.5%$NH_4Cl$ 组成的溶剂中，然后在烘干炉中（烘干温度约为 250℃）将溶剂烘干，接着就浸入含 Al 0.10%~0.15% 的锌液中，镀锌温度一般保持在 445~465℃。在锌锅出口依靠一对镀锌辊来控制镀层。钢板出锌锅之后经吹风冷却，由传送链送入多辊反复弯曲矫直机中矫直。镀锌板经分类之后再送入涂油或铬酸钝化机组中进行防锈处理。这种方法生产的热镀锌板比湿法镀锌的成品质量有显著提高，对于小规模生产具有一定的价值。单张钢板熔剂法热镀锌生产成本较高，而热镀锌板质量差。同时由于酸雾和溶剂的挥发恶化了操作环境，所以这种镀锌方法已逐步被先进的连续作业方法所取代。

线外退火的另一种形式是著名的惠林法，此法是美国惠林钢铁公司工程师柯克-诺尔特曼（Cook-Norteman）于 1953 年设计的，所以也称作柯克-诺尔特曼法。它是干法熔剂法热镀锌采用带钢连续作业的一个特例。惠林法的作业速度最高可达 100m/min，生产率可增到 20~50t/h。因为这种方法不进行线内退火，只是为了烘干溶剂而加热带钢，进入锌液之前带钢温度大约为 250℃。因此，带钢在锌锅中还必然大量吸热，继续提高钢板自身温度，以便与锌液温度趋于平衡。为了保证高的作业速度，需在锌锅中为带钢提供足够的热量，这种方法必须采用供热量较大的感应加热锌锅来取代铁锌锅，这是惠林法的一个重要特点。

采用惠林法的热镀锌作业线，其中包括碱液脱脂、盐酸洗、水冲洗、涂溶剂、烘干等一系列前处理工序，而且原板进入镀锌线之前还需进行罩式炉退火。这种方法的生产工艺复杂，生产成本也高，同时，该方法生产的产品常常带有溶剂缺陷，影响镀层的耐蚀性。并且锌锅中的 Al 常和钢板表面的溶剂发生作用生成 $AlCl_3$ 而耗掉，使镀层的粘附性变差。

线内退火，就是由冷轧车间或热轧车间直接提供带卷作为热镀锌的原板，在热镀锌作业线内进行气体保护再结晶退火。属于这个类型的热镀锌方法包括：森吉米尔法，改良森吉米尔法，美国钢铁公司法（同日本川崎法），赛拉斯法，莎伦法。

森吉米尔法是线内退火最有代表性的一个例子。波兰人森吉米尔首先成功地把退火工艺和热镀锌工艺联合起来，并于 1931 年在波兰建设了第一套宽度为 300mm 的带钢连续热镀锌作业线。1933 年建设了第二套，宽度为 700mm。1934 年建设了第三套，宽度为 1000mm，机组操作速度为 3m/min。森吉米尔法的线内退火炉主要包括氧化炉、还原炉两个组成部分。带钢在氧化炉中由煤气火焰直接加热到 450℃左右，可把带钢表面残存的轧制油烧掉，起到净化表面的作用。在还原炉中由分解氨生成的含 $H_2$ 和 $N_2$ 的保护气体把带钢表面的氧化铁皮还原为海绵状纯铁，形成适合于热浸镀的活性表面。并且通过大约 900℃ 的还原炉炉温，把带钢加热到 700~800℃，完成了再结晶退火。经冷却段进入锌锅温度大约 480℃，最后在不接触空气的情况下直接进入锌液中进行热镀锌。

美国钢铁公司于 1948 年设计并投产的一条热镀锌线称为美国钢铁公司法。此法也是森吉米尔法的一个变种，它仅仅是利用一个碱性电解脱脂槽取代了氧化炉的脱脂作用，其余的工序和森吉米尔法基本相同。它也是直接用冷轧带钢作为镀锌原板。原板进入镀锌作业线之后，首先进行电解脱脂，而后水洗、烘干，再通过存在有保护气体的还原炉进行再结晶退火，最后在密封情况下导入锌锅进行热镀锌。这种方法因带钢不经过氧化炉加热，所以表面的氧化膜较薄，可适当降低还原炉中保护气体的氢含量。这样，对炉子安全和降低生产成本有利。但是，带钢由于得不到预加热就进入还原炉中，这样无疑就提高了还原炉的热负荷，影响炉子的使用寿命。

1947 年由美国赛拉斯公司制造并投入工业性生产的一条热镀锌作业线称为赛拉斯法。这个机组和其他连续热镀锌方法具有根本的区别，因为它的退火采用煤气火焰直接加热，所以又称为火焰直接加热法。这种方法可采用未退火和退火两种形式的原板。在作业线中带钢首先经碱洗脱脂，而后用盐酸清除表面的氧化铁皮，并经水洗、烘干后再进入由煤气火焰直接加热的立式线内退火炉。通过严格控制炉内煤气和空气的燃烧比例，使之在煤气过剩和氧气不足的情况下进行不完全燃烧，从而使炉内造成还原气氛。退火后在密闭情况下进入锌液镀锌。赛拉斯法设备紧凑，投资费用低廉，产量较高。但是，生产工艺较复杂，特别是在机组停止运转时，为了避免烧断带钢，需要采用将炉子横移出钢带外，导致操作上问题较多。

1939 年在美国的莎伦钢铁公司投产一台新型的热镀锌机组，所采用的方法称为莎伦法。这种方法是在退火炉内连续向带钢喷射浓度较低的无水氯化氢气体，同时使带钢达到再结晶温度，去除带钢表面的氧化铁皮和带钢表面的油脂。由于带钢被氯化氢气体腐蚀表面，形成麻面，所得到的镀层粘附性好。但由于设备的腐蚀严重，由此造成很高的设备维修及设备更新费用。

改良森吉米尔法的主要特点是把森吉米尔法中各自独立的氧化炉和还原炉，由一个截面积较小的过道连接起来，这样包括预热炉、还原炉和冷却段在内的整个退火炉便构成一个有机整体。改良森吉米尔法具有优质、高产、低耗、安全等优点。

（2）钢管热镀锌

钢管主要采用熔剂预处理的热镀锌法和用氢还原的连续热镀锌森吉米尔法。在采用氯化铵和氯化锌复合盐的水溶液进行熔剂处理并取出烘干后，再在 $450 \sim 460 \, ℃$ 的锌浴中[Al 含量 $0.1\% \sim 0.2\%$（质量）]热镀锌，镀锌的时间按钢管直径不同，在 $20 \sim 50 \, s$ 之间。热镀后管内壁用过热蒸气喷吹，管外壁用压缩空气喷吹，再空冷、水冷，最后钝化处理。用熔剂预处理的热镀锌，因钢管仅在锌浴温度中短暂保温，对其力学性能影响甚微。

森吉米尔法钢管热镀锌的工艺流程为：微氧化预热→还原→冷却→热镀锌→镀层检测→冷却→镀后处理。因钢管在预热还原炉内被加热到 $720 \sim 760 \, ℃$ 的高温同时被退火，晶粒长大，对其力学性能有一定影响。

（3）结构零部件热镀锌

制造结构零部件除用钢材外，还有可锻铸铁或灰铸铁等，通常采用烘干熔剂预处理的热镀锌工艺方法。工艺过程包括预处理、热镀锌、后处理三个阶段。熔剂处理同钢管烘干熔剂法类似。熔剂可以采用氯化铵、氯化锌溶液或两者的复盐溶液，熔剂浸泡后立即进行烘干。热镀锌温度控制在 $450 \sim 470 \, ℃$ 之间，锌锅中添加 $0.02\% \sim 0.1\%$（质量）的铝，浸镀时间一般为 $0.1 \sim 5 \, min$。零部件从锌锅中取出后立刻将表面多余的锌除去。

## 8.1.4 影响热浸镀锌的因素

影响热镀锌的因素很多，镀锌的温度和时间、镀件材质、镀锌液的成分等均会不同程度的对镀锌层质量产生影响。

（1）热浸镀锌的温度和时间

① 锌液温度对镀层结构的影响 锌液温度和浸镀时间是影响镀层厚度和质量的重要因素。通常情况下，对于特定的工作，在规定的镀锌温度范围内，提高锌液温度可增大锌液的流动性、提高锌层表面质量、减小镀层厚度。其次，缩短镀锌时间，可以提高锌锅的生产效率。但是镀锌温度过高或时间太短，容易引起管件变形，出现镀层附着力不够等现象。

钢材热镀锌时，一般控制锌液温度在 $430 \sim 490 \, ℃$ 之间，此时铁损按抛物线规律随镀锌时间变化，关系式：$\Delta G = AT^{0.5}$，$\Delta G$ 为铁损；$A$ 为常数；$T$ 为时间。当锌液温度在 $490 \sim 530 \, ℃$ 时，Fe-Zn 之间扩散速度加快，合金层增厚速度增加，铁损按直线关系随镀锌时间变化，可以表示为：$\Delta G = BT$，$\Delta G$ 为铁损；$B$ 为常数；$T$ 为时间。当锌液温度超过 $530 \, ℃$，铁损又遵循抛物线规律。

②浸锌时间对镀层结构的影响　一定的温度下，随着钢件在锌液中浸镀时间的延长，镀层中间金属相得到快速生长，因而锌层厚度增加。固定温度下，浸镀时间与合金层生长速度之间的关系为：ζ相初期生长速度大于δ相，在大约90min后，δ相生长速度接近ζ相。这表明Fe通过γ相和δ相的扩散比通过ζ相扩散快。由于ζ相是脆性的单斜晶结构，ζ相越厚，镀层塑性越差，因此，正常镀锌时，要求在能达到规定厚度及锌层结合强度的条件下，尽量缩短镀锌时间（一般控制浸镀时间6～20s），从而减少ζ相厚度，改善镀层塑性。

（2）钢件结构和成分

在实际生产中，由于钢铁结构形状不同，钢件中各种元素含量不同，浸镀后镀层表面质量、厚度、附着力等也会出现不同。

①碳对镀层结构的影响　通常情况下，钢件中碳的含量越高，Fe-Zn反应越剧烈，铁损越高，Fe-Zn合金层越厚，镀层性能也越坏。钢铁中碳的存在形式不同，对Fe-Zn反应影响也不同。当钢中的碳以粒状珠光体和层状珠光体存在时铁的溶解速度最快；当碳以索氏体或屈氏体存在时，铁的溶解速度最慢；当钢中的碳以渗碳体存在时，钢件表面张力较大，影响了锌液对钢件的浸润能力，也影响了锌的流动性，容易使表面出现锌瘤。

②镍和铬对镀层结构的影响　钢中镍的存在，降低了锌液对钢的侵蚀速度。从而使镀锌层减薄。460℃时，当镍含量为5％时，锌液对钢的侵蚀速度降低了30％，说明镍控制了ζ相的增长。钢中的铬对钢在锌液中的侵蚀速度影响较大，当铬含量为0.6％时，锌液对钢的侵蚀速度增加了一倍，当铬含量为4％～9％时，锌液对钢的侵蚀速度会降低；当铬含量为13％～18％时，使得合金镀层ζ相快速发展，镀层变得疏松而且大量飘移。

③其他成分对镀层结构的影响　钢铁中除含碳外，一般都含有Mn、S、P、Si、Cu、Ti等元素，对钢铁热镀锌有不同影响。锰和硫对镀层结构的影响为：钢铁中锰和硫含量极少，因而对镀锌层结构影响很小。钢中如含有杂质磷，能使钢材产生冷脆现象，所以，生产过程中严格控制磷含量在0.05％以下。当钢中磷含量达到0.15％时，镀锌层会产生厚且容易开裂的Fe-Zn合金层，即η相变薄而ζ相和δ相则生长较快，从而使镀锌层变暗而失去花纹形成斑点。

（3）锌液成分的影响

①锌液中铁的影响　铁是作为锌锭的杂质被带入锌液，其含量极少，最多不超过0.003％。在450℃时，铁在锌液中的溶解度为0.003％，当超过0.003％时，铁将与锌反应生成密度大于锌液的$FeZn_7$而沉入锅底，即为底渣。当锌液中含铝时，锌液中多余的铁将与铝反应生成密度较小的$Fe_2Al_5$而漂浮在锌液上面，即为浮渣，这两种渣形成时会消耗大量的锌和铝元素。锌液中铁的存在，使得锌液的黏度和表面张力增加，流动性变差，也恶化了锌液对钢的润湿条件。另外锌液中铁的存在还会提高镀层硬度，阻碍再结晶生成。过量的铁使镀层变脆，表面变灰暗，锌渣生成量增加，也同时增加锌和铝的消耗量。

②锌液中铅的影响　锌液中的铅通常是由锌锭的杂质而加入的，在使用铁制锌锅镀锌时，利用铅的密度大于锌液的密度这一特性，为延长锌锅使用寿命，减少锌液对锅底尤其是圆角处的冲刷，在锌锅内铺10～30cm的铅层，其主要作用：一方面铅作为Fe-Zn之间的传热介质，减少了铁与锌的接触面积，另一方面可以使锌渣浮在铅面上而不硬结于锅底造成捞渣困难。在锌液中铅是以珠状颗粒弥散存在于纯锌层中的，对Fe-Zn反应速度没有影响，但它的存在有以下优点：第一，可以降低锌液的黏度和表面张力，增强锌液对钢铁的浸润能力，减少镀锌时间。第二，铅的存在可以降低锌液的熔点，延长锌液的凝固时间，促进锌花的生长，得到较大锌花。缺点是：铅的存在可以使镀层变暗，当铅在锌液中含量超过1％时，会引起镀层晶间腐蚀，降低耐腐蚀性能；铅的蒸发也将污染环境，危害操作人员健康。

③ 锌液中锡的影响 锌液中加入锡的主要优点是：可以使表面光亮，镀层得到较大的锌花。缺点是：当锌液中锡含量大于 0.002％时，会使锌液黏度增加，镀层厚度增加，耐腐蚀性能降低；当锡含量达到 0.3％时，锡会聚集在新的晶粒表面形成 Zn-Sn 共析，增加镀层腐蚀速度并在腐蚀后表面出现坑点。

④ 锌液中稀土元素的影响 锌液中加入稀土元素的主要作用提高锌液流动性，降低锌液润湿角和表面张力，使镀层均匀，提高厚度、表面外观质量以及耐盐雾腐蚀性能。锌液中的稀土元素不会对 Fe-Zn 合金产生明显影响。

⑤ 锌液中硅的影响 当锌液中的铁含量较高时，硅能与铁反应生成铁硅化合物而把铁除去，产生的硅铁化合物并不参与 Fe-Zn 反应，同时锌液中的硅还能抑制合金层的生长。

⑥ 锌液中加入铝对热镀的影响 锌液中加入铝可以减少 Zn-Fe 合金层的厚度、改进镀层的韧性和表面光亮程度。同时由于在锌液中加铝后可以形成保护氧化膜，减少锌液表面氧化，降低表面锌灰的生成速度和数量，进而减少锌耗。当锌液中铝含量不大于 0.12％时，镀层结构与纯锌镀层一致，当铝含量为 0.12％～0.16％时，镀层变薄。根据研究确定，现代热镀锌工艺一般在镀锌液中加入 0.2％～0.3％的铝，使钢铁表面形成保护膜，从而阻止含铁较高的 δ 和 γ 相的生成。现代加铝热镀锌在铁和铝间生成 FeAl、FeAl$_2$、FeAl$_3$ 化合物，由于 FeAl$_3$ 的生成热大于 γ 相和 δ 相，铝在铁上形成的 FeAl$_3$ 薄膜阻碍了铁向锌液的扩散，消除了铁锌相的生成。这就是现代加铝热镀锌理论。目前已开发了 Zn-Al 系列热镀锌板，与普通镀锌板相比，具有相同的镀层粘附性，镀层的耐蚀性却是普通镀锌层的几倍。

## 8.1.5 热浸镀锌的应用

根据热镀锌涂层的性能，其工程应用主要在下述几方面。

（1）热镀锌板、带

① 交通运输业 高速公路护栏、汽车车体，运输机械面板、底板。

② 机械制造业 仪表箱、开关箱壳体，各种机器、家用电器、通风机壳体。

③ 建筑业 各种内外壁材料、屋顶板、百叶窗、排水道等。

④ 器具 各种水桶、烟筒、槽、箱子、柜子等。

（2）热镀锌钢管

① 石油，化工 油井管、油井套管、油加热器、冷凝器管、输油管及架设栈桥的钢管桩。

② 一般配管用 水、煤气、蒸汽与空气用管，电线套管，农田喷灌管等。

③ 建筑业 脚手架、建筑构件、电视塔、桥梁结构等。

（3）热镀锌钢丝

① 一般用途 普通民用，结扎、捆绑、牵拉用。

② 通信与电力工程 电话、有线广播及铁道闭塞信号架空线；电线和电缆，高压输电导线。

（4）热镀锌钢件

水暖及一般五金件；电信构件、灯塔。

## 8.2 热浸镀铝

铝有很好的耐腐蚀性，是理想的保护钢铁材料的金属镀层元素。铝的熔点比铁低

（660℃），所以镀铝钢材可以用热浸镀的方法生产。热浸镀铝是继热浸镀锌之后发展起来的一种高效防护镀层，它不仅表面具有银白色光泽和良好的耐候性，而且还具有优良的耐蚀性、耐高温氧化性、耐渗碳性、耐磨性及对光和热反射性。因为镀铝钢的基体是钢材，所以它又具有钢的机械强度。由于热扩散的作用，在镀层和基体间形成了呈冶金结合的扩散过渡层，其产品可成型加工。热镀铝有Ⅰ型和Ⅱ型两种产品，Ⅰ型的镀铝层中硅的质量分数8%左右，而Ⅱ型的镀层是纯铝。铝硅镀层多用于钢板、钢丝等需加工变形的产品。纯铝镀层主要用于不需再加工的钢结构件和钢管等产品。在热镀产品中，热镀铝的钢材（包括铝-锌合金镀层）在数量和用途方面是仅次于热镀锌的产品。热镀铝产品主要用在需要耐蚀和耐热的地方。

在工业发达国家如美、日、德、英等国已将热镀铝钢广泛应用于石油、化工、冶金、机械、轻工、交通、建筑、电力、通讯、航空、太阳能等各个领域。在钢材表面上形成铝层的方法很多，有热浸镀、扩渗法、热喷涂法、包覆法、真空或化学气相沉积、有机溶剂电镀法及电泳法，但目前只有热浸镀、扩渗法和热喷涂法在工业生产上较为常用，而生产设备简单、成本低、综合性能好且应用范围广的热浸镀铝钢材日益受到重视。

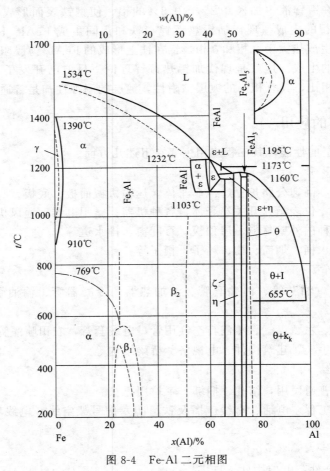

图 8-4　Fe-Al 二元相图

### 8.2.1　热浸镀铝的基本原理

图 8-4 为 Fe-Al 二元相图。从图中看出，在 670～730℃ 的镀铝温度范围内，在 Fe-Al 及 Al-Fe 固溶体之间存在三种金属化合物，即 $FeAl_2$（ζ 相）、$Fe_2Al_5$（η 相）和 $FeAl_3$（θ 相）。

其中，$FeAl_2$ 是亚稳态相，它一旦形成又将按下式分解，同时形成 $Fe_2Al_5$ 相

$$3FeAl_2 \rightleftharpoons Fe(Al) + Fe_2Al_5 \tag{8-2}$$

铝在 $\alpha$-Fe 固溶体中的最大溶解度发生在温度为 1232℃。此时铝的质量分数为 34.5%，随温度的下降，其溶解度降低。在常温下固溶体中含铝量为 30%。由于包晶反应，在 1232℃时形成 $\varepsilon$ 相，它只能存在到 1103℃。当铝浓度为 49%～53%时，由于多相混合物 $\alpha$ 相与 $\zeta$ 相的存在，共晶反应进行到 43%铝时便停止，这时 $\alpha$ 相过渡为含铝 33%的 $FeAl$ 相。

在 1165℃铝浓度约 50%时，发生另一共晶反应，此共晶体由 $\varepsilon$ 和 $\eta$ 相构成。在 1158℃铝浓度为 49%时，形成 $FeAl_2$ 相（$\zeta$ 相）。在温度 1160℃铝浓度 59.2%时，由于包晶反应而形成 $FeAl_3$ 相（$\theta$ 相）。在 665℃的共晶组成相当于铝浓度 98.3%。在此温度下，铁在铝中的极限浓度为 0.03%。

由于热镀纯铝层的合金层厚而脆，不能用于钢板、钢丝等需加工变形的产品，而含硅的镀铝层的合金层薄而软，有利其镀层产品的加工变形。纯铝镀层的合金层很厚，且不平坦，呈锯齿状。一般镀铝条件下，纯铝镀铝合金层厚度约 $30\mu m$。铝硅镀层的合金层厚度很小且平坦。一般热镀铝硅合金条件下，其厚度约 $5\mu m$。铝硅镀层的硅含量一般在 6%～10%。

## 8.2.2　热浸镀铝层的形成过程

钢材热镀铝时，液态的铝和固态的铁在界面上发生一系列的物理和化学反应。首先，液态铝在钢板表面发生浸润和漫流，接着发生铁原子的溶解和铝原子的吸附，形成铁铝化合物。随后铁铝原子相互扩散和合金层长大，钢板离开铝锅时，合金层上面粘附了一层液态铝，凝固后的镀层由锌铝合金层和纯铝层组成。

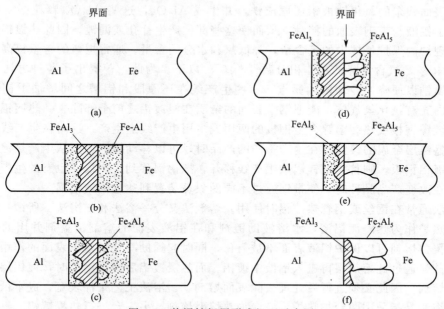

图 8-5　热浸镀铝层形成机理示意图

关于热浸镀铝层的形成机理，目前较成熟的是二层结构理论（见图 8-5）。热浸镀铝时，固态铁与液态铝直接接触[见图 8-5(a)]，在铁基体/液态铝界面处发生铁、铝原子的互扩散，在铁、铝两侧分别形成扩散层，随着互扩散的进行，在液态铝界面处的铁原子含量不断增加，首先形成含铁量最低的 $FeAl_3$ 相。在固态铁与液态铝接触的初期，界面处局部部位发

生短时间的温度下降，使铁基体表面已形成的 $FeAl_3$ 相停止向液态铝方向生长，同时在铁基体一侧形成 Fe-Al 固溶体［见图 8-5（b）］。先形成的 $FeAl_3$ 层由于铁、铝原子的互扩散而不断增厚，并且在 $FeAl_3$ 与铁基体之间开始形成 $Fe_2Al_5$ 相［见图 8-5（c）］。由于 $Fe_2Al_5$ 相的特殊晶体结构，使其晶体在生成以后开始沿 c 轴快速生长，并形成柱状晶区。在 $Fe_2Al_5$ 柱状晶体向铁基体方向生长的同时，铁原子扩散通过相邻的 $FeAl_3$ 层进入液态铝，使一部分 $Fe_2Al_5$ 相转变为 $FeAl_3$ 相［见图 8-5（d）］。由于 $Fe_2Al_5$ 相的生长以及铁原子不断向液态铝一侧的扩散，使铝在铁基体中的固溶区消失［见图 8-5（e）］，最后形成以 $Fe_2Al_5$ 相层为主的热浸镀铝层［见图 8-5（f）］。

## 8.2.3　热镀铝生产工艺

热镀铝工艺与热镀锌工艺类似。但是热镀铝比热镀锌要复杂，这是因为铝的熔点比锌高（前者为 660℃，后者为 419℃），镀铝熔液的温度要求在 700℃ 以上，这就要求盛放铝熔液的锅必须是陶瓷衬里锅，而不能用铁锅。另外，铝与铁的快速反应导致渣的生成。在森吉米尔法中，热镀铝带钢表面净化质量要求高；在熔剂法中，熔剂处理比热镀锌或热镀锡更加困难。工件离开镀液时有被玷污的危险，而且表面易形成氧化铝膜条纹。

钢板热镀铝通常在与生产热镀锌钢板一样的连续生产线（称为森吉米尔法）上生产。热镀铝工艺过程与镀锌一样，钢带在热处理炉内经过加热段、还原段、冷却段，然后进入铝锅中进行镀铝。铝液的温度，镀纯铝时为 700～730℃，镀铝-硅时为 680～700℃。热镀铝时，镀层对带钢表面的清洁度要求远比热镀锌时高，否则镀出来的镀层会有针孔或漏镀。由于铝的化学活性比锌高，在高温下容易与保护气体中残存的氧和水分反应生产 $Al_2O_3$ 颗粒，另外，带钢表面残余的氧化铁被铝还原成铁，并生成 $Al_2O_3$，这些 $Al_2O_3$ 颗粒粘附在带钢表面，破坏了铝液与带钢表面的接触，从而使这些部位产生针孔或漏镀。因此热镀铝时，需要提高热处理炉内保护气体中的氢含量，降低氧和水分的含量。通常把氢的含量提高到体积分数 30%～40%，氧含量降低到体积分数 $5×10^{-6}$ 以下。为此，曾提出了各种方法，如冷却段放入金属钠以便降低冷却段内露点，有些生产线在还原段和铝槽之间增加了钢带净化装置，装置内充有氯化氢气体，能把钢带表面的杂质在浸镀铝之前全部除去。热镀铝也可在同时生产热镀锌钢板或热镀铝锌合金钢板的两用或多用生产线上生产，这时在生产线上需要二个或三个盛镀层金属的镀锅。在生产不同的产品时，可以移动镀锅，如从生产热镀锌钢板改为生产热镀铝钢板，则首先把锌锅从生产线移开，把铝锅移到生产线。也有的生产线采用固定镀锅，在改变产品品种时，使带钢通过不同的象鼻装置到达锌锅或铝锅。

熔剂法通常在钢丝或钢管热镀铝时使用。熔剂法又分一浴法和二浴法。所谓一浴法是指用一台加热炉作为热浸镀铝浴，水溶液助镀剂和在铝液表面的熔剂覆盖剂并用的热浸镀铝法。这层覆盖熔剂可以保护铝液表面不被氧化，同时起辅助净化钢基体表面的作用。热浸镀铝时，钢件先通过此熔剂层再进入铝液中镀铝。而热浸镀铝后提出钢件时，镀铝层表面也会附着一层熔剂，因此必须进行后处理去除表面熔剂。一浴法工艺条件较宽，成本低，设备投资少。二浴法是指采用两台加热炉，一台加热熔融熔剂，另一台进行热浸镀铝。钢件在热浸镀铝前，先浸于熔融熔剂锅中，表面先被涂覆一层熔融熔剂，然后再进入铝锅中镀铝的方法。与一浴法相比，因多使用一台加热炉，故设备的投资大，能源消耗多，产品成本高。但因二浴法在钢件表面涂覆的熔融熔剂膜远比水溶液助镀剂的干燥膜厚得多，并把钢件预先加热到了热浸镀铝温度，因此，具有工艺条件特别宽，可在 680～800℃ 的铝液温度范围内进行镀铝，镀层几乎不产生漏镀，镀层致密无针孔等优点，特别适合加工去除流挂铝较为困难的镀件、壁厚大的镀件和单件重量大镀件。文献中报道的熔剂配方很多，表 8-1、表 8-2 和表 8-3 分别是水溶液助镀剂、一浴法、二浴法熔剂的配方。

**表 8-1　热浸镀铝用水溶液助镀剂配方**

| 序号 | 配方组成 |
|---|---|
| 1 | $H_2O$ 91.7%～96.9%；$NH_4Cl$ 0.7%～1.4%；$Na_2B_4O_7$ 2.4%～6.9% |
| 2 | $H_2O$ 93%～98%；$K_2ZrF_6$ 2%～7% |
| 3 | $H_2O$ 80%～99%；$KHF_2$ 0.3%～0.35%；KF 0.65%～17.0% |
| 4 | $H_2O$ 4.7%～6.7%；HCl 1%～3%；KF 92.3% |
| 5 | $H_2O$ 13.3%～27.3%；$NH_4Cl$ 5.5%～6.5%；NaCl 5.2%～6.2%；$AlCl_3$ 3.0%～4.0%；KCl 4.5%～5.0%；$ZnCl_2$ 55%～65% |
| 6 | $H_2O$ 1000g；$Li_2SiF_6$ 200g |
| 7 | $H_2O$ 1000g；$ZnCl_2$ 10g；$Li_2SiF_6$ 100g |
| 8 | $H_2O$ 1000g；KF 30g；KCl 35g；$NH_4HF_2$ 35g |
| 9 | $H_2O$ 250～2500g；$ZnCl_2$ 80～95g；$Na_2SiF_6$ 5～20g |
| 10 | $H_2O$ 250～2500g；$ZnCl_2$ 80g；$Na_2SiF_6$ 8～16g |
| 11 | $H_2O$ 250～2500g；$ZnCl_2$ 60～80g；$K_2TiF_6$ 2～4g；KF 10～20g |
| 12 | $H_2O$ 250～2500g；$ZnCl_2$ 60～80g；NaCl 5～10g；KCl 5～10g；NaF 10～20g |
| 13 | $H_2O$ 1000g；$NH_4Cl$ 5～25g；$K_2ZrF_6$ 10～100g；羧甲基纤维素 0.5～5.0g |
| 14 | $H_2O$ 1000g；$NH_4Cl$ 5～50g；$Na_2B_4O_7$ 10～100g；羧甲基纤维素 0.5～5.0g |
| 15 | $H_2O$ 1000g；NaCl 36g；KCl 36g；NaF 24g；KF 24g |

**表 8-2　一浴法热浸镀铝用铝液表面覆盖剂**

| 序号 | 配方组成 |
|---|---|
| 1 | NaCl 39%；KCl 51%；$Na_3AlF_6$ 10% |
| 2 | NaCl 40%；KCl 40%；$Na_3AlF_6$ 20% |
| 3 | NaCl 40%；KCl 40%；$Na_3AlF_6$ 18%；$AlF_3$ 2% |
| 4 | NaCl 40%；KCl 40%；$Na_3AlF_6$ 10%；$AlF_3$ 10% |
| 5 | KCl 36%～60%；$Na_3AlF_6$ 23%～37%；$AlF_3$ 17%～27% |
| 6 | LiF 6%；NaCl 35%；KCl 35%；$Na_3AlF_6$ 12%；$AlF_3$ 12% |
| 7 | LiCl 5%～10%；$Na_2B_4O_7$ 7%～33%；NaF 25%～35%；NaCl 35%～45%；$SiO_2$ 1%～3% |
| 8 | KCl 15%～35%；NaCl 15%～25%；$CaCl_2$ 20%～50%；$Na_3AlF_6$ 12%～15%；$AlF_3$ 0～8%；NaF 0～8% |
| 9 | KCl 52%；NaCl 40%；$Na_3AlF_6$ 4%；$AlF_3$ 4% |

**表 8-3　二浴法热浸镀铝的熔融熔剂**

| 序号 | 配方组成 |
|---|---|
| 1 | NaCl 40%；KCl 40%；$Na_3AlF_6$ 10%；$AlF_3$ 10% |
| 2 | LiF 6%；NaCl 35%；KCl 35%；$Na_3AlF_6$ 12%；$AlF_3$ 12% |
| 3 | KCl 15%～35%；NaCl 15%～25%；$CaCl_2$ 20%～50%；$Na_3AlF_6$ 12%～15%；$AlF_3$ 0～8%；NaF 0～8% |
| 4 | NaCl 14%～16%；KCl 15%～20%；$NaClO_3$ 20%～25%；$KClO_3$ 20%～25%；$SiO_2$ 4%～6%；$Na_3AlF_6$ 15%～20% |
| 5 | $AlF_3$ 45%～60%；$SiO_2$ 40%～55% |
| 6 | NaCl 25%～43%；KCl 37%～54.5%；$Na_3AlF_6$ 8%～20%；$AlF_3$ 0.5%～12% |
| 7 | NaCl 20%；NaF 10%；$BaCl_2$ 70% |
| 8 | NaCl 20%；$AlF_3$ 10%；KI 70% |
| 9 | NaCl 20%；$Na_3AlF_6$ 10%；$CaBr_2$ 70% |

## 8.2.4　影响热浸镀铝的因素

（1）铝液的温度和浸镀时间

钢材热镀铝时形成的镀层由两部分构成，即靠近钢基体的铁-铝合金层和其外部黏结的纯铝层。由于合金层为脆性的铁-铝金属间化合物，镀铝钢材在变形时，其镀层沿此脆性层剥落。因此，要求需加工变形的镀铝钢材合金层的厚度尽可能小。

钢材镀铝时，工艺参数（镀锅的温度和浸镀的时间）对镀层合金层厚度和结构的影响很大。通常，合金层的厚度随镀铝温度的提高和浸镀时间的延长而增大。因此，必须缩短钢材在熔融铝中停留时间和降低浸铝温度。必须指出，镀铝温度对合金层厚度的影响尤为明显。图 8-6 列出镀铝温度对钢和铸铁镀铝合金层厚度的影响。可以看出，随温度从 665℃ 提高到 800℃，合金层厚度猛增。这是因为温度的提高使扩散速度加快所致。但进一步提高温度时，合金层的厚度又明显下降。有些研究者认为，这种现象是由于铁向铝中溶解及钢基体由 α 铁向 γ 铁的相变引起的，因为铝向 γ 铁中的扩散速度要小得多。显然，在高温下合金层厚度的下降与上述两个因素有关，但第二个原因可能是主

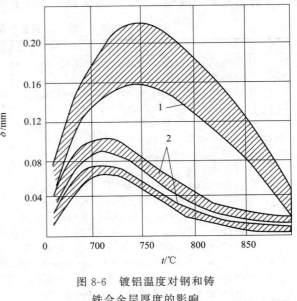

图 8-6 镀铝温度对钢和铸铁合金层厚度的影响
1—软钢；2—铸铁

要的，因为在高温下镀铝时，不仅所得镀层的合金层变薄，而且会引起钢基体表面的严重侵蚀，并在靠近镀层的地方有大量铁-铝化合物聚积。

（2）钢材成分

钢的化学成分和显微结构是钢镀铝时决定扩散层形成速度、结构和质量的重要因素。

① 碳的影响　在两种温度（750℃ 和 850℃）下镀铝时，所得镀铝扩散层厚度随碳含量的变化不大。碳含量从 0.2% 提高到 0.56%，扩散层厚度分别为 $110 \sim 125 \mu m$ 和 $90 \sim 110 \mu m$。后一情况扩散层厚度较小，这是因为在 850℃ 下扩散层发生溶解所致。

试验表明，铝会使碳在液态和固态铁中的溶解度下降。因此，在镀铝过程中当形成扩散层时，碳从它与铁的固溶体中析出，从而在铝扩散方向的前部可以发现富碳区。这是由于碳不能穿过金属间化合物层，当碳析出后，由于铝的扩散，将所析出的碳向其前方驱赶。碳原子也能与铝原子结合，形成 $Al_4C_3$、$AlC_3$ 及 $Fe_3AlC_x$ 等碳化物。值得注意的是，随钢中碳含量的增加，合金层的结构变得更加均匀。这是因为钢的组织从铁素体变为珠光体的结果。

② 镍和铬的影响　镍是属于可与铁形成连续固溶体的少数元素之一。在铁中加入镍可以扩大 γ 相区的范围。镍对钢热镀铝时形成的合金层的影响较大。当钢中镍含量从 1.92% 提高到 12% 时，其合金层的厚度不论在 750℃ 或在 850℃ 下镀铝，均发生很大的变化，从 $70 \sim 100 \mu m$（1.92%Ni）降到 $10 \sim 14 \mu m$（8.5%Ni）。当镍含量提高到 12% 时，合金层的厚度又稍有增大，同时合金层的锯齿状组织已不复存在，合金层的厚度变得更加均匀。

铬属于能缩小 γ 相区范围的合金化元素。从 Fe-Cr 二元状态图可以看出，合金中的少量铬在镀铝温度下不会引起相变。因此，可以认为镀铝时形成的合金层厚度只受铝液中铬含量、镀铝温度和浸铝时间的影响。试验表明，合金层厚度与镀铝温度关系不大，但随铝液中铬含量的增加而降低（从 $120 \sim 140 \mu m$ 降到 $40 \sim 50 \mu m$）。对不同含量的镍及铬合金化的钢镀铝后的 X 射线衍射分析结果表明，除有铁和铝外，仅发现了二元化合物 $FeAl_3$ 和 $Fe_2Al_5$。

这说明，镍及铬这两种合金化元素可与铁形成以铁为基的宽大的固溶体。

另外，当提高合金中镍或铬含量时，合金层中 $Fe_2Al_5$ 的数量减少，其厚度也下降。但铬对合金层的这种影响远比镍小。

③ 锰的影响　锰也属于能扩大 γ 相区范围的合金化元素。固态下的 Fe-Mn 系不形成连续固溶体。锰在 α 铁和 γ 铁中的扩散远比碳的扩散难于进行。通常，随钢基体中锰含量增加，镀铝后合金层的厚度和硬度减小。

（3）铝液化学成分的影响

① 硅的影响　硅常被用作镀铝的添加元素。它可提高镀铝层的耐热性和塑性。当铝液中添加 6% Si 时，镀铝层的合金层厚度急剧下降。硅添加量进一步提高时，这种影响逐渐变小。当铝液中添加少量（1%～1.4%）硅，便可使合金层从纯铝的 32～65μm 下降到 5～27μm，这一范围与镀铝温度和时间有关。

铝液中的硅能强烈地阻碍铝的扩散。因而在 670℃ 下，浸铝时间达 8min，仍不能形成合金层。在含硅 6% 的铝液中镀铝时，合金层厚度几乎不随镀铝时间的延长而增大。硅不仅使铝的扩散受到阻碍，而且也能抑制铁的溶解。在含硅的铝液中镀铝时，合金层的生长速度显著降低（从 0.15～0.48mm/h 降到 0～0.15mm/h）。此外，铝液中添加硅，可提高铝液流动性，降低铝的熔点。这可降低镀铝温度，有利于镀铝过程。

硅对镀铝合金层的结构也有较大的影响。纯铝的合金层为锯齿状组织。含硅的合金层为较平坦的带状结构。X 射线研究表明，前者由 $Fe_2Al_5$ 的单一相构成，后者为多相结构，由 $Fe_2Al_5$、$FeAl_3$ 及 $Fe_2Al_7Si$ 等化合物构成。

② 铜的影响　铝液中添加少量铜（2%～5%），可使合金层的厚度从 32～45μm 降到 22～27μm。铜的添加量进一步提高时，合金层厚度降低的幅度减缓。

③ 锌的影响　锌是常用于铝液的添加元素。它可降低镀铝温度和缩短镀铝时间。所得镀层的附着性好。锌含量在 0～12% 范围内，锌含量对其合金层厚度无明显影响。铝锌合金液能显著地提高钢与此合金液的反应速率，且形成的合金层为多孔隙，因而能导致高的反应速率。热镀铝锌合金时形成的合金层的厚度、强度及显微硬度列于图 8-7。

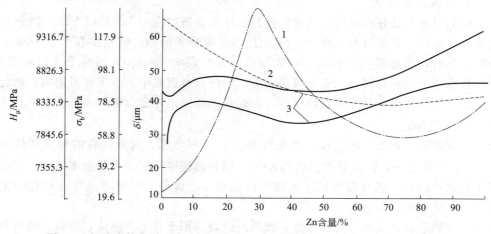

图 8-7　铝液中锌含量对合金层强度（1）、显微硬度（2）和厚度（3）的影响

由图 8-7 看出，当锌含量为 28%～30% 时，合金层的破裂强度最大，达到 100～150MPa；当锌含量继续增大时，其强度缓慢下降，直到纯锌时的 50～80MPa。这是因为锌含量在 28%～30% 的 Al-Zn 合金具有特殊结构的缘故。另外，合金层的显微硬度随锌含量

的提高缓慢下降，一直到纯锌的 8500～9000MPa。合金层的厚度随锌含量的提高呈平缓增加，但其增幅不大。

④ 铁的影响　钢材热镀铝时，钢基体及铁锅壁上的铁会溶解于铝液中，并形成 Fe-Al 合金渣。通常在镀铝温度下，铝液中的铁含量均处于饱和的溶解度含量。Fe-Al 合金渣大部分沉于锅底，只有少量颗粒细小的渣子悬浮于铝液中。

铁对合金层的结构、强度及硬度的影响不大。但铁含量过高会提高液相线的温度，因而必须提高镀铝温度才能进行镀铝的作业。另外，铁含量过高使铝液黏度增大，使镀层表面的纯铝层增厚。因此，钢材热镀铝时，铝液中铁含量不能过高，在 710～730℃ 的铝液中铁含量不应超过 2.5%～3%。过多的铁不仅会影响镀层的表面质量，而且也影响镀铝层的耐蚀性。

⑤ 稀土金属元素的影响　研究表明，铝液中添加稀土元素时，所得的热浸镀铝层的晶粒被细化，可改善其镀层的塑性和耐蚀性。美国一公司曾在铝液中添加 4%～6% 的稀土金属后大大提高了镀铝层的冲击韧性和耐蚀性。国内的研究资料表明，在铝中加入少量混合稀土制得的铝合金在 NaCl 溶液和人造海水中耐蚀性提高，在 NaCl 溶液和人造海水中的耐蚀性比纯铝提高 24% 和 32%，稀土的最适宜加入量为 0.1%～0.5%。此外，添加稀土还可使镀层表面光亮，使合金层的厚度和铝浓度提高。关于稀土金属的作用机理及效果仍需要进一步探索。

## 8.2.5　热浸镀铝钢的性能和应用

（1）耐腐蚀性能

热浸镀铝层可以对钢铁基体提供良好的保护。铝镀层表面自然形成的一层由 $Al_2O_3$ 构成的氧化膜致密稳定，从而使镀层始终处于钝化状态，免遭连续的氧化消耗和介质腐蚀，大大提高了其服役寿命。热浸镀铝层在大气腐蚀条件下具有高的耐腐蚀性能，特别在含有 $SO_2$、$H_2S$、$NO_2$ 等工业大气环境中显出其优异的耐腐蚀性。此外，在海洋大气和潮湿环境，以及自来水及盐水中都具有良好的耐腐蚀性能。

（2）抗高温氧化性能

热浸镀铝层具有良好的抗高温氧化性能。当环境介质温度在 700℃ 以下时，镀铝层对钢材提供极好的防护，其抗高温氧化性能相当于 18-8 耐热不锈钢。镀铝层在 500～600℃ 温度下长时间加热时，表面铝层容易剥落，因而必须预先在 800～850℃ 温度下进行扩散处理，使纯铝层转变成铁铝合金层，以避免镀层剥落。铝硅合金镀层中，由于硅对铝的扩散起阻碍作用，合金层不易长厚，其耐剥落性更好，因此也提高了铝硅合金镀层的抗高温氧化性能。

（3）其他性能

由于热浸镀铝层表面形成了致密而光滑的 $Al_2O_3$ 氧化膜，具有优良的对光和热的反射能力。在 450℃ 温度下，其反射率仍高达 80%。钢材热浸镀铝层的高反射率特性，使镀铝钢板可用于加热炉内衬，能有效地提高加热炉的热效率。此外，热浸镀铝层还具有一定的耐磨、导热、导电性能。

由于钢材热浸镀铝层具有优异性能，使其广泛地应用于化工、冶金、建筑、电力和汽车制造等众多领域。热浸镀铝钢板可用作大型建筑物的屋顶和侧壁、瓦楞板、通风管道、汽车底板和驾驶室、包装用材、水槽、冷藏设备等。硅铝镀层钢板可用于汽车排气系统、烘烤炉、食品烤箱、粮食烘干设备、烟囱等。热浸镀铝钢丝可用来制造篱笆、围栏、海岸护堤网、渔网、防鲨网、山道及矿井巷道用防落石安全网、食品烤炉链条、架空通信电缆、架空电线、舰船用钢丝绳等。镀铝钢管则广泛用于石油加工工业中的管式炉管、热交换器管道、化学工业中生产硫酸及邻苯二甲酸酐等的管式接触器和热交换器、分馏塔和冷凝器、管式煤气初冷器的管道等。此外，由于铝能耐各种有机酸的腐蚀，因此，热浸镀铝层还可用于食品工业中的各种管道。

## 8.3  热浸镀锡

热镀锡是应用最早的金属防蚀镀层。目前广泛应用的热镀锌、铝及其合金以及铅-锡合金镀层工艺，都是在热镀锡的基础上发展起来的。热镀锡钢板，俗称"马口铁"，由于表面光亮，制罐容易，具有良好的耐蚀性、焊接性、无毒性以及能进行精美的印刷与涂饰等特性，应用于食品包装与轻便耐蚀容器。为了节约昂贵的金属锡，热镀锡板的生产几乎全部为电镀锡所取代。但热镀锡板在电器、无线电工程仍有应用。

### 8.3.1  热浸镀锡的基本原理

在钢材热镀锡过程中，镀锡层的形成与结构特征是由铁与锡的反应决定的。图 8-8 为铁-锡系相图。

相图中有两个 γ 相：具有砷化镍结构的 γ 相含 62%（质量）锡，其锡含量的变化范围是 ±0.5%；另一个则是在 910～1390℃ 的温度范围，其最高含锡量约为 2%。

α 相是锡在 α 铁的固溶体。在 750℃ 时，锡在 α 铁中的溶解度可达 9.3%（质量），到 900℃ 时，增至 17.5%（质量）。

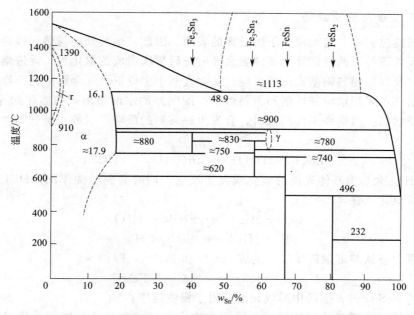

图 8-8  铁-锡二元平衡相图

$FeSn_2$ 相含 80.95% 锡（质量），在温度 513℃ 以下是稳定的。$FeSn_2$ 同白色的锡一样为四角晶体结构。$FeSn_2$ 为铁和锡之间的中间层，该层能使锡很好地附着在铁上。但 $FeSn_2$ 层很脆。

FeSn 相含 68.0%锡（质量），可稳定地保持到温度770℃。

Fe$_3$Sn$_2$ 相含 58.62%锡（质量），在 607~806℃间为稳定相。

Fe$_5$Sn$_3$ 相含 42%锡（质量），在 765~910℃之间为稳定相。

在 1130℃以上，在 48.8%~86.1%之间形成金属混合物的液相区。

铁在锡中的溶解度取决于温度。铁在锡中的溶解度在 300℃时约为 0.01%，而在常温下铁几乎不溶于锡。

## 8.3.2 热浸镀锡工艺流程

热浸镀锡的工艺流程为：脱脂→水洗→酸洗→水洗→溶剂处理→热浸镀锡→浸油处理→冷却。

（1）脱脂

脱脂的目的是去除钢铁制件表面的油脂，常用的方法有蒸气脱脂、溶剂脱脂、碱液脱脂和乳化脱脂。钢铁工件脱脂后，应立即在水中漂洗，以避免盐类沉积或表面油脂脱乳化。

（2）酸洗

钢铁制件表面存在的氧化膜和锈应通过酸洗去除，酸洗可采用盐酸酸洗或硫酸酸洗。盐酸酸洗时，盐酸质量分数为 10%~20%，可在室温下进行，酸洗时间以钢铁制件受轻微腐蚀为宜，以提高锡对钢铁基体的浸润性。硫酸酸洗所用的硫酸含量应视钢铁制件表面状况而定，一般质量分数为 4%~12%，并在硫酸溶液中加入缓蚀剂，以降低酸的损耗和金属的损失。

（3）熔剂处理与热浸镀锡

在热浸镀锡过程中，熔剂覆盖于熔融锡的表面。因此，熔剂处理与热浸镀锡几乎是同时进行的。熔剂处理的目的是消除钢基体表面经酸洗后再次形成的氧化膜，促进熔融锡对钢基体的润湿，以及促进锡与钢基表面的反应，从而有利于生成 Fe-Sn 金属间化合物相层。热浸镀锡采用的熔剂可采用水溶液熔剂和覆盖熔剂。配制好的水溶液溶剂覆盖于熔融锡上面时，总是处于沸腾状态。当钢铁工件浸入时，会发生一系列的反应。水或水蒸气与氯化锌发生反应，即

$$ZnCl_2 + 2H_2O \rule[0.5ex]{1.5em}{0.4pt} Zn(OH)_2 + 2HCl \qquad (8-3)$$

析出的 HCl 会与钢基体表面的氧化膜发生反应，同时起到酸洗作用；HCl 还与钢基体发生反应生成氯化亚铁，即

$$FeO + 2HCl \rule[0.5ex]{1.5em}{0.4pt} FeCl_2 + H_2O \qquad (8-4)$$

$$Fe + 2HCl \rule[0.5ex]{1.5em}{0.4pt} FeCl_2 + H_2 \qquad (8-5)$$

生成的氯化亚铁与熔融锡反应，生成 SnCl$_2$ 和 FeSn$_2$，即

$$3Sn + FeCl_2 \rule[0.5ex]{1.5em}{0.4pt} SnCl_2 + FeSn_2 \qquad (8-6)$$

所生成的 FeSn$_2$ 进入锡液中形成锡渣或附于锡镀层中。

当钢铁制件经熔剂覆盖层处理后，同时也进入锡液中进行热浸镀锡。热浸镀锡温度为 280~325℃，经过一定时间的浸镀，钢铁制件应从未覆盖熔剂的锡液表面快速提出。

（4）后处理

经热浸镀锡的钢铁制件随后进入 235~240℃的油或熔融脂肪（包括棕榈油、合成矿物油或动物脂肪）中进行浸油处理，以防止镀锡层表面被氧化。

### 8.3.3  热浸镀锡层的性能及应用

（1）耐腐蚀性能

钢铁热浸镀锡的镀层由下列各层组成：附于钢基体表面的合金层、锡层、锡层上附着的极薄的氧化膜层和表面油膜层。各层的特性分别影响着锡镀层的耐腐蚀性能。

① 锡镀层中的合金层主要由金属间化合物 $FeSn_2$ 组成，合金层的形成有利于锡层在钢基体表面的附着。合金层在钢基体表面的覆盖并不完全连续，存在着孔隙，在合金层上面的锡层也存在类似的现象。孔隙的存在，在锡与 $FeSn_2$、锡与钢基体之间形成腐蚀电池，加速了锡的溶解，使镀层的耐腐蚀性能变差。因此，在热浸镀锡时，应尽可能获得连续性好、致密的合金层和均匀的锡层。

② 锡层是锡镀层防腐蚀作用的主体，在不同的腐蚀环境中，具有不同的耐腐蚀性能。在干燥的空气中，锡镀层基本不生锈。但在潮湿空气中，锡层的孔隙处露出的钢基体会与锡构成局部电池，由于基体金属铁的电极电位比锡负而发生阳极溶解，生成铁的氢氧化物，使镀层生锈。

③ 锡的氧化膜是锡镀层表面被氧化后生成的腐蚀产物，主要为氧化亚锡（SnO）和氧化锡（$SnO_2$）。SnO 是不稳定的氧化膜，起不到防腐蚀的作用，而 $SnO_2$ 是稳定的氧化膜，具有耐腐蚀性能。SnO 通常在 100℃ 以上温度生成，湿度较高的条件下，更利于其生成，当镀锡件在室温下长期储存时，镀锡层表面生成 $SnO_2$。

④ 在热浸镀锡层表面涂上一层极薄的油膜层，可减少锡镀层表面划伤和因摩擦引起的机械损伤。同时，可以有效地阻隔锡层表面与空气中水分的接触，提高锡镀层的耐腐蚀性能。

（2）焊接性能与涂饰性能

热浸锡镀层具有良好的锡焊性能，焊接时，焊料易于渗入焊接部位，获得牢固地结合。锡镀层还具有对涂料良好的附着性能。

热浸镀锡主要用于生产镀锡钢板、镀锡钢丝。热浸镀锡钢板被应用于食品包装与轻便耐蚀容器，以及电器工业等方面。

 思考题

1. 热浸镀锌工艺中一浴法和二浴法有什么区别？各有何特点？

2. 热浸镀锌的 Fe-Al 二元相图能解释实际热浸镀过程中所有新相生成的规律吗？为什么？

3. 为什么热浸镀铝比热浸镀锌要复杂？

4. 热浸镀铝为什么能在大气为钢材提供良好的防护？

5. 热浸镀铝钢为什么具有较好的抗高温氧化性能？

6. 钢材热浸镀锌为什么较电镀锌有较好的防护性能？

7. 热浸镀锌和电镀锌层的防护性能哪个更好？

8. 热浸镀过程中熔融金属是否和待镀的基材发生反应？

9. 热浸镀锌和电镀锌镀层和基体的界面结构是否相似？

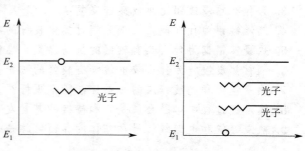

# 第 9 章

# 高能束表面处理技术

高能束表面处理技术的基本原理是利用高能密度的热源使基体材料表面的显微组织与性能发生改变，从而获得比基体材料具有更优异的组织结构与性能的表面的一种技术，它包括激光表面处理技术、电子束表面处理技术与离子束表面处理技术等。因此，材料经高能束表面处理后，既能发挥基体材料的力学性能（塑性与韧性），又能使材料表面获得某种特殊性能，如耐磨、耐蚀、耐高温、润滑与绝缘等，这样可以大大提高材料的可靠性、稳定性与使用寿命。

## 9.1 激光表面强化技术

### 9.1.1 概述

激光表面强化是利用高能激光束和材料表面之间的交互作用，改变材料表面的组织结构、物理性能与化学成分、应力状态等，从而改善材料的表面性能（耐磨、耐蚀、抗氧化和抗疲劳等），提高关键零部件的使用寿命与扩大材料用途。具体而言，激光表面强化技术包括激光表面硬化（激光淬火）、激光表面合金化、激光表面熔凝、激光表面熔覆、激光表面冲击强化等。

（1）激光产生的基本原理

激光是受激辐射而产生的增强光，激光器是受激辐射的光放大器。在原子发光过程中，同时存在光的自发辐射、受激吸收与受激辐射过程。其中，受激辐射与自发辐射有本质的区别。光的受激辐射是指处于能级 $E_2$ 的原子，在能量为 $\varepsilon_{12}$ 的光子引诱下，射出一个与入射光一模一样的光子，而跃迁到能级 $E_1$ 上。受激发射光的频率、相位、偏振方向和传播方向等均与入射光子相同，光的受激辐射如图 9-1 所示。

因此，在外界泵浦工作期间，激光工作物质中的一对能级 $E_1$ 和 $E_2$，若实现了粒子数反转分布，则在粒子发光过程中，受激射有可能占主导地位，聚集在 $E_2$ 上的大量原子就会产生受激发射过程，且通过受激发射的能量 $\varepsilon_{12}$ 的光子在激光棒内的传播，光强会越来越强。但是，要想在外界光泵

图 9-1 光的受激辐射过程

浦（如氙灯、氪灯或辉光发电等）作用下输出激光束，还需要在激光棒两端加一对由平面或球面镜组成的光学谐振腔。光沿激光棒的轴线方向来回振荡，从而得到放大，当这种光放大超过腔内损耗（包括散射、衍射等），即光放大超过腔内阈值时，就会在激光腔的输出端产生激光辐射——激光束。

（2）激光及激光表面强化技术的发展简介

激光是在发射过程中受激而加强的过程，这种光受激而发射的光子具有同方向、同频率、同位相、同偏振的特性，因而称之为"激光"（laser amplification by stimulated emission of radiation，缩写为 Laser），这是 1964 年根据钱学森院士的建议而命名的。

自 1916～1917 年爱因斯坦提出光辐射理论和受激吸收、自发辐射、受激辐射等全新概念到 1960 年梅曼发明了世界上第一台红宝石激光器，经历了漫长的 44 年，期间出现了许多历史性的发现和发明，最终导致涌现出与激光的发现、发明直接相关的 5 位诺贝尔奖获得者。由于他们杰出的工作与贡献，给我们的生活与工作带来了翻天覆地的变化，我们应该永远记住他们。这 5 位著名的科学家分别是：美国哥伦比亚大学教授汤斯（Charles. H. Townes，1915 年～），原苏联莫斯科科学院列别捷夫物理研究所研究员普罗霍罗夫（Prokhorov. Aleksander. Mikhaylovich，1916～）和巴索夫（Basov. Nikolay. Gennadiyevich，1922～），他们三位因在量子电子学领域的研究，促进微波激射器和激光器的发展而分获 1964 年的诺贝尔物理学奖。美国贝尔实验室研究员肖洛（A. L. Schaolow）和哈佛大学教授 Nicolas Bloembergen，因为他们在激光光谱领域的开创性工作分获 1982 年诺贝尔物理奖。在激光应用研究领域也出现了许多开创性的工作并获得了诺贝尔奖，如 1997 年，Steven Chu，Claude Cohen-Tannoudji 和 William D. Phillips 三人因发展了激光冷却和捕获的方法而获得诺贝尔物理学奖；John L. Hall 和 Theodor W. Hansch 因在基于激光的精密光谱与光频梳技术方面的贡献与 Roy J. Glauber 分享 2005 年诺贝尔奖。

国内对激光的研究起步虽晚，但发展十分迅速，确实值得我们骄傲。在与梅曼宣称发明了世界上第一台红宝石激光器相隔不到一年的时间里，王之江就在中国科学院长春光机所研制成功了我国首台固体红宝石激光器，邓锡铭在 1963 年 7 月研制成功了我国首台氦氖气体激光器。此后，国内外开始大力发展高功率 $CO_2$ 激光器，并于 1971 年出现了第一台商用 1 kW $CO_2$ 激光器。随后激光器的发展非常迅速，激光器的功率也在不断提高，目前已达到万瓦以上级。正是由于高功率激光器的研制成功，为激光材料加工技术特别是激光表面强化技术应用的兴起和迅速发展创造了必不可少的前提条件。因此，激光材料加工技术由较简单的激光打孔、激光切割发展到激光表面改性新技术的研究和应用，从而出现了诸如激光相变强化、激光表面合金化、激光表面熔凝、激光表面熔覆与激光化学气相沉积等一系列新技术，使得激光材料加工出现了质的飞跃。

（3）激光束的特性

激光与其他光源相比，具有四大特征：高单色性、高相干性、高方向性和高亮度。

① 高单色性。普通光源发出的光均包含较宽的波长范围，即谱线宽度宽，如太阳就包含所有可见光波长，而激光为单一波长，谱线宽度窄，通常在数百纳米至几微米，与普通光源相比，谱线宽度窄了几个数量级。

② 高相干性。相干性主要描述光波各个部分的相位关系。其中，空间相干性描述垂直光束传播方向的平面上各点之间的相位关系；时间相干性则描述光束传播方向上各点的相位关系。相干性完全是由光波场本身的空间分布（发射角）特征和频谱分布特性（单色性）决定的。因此，激光束叠加在一起，其幅度是稳定的，在相当长的时间内，可保持光波前后的相位关系不变，这是其他任何光源无法达到的。

③ 高方向性。激光束的高方向性主要指其光束的发散角小。光束的立体发散角可以表示为

$$\Omega = \theta_2 \approx (2.44\lambda/D)^2 \tag{9-1}$$

式中，$\lambda$ 为波长；$D$ 为光束截面直径。一般工业用高功率激光器输出光束的发散角为毫拉德量级（mrad）；普通光源发射的光射向四方，谈不上有什么方向性，光束发射角大；如果将激光束射向月球，则在月球表面的光斑直径不超过 2km。

④ 高亮度。所谓亮度，光学上给出的定义是，光源在单位面积上某一方向的单位立体角内发射的光功率，即

$$B = P/(S \cdot \Omega) \tag{9-2}$$

式中，$B$ 的单位为 $W/cm^2 \cdot Sr$（Sr 为立体发散角球面度）。太阳光的亮度约为 $2 \times 10^3 W/(cm^2 \cdot Sr)$，而输出功率仅为 1 mW 的 He-Ne 激光器输出的激光，经过透镜聚焦后，其亮度比太阳的亮度高 10 万倍。

（4）激光加工技术的特点

正是由于激光束的四大特性，使得激光加工技术具有传统加工技术无法比拟的优势。

① 由于它是无接触加工，并且激光束的能量及其移动速度均可调，因此可以实现多种加工的目的。

② 它可以对于多种金属、非金属进行加工，特别是可以加工高硬度、高脆性及高熔点的材料。

③ 激光加工过程中无"刀具"磨损，无"切削力"作用于工件。

④ 激光加工过程中，激光束的能量密度高，可以对局部进行加工，对非激光照射区域没有影响或影响极小。因此，激光加工的热影响区小，工件热变形小，后续加工量小。

⑤ 激光束易于导向与聚集以及能实现各方向的变换，极易与数控系统配合，对复杂工件进行加工，因此它是一种极为灵活的加工方法。

⑥ 生产效率高，加工质量稳定可靠，经济效益和社会效益好。

尽管激光加工技术具有许多独特的优势，但是其不足之处也是明显的。例如，目前激光加工成套设备价格还比较贵，所以激光还属于一种昂贵的能源。因此，只有在那些最能发挥其特点或用其他方向不能或很难加工的情况下，采用激光加工的方法最为合适。但是，随着高功率激光器及其辅助设备成本的降低，采用激光加工必将在工业领域取得广泛的应用。

## 9.1.2　激光相变硬化（激光淬火）

（1）激光淬火机制

激光淬火是以激光作为热源的表面热处理工艺，其硬化机制是：当采用激光束扫描基材表面时，激光能量被基材表面吸收后迅速达到极高的温度（升温速度可达 $10^4 \sim 10^6 ℃/s$），此时工件内部仍处于冷态；当激光束扫描过后，由于热传导作用，表面能量迅速向内部传递，使表层以极高的冷却速度（$10^6 \sim 10^8 ℃/s$）冷却，故可进行自身淬火，实现工件表面相变硬化。

根据上述激光淬火机制，激光表面淬火必须满足两个条件：①激光对某种材料加热后达到的温度必须是在该材料的相变温度以上，且必须控制在材料的熔点以下；②必须在相变点处以高于临界冷却速度冷却。根据第一个条件进行分析，可以得到如图 9-2 所示的以激光功率密度和激光扫描速度为参数的温度曲线。从图 9-2 中可以看出，能实现激光淬火的部分仅是图中 $A_1$ 以上的部分，而且激光功率密度较低，与激光扫描速度变化相对应的温度变化越

大。如果激光扫描速度越慢，则材料停留在激光照射区的时间越长。另一方面，当使用比临界冷却速度还要快的速度冷却时，能够实现深层的激光淬火。

因此，在进行激光淬火时，Fe-Fe$_3$C 状态图仍然是很重要的理论依据。根据激光表面淬火机制，并结合常规淬火原理所作的 CCT（连续冷却传导）曲线见图 9-3 所示。图中 $abc$ 线左方是奥氏体状态，$a—b$ 温度范围称为珠光体范围。如果激光将奥氏体从 $m$ 点加热急冷后保持常温，在 $M_s$ 线以上是奥氏体，从那开始 A″（A″为迅速冷却共析转变温度）相变，并产生马氏体，到 $M_f$ 线完成相变过程。一般来说，相变的温度范围在 50～200℃，其数值与加热速度、钢的化学成分和原始组织等有关。例如，亚共析钢的常规加热温度通常只允许在 $Ac_3$（$Ac_3$ 为亚共析钢的临界转变温度）以上 20～40℃，而激光相变淬火时，为了获得较深的淬硬深度，允许表面加热温度更高些，原则上它的最高加热温度可高到表面不产生熔化时的临界温度。之所以如此，是因为整个激光加热相变过程几乎在极短的时间间隔内完成，这时除相变点大大上移外，材料在更高温度下几乎不会出现明显的晶粒长大现象，即不会因过热而使随后的激光淬火组织性能变坏。因此，激光表面相变的加热温度范围可以宽得多，奥氏体加热温度范围越宽的钢，其激光表面固态相变硬化处理的温度愈易控制，工艺参数的实现愈容易。通常碳钢的激光相变硬化的加热温度范围在 900～1200℃，这时零件的粗糙度不会改变。

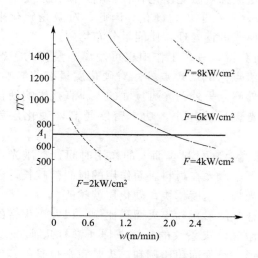

图 9-2　激光扫描速度与
基材表面温度的曲线

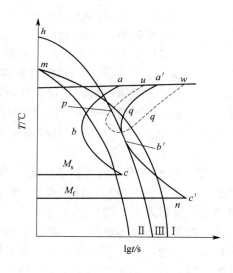

图 9-3　CCT 曲线

激光表面淬火与常规热处理方法相比具有以下优点。

① 极快的加热速度（$10^4 \sim 10^6$℃/s）和冷却速度（$10^6 \sim 10^8$℃/s），这比感应加热的工艺周期短，通常只需要 0.1 s 即可完成淬火，因而生产效率高。

② 仅对工件局部表面进行激光淬火，且硬化层可精确控制，因而它是精密的节能热处理技术。

③ 激光淬火后，工件热变形小，几乎无氧化脱碳现象，表面粗糙度低，故可成为工件加工的最后工序。

④ 激光淬火层组织细小，硬度比常规淬火层提高 10%～20%，耐磨性和耐蚀性均有较大提高。

⑤ 可实现自身淬火，不需要水或油等介质，避免了环境污染。

⑥ 对工件的许多特殊部位，如槽壁、盲孔、小孔以及腔筒内壁等，只要能将激光照射到位，均可实现激光淬火。

⑦ 工艺过程易实现电脑控制的自动化生产。

（2）激光淬火工艺

在激光淬火过程中，影响激光淬火效果的因素有很多，但总体而言，可分为三类：①激光器的影响；②基体材料状态的影响；③激光淬火工艺的影响。

激光淬火工艺参数主要指激光功率 $P$、激光扫描速度 $V_s$ 和作用在材料表面上光斑尺寸 $D$。从激硬化层深度与三个主要参数的关系可以看出各参数的作用

$$激光淬火层深度 H \propto \frac{激光功率 P}{光斑尺寸 D \times 激光扫描速度 V_s} \tag{9-3}$$

式（9-3）表明，激光淬火深度正比于激光功率，反比于光斑尺寸和激光扫描速度，三者可以相互补偿，经过适当的选择和调整可获得相近的硬化效果。因此，在制定激光淬火工艺时，必须先确定三个参数，即激光功率、光斑尺寸和激光扫描速度。

① 激光功率 $P$。在激光相变硬化过程中，在其他条件一定时，激光功率越大，所获得的硬化层就越深，或者在要求一定硬度的情况下可获得面积较大的硬化层。同时，对于在相同激光功率条件下，光束的模式和激光功率的稳定性都对激光硬化有着影响。激光强度呈高斯模式分布时，光斑中心能量密度高于光斑边缘，不利于均匀硬化。因此，对激光硬化来说，一般选用多模输出的激光器，或对激光光斑模式进行处理，使能量分布均匀。

② 光斑大小。光斑大小可以靠调整离焦量而获得，故在工作中也可用离焦量作为工艺参数。在光斑尺寸相同的情况下，工件表面处于焦点内侧或焦点外侧对硬化质量有些影响，也要有所考虑，但通常都采用工件表面处于焦点外侧。另外，光斑尺寸的大小直接影响硬化层的带宽；在相同的激光功率和扫描速度下，光斑尺寸越小，功率密度越高，硬化层就越深。

③ 激光扫描速度。激光扫描速度直接反映激光束在材料表面上的作用时间，在激光功率密度一定和其他条件相同时，激光扫描速度越低，激光在材料表面作用的时间就越长，温度就越高，材料表面的硬化层就越深。反之，激光扫描速度越快，硬化层就越薄。

除了以上三个基本参数外，淬火带的扫描花样（图形）和淬火面积比例，以及淬火带的宽窄均对零件激光淬火后的性能有一定的影响。激光淬火条纹的扫描花样通常有几种形式：直条形、螺旋形、正弦波形、交叉网格形、圆环形。淬火面积比例和淬火带宽窄也是由零件的使用情况确定，一般选择淬火面积为 20%～40%便可满足使用要求。

（3）前处理对淬火效果的影响

一般而言，金属材料表面对激光辐射能量的吸收能力与激光的波长、材料的温度以及材料表面状态密切相关。激光波长越短，材料吸光能力越高。随着温度的升高，材料的吸光能力也增加。导电性好的金属材料对激光的吸收能力较差；工件表面经机械加工后粗糙度很小，其反射率可达 80%～90%。此外，大多数金属表面对波长为 10.6 $\mu m$ 的 $CO_2$ 激光的反射率高达 90%，严重影响激光处理的效率。因此，为了提高金属材料对激光能量的吸收率，在激光淬火前要对工件表面进行预处理。常用的预处理方法有磷化法、黑化和涂覆红外能量吸收材料（如胶体石墨、含炭黑和硅酸钠或硅酸钾的涂料等）。一般而言，磷化处理后金属材料对 $CO_2$ 激光能量吸收率约为 88%，但预处理工序繁琐，不易清除，其工艺过程如表 9-1 所示。黑化方法简单，黑化溶液如胶体石墨和含炭黑的涂料可直接刷涂或喷涂到工件表

面，激光吸收率高达 90% 以上。

表 9-1 磷化处理工艺过程

| 序号 | 工序名称 | 溶液组成 | | 工艺条件 | | 备注 |
|---|---|---|---|---|---|---|
| | | 组分 | 含量/(g/L) | 温度/℃ | 时间/s | |
| 1 | 化学除油 | $Na_3PO_4$ | 50~70 | 80~90 | 3~5 | 除油槽、蛇形管、蒸汽加热 |
| | | $Na_2CO_3$ | 25~30 | | | |
| | | NaOH | 20~25 | | | |
| | | $NaSiO_3$ | 4~6 | | | |
| | | 水 | 余量 | | | |
| 2 | 清洗 | 清水 | | 室温 | 2 | 冷水槽 |
| 3 | 酸洗除锈 | 硫酸或盐酸浓度为 20%~40% | | 室温 | 2~3 | 酸洗槽 |
| 4 | 清洗 | 清水 | | 30~40℃ | 2~3 | |
| 5 | 中和处理 | $Na_2CO_3$ | 10~20 | 50~60 | 2~3 | 中和槽 |
| | | 肥皂 | 5~10 | | | |
| | | 水 | 余量 | | | |
| 6 | 清洗 | 清水 | | 室温 | 2 | 清水槽 |
| 7 | 磷化处理 | 磷酸(浓度 80%~85%) | 2.3~3.5 mL/L | 60~70 | 5 | 磷化槽、蛇形管、蒸汽加热 |
| | | $MnCO_3$ | 0.8~0.9 | | | |
| | | $Zn(NO_3)$ | 36~40 | | | |
| | | 水 | 余量 | | | |

说明：磷化法预处理由于不利于环保、污染车间环境，近年来用得越来越少，取而代之的是环境友好的吸光涂料。

（4）原始组织中的碳含量对激光表面淬火质量的影响

① 含碳量对激光淬火深度的影响　铁碳合金的含碳量对激光淬火效果影响极大，尤其以灰铸铁更为突出。在灰铸铁中，材料含碳量基本上只反映在所含石墨数量上的不同，而影响激光淬火的主要因素是材料的内部温度分布。材料内部温度分布主要与材料热学参数热扩散率有关。热扩散率 $k=K/(\rho c_p)$，$K$ 为热导率，$\rho$ 为密度，$c_p$ 为定压比热容。石墨的热扩散率 $k=0.464cm^2/s$，而钢的热扩散率 $k=0.077cm^2/s$，可见石墨的热扩散率比钢的大得多。因此，灰铸铁内含石墨越多，石墨的连续性就越好，则材料的导热性就越好，从而激光淬火后的硬化带的深度也随之增加。

② 石墨对硬化带均匀性影响　原组织中石墨越多，激光淬火后残留的石墨越多，会造成硬化带组织不均匀；由于高温停留时间短，若石墨片多而粗，要使所有石墨片都溶解在金属中而在冷却后形成碳化物是不可能的，这会使硬化带性能变差。

③ 含碳量对激光淬火硬度的影响　激光表面淬火马氏体的显微硬度与含碳量的关系为

$$HV_m=1667C_m-926C_m^2+150 \tag{9-4}$$

式中，$HV_m$ 为淬火马氏体的显微硬度值；$C_m$ 为淬火马氏体的平均含碳量。由于式（9-4）中 $C_m$ 值小于 1，故 $HV_m$ 的值随 $C_m$ 值的增大而增加。也就是说，含碳量增加，淬火马氏体的显微硬度值也随之增加。可见，激光相变硬化区的硬度不是一个恒值，而是随硬化层深度的增加而变化。

此外，激光表面淬火后硬化层可能出现两个峰值。这是因为基材的表面温度高，碳从金属内部不断迁移至表面而被气化，使表面含碳量降低而出现脱碳层。次表面浓度相应高些，而且过热度大，冷却速度快，组织细化，此处硬度高且出现第一个峰值。与次表面相邻的过渡区，无论是过热度还是冷却速度都与次表面不同，温度梯度较小，此处组织稍粗，出现了硬度的低谷。在靠近基体区域，从基体扩散出来的碳使该区碳浓度增加，而靠近基体处由于自冷条件好，使该区冷却速度较快，组织细化，因而出现第二个峰值。

研究结果发现，如果基体原始组织均匀，珠光体含量高，石墨形态短小且均匀，经激光处理后，硬化带沿深度方面的硬度值较高，硬度曲线平稳；反之，激光处理后组织不均匀，硬度曲线峰谷起伏大

（5）激光淬火后基材的性能

由于激光在进行表面淬火处理时，存在快速加热与快速冷却的特征，使得激光淬火后的组织较常规淬火后的组织晶粒细化，硬度提高，故耐磨性能提高。

1979 年 D. S. Gnamathu 将 12mm×6mm 的 AISI1045 钢试样进行激光相变硬化处理，激光功率密度为 3265W/cm，激光扫描速度为 51mm/s 时得到硬度值为 55HRC；当激光扫描速度为 72mm/s 时，硬度值为 61HRC，其耐磨性的测试结果如图 9-4 所示。从图可以看出，当硬度为 55HRC 时，其失重约减少到常规淬火的 2/5。

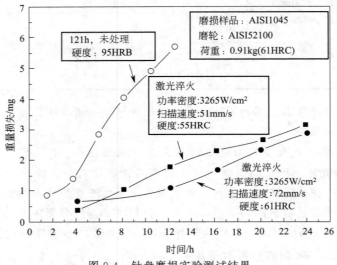

图 9-4　针盘磨损实验测试结果

菊池正夫对 SK5 钢高频淬火和激光淬火试样作了耐磨试验比较，发现激光淬火试样磨损量是高频淬火试样的 1/2。

对于 18CrMnTi 渗碳钢，采用激光淬火，其耐磨性能比渗碳淬火要好，表 9-2 的数据提供了很好的说明，而且激光淬火较之渗碳淬火省工省时。

表 9-2　常规渗碳淬火与激光淬火性能的对比

| 工艺 | 性能 | | |
| --- | --- | --- | --- |
| | 硬度（HV） | 淬火面积/% | 平均磨损量/mg |
| 渗碳＋淬火 | 850 | 100 | 3.9 |
| 激光淬火 | 820 | 10 | 3.4 |
| | | 20 | 2.0 |
| | | 30 | 1.5 |

（6）激光淬火的应用

激光淬火可以在工件表面获得硬化深度达 0.1～2.0mm，对工件表面无破坏、工件变形

量小，同常规热处理技术相比，硬度可提高 3～5HRC，耐磨性可提高 2 倍以上，使用寿命可提高 3～8 倍。因此，激光淬火技术正广泛应用于模具、机械制造、石油、化工与轻工等行业，并取得了较大的经济效益和社会效益。其中，典型的工件有：齿轮、瓦楞辊、油管、螺纹、汽车模具、锯片、导轨、缸套以及大炮内壁等军工产品，如图 9-5 所示。

图 9-5 激光淬火技术在工业领域中的应用

## 9.1.3 激光表面合金化

### 9.1.3.1 激光表面合金化的基本原理

激光表面合金化是利用高能密度激光束快速加热熔化的特性，使基材表面和添加的合金元素熔化混合，从而形成以基材为基的新的表面合金层。通常按合金元素的加入方式将其分为三大类，即预置式激光合金化、送粉式激光合金化和气体激光合金化。

预置式激光合金化就是把要添加的合金元素先置于基材合金化部位，当激光扫描时熔化，激光扫描过后快速冷却并凝固形成合金化层。预置合金元素的方法主要有：①热喷涂法，包括火焰喷涂和等离子喷涂等；②化学黏结法，包括粉末和薄合金片的黏结；③电镀法；④溅射法；⑤注入法。一般来说，前两种方法适合较厚层合金化，而后两种方法则适合薄层或超薄层合金化。下面将重点讨论送粉式激光合金化与气体式激光合金化。

① 送粉式激光合金化是采用送粉装置将添加的合金粉末直接送入基材表面的激光熔池内，使添加的合金元素和激光熔化同步完成。因此，送粉法不但可以用于激光表面合金化，而且适合在金属表面注入 TiC、WC 与 SiC 等碳化物硬质粒子，尤其是对 $CO_2$ 激光反射率很高的铝及铝合金等材料进行表面硬质粒子注入，采用此种方法优势更加明显。这主要是因为送粉过程中，碳化物粒子在激光束内可被加热到相当高的温度，这些炽热的碳化物粒子有助于促进并维持基材表面熔化，因而可大大降低所使用的激光功率。

② 气体式激光合金化通常是在基材表面熔化条件下进行，但有时也可在基材表面

仅被加热到一定温度而不使其熔化条件下进行。它的基本原理是将基材置于适当的气氛中，使激光辐射的部位从气氛中吸收碳、氮等并与之反应，实现表面合金化。因此，在气体激光合金化中，反应气体可通过喷嘴直接吹入激光辐射表面，也可将基材置于反应室内，再通入反应性气体。其中，气体激光合金化的典型例子就是钛及钛合金氮化，这种激光氮化法可以在毫秒级的短时间内完成，生成 $5 \sim 20 \mu m$ 厚的 TiN 薄膜，硬度超过 1000HV。

### 9.1.3.2 激光合金化参考的合金系

基材表面激光合金化层的成分主要是根据其性能要求，即力学性能、物理性能和化学性能而选择的。由于激光合金化的熔凝过程极为快速，以及溶质元素主要是靠对流混合实现均匀化的特点，因此，从理论上说，激光合金化的成分选择可远远超越通常意义的合金化成分范围，这就相应地提高了获得常规方法难以获得的、性能更加优异的表面合金化的可能性。但是，另一方面，激光合金化层的组织与性能主要取决于所选择的合金系。所以，在设计表面合金成分时，还必须考虑和参考已有的合金相图及有关的合金理论。

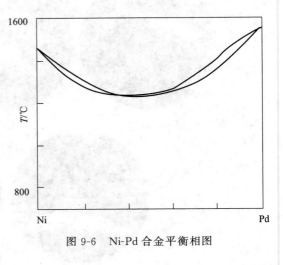

图 9-6　Ni-Pd 合金平衡相图

（1）按相图特点分组的合金系

表 9-3 为常用的激光合金化的二元和三元合金系。按平衡状态的固溶性将其分为三组，即液相和固相互溶系、液相互溶但固相有限互溶系或不互溶系和液固相均不互溶系。在该表中第一组的固相互溶系为最简单的合金系，如 Pd-Ni 系，其相图如图 9-6 所示。当采用连续波 $CO_2$ 激光和 Nd：YAG 激光对单晶 Ni 表面沉积 Pd 膜进行合金化，均可以获得置换固溶体。

**表 9-3　常用的激光合金化二元与三元合金系**

| 固相互溶系 | | | | | | |
|---|---|---|---|---|---|---|
| Cr-Fe | Au-Pd | W-V | | | | |
| V-Fe | Zr-Ti | Au-Ag-Pd | | | | |
| 液相互溶但固相有限互溶或不互溶系 | | | | | | |
| Cu-Ag | Si-Al | Cr-Cu | Ni-Nb | Zr-Ni | Rh-Si | Co-W |
| Cr-Al | Sn-Al | C-Fe | Ni-Au | Co-Si | Au-Sn | Cd-Zr |
| Cu-Al | Zn-Al | Mo-Fe | Eu-Ni | Nb-Ti | Pd-Ti | |
| Mo-Al | Zr-Al | Nb-Fe | Hf-Ni | Ni-Si | Pt-Ti | |
| Ni-Al | Ni-Be | Ni-Fe | Sn-Ni | Pd-Si | Sn-Ti | |
| Sb-Al | W-Cr | W-Fe | Td-Ni | Pt-Si | Zr-V | |
| | Co-Cu | Co-Cu | | | Ni-Cr-Cu | |
| 液相和固相不互溶系 | | | | | | |
| Cd-Al | Pb-Cu | Au-Ru | | | | |
| Pb-Al | Pb-Fe | Cu-W | | | | |
| | Cu-Mo | | | | | |
| | Ag-Ni | | | | | |

固相互溶系合金用于激光合金化中的扩散和动力学现象的研究，可以不考虑热力学条件的约束，十分方便有用。在激光合金化的实际应用中，选用第一组合金系，制备那些添加的合金元素非常昂贵或稀少的表面合金层，同传统的整体合金化方法相比，可大大降低其制造成本。

第二组的液相互溶、固相有限互溶或不互溶系是激光合金化中最受重视的一类合金系，具有这种特点的合金系如典型的 Cr-Cu 系，其平衡相图如图 9-7 所示，其主要特点是液相线以上为单相，而在液相线下则呈两相和多相状态。在激光合金化的快速溶凝条件下，此类合金系最易形成过饱和固溶体，扩大热平衡相的固溶性和形成亚稳态晶体相。在更高的冷速条件下，甚至可抑制结晶过程而形成非晶态合金。因此，可认为这组合金系为激光合金化制备非常规新合金提供了最大的可能性。

第三组为液相和固相不互溶系，具有这种特点的合金系如典型的 Ag-Ni 系，其平衡相图如图 9-8 所示。从图可以看出，该合金系具有相当宽的液态不互溶成分区间和非常有限的固溶性。表 9-4 总结了单晶 Ni（110）面上沉积极薄 Ag 后经激光合金化所得到的实验结果。对于沉积 Ag 膜的情况，只有当膜非常薄时，才能得到 Ag 在 Ni 中的置换固溶体，且 Ag 的峰值浓度也仅为几个原子百分数，这已经远远高于其室温平衡固溶度了；随着沉积的 Ag 膜的厚度的增加，虽然 Ag 和 Ni 均处于液相并且也存在着某种程度的相互混合，但是却不能形成单一均匀的液相。对于离子注入 Ag 的情况，采用 Nd：YAG 激光合金化的实验也进一步表明，注入 Ag 的剂量为 $10^{16}\,cm^{-2}$，即相当于 Ag-Ag 最近的相邻间距为 1nm 数量级时，合金化中不产生形核或析出现象；而当注入 Ag 的剂量提高到 $10^{17}\,cm^{-2}$ 时，即约有百分之几的 Ag 原子实际上已相互接触，此时合金化后约 50％ 的 Ag 将会析出。

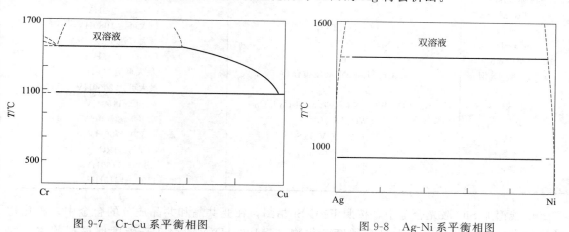

图 9-7　Cr-Cu 系平衡相图　　　　　　图 9-8　Ag-Ni 系平衡相图

表 9-4　Ag-Ni 系合金化的实验结果

| Ag 的加入方式 | 合金化层的厚度 | 实验结果 | |
|---|---|---|---|
| | | 连续波 CO$_2$ 激光 | Q-Nd：YAG 激光 |
| Ni(110)沉积 Ag 膜 | 1nm | — | — |
| | 20nm | 内部置换固溶体<br>表面峰值深度区双相 | 置换固溶体 |
| | 200nm | 双相 | 双相 |
| Ni(110)面注入 Ag | $10^{16}\,cm^{-2}$ | — | 置换固溶体 |
| | $10^{17}\,cm^{-2}$ | | 大部分 Ag 析出，约 50％ 的<br>Ag 形成置换固溶体 |

综上所述，如果膜层元素和熔化的基材间没有液态相互扩散，就不可能形成单相合金区；如果膜层足够薄，熔化的温度足够高并在高温的熔化时间足够长，则可能形成单一的液相。因此，液相互溶区的范围及其形状决定了单相液区在温度变化期间是否发生转变，即使形成了均匀的液相，在凝固界面的前沿也可能存在溶质的排斥，导致溶质富集的第二相形核。此外，熔化时间和溶液局部的溶质浓度都是决定是否产生第二相形核的溶质迁移的重要因素。

（2）铁系激光合金化

表 9-5 给出了一组铁系激光合金化的实验结果。从表可以看出，该铁系合金化主要是在工业纯铁、普通碳钢、合金钢、高速钢和铸铁等表面添加剂 Cr、Ni、Mn、B、V、Co、Mo 等合金元素以及碳化物、硼化物、氧化物、氧化物和氮化物的硬质粒子，以提高基材表面的耐蚀和耐热等性能。

加入合金元素将与基材熔合合金化，并通过形成强化相、过饱和固溶体和析出相等形式进行强化。因此，在选择加入的合金元素及其加入量时，必须充分考虑合金元素这些作用。

加入硬质粒子在大多数情况下是要与基材熔液混合，并镶嵌在合金层中，所以选择硬质粒子要充分考虑其与合金熔液的相互作用，即他们的溶解、形成化合物倾向、浸润性、线膨胀率、比容差等。

### 表 9-5　铁系激光合金化实验结果

| 基体材料 | 添加的合金元素 | 性能 |
|---|---|---|
| Fe、45 钢、40Cr | B | 1950～2100HV |
| 45 钢、Gr15 | $MoSi_2$、Cr、Cu | 耐磨性提高 2～5 倍 |
| T10 钢 | Cr | 900～1000HV |
| Fe、45 钢、T8A | $Cr_2O_3$、$TiO_2$ | 最大可达 1080HV |
| Fe、Gr15 | Ni、Mo、Ti、Ta、Nb、V | 最大可达 1650HV |
| 1Cr12Ni12WMoV | B | 950～1225HV |
| Fe、45 钢、T8 钢 | C、Cr、Ni、W、YG8 硬质合金 | 最大可达 900HV |
| Fe | TiN、$Al_2O_3$ | 最大可达 2000HV |
| 45 钢 | WC+Co、WC+NiCrBSi、WC+Co+Mo | 700～1450HV |
| 铬钢 | WC、TiC、B | 1600～2100HV |
| 铸铁 | FeTi、FeCr、FeV、FeSi | 300～700HV |
| 304 不锈钢 | TiC | 58HRC |
| 低碳钢 | SiC | 900～1160HV |
| 20 钢 | C、B、N | 1100～1240$HV_{0.2}$ |

低碳钢加 SiC 激光合金中，按照 Fe-C-Si 相图，在亚共晶和共晶成分的合金中，碳化物的比例高达 40%～70%。大量高硬度碳化物（>1000HV）的存在是硬度值提高的主要因素。图 9-9 中给出了合金层中硬度值随含硅量的增高而提高的实验结果。从图中可以看出，随着硅含量的增加，激光合金化的硬度逐渐增加，但当硅含量增加到 6% 时，激光合金化层的硬度基本保持不变。这是因为含硅量的增高使得共晶莱氏体数量继续增加，从而使碳化物的数量增多的缘故，但硅含量达到一定值后再继续增多并不能使亚共晶莱氏体数量继续增加，因而对硬度提高的作用也就不再明显。

关于常用的几种合金元素在激光合金化表层的含量，可参见表 9-6。从该表可以看出，激光合金化过程不但可以获得高合金含量的合金化层，而且还可控制某些有害中间相的析出。例如，低碳钢表面加 Cr 合金化中，在 Cr 含量高达 50% 时，合金层也未出现脆性的 σ 相。

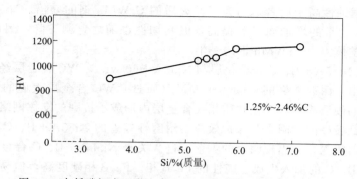

图 9-9　在低碳钢表面激光合金化 Si 时的硬度与硅含量的关系

**表 9-6　铁系激光合金化层几种主要合金元素的含量**

| 元素 | 低含量/% | 高含量/% |
| --- | --- | --- |
| Cr | 3.0 | 50 |
| Ni | 3.0 | — |
| W | 0.5 | 9.0 |
| V | 0.1 | 1.5 |
| Mn | 1.5 | — |
| C | 0.8 | 4.0 |
| Mo | 3.0 | — |

表 9-7 为 AISI1018 钢激光合金化的工艺参数与实验结果。从该表可以看出，同一基材经不同的合金化则可获得不同性能的合金层。合金层含 $30\%\sim35\%$ Cr 和 $4.5\%$ C 时，可在马氏体或珠光体上形成 $M_7C_3$ 型碳化物，从而大大提高合金层的耐磨性。含 $25\%\sim35\%$ Cr 和含 $1\%\sim3\%$ C 时形成 $Cr_{23}C_6$ 型碳化物弥散分布在 Cr 固溶强化的铁素体基体的组织，可提高合金层的耐热性和耐腐蚀性能。Mn 为强的碳化物稳定剂，Al 为脱氧剂，可起到惰性、抗氧化的保护作用。

**表 9-7　AISI1018 钢激光合金化实验工艺参数与结果**

| 状态 | | 合金元素 | | | |
| --- | --- | --- | --- | --- | --- |
| | | Cr | Cr、C | Cr、C、Mn | Cr、C、Mn、Al |
| 粉末涂覆 | 成分/%(质量) | 100 | 85、15 | 25、50、25 | 24、48、24、4 |
| | 厚度/mm | 0.5 | 0.75 | 0.025 | 0.125 |
| | 宽度/mm | 16 | 25 | 25 | 25 |
| | 涂覆方法 | 涂浆 | 涂浆 | 喷雾 | 喷雾 |
| 工艺参数 | 光斑尺寸/mm | 18×18 | 6.4×19 | 6.4×19 | 6.4×19 |
| | 光斑振动频率/Hz | 0 | 690 | 690 | 690 |
| | 功率/kW | 12.5 | 5.8 | 3.4 | 5.0 |
| | 扫描速度/(mm/s) | 1.69 | 21.17 | 8.47 | 8.47 |
| | 保护气体 | $N_2$ | $N_2$ 与 Ar | — | — |
| 合金化层 | 合金化层的深度 | 1.96 | 0.38 | 0.13 | 0.66 |
| | 合金化层的宽度 | 21 | 15 | 15 | 15 |
| | 合金化层的成分 | 16Cr、0.7Mn | 43Cr、4.4C、0.5Mn | 3.5Cr、1.9C、1.3Mn | 0.9Cr、1.4C、1.0Mn、0.5Al |
| | 合金化层的硬度 | 53 | 64 | 64 | 56 |
| | 合金化层的组织 | 马氏体 | $Cr_7C_3$ | 马氏体+渗碳体 | 马氏体+奥氏体 |

表 9-8 给出了 20 钢表面激光合金化层的硬度、韧性和耐磨性的实验结果，并与经淬火后的 CrWMn 钢进行了对比。从该表可以看出，Ni55A＋WC 合金化层的硬度虽然低于含 B、

C 的合金层，但耐蚀性高于后者，约为经淬火后的 CrWMn 钢的 5 倍。Ni55A＋B、C 合金层的硬度随 B、C 含量的增加而显著提高，但其韧性也随之急剧下降，耐磨性也大幅度降低，最差者不及整体淬火 CrWMn 钢的一半。

图 9-10 给出 Ni55A＋B、C 合金化层与 Ni55A＋60 wt.％ WC 合金层经磨损后的表面形貌。从图可以看出，耐磨性好的 Ni55A＋60％（质量）WC 合金层表面的划痕虽多，但细浅，并没有明显的硬质晶界，而且硬质相在合金层内形成了抗磨的支撑网络，在磨损过程中可以对金属基起到较好的"阴影"保护效应；耐磨性较差的 Ni55A＋B、C 合金化层的磨损表面划痕虽少，但粗深，并出现明显的剥落痕迹。关于 Ni55A＋B、C 合金层磨损性较差的主要原因是由于 B、C 的加入生成了脆性的 $Fe_2B$ 相。$Fe_2B$ 相硬度高，但易剥落，且剥落的 $Fe_2B$ 起了磨粒的作用，加速了磨损。而 Ni55A＋60％（质量）WC 合金化层没有生成脆性相，其硬度有所提高，但韧性只有微小下降，而且具有软、硬相间的网状组织形态，硬的晶界起支撑作用，软的晶粒可以贮藏磨粒和润滑剂，因而具有良好的耐磨性。

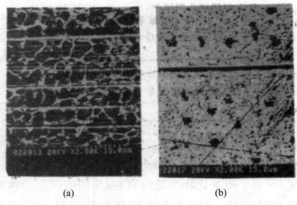

(a)　　　　　　(b)

图 9-10　Ni55A＋B、C 与 Ni55A＋60％（质量）WC 合金层经磨损后的表面形貌
（a）Ni55A＋60％（质量）WC 合金层的磨痕；（b）Ni55A＋B、C 合金层的磨痕

**表 9-8　20 钢表面激光合金层的各种性能**

| 合金粉末 | 合金层硬度（HV$_{0.1}$） | 合金层韧性/$10^4$（kN/mm$^2$） | 磨损体积/mm$^3$ | 相对寿命 |
|---|---|---|---|---|
| Ni55A | 512 | 161.93 | 0.034 | 2.4 |
| Ni55A＋50WC | 652 | 160.10 | 0.021 | 4.0 |
| Ni55A＋60WC | 671 | 131.92 | 0.018 | 5.3 |
| Ni55A＋10B、C | 741 | 105.43 | 0.049 | 1.71 |
| Ni55A＋20B、C | 830 | 9.66 | 0.182 | 0.96 |
| CrWMn（淬火态） | 760 | — | 0.084 | 1 |

因此，在激光合金化成分设计和选择时，一定要注意硬度和韧性的匹配，因为只有这两种的搭配得当，才能获得最佳的抗磨效果。

此外，为了提高工业纯铁、低碳钢或中碳低合金钢的表面耐腐蚀性，通常采用激光合金化添加元素如 Cr、Cr-Ni、Cr-Mo 等。图 9-11 给出了不同激光合金化层的耐蚀实验结果。从图 9-11（a）可以看出，AISI1018 钢在所有阳极电位下都可被溶解，而 Fe-Cr 表面合金化层则得到了钝化，而且含 Cr 量越高越易钝化；从图 9-11（b）可以看出，含 29Cr-13 Ni％（质量）的合金化层在 $H_2SO_4$ 溶液中的耐蚀性与 304 不锈钢相当；从图 9-11（c）可以看出，三种不同 CrNi 含量的合金层的性能略有区别，但抗蚀能力均优于 304 不锈钢。

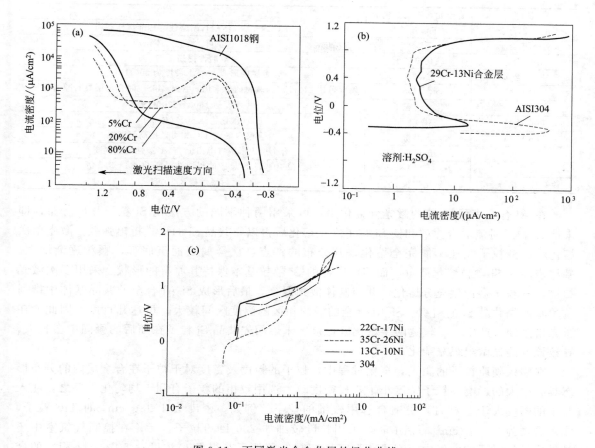

图 9-11　不同激光合金化层的极化曲线

(a) Fe-Cr 合金化层在去氧的 0.1 mol/L Na$_2$SO$_4$ 中的动电位阳极极化曲线；
(b) Fe-Cr-Ni 系合金层与 304 不锈钢极化曲线；(c) Cr-Ni 合金化层在 3.5％盐水溶液中的动电位阳极极化曲线

**（3）有色金属激光表面合金化**

有色金属激光表面合金化，主要是以 Al 和 Al 合金以及 Ti 及 Ti 合金为基进行的，表 9-9 给出了几种有色金属经激光表面合金化后的性能特征。从该表可以看出，有色金属材料的表面合金化按其强化机制，大致可分成以下两类。

a. 注入碳化物类硬质粒子，这些硬质粒子在合金化的过程中保持原来的形态，并镶嵌在合金化的基材中，从而使基材表面的硬度和耐磨性获得提高，所以加入的碳化物粒子有时可达近 50％（体积百分数）；

b. 加入能产生固溶或析出强化的元素或能形成化合物或金属间化合物的元素，提高基材的硬度和耐磨性。其中，对 Al 及 Al 合金常加入 Si 和 Ni，对 Ti 及 Ti 合金常加入 B 和 C 等。

大量的研究结果表明，Si 可溶于 Al 中形成饱和固溶体，产生固溶强化的效果，同时还形成了大量的弥散分布的高硬度硅质点（1000～1300HV），从而可大大提高其耐磨性能；Ni 在浓度较低时与 Al 形成 Al$_3$Ni 硬化相，可有效强化 Al 基材料；B 和 C 的强化作用主要是与 Ti 生成高硬度的 Ti$_2$B、TiB、TiB$_2$ 和 TiC 等化合物相。

表 9-9　常用的几种有色金属激光表面合金化后的性能特征

| 基材 | 合金元素或硬质粒子 | 合金化层的特点 |
|---|---|---|
| 5052 铝合金 | TiC 粒子 | TiC 达 50%（体积），耐磨性与标准试样相当 |
| 5052 铝合金 | Si 粉 | Si 含量可达 38%（体积） |
| Al-Si 合金 | 碳化物粒子 | 耐磨性提高 1 倍 |
| Al-Si 合金 | Ni 粉 | 合金层内形成 $Ni_3Al$，硬度为 $300HV_{0.05}$ |
| ZL101 | $Si + MoSi_2$ | 硬度可达 $210HV$（为基材的 3.5 倍），含有 $MoSi_2$ 时合金层具有减磨作用。 |
| Ti | 化合物粒子 | 硬度达 $1500 \sim 2200HV$ |
| Ti-6Al-4V | TiC 粒子 | 碳化物达 50%（体积） |
| Ti-6Al-4V | 石墨粉 | 合金层内形成 TiC 相可以提高耐磨性 |
| Ti 合金 | B、C 粉 | 合金层内形成 TiB、TiC 等，耐磨性大大提高 |
| Ti 合金 | C、Si 粉 | 在 40% $H_2SO_4$ 中的耐蚀性提高了 $0.4 \sim 0.5$ 倍 |
| 镍铬钛耐热合金 | 碳化物粒子 | 耐磨性提高 10 倍 |

在 Al 合金表面加 Si 的激光合金化中，可采用两种不同的方法使 Si 粒子弥散分布，即未熔 Si 粒子对流混合弥散和使 Si 粒子完全熔化后再以先共晶 Si 的形式析出弥散。激光单次熔化时，Si 粒子往往不能完全熔化，其分布的特点：从金属表面至底部，颗粒逐渐增大。基材表面的 Si 颗粒熔化严重，而熔区底部的 Si 颗粒基本保持其原有的形状。采用多次激光扫描，Si 粒子会产生充分熔化，并与基体液相混合，最后形成 Si-Al 合金的共晶基体中排列着角状的先共晶 Si 的组织。Si-Al 合金的液固相区的温度区间较大，可达几百度。因此，在激光搭接处会产生一个较宽的半熔化区，该区未熔的先共晶 Si 粒子在随后的凝固中会长大，导致该处的显微组织复杂化。

在注入硬质粒子的激光合金化过程中，粒子的粒度及密度对于粒子在合金层内的分布形态具有很大的影响。粒子密度小于基材密度时，选用较粗的粒子有利于均匀化；反之，注入粒子的密度大于基材时，更适合选用较细的粒子。例如，密度为 $4.93g/cm^3$ 的 TiC 粒子，注入密度为 $2.70g/cm^3$ 的铝中时，采用粒度较细如-200 目的粒子，无论在控制气氛室中还是采用氮气屏蔽的大气中，都可在很容易控制的条件下获得 TiC 浓度达 50%（体积）的合金化层。相反，用 $-70 \sim +140$ 目的较粗粒子时，在惰性气体中所进行的实验中，TiC 粒子总是分布不均匀，并且注入的 TiC 的体积分数也很低。但是，在惰性气体屏蔽的大气中进行激光注入合金化，用这样粗的粒子却获得了良好的结果。至于注入粗粒子比注入细粒子更困难以及在大气中注入粗粒子却能得到较好效果的原因，目前尚不清楚。可能的解释是由于粗粒子表面与体积的比率低，在激光束内加热不充分，致使它们不能有效地促使表面产生稳定的熔化，故采用粗粒子很难得到均匀的合金化层；在大气中进行粗粒子注入时，由于惰性气体屏蔽不完善，使表面发生部分氧化，铝表面的氧化膜会使试样的反射率下降。因此，TiC 粒子的预热作用就不那么重要了，从而获得了均匀的合金化层。

在碳化物注入 Al 合金的实验中，除了注入较粗的粒子难以得到均匀化的表面层外，在很宽的工艺条件下，注入 TiC 粒子均可获得高质量的均匀表面，这可能是由于 Al 合金没有使 TiC 类粒子开裂的足够力量，因而其表面不会产生其他材料合金化常见的裂纹现象。

当在铁基、镍基和钛基合金表面注入碳化物粒子时，存在部分碳化物溶解的现象。但在铝合金中未发现注入碳化物的溶解迹象，但注入的碳化物可被熔融的铝所润湿，其原因是铝可渗进 TiC 预先存在的裂纹中。

此外，采用高熔点的 TiC 粒子对铝及其合金进行注入合金化时，虽然对所选用的粒子的最小尺寸没有原则的限制，但采用非常细微的颗粒时，往往会对注入工艺的要求更为严格。这主要是由于在特定的辐照时间内，激光束使粉末达到的最高温度与其质量成反比，导致微细颗粒很容易达到高于铝的沸点温度。因此，必须严格控制输入的激光功率。

（4）气体激光合金化

气体激光表面合金化主要用于基材表面渗入氮、碳或氧化物层，所采用的基材包括低碳钢、铝及铝合金和钛及钛合金等，其中尤以钛及钛合金最为常用。

表 9-10 给出了激光表面合金化常用的反应气体及其用途。从该表可以看出，反应气体通常以惰性气体为载气输入，反应气体同载气混合，以获得适当的浓度，进而控制与基体材料的化合过程。

表 9-10　几种常用有色金属表面气体激光合金化所用的气体

| 基材 | 用途 | 气体 |
| --- | --- | --- |
| Ti 及 Ti 合金等 | 表面氮化 | $N_2$，$N_2+Ar$ |
| Ti 及 Ti 合金等，Al 及 Al 合金等 | 表面氧化 | $O_2+Ar$ |
| 低碳钢，Ti 及 Ti 合金等 | 生成碳化物 | $C_2H_2$，$CH_4+Ar$ |
| Ti 及 Ti 合金等 | 生成 C、N 化合物 | $N_2+CH_4+Ar$ |

采用 Nd：YAG 激光器对纯 Ti 分别在氮气和空气中进行气体激光合金化后的 X 射线衍射结果如图 9-12 所示。采用这种激光氮化法的最大特征是可在毫秒级的时间内完成氮化，在纯氮气中即使表面未发生熔化也能形成 TiN 膜。Ti 在氮气中熔凝合金化后，只生成 TiN 层，外表呈金黄色。但是，在空气中则生成双层化合物结构，即在 TiN 层上还覆盖着一层 $TiO_2$ 膜，外表呈蓝色。这种现象可解释如下：在空气中处理时，熔融表面部分温度超过 3000K，Ti 优先与空气中的氮发生反应形成 TiN，在冷却过程中当通过 2000K 附近时，TiN 层一部分转变成了 $TiO_2$。

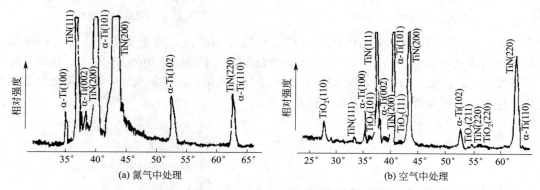

图 9-12　钛表面激光合金化层的 X-射线衍射结果

在纯氮气中，采用 Nd：YAG 激光氮化的 Ti 及其合金的截面硬度如图 9-13 所示。作为对比，图中还给出了具有同样厚度的离子氮化层（氮化时间为 5h）的硬度。据表面约 5～20μm 范围内的氮化层中的硬度超过 1000HV，与离子氮化层的硬度相同。但在氮化层的下部，激光氮化与离子氮化之间存在着硬度分布的明显差异。在激光氮化中，氮化层下部的熔凝区的硬度大都在 400HV 以上，这是由于 TiN 反应层下面的熔融区固溶了过饱和的氮（在空气处理时，固溶氮和氧），产生了所谓固溶强化的效果；未氮化的熔凝区的这种固溶强化作用，使得从氮化层表面到未熔基体间的硬度呈比较平滑的分布，这也是激光氮化的特点之一。

当采用连续波 $CO_2$ 激光器对钛合金表面进行激光氮化时，合金化层的显微硬度曲线如图 9-14 所示。在激光氮化过程中，氮与钛反应生成 TiN，并以枝晶的方式析出（图 9-15）。

此外，氮化层的厚度主要取决于反应气体的压力、流量和反应时间，由于连续波 $CO_2$ 激光的辐射时间相对较长，因此典型的氮化层的厚度可达 $200 \sim 600 \mu m$。但是，氮化层的脆性随氮化层的厚度增大而增大，因此激光氮化时必须注意防止氮化层的裂纹。

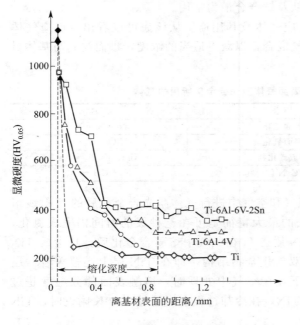

图 9-13　Ti 及 Ti 合金经激光氮化后的截面显微硬度分布曲线

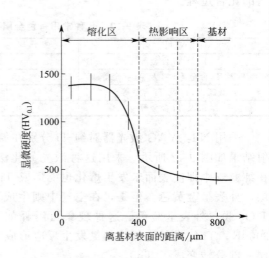

图 9-14　Ti-6Al-4V 激光氮化层的显微硬度分布曲线

图 9-16 为低碳钢表面激光气体碳化层的硬度分布曲线，这是在 $C_2H_2$ 的气氛中采用 $CO_2$ 激光合金化所得到的结果。由于在低碳钢表面形成了厚约 $200 \mu m$ 的 $Fe_3C$，所以硬度得到了很大提高。因此，对于低碳钢，只要选择适当的气氛，提供氮或碳，采用激光加热熔化使其合金化，也可获得类似 Ti 合金那样的效果。

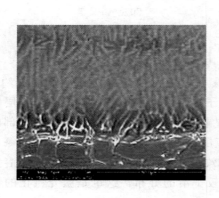

图 9-15　Ti-6Al-4V 激光氮化层的显微组织特征

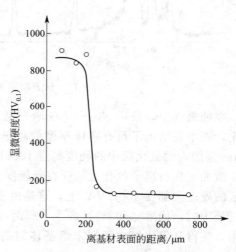

图 9-16　低碳钢表面激光氮化层的显微硬度分布曲线

## 9.1.4　激光熔覆

激光熔覆也称激光包覆，是一种新的表面改性技术。它通过在基材表面添加熔覆材料，并利用高能密度的激光束使之与基材表面薄层一起熔凝的方法，从而形成与基材表面成冶金结合的熔覆层。由于激光束的高能密度所产生的近似绝热的快速加热过程，激光熔覆对基材的热影响小，引起的变形也小。控制激光的输入能量，还可将基材的稀释作用限制在极低的程度（一般为 2%～8%），可以最大程度上保持原熔覆材料的优异性能。

激光熔覆可将高熔点的材料熔覆在低熔点的基材表面，且材料的成分不受通常冶金热力学条件限制。因此，所采用的熔覆材料的范围是相当广的，包括镍基、钴基和铁基合金、碳化物复合材料以及陶瓷材料等。其中，合金材料和碳化物复合材料的激光熔覆较为成熟，并已获得某些实际应用；而陶瓷类材料的激光熔覆因裂纹和剥落等问题尚待深入研究，基本还处于实验室研究阶段。

激光熔覆的工艺过程与激光表面合金化相似，但却有本质上的不同：激光熔覆不是把基材本身金属熔化作为溶剂，而是将另行配制的合金粉末熔化，使其成为熔覆层的主体合金，同时基材合金也有一薄层熔化，并与熔覆层形成冶金结合。因此，激光熔覆层自成合金体系，具备基材所没有的优越性能，从而拓展了金属表面强化技术。

### 9.1.4.1　常用的激光熔覆材料

目前，常用的激光熔覆材料主要是热喷焊或热喷涂类材料，包括自熔性合金材料、碳化物弥散或复合材料、陶瓷材料等。这是因为上述材料具有优异的耐磨、耐蚀等性能，通常以粉末的形式使用，并采用火焰喷焊等方法熔覆，可获得表面光滑且与基材结合较好的熔覆层，已被广泛用于机械、冶金、水电、航空和造纸等工业领域。将其用作激光熔覆材料也可获得较满意的效果，尤其是自熔合金粉末、自熔性碳化物弥散或复合粉末仍是当前最适合于激光熔覆的材料。

（1）自熔性合金粉末

自熔性合金可以分为镍基自熔合金、钴基自熔合金和铁基自熔合金，其主要特点是含有硼和硅，因而具有自我脱氧和造渣的性能，即所谓的自熔性。这类合金在熔化时，合金中的硼和硅被氧化，分别生成 $B_2O_2$ 与 $SiO_2$，并在熔覆层表面形成薄膜，这种薄膜既能防止合金中的元素被氧化，又能与这些元素的氧化物形成硼硅酸盐熔渣，从而获得氧化物含量低、气孔率少的涂层。此外，硼与硅还降低了合金的熔点，增加了合金的浸润作用，对合金的流动性及表面张力产生了有利的影响。大量的研究结果表明，自熔合金的硬度与合金的含硼量和含碳量有关，随硼与碳含量的增加而提高。这是因为硼、碳与合金中的镍、铬等元素形成了硬度极高的硼化物和碳化物的数量增加所致。另外，为了进一步提高自熔合金的硬度和耐磨性能，也可在其中加入硬度高、熔点高的碳化物如 WC、TiC 与 SiC 等，形成自熔合金与碳化物的复合涂层。

自熔合金对基材有较大的适应性，几乎可用于任何基材，包括各类碳钢、合金钢、含磷易切削钢、不锈钢和铸铁类基材，但对于含硫钢则应慎用。这是由于硫的存在会在交界处形成一种熔点低且很脆的镍硫化物，降低了熔覆层与基材的界面结合力，使熔覆层在服役的过程中易剥落。下面列举几种常用的自熔性合金粉末的化学成分及性能，如表 9-11 所示。

表 9-11　常用自熔性合金粉末的化学成分（质量百分比）与性能

| 硬度（HRC） | 熔点/℃ | Ni | Cr | B | Si | Fe | C | Co | Cu | Mo | WC | W |
|---|---|---|---|---|---|---|---|---|---|---|---|---|
| 镍基自熔合金 | | | | | | | | | | | | |
| 56~61 | | 65~75 | 13~20 | | | | | | | | | |
| 45~50 | | 71~81 | 10~17 | | | | | | | | | |
| 35~40 | 1121 | 75~85 | 8~14 | | | | | | | | | |
| 50~55 | 1099 | Bal. | 11 | 2.8~4.8 | | <10% | | | | | | |
| 21 | 1079 | Bal. | 5 | | | | | | | | | |
| 30 | 1079 | Bal. | | | | | | | | | | |
| 54 | 1066 | Bal. | 26.0 | | | | | | | | | |
| 53~60 | | 36 | 8.5 | | | | | | | | | |
| 钴基自熔合金 | | | | | | | | | | | | |
| 54 | | | 21 | 2.4 | 1.6 | | 0.07 | Bal. | | | | |
| 50 | 1121 | 27 | 19 | 3 | 4 | 1 | | 40 | | 6 | | |
| 54~60 | 1125 | 13 | 19 | 2.5 | 3 | | 1 | 45 | | | | 13 |
| 43~46 | 1120 | 13 | 19 | 1.5 | 2.5 | | 1 | 50 | | | | 8 |
| 48~50 | 1140 | 13 | 19 | 1.5 | 2.5 | | 1 | 52 | | | | 9 |
| 铁基自熔合金 | | | | | | | | | | | | |
| 62~67 | 1204 | 2 | 24 | 1.5 | 1 | Bal. | 3 | 17 | | 8 | | |
| 55~70 | 1121 | 2 | 5 | 3.25 | 1 | Bal. | 1.5 | 20 | 2 | 3 | 2 | |

（2）碳化物及碳化物复合粉末

碳化钨是激光熔覆金属陶瓷复合涂层最常用的硬质陶瓷相，按照生产方式和结构的不同，碳化钨又可分为铸造碳化钨、烧结碳化钨和单晶碳化钨三类。

铸造碳化钨是 WC 和 $W_2C$ 的共晶，一般呈多角状形貌，密度为 $16.5g/cm^3$，熔点高达 2525℃，其洛氏硬度为 93~97HRA。烧结碳化钨是钴、镍等包覆的碳化钨颗粒，除具有高硬度外，还具有相当的强度。它的洛氏硬度大于 88HRA，耐磨性略低于铸造碳化钨，抗弯强度大于 $1400N/mm^2$，耐冲击性能优于铸造碳化钨。单晶碳化钨的硬度和韧性均介于铸造碳化钨与烧结碳化钨之间，且对铁族金属具有良好的润湿性能。

碳化钛具有高硬度、抗氧化、耐腐蚀与热稳定性好等优异的物理与化学性能。其中，它的熔点高达 3107℃，密度为 $4.9g/cm^3$，显微硬度达 3000HV。此外，碳化钛晶粒一般呈球形，工作时与摩擦表面形成非金属的接触，使之具有极低的摩擦系数，从而可消除冷焊现象，避免粘附磨损和擦伤磨损，因此具有极好的使用性能。

碳化硅硬度极高（莫氏硬度达 9.2~9.5，显微硬度达 3340HV），熔点为 2600℃，密度为 $3.21g/cm^3$。碳化硅的热膨胀系数很小，使其在加热与冷却的过程中热应力小，因此碳化硅具有良好的抗热震性能。此外，碳化硅还具有良好的耐辐射、耐化学腐蚀与耐高温性能，其价格优势也相当明显。但是，在 1400℃ 的环境中，碳化硅易与氮气发生反应而生成氮化硅，降低熔覆层表面质量与耐磨性能。

碳化物复合粉末是由碳化物硬质相与金属或合金作为黏结相所组成的粉末体系，可分为（Co、Ni）/WC 和（NiCr、NiCrAl）/$Cr_2C_3$ 等系列。这类粉末中的黏结相能在一定程度上使碳化物免受氧化和分解，特别是经预合金化的碳化物复合粉末，能获得具有硬质合金性能的涂层。此外，碳化物复合粉末作为硬质耐磨材料，具有很高的硬度和良好的耐磨性，其中（Co、Ni）/WC 系适应于低温（<560℃）的工作条件，而（NiCr、NiCrAl）/$Cr_2C_3$ 系则适应于高温工作环境。此外，（CoNi）/WC 复合粉还可与自熔性合金粉一起使用。下面列

举几种常用的碳化复合粉末的成分与性能，如表 9-12 所示。

**表 9-12　常用的几种碳化物复合粉末的成分与用途**

| 类型 | 牌号 | 成分(wt.%) | 粒度 | 用途 |
|---|---|---|---|---|
| 钴包碳化物复合粉 | KF-12C | Co:15.0~17.5;C:4.8~5.2; W: Bal. | −140~ +320 | 高密度,高耐磨性,适于<550℃的工作环境,可用于涡轮发动机风扇叶片、凸轮、活塞环、密封端面、抛砂机件、电动刀、量具等 |
| | KF-13C | Co:11.0~13.0;C:2.4~2.8 W: Bal. | −140~ +320 | |
| 镍包碳化钨 | KF-55 | Ni:11.0~13.0;C:2.4~2.8; W: Bal. | −140~ +320 | 硬度高,耐磨损,用作耐磨表面 |
| | KF-56 | Ni:11.0~13.0;C:5.1~5.5; W:余量 | −140~ +320 | |
| 镍-铝包碳化钨 | KF-57 | Ni:8~12;Al:2~3; W: Bal. | −140~ +325 | 放热性粉末,结合强度大、硬度高、耐磨性好,用于柱塞杆、衬套、模具、涡轮叶片等零件 |
| 镍铝-碳化铬复合粉 | KF-160 | Ni:15~17;Al:3~5; Cr₃C₂:79~81 | −140~ +320 | 抗高温磨损和高温氧化 |

**（3）自黏结复合粉末**

自黏结复合粉末是指在热喷涂的过程中，由于粉末产生的放热反应能使涂层与基材表面形成良好结合的一类热喷涂材料，其最大的特点是具有工作粉和打底粉的双重功能。

自黏结复合粉末的类型有：自黏结碳化钨、自黏结不锈钢、自黏结铝青铜、自黏结镍钼铝、自黏结合金钢等系列。此种材料与基材的结合强度高，并具有良好的耐磨损、抗冲击性能，适合于耐磨部件的修复。下面列举几种常用的自黏结复合粉末的成分与性能，如表 9-13 所示。

**表 9-13　常用的几种自黏结复合粉末的成分与用途**

| 类型 | 牌号 | 成分/%（质量） | 粒度 | 性能与用途 |
|---|---|---|---|---|
| 自黏结镍基碳化钨 | KF-58 | 自黏结镍基粉:=30~70 Ni-Al 包覆 WC 粉:70~30 | −100~ +320 | 放热性粉末,硬度 35~40HRC 耐磨性好,涂层致密,抗磨损好,适用于柱塞杆、活塞环衬套、模具、涡轮叶片等 |
| 自黏结碳化钨 | KF-91 | Co/WC:50 NiCrBSi:45 Ni/Al:余量 | −170~ +300 | 结合强度高,耐磨性优良,适用于装甲车部件和汽车模具等 |

**（4）氧化物陶瓷粉末**

氧化物陶瓷粉末具有优良的抗高温氧化和隔热、耐磨、耐蚀等性能，是一类重要的热喷涂材料，也是目前极受重视的激光熔覆材料。此类陶瓷粉末主要分为氧化铝和氧化锆两个系列，其中氧化锆系陶瓷粉末比氧化铝系陶瓷粉末具有更低的导热率和更好的抗热震性能，因而主要被用作热障涂层材料。下面列举几种常用的氧化物陶瓷粉末的成分与性能，如表 9-14 所示。

**表 9-14　常用的几种氧化陶瓷粉末的成分与用途**

| 类型 | 牌号 | 成分/%（质量） | 粒度 | 性能与用途 |
|---|---|---|---|---|
| 氧化钇、部分稳定氧化锆 | KF-230 | Y₂O₃:6~8 Y₂O₃+ZrO₂>98 | −200+320 (>7%) −320(<30%) | 具有良好的化学稳定性,能抗高温热震和颗粒冲蚀。用作火箭和喷气发动机加力筒、喷嘴的热障层 |
| 氧化锆-氧化铝 | KF-232 | Al₂O₃:25 ZrO₂+Y₂O₃ 余量 | −200+320 (70%) −320(30%) | 在高温下抗颗粒冲蚀,热导率低,用作热障涂层 |

#### 9.1.4.2 激光熔覆工艺

激光熔覆按熔覆材料的供给方式大致可分为两类，即预置式激光熔覆和同步式激光熔覆。其中，预置式激光熔覆是将熔覆材料预先置于基材表面的熔覆部位，然后采用激光束辐照扫描熔化，熔覆材料以粉、丝和板的形式加入，目前以粉末的形式最为常用；同步式激光熔覆时，熔覆材料直接被送入在基材表面形成的激光熔池中，即送料和熔覆同时完成。熔覆材料主要是以粉末的形式送入，有的也采用线材或板材进行同步送料。

预置式激光熔覆的主要工艺流程为：基材表面预处理→预置熔覆材料→预热→激光熔化→后热处理。同步式激光熔覆的主要工艺流程为：基材表面预处理→送料激光熔化→后热处理。

上述的激光熔覆工艺流程中，预热和后热并不是必须的，可根据基材和熔覆材料的特性决定。此外，根据上述工艺流程，与激光熔覆相关的工艺主要是基材表面预处理工艺、熔覆材料的供料工艺、预热和后处理等工艺。

(1) 基材表面预处理

基材表面的预处理是为了去除基材熔覆部位处的油污和锈蚀，以使其表面状态满足后续的预置熔覆材料或同步供料熔覆的要求。如不严格对基材表面进行预处理，易导致预置层或熔覆层产生裂纹、起泡或剥落等缺陷。常用的基材表面预处理方法有两种。

① 喷涂表面预处理。用于火焰喷涂或等离子喷涂的基材表面，需进行除油和喷砂处理。除油可采用溶剂清洗法或 $260\sim420℃$ 的加热法。常用的清洗剂有三氯乙烯、全氯乙烯、乳化液或碱液等。此外，喷砂是为了除掉材料表面的锈蚀，并使其毛化，有利于热喷涂粉末的附着。当熔覆表面较小时，也可采用干净的砂轮磨削除锈毛化。如果基材表面有电镀、渗碳层和氮化层等，则要先将其清洗干净，再按上述方法处理。经表面预处理后的基材或零件，不宜久置于空气中，最好在 4h 内使用，以防再次污染。

② 非喷涂表面预处理。采用黏结法预置熔覆材料或同步供料法熔覆时，基材表面也必须进行除油和除锈处理，但对毛化的要求一般不如热喷涂表面那样严格。

(2) 熔覆材料的供给方法

① 预置法　对于粉末类熔覆材料，主要采用热喷涂或黏结等方法进行预置，激光熔覆的工艺过程如图 9-17 所示。热喷涂是指将喷涂粉末加热到可以互相黏结的状态，并以一定的速度喷射到基材表面，形成喷涂材料覆盖层的一类技术。例如，火焰喷涂、等离子喷涂和爆炸枪喷涂等，其中以火焰喷涂和等离子喷涂最为常用。这是因为火焰喷涂的温度较低，主要适用于自熔性和自黏性合金粉末的喷涂。自熔性合金粉末在喷涂过程中被加热到可塑状态，并在表面形成极薄的氧化膜。这种氧化膜将起黏结作用，使撞击到基材表面的略有塑性的合金颗粒相互黏结起来，形成多孔的喷涂层。自黏性合金粉末在火焰喷涂的温度下可引发剧烈的金属间化合反应，放出大量的热，与基材形成结合良好的涂层。等离子喷涂的加热温度范围远大于火焰喷涂，从而大大拓宽了喷涂材料的种类。

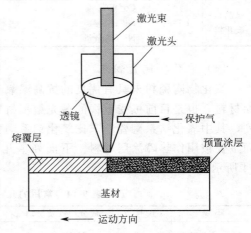

图 9-17　预置式激光熔覆示意图

　　值得注意的是，在热喷涂前，基材要严格按前述的方法进行表面预处理，并要进行适当的预热。预热温度要按喷涂材料，零件的尺寸、形状，热导率和膨胀系数综合考虑确定，通常在 100～150℃ 温度范围内。例如，Ni-Cr-B-Si 合金的预热温度一般不超过 300℃；WC-Co 合金大约在 500℃。此外，在热喷涂的过程中，对于平板状工件，喷枪应尽量与之保持垂直，先在整个平面上均匀地喷涂一层约为 0.07～0.1mm 厚的涂层，然后将喷涂方向转换 90°，使两个相邻的涂层的喷涂方向以直角交叉，如此反复，直至达到要求的厚度；对于回转体类工件，可将其安装在车床上旋转喷涂，表面线速度以 6～18m/min 为宜，喷枪装在刀架上以一定的速度移动，以保证涂层厚度的均匀性。但是，热喷涂层的厚度经激光熔化后将产生收缩，其收缩率随热喷涂的工艺差异而有所不同。对于火焰喷涂层，收缩率可按 20% 计算。因此，为了防止激光覆层的气孔，还应严格控制涂层的氧化程度和水分，这可通过对喷涂粉末进行烘干和采用中性焰喷涂予以实现。

　　尽管热喷涂技术具有喷涂效率高，可获得大面积涂层，涂层材料基本不受污染，涂层厚度均匀且与基材结合牢固、激光熔覆中不易脱落等优点。但是，其不足之处是粉末利用率低，需专门的设备，操作程序也较复杂。为了克服这些缺点，发展了黏结预置法，该法是将粉末与黏结剂调和成膏状，涂在预熔覆基材的表面。常用的黏结剂有清漆、硅酸盐胶、水玻璃、含氧的纤维素乙醚、醋酸纤维素、酒精松香溶液、碳氢化合物溶液、脂肪油、超级水泥胶、环氧树脂、自凝塑胶、丙酮硼砂溶液、异丙基醇、透明胶、浆糊等。从使用效果看，硅酸盐胶和水玻璃制成的黏结层在激光加热中易膨胀，往往导致黏结层剥落；含氧纤维素乙醚在低温下可燃烧，不影响熔覆层的组织和性能；硝化纤维素为基的黏结剂如浆糊、透明胶、氧乙烷基纤维素等，其燃烧产物为气态物质，也得到较好的使用效果。尽管粉末黏结预置法具有较好的经济性和方便性，但是这类预置层导热性差，需消耗更多的激光能量熔化。黏结剂的汽化和分解也易于对熔覆层合金造成污染和气孔等缺陷。激光熔覆中黏结层还易于脱落，因此，其熔覆性不如热喷涂层。此外，粉末黏结法也难以获得大面积的厚度均匀的涂层，对基材的尺寸与形状有限制。基于此，目前粉末的预置主要还是以热喷涂为主。

　　② 同步供料法　同步供料法包括同步送粉法、同步送丝法和同步板法等。其中，同步送粉法又可分为同轴送粉法与旁轴送粉法，如图 9-18 所示。它的基本原理是利用高能束激光辐照基材的同时，将合金粉末送入熔池，激光扫描过后，熔化的合金粉末快速冷却凝固形成涂层。相对于预置粉末法而言，同步送粉法具有熔覆效率高、粉末利用率高、稀释率低、与基材结合牢固、熔覆层宏观尺寸可控及加工窗口宽等优点。但是，同轴送粉法由于粉末流在与激光束作用前要先形成聚焦，且聚焦的粉末流尺寸不能大于激光光斑直径，导致激光粉末喷嘴与基材的距离很短，且送粉量不能过大，否则会对激光能量形成"屏蔽"效应，导致熔覆效率降低。旁轴送粉法却不存在同轴送粉法中粉末聚焦与屏蔽的问题，因为送粉量与激光束能量可以单独控制，粉末喷嘴与基材的距离、角度可调，从而大大提高了熔覆效率，而且送粉量调节范围大且能精密连续可调，具有较好的重复性和可靠性。

　　但是，同步送粉法对粉末的粒度有一定要求，一般认为粉末粒度在 40～160μm 间具有最好的流动性。粉末颗粒过细，粉末易于结团；粉末颗粒过粗，则易于堵塞送料喷嘴。因此，同步送粉法激光熔覆是目前最为先进的激光熔覆技术，它可大大提高熔覆质量，降低熔覆层的稀释率和基材的热影响，与预置式激光熔覆法相比可使所需的激光能量降低一半以上，还易于实现自动控制，这也是目前普遍采用同步送粉法激光熔覆的主要原因。

　　③ 同步送丝法　同步送丝法也可以分为两种：一种为同轴送丝法，它的基本原理是将丝材送至激光的焦点附近使其熔化，在高压气体吹送下形成微细熔滴，喷涂到工件表面；另

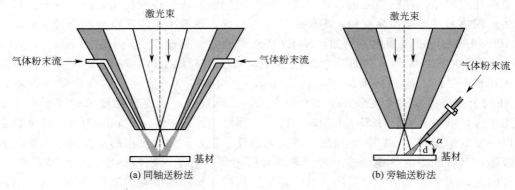

图 9-18    同步送粉法激光熔覆示意图

一种为侧向送丝法，如图 9-19 所示。它的基本原理是在基材与铜板（对熔化的丝材起快速冷却的作用）之间的间隙中一边送入不锈钢丝，一边用激光束辐照使其熔化，慢慢提升铜板可获得一定厚度的熔覆层，由于熔化的不锈钢不能润湿铜板，因而可以获得表面光滑的熔覆层。

　　④ 同步送板材法　同步送板材法的工艺过程如图 9-20 所示。该方法是在基材表面上以前倾的方法连续供给熔覆板材，而激光束则以较小的倾角照射，使板材与基材熔合。此种供料法可防止黏结剂对熔覆层的污染和减少因金属表面对激光的反射所造成的能量损失。

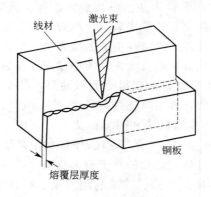

图 9-19　侧向送丝法激光
熔覆工艺示意图

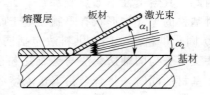

图 9-20　同步送板材法激光
熔覆工艺示意图

## 9.1.4.3  预热与后热处理

　　预热是指将基材整体或表层加热到一定的温度，以使激光熔覆在热的基材上进行的处理工艺，其作用是：防止基材热影响区发生比容增大的马氏体相变；减少基材与熔覆层间的温度梯度。因此，可以降低熔覆层冷却时所产生的应力，提高熔覆层的抗开裂敏感性能。

　　目前，预热的主要方法是采用炉内加热与氧乙炔火焰加热。其中，氧乙炔火焰加热可以用于基材表层一定深度范围内的预热，并可实现预热和激光熔覆同时进行。研究结果表明，预热温度要按预热目的、基材和熔覆材料的特性等因素综合考虑而定。例如，对于经调质的2Cr13 基材表面激光熔覆 Ni 基自熔合金时，则预热温度可提高到 700℃，如此高的预热温度不但可以防止熔覆层的裂纹，而且可以减少熔覆过程中引起的变形和覆层内的气孔率。

激光熔覆的后热处理指的是基材激光熔覆后所进行的一类保温处理，可用于消除和减少熔覆层的残余应力；消除或减小基材空冷淬火时基材热影响区发生马氏体相变以及恢复熔覆层的性能。后热处理通常采用炉内加热方式，经充分保温后，随炉冷却或降至某一温度出炉空冷。其工艺过程，包括加热温度、保温时间和冷却方式要视后热处理的目的、基材和覆层的特性而定。为了防止基材热影响区发生马氏体相变，其预热温度和随后的加热温度均应高于 $M_s$ 点。例如，对于经 980℃ 油淬，再经 740℃ 保温 3.5h 调质处理的 2Cr13 钢，激光熔覆后的后热温度可依据需要在 740℃ 以下选择。

### 9.1.4.4 激光熔覆的基础理论

在激光熔覆过程中，存在以下三个重要的特征：第一，激光作用时间很短（加热与冷却速度达 $10^5 \sim 10^6$℃/s），整个传质包含激光作用下的传质和激光束后热滞期的传质两个阶段。显然在极短时间内进行传质远远地偏离了平衡条件，因此由传质产生的溶质会再分布；第二，传质是在很大温度梯度下进行。在很大的温度梯度下，不但溶质原子的化学位出现差值，而且在溶体表面的溶质原子也会出现选择性蒸发，从而使液体表面和内部之间形成浓度差。化学位差值和浓度梯度都是液体扩散传质的推动力；第三，传质过程中有表面张力梯度的作用。当激光束使材料处于熔体状态时，由于温度梯度和浓度梯度共存，在熔体中将出现表面张力梯度，它将促使熔体的对流与传质。

（1）表面张力梯度的形成与影响对流因素

温度梯度和浓度梯度都会形成液体的表面张力梯度。由图 9-21 可知，在激光束的作用下，熔体从里到外、从上到下都存在温度梯度。此外，在激光束作用下，溶质元素的选择性蒸发与温度梯度相适应的溶质元素的化学位梯度将形成浓度梯度。因此，温度梯度与浓度梯度的综合作用将熔体形成如图 9-22 所示的表面张力梯度。表面张力梯度决定液体流动方向。由于熔池中心温度最高，其表面张力值最小。液体表面张力可表示为 $T_b = \sigma_0 - S_b T$ 的形式（式中 $\sigma_0$ 为表面焓，$S_b$ 为表面熵，$T$ 为绝对温度），显然 $\dfrac{dT_b}{dT} = -S_b$，由于 $S_b$ 值恒大于零，故对于大多数熔化的金属液体而言，其表面张力越小。

大量的研究表明：在激光光斑中心附近的熔体表面温度最高，而在偏离熔池中心越远处，其熔体的表面温度越低。与之相应的表面张力在熔池表面上的分布规律为：熔池中心附近的熔体表面张力小，相反熔池边缘附近的表面张力最大。因此，在激光表面合金化过程中，在熔池的表面存在着表面张力梯度，正是这个表面张力梯度成为合金熔池中对流的驱动力。因此，在激光表面合金化过程中，由于这种对流作用对合金熔池内的合金元素的混合搅拌，使得激光制备的合金层的成分在宏观上基本均匀。

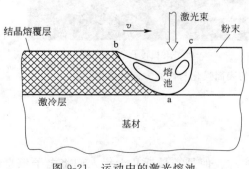

图 9-21 运动中的激光熔池

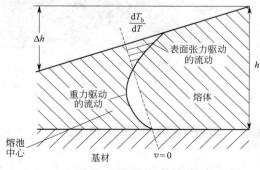

图 9-22 熔体表面的张力梯度

表面张力使液体表层与底层发生对流传质，其平均对流传质系数取决于层流条件。尽管液面在激光束作用下表面张力偏高，但是仍属于层流范畴，其平均对流传质系数 $\bar{k}$ 可按下式计算

$$\bar{k} = 0.664 D_c S_c^{1/3} \left( \frac{\mu_o}{\gamma L_3} \right)^{1/2} \tag{9-5}$$

式中，$D_c$ 为扩散系数（$m^2/s$）；$S_c$ 为施密特数；$\gamma$ 为黏度（$m^2/s$）；$L_3$ 为熔池的半宽度（m）；$\mu_o$ 为液体原始速度（m/s）。当熔池表层形成表面张力流，并产生紊流时，扩散系数则按下式进行计算

$$\bar{k}' = 2 \left( \frac{D_c}{\pi t} \right)^{1/2} \tag{9-6}$$

式中，$t$ 取 $0.1s$。

（2）影响熔体对流的因素

熔体的温度梯度、表面张力的温度系数、材料的黏度及其密度都将在不同程度上影响合金熔体的能量传递及传质特征。因此，影响合金熔体对流的因素可以分为两类：第一类是工艺方面，例如，激光功率、激光扫描速度、光斑尺寸、激光能量分布特征等。由于它们的综合作用，决定了熔体的温度梯度，特别是熔池表面的温度梯度，继而影响熔池的对流特征；第二类是材料的热物理性能，例如，熔覆材料的成分、浓度、黏度、密度、热学常数等，由于它们是温度的函数，从而影响了熔池中的传热和传质，进而影响了熔池中熔体的运动。

### 9.1.4.5 激光熔覆的应用实例

与常规的堆焊、热喷涂等工艺相比，激光熔覆技术可以制备性能更优异的涂层，如稀释率低、结晶细小且致密、熔覆层与基材呈冶金结合、热影响区与基材变形量小、硬度在 20～68HRC 可调等优点，适合各种关键零部件的表面强化与修复。目前，该技术已成功应用于冶金、电力、石油、化工、船舶、航空等领域（图9-23），并取得了良好的经济与社会效益。

(a) 电机转轴的激光熔覆　　　　　　　　(b) 汽轮机转子的激光熔覆

图 9-23　激光熔覆技术在关键零部件的表面强化与修复方面的应用

## 9.2　电子束表面强化技术

电子束作为高能量密度热源，早已为人们所注意。但是，最近几十年人们将电子束直接照射在工件表面，使其发生组织与成分变化，从而改善材料表面的耐磨性和耐蚀性，使其迅

速发展成为了一种高新技术——电子束表面强化技术。用电子束进行材料表面改性的方法包括电子束淬火、电子束表面合金化、电子束表面熔覆、电子束制备非晶态涂层等方面。与激光表面改性技术类似，电子束表面改性也具有快速加热与快速凝固的特点，因此不需要特别的冷却装置。另外，电子束功率等工艺参数可以精确控制，因此对工件的形状、处理的位置与深度等没有限制。与激光表面改性技术相比，电子束表面改性技术具有其独特的优势：使用方便，可以较灵活地调节加热面积、加热区域和材料表面的能量密度；基材对电子束能量的吸收率高（其有效功率可以比激光大一个数量级）。但是，电子束表面改性技术的缺点是必须在真空中进行，这样尽管可以减小加工过程中的污染（氧化与氮化等的影响），但真空系统体积庞大与复杂，大大地降低了其工作效率与增加了加工成本。

## 9.2.1　电子束表面处理工艺

（1）电子束表面淬火

高能量密度的电子束快速扫描材料表面可以使仍处于"冷态"基材的表面温度迅速升到相变点以上（加热速度达 $10^3 \sim 10^5 \, ℃/s$），当电子束扫描过后，该处热量迅速向基材周围扩散，温度急剧下降，实现自身淬火。温度下降速率随零件尺寸和电子束在该处停留的时间而异，最快可高达 $10^8 \sim 10^{10} \, ℃/s$。由于相变过程中处于奥氏体状态的时间很短，晶粒来不及长大，可以获得马氏体等超细晶粒组织，大大提高了材料的强度和韧性。此方法适用于碳钢、中碳低合金钢、铸铁等材料的表面强化处理。例如，采用束斑直径为 6 mm 与功率 2~3 kW 的电子束处理 45 钢和 T7 钢的表面时，均可以在其表面生成隐针和细针马氏体，其中 45 钢的表面硬度达 62HRC，T7 钢的表面硬度达 66HRC。

（2）电子束表面重熔

电子束表面重熔处理是利用电子束辐照金属表面，使其迅速达到其熔点以上，形成过热状态，此刻整体金属尚处于冷态，则基底金属就成为熔化金属的"淬火剂"，将其迅速冷却至室温，从而细化组织，达到硬度与韧性的最佳配合。因电子束加热和冷却速度高达 $10^4 \, ℃/s$，故称之为快速熔凝，这与激光快速熔凝的原理相似。对于某些合金，电子束重熔可使各组成相间的化学元素重新分布，降低显微偏析程度，改善工件表面的性能。另外，电子束也可以将工件表面熔化到一定深度，使其中的氧化物、硫化物等夹杂溶解，借助电子束加热后的快冷可以得到细化的枝晶和细小的夹杂。目前，电子束重熔主要应用于工模具的表面处理上，以便在保持或改善工模具韧性的同时，提高工模具的表面硬度、耐磨性和热稳定性。例如，高速钢孔冲模的端部刃口经电子束重熔处理后，获得了深 1mm、硬度为 66~67HRC 的表面层，该表面层的组织细化，碳化物极细且分布均匀，具有强度与韧性的最佳配合。另外，采用电子束将 Cr12 莱氏体钢和 40Cr5MoVSi 热变形模具钢表面熔化，然后快速冷却结晶，形成了很细的铸态组织，增大了碳化物的弥散度，其结果使表面硬度增加。高速钢经电子束快速熔凝处理后得到了一种极细的包晶结构组织和细枝晶的碳化物网。在电子束表面处理试验中还发现工艺参数对高速钢表面熔化层的显微组织的影响没有实质性的变化，只是随着工艺参数的变化，组织的细化程度有所不同而已。电子束的扫描速度越快，即加热速度和冷却速度也越快，显微组织也就越细小。

（3）电子束表面合金化

电子束表面合金化原理与激光表面合金化原理有许多相似之处。电子束表面合金化原理是采用高能量密度的电子束快速作用在金属表面上，通过精确控制电子束的功率密度和作用时间，将一种或多种合金物质快速熔入金属表面薄层区，使之发生物理与化学变化，从而使金属表面具有特定合金成分的材料表面强化技术。

通常，在电子束表面合金化处理时，人们根据零部件的服役状况，进行具有各种特殊性能的合金物质的合金化处理，以提高材料表面的耐磨、耐热、耐蚀及减摩性能等。该技术具有两大特点：一是能在材料表面进行各种合金元素的合金化，以改善材料的表面性能；二是能在基材需要强化的关键部位，有选择性地进行局部合金化。另外，电子束表面合金化所需要的电子束功率密度约是相变强化（电子束表面淬火）的 3 倍以上。

（4）电子束表面熔覆

电子束表面熔覆处理的原理类似于电子束表面合金化处理的原理。它是将改善工件表面性能的金属合金或金属化合物甚至陶瓷粉末用黏结剂涂敷于工件表面，然后用电子束加热熔化涂敷的粉末层，从而形成一层新的合金表层，并与未熔化的基体相熔接。因此，存在一个明显的界面，不像电子束表面合金化处理那样有明显的过渡层和涂敷物质的化学成分变化。

（5）电子束表面非晶化

电子束表面非晶化处理与激光表面非晶化处理相似，只是所用的热源不同而已。即利用聚焦的电子束所特有的高功率密度与作用时间短等特点，使工件表面在极短的时间内迅速熔化，而传入工件内层的热量可忽略不计，从而在基体与熔化的表层之间产生很大的温度梯度，表面的冷却速度高达 $10^4 \sim 10^8 ℃/s$。因此，这一表层几乎保留了熔化时液态金属的均匀性，可以直接使用，也可进一步处理以获得所需要的性能。

## 9.2.2 电子束表面处理的特点

① 电子束的能量密度高达电弧的一万倍，足以使被处理的任何材料迅速熔化或气化，这对钨、钼等难熔金属及其合金进行加工是非常有利的。

② 电子束可以在瞬间（仅几分之一到千分之一秒）将金属材料表面由室温加热到奥氏体化温度或熔化温度，电子束扫描过后，被加工区域的冷却速度达 $10^6 \sim 10^8 ℃/s$。

③ 电子束的加工速度快，因而加工点向周围散失的热量少，所以工件热变形小，电子束本身不产生机械力，无机械变形问题，这对工件的局部热处理来说，尤为重要。

④ 电子束的能量和能量密度的调节，很容易通过调节加速电压、电子束流和电子束的会聚状态来实现。电子束还便于用偏转系统来使其偏转。电子质量极小，其运动几乎无惯性，产生偏转的力来源于磁场。

⑤ 电子束所射表面的角度除 $3° \sim 4°$ 特小角度外，电子束与基材表面的耦合不受反射的影响，能量利用率高，因此电子束表面处理前，工件表面不需要预涂吸收涂料。

⑥ 电子束是在真空中工作，以此保证在处理中工件表面不被污染，但带来加工成本的增加与操作的复杂性。

⑦ 电子束可将 90% 以上的电能转换为热能，而同样具有高能量密度的 $CO_2$ 激光，其热转换效率通常不足 20%。电子束轰击材料时会产生对人体有害的 X 射线。通过增加电子枪和工作室的壁厚虽然可以起到屏蔽效果，但也应防止某些缝隙的 X 射线泄露，注意防护。

## 9.2.3 电子束表面处理的应用

① 汽车离合器凸轮电子束表面处理。汽车离合器由 SAE5060 钢（美国结构钢）制成，有 8 个沟槽需要硬化。沟槽深度 1.5mm，要求硬度为 58HRC。采用 42kW 六工位电子束装置处理，每次处理 3 个，一次循环时间为 42 s，每小时可处理 255 件。

F 工业公司与空军莱特研究所共同研究成功了航空发动机主轴轴承圈的电子
术。这是因为用美国 50 钢［4.0%（质量）Cr，4.0%（质量）Mo］制造的轴
条件下产生疲劳裂纹而导致突然断裂。当采用电子束进行表面相变硬化后，在轴
面上得到了 0.76mm 的淬硬层，有效地防止了疲劳裂纹的产生和扩展，提高了
寿命。

## 9.3　离子束表面强化技术

离子注入就是在离子注入机中把各种所需的离子，例如 $N^+$、$C^+$、$O^+$、$Cr^+$、$Ni^+$、$Ag^+$ 等非金属或金属离子加速成具有几万甚至几百万电子伏特能量的载能束，并注入于金属固体材料的表面层。离子注入将引起材料表层的成分和结构的变化以及原子环境和电子组态等微观状态的扰动，由此导致材料的各种物理、化学或力学性能发生变化。此外，对于不同的材料，注入不同元素的离子，在不同的条件下，可以获得不同的改性效果。

### 9.3.1　离子注入的基本原理

离子束和电子束基本类似，也是在真空条件下将离子源产生的离子束经过加速、聚焦后使之作用在材料表面。所不同的是，除离子与电子的电荷相反带正电荷外，主要是离子的质量比电子要大千万倍。例如，氢离子的质量是电子的 7.2 万倍。由于质量较大，故在同样的电场中加速较慢，速度较低。但一旦加速到较高速度时，离子束比电子束具有更大的能量。高速电子在撞击材料时，质量小速度大，动能几乎全部转化为热能，使材料局部熔化、气化，这个过程主要通过热效应完成。但是，离子本身质量较大，惯性大，撞击材料时产生了溅射效应和注入效应，引起变形、分离、破坏等机械作用和向基体材料内部扩散，形成化合物或产生复合、激活的化学作用。

离子注入装置包括离子发生器、分选装置、加速系统、离子束扫描系统、试样室和排气系统。从离子发生器发出的离子由几万伏电压引出，进入分选部，将一定的质荷比（质量与电荷的比值）离子选出。然后，在几万至几十万伏电压的加速系统中加速获得高能量，通过扫描机构扫描轰击工件表面。离子进入工件表面后，与工件内原子和电子发生一系列碰撞，这一系列碰撞主要包括三个独立的过程。

①　核碰撞　入射离子与工件原子核的弹性碰撞，碰撞的结果是使固体中产生离子大角度散射和晶体中产生辐射损伤等。

②　电子碰撞　入射离子与工件内电子的非弹性碰撞，其结果可能引起离子激发原子中的电子或使原子获得电子、电离或 X 射线发射等。

③　离子与工件内原子作电荷交换　无论哪种碰撞都会损失离子自身的能量，离子经多次碰撞后能量耗尽而停止运动，作为一种杂质原子留在固体中。一旦离子进入固体后，将对固体的表面性能发生一系列作用，如离子挤入固体内的化学作用、离子轰击时产生的晶体缺陷和离子溅射作用等，这些将在离子表面改性中都有重要意义。

### 9.3.2　离子注入强化及非晶化

（1）离子注入强化

在离子注入过程可以引入大量的空位和间隙原子，并形成各种位错组态，从而使被注入

金属的表面得到强化。对于金属材料而言，最重要的强化主要包括四种类型：~~~~~~
错强化、晶界与晶面强化和析出强化。下面将上述四种强化机制和离子注入相~~~~
分析。

　　金属材料经过高温处理与淬火后，高浓度的间隙原子和过饱和状态使金属强~~~~
此基础上，仍然可注入某些金属元素，再使其进一步固溶强化。由于注入间隙溶质原~
的晶格应力大于置换溶质原子引起的应力，所以把碳、氮注入铁中比将锰、硅注入铁中~
利于固溶强化，并且注入原子的半径和负电性与基体原子差别大的比差别小的有利于强化~
随着注入剂量的增大，过饱和浓度也相应地增大，因而其固溶强化效果越明显。从物理冶金
学可知，如果注入原子的半径与整体原子半径相差大时，那么注入原子将在金属中优先占据
刃型位错的下方，如图 9-24 所示，而当注入原子的半径小于基体金属的原子半径时，注入
原子优先占据的位置如图 9-24（b）所示。原子的这种占据将使位错组态的能量下降，使系
统的能态处于一种稳定的低能态，这时将使位错移动阻力增大，形成钉扎位错。

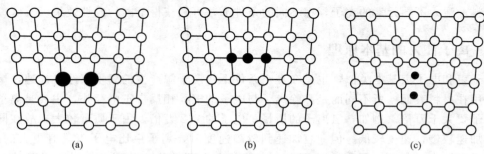

图 9-24　注入溶质原子在刃型位错附近的分布特征
（a）注入溶质原子大于溶剂原子而形成的置换固溶体；（b）注入溶质原子小于溶剂原子而形成的置换固溶体
（c）注入间隙原子小于溶剂原子而形成的间隙固溶体

　　如前所述，载能离子注入金属表面后，由于能量传递及离化效应，形成了辐射损伤，由
此形成大量空位和空位团及间隙原子。这些晶体缺陷积聚在表面最终形成了密集的位错网
络，增大了位错密度，从而使表面强化，再加之注入离子与位错的交互作用阻碍了位错的运
动，从而使基体金属的表面进一步被强化。例如，在常规热处理中，T8 和 T10 等钢的位错
密度大约为 $10^{10}$ 条/$cm^2$。当用高能离子注入机将 $C^+$ 或 $N^+$ 注入其表面后，其位错密度达到
$10^{12}$ 条/$cm^2$，其强化相对增量约是常热处理的 9 倍。因此，离子注入引起的位错密度变化
程度与注入离子的尺寸及其注入剂量和离子注入后的晶体畸变程度有关。注入离子半径越
大，则晶格的畸变越明显；注入剂量增加，则缺陷浓度增高，相应地，其强化效应也随之
增强。

　　此外，离子注入可以使晶粒细化，而晶粒的细化不仅可以提高屈服强度，而且有助于提
高韧性。例如，大颗粒的 Ni-Al 合金经离子注入后，其粗晶粒被明显细化，并且随注入剂量
的增加，其晶粒尺寸减小。当金属中注入碳、氮、氧和磷等非金属元素时，可在金属中析出
各种碳化物、氮化物、氧化物或磷化物等弥散相，这些化合物的均匀弥散析出有利于提高金
属材料的强度。众所周知，弥散强化的实质是位错与微粒子之间的交互作用，使注入元素与
基体元素形成高硬度的化合物，如氯化钛、碳化钨、硼化铍等。如高剂量的 $N^+$ 注入钢中后
形成了复杂的氮化物，其沉淀产生了弥散强化效应，这些复杂的氮化物主要包括 $Fe_2N$ 与
$Fe_3N$ 等。

　　（2）离子注入非晶化

　　非晶态合金材料具有许多优异的电磁学、力学和化学性能，例如，非晶合金阳极材料比

铂族合金涂层阳极的使用寿命高 15～20 倍，而成本降低 3 倍，节约电能 30%。仅我国氯碱生产工业中应用的非晶合金阳极材料每年就可省电约 10kW·h。因此，非晶合金引起了材料科学工作者的极大兴趣。下面首先讨论离子注入形成非晶态材料的机理。按照目前的认识，概括地讲，下列效应是离子注入形成非晶合金的主要原因。

在离子注入过程中，由于级联碰撞，将形成大量的晶体缺陷。在高剂量离子注入下，由于注入所产生的损伤重叠，造成极高的位错密度。但是，每种金属所能维持的位错密度有一个固有的极限值。例如，Cu 的位错密度极限值约为 $10^{12}～10^{13}$ 条/$cm^2$，以能保持其晶体结构的周期性，所以在常规条件下，金属中的位错密度低于其极限位错密度值。在高剂量的离子注入下，它是一种远离平衡状态的强制性的破坏手段，可使基体金属内形成的位错密度超过材料的固有极限值。在一般条件下，位错心部的能量是由其周围晶格内滑移平面的抗剪强度所维持的；在高位错密度下，每一位错的周围没有足够的晶格维持这种剪切抗力，从而使整个晶格崩溃以致形成非晶态。这就是高密度位错导致非晶形成的原因。

需要指出的是，并非任意离子注入基体材料中都能形成非晶相，而是注入的离子对所形成的无序有促进作用或稳定作用的情况下，才可能获得非晶态材料。当载能离子注入基材中引起级联碰撞时，将伴随热峰效应。由于基体的自冷，可使热峰效应产生的热状态被迅速急冷，从而形成非晶结构。例如，氮离子注入镀钛的 GCr15 轴承钢（100keV，$5×10^{17}$ 离子数/$cm^2$，Ti 膜厚度 16nm）时，在镀钛层中形成了许多热峰。多数热峰的温度在 800℃ 左右，这时氮原子的 $2s^2 2p^3$ 电子将首先同钛的 $3d^3 4s^2$ 电子发生反应形成 TiN 分子。在 TiN 形成的同时，使这些热峰区域的 Ti 从密排六方结构转变为立方结构的 TiN。许多热峰区的温度高于钛的熔点，并且有很高的冷却速度，所以形成了非晶钛。

根据热峰效应，用重离子注入基体更容易导致基体晶体的无序状态或形成非晶态。在一般条件下，重离子注入氢原子基材时，级联碰撞的热峰作用可直接产生非晶区；当轻离子注入重原子基材时，则需级联区多次叠加，在其缺陷密度达到某一临界值以上时才能形成非晶区。

在离子注入形成非晶领域，对于非金属-过渡金属的研究最为广泛。结果表明，用非金属离子注入其浓度大于 15% 时才能形成非晶材料。这个浓度值比常规快冷淬火形成非晶合金的浓度值低，并且在注入过程中引入少量 O 和 C，可以有利于非晶态的稳定存在。例如，钛注入铁中形成 Fe-Ti-C 稳定的非晶相。而离子注入纯金属中时，要在很低的温度（小于 4K）下才能形成非晶态。

### 9.3.3　离子注入强化的特点

离子注入强化技术与现有的电子束和激光束等表面处理工艺不同，其突出的特点如下。

① 离子注入法不同于任何热扩散方法，注入元素的种类、能量和剂量均可选择，可注入任何元素，且不受固溶度和扩散系数的影响。因此，用这种方法可以获得不同于平衡状态的特殊物质，即其他方法不能得到的新合金相，并与基体结合牢固，无明显界面和脱落现象，是一种开发新型材料的非常独特的方法。

② 离子注入一般在常温或低温以及真空中进行，因此基材在处理过程中不发生氧化、不变形与不发生退火软化等现象，表面粗糙度一般无变化，可作为最终工艺。

③ 可控性和重复性好。通过改变离子源和加速器能量，可以调整离子注入深度和分布；通过调节扫描机构，不仅可实现在较大面积上的均匀化，而且可以在很小范围内进行局部改性处理。

④ 可获得两层或两层以上性能不同的复合材料,复合层不易脱落。此外,由于注入层较薄,因此工件尺寸基本不发生变化。

⑤ 离子注入过程中可以在基材表面产生压应力,因此可以提高工件的抗疲劳性能。

⑥ 通常离子注入层的厚度不大于 $1\mu m$ 且注入的离子只能作直线行进,导致对形状复杂或有内孔的零件不能进行离子注入。另外,离子注入设备的造价高,目前应用还不是十分广泛。

### 9.3.4 离子注入强化的应用及发展方向

① 对用于航天飞机发动机的燃料氧化剂涡轮泵轴承的试验证明,离子注入处理能使滚珠轴承的性能得到明显改善。特别是在液氮环境条件下,将注入钛和碳离子的不锈钢滚珠与注入铬和氦离子的钢滚道对磨,其耐磨性和没有处理过的钢比较可提高两个数量级。

② 用离子注入法注入铬、钽等,是提高钢耐蚀性的有效方法。当在钢样品的固溶体中注入铬时,可以在其表面形成一层钝化层,它可以保护钢基体免受液态氯化物的侵蚀。

③ 美国已将注入钽离子的齿轮应用于汽轮机的压缩机和直升机发动机的传动系统。试验证明,注入钽离子的齿轮性能明显优于普通齿轮,并在很多情况下大大减少咬合磨损。

④ 用离子注入法进行金属材料表面改性已开始由基础研究进入应用阶段。为了满足工业化生产的实际需要,离子注入改性技术已在单纯的一次离子注入基础上发展了轰击扩散镀层、离子束增强沉积法和不同能量的重叠注入法等。目前,离子注入表面改性技术已广泛应用于宇航尖端零件、化工零件、医学矫形材料以及模具、刀具和磁头的表面改性。离子注入表面改性技术不仅成功地用于金属材料的表面改性,而且为陶瓷材料和高分子材料的改性开拓了新的方向。

 思考题

1. 激光产生的基本原理与激光束的特性是什么?

2. 影响金属对激光能量吸收的因素有哪些?为什么激光表面处理前要进行预处理?主要有哪些预处理方法?

3. 激光表面改性技术包括哪些方法?目前在工业领域主要有哪些应用?还存在哪些问题?

4. 电子束表面处理技术与激光表面处理技术有哪些相同点与不同点?

5. 离子束表面处理技术的基本原理是什么?有哪些特点?

# 附　录

# 几种常见的涂层性能测试方法及国家标准

## 1　电化学阻抗

涂层的防护性与耐久性是涂层质量评价体系中的重要指标，国家标准中大都采用户外暴晒和室内盐雾、紫外及高低温等加速老化试验方法来评价，评价结果主要基于视觉检测，误差大。电化学阻抗测量涂层的防护性能，则具有准确、快速和无损的特点，是视觉评价法的有益补充。电化学阻抗测试是通过给涂层电极施加一系列频率不同的小振幅交流电压信号，通过高速模数转换器同步采集电压与响应电流信号，并采用相关积分法计算电压与电流信号的幅值和相位角，进而计算电压对电流信号的比值（即系统的复数阻抗）随正弦波频率 $\omega$ 的变化。最后通过等效电路解析，分析电极过程动力学、双电层结构和扩散过程等，研究电极材料和涂镀层的腐蚀与防护等机理。

通常可以将电化学电极体系看作一个等效电路，这个等效电路是由电阻（$R$）、电容（$C$）和电感（$L$）等基本元件按串并联等不同方式组合而成的。通过 EIS 电路解析，可以计算出等效电路的构成以及各元件值的大小，利用这些元件的电化学含义，来分析电化学系统的结构和电极过程的性质等。电化学阻抗法具有如下特点：①由于采用小幅度的正弦电势信号对系统进行微扰，电极上交替出现阳极和阴极过程（也就是氧化和还原过程），二者作用相反，因此即使扰动信号长时间作用于电极，也不会导致极化现象的积累性发展和电极表面状态

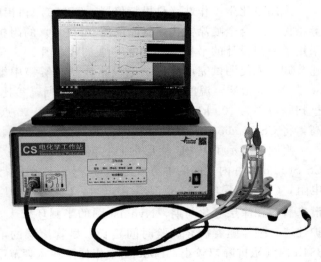

附图 1　电化学工作站（科思特仪器 CS 系列）

的积累性变化，可以说 EIS 法是一种"准稳态方法"。②由于极化电位和响应电流间存在着线性关系（位于线性极化区），测量过程中电极处于准稳态，使得测量结果的数学处理简化。③EIS 是一种频率域测量方法，可测定的频率范围很宽，因而可以比常规电化学方法得到更多

的动力学信息和电极界面结构信息。

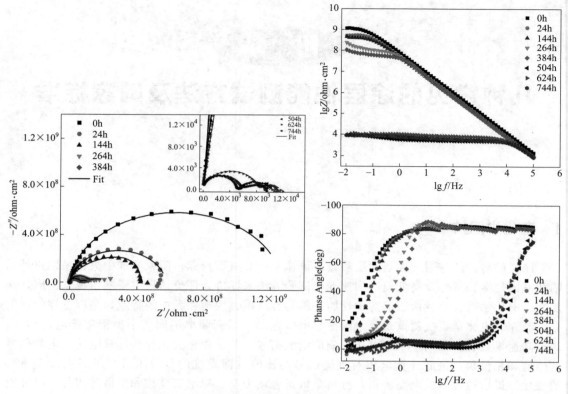

附图2　F-PU涂层的电化学阻抗随老化时间的变化曲线

采用电化学工作站（科思特仪器，CS350）和相应的 CS Studio 测试软件跟踪测试了盐雾条件下铝合金喷涂氟化聚氨酯涂层（F-PU）的阻抗变化。为了实现连续阻抗测量，实验采用了专门设计的平板型涂层电解池（见附图1）。该涂层电解池可实现平板涂层电极的快速装卸，方便测试完成后涂层电极重放到盐雾箱中继续老化。平板电解池中的实验介质为 3.5%NaCl 溶液，温度为室温，对电极为铂网，参比电极为饱和 Ag/AgCl 电极。电化学阻抗扫频范围为 100 kHz~0.01 Hz，每 10 倍频程 10 点，正弦波幅值 20mV。由于涂层阻抗较高，将 CS Studio 软件中的分析器设为高阻模式。

附图2显示了 F-PU 涂层的阻抗随时间的变化。根据腐蚀进展和阻抗谱特征，采用了 CS Studio 软件内建的两种等效电路对 Nyquist 图进行拟合，如附图3所示。其中 $R_s$ 为溶液电阻，$C_c$ 为涂层电容，$R_c$ 为涂层电阻，$C_{dl}$ 为双电层电容，$R_{corr}$ 为电荷转移电阻。从阻抗谱来看，在涂层老化前期，Nyquist 图的半圆环较大，在 $1000M\Omega \cdot cm^2$ 以上，表明涂层防护性能较强。随着盐雾试验时间延长，尽管涂层的 Nyquist 半圆弧逐渐减小，但试验的前 384h 内其阻抗降幅较小，Bode 图中相位角在宽频范围内保持 90°，表明此时 F-PU 涂层只是因为吸水率上升而使其电容增大，腐蚀介质并没有穿透涂层。504h 后，Nyquist 图中出现了两个半圆弧，且 Bode 图中低频阻抗降低到 $10 k\Omega \cdot cm^2$ 左右，表明腐蚀介质已经渗透到铝合金基体，基体发生了腐蚀。随着盐雾试验进一步延长，阻抗环继续缩小的同时，低频区出现了扩散过程，说明涂层整体已出现明显的贯穿性孔洞，溶液已穿透了涂层到达基体表面，铝合金基体的电化学腐蚀加剧，直至出现由腐蚀产物覆盖导致的 Warburg 扩散阻抗。从上述阻抗谱分析来看，基于电化学阻抗的连续监测，可以清晰地反映涂层的失效过程及其机理。

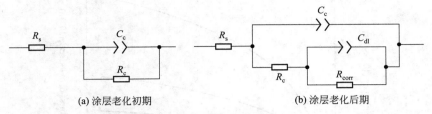

(a) 涂层老化初期　　　　　　　(b) 涂层老化后期

附图 3　铝合金涂层电极阻抗拟合用等效电路

# 2　高温热天平

高温热天平用来测量高温涂层及合金的高温氧化、热腐蚀动力学行为（见附图 4）。它也是目前为止，应用最广泛、最方便、测量高温腐蚀反应动力学的设备。高温热天平可连续记录反应速率（见附图 5），用这种方法测量可获得用其他方法测量可能漏掉的许多细节，例如，腐蚀产物层发生少量剥落时就会立即被天平以失重的形式记录下来；在高温氧化过程中，当天平显示的氧化速率远低于按正常的腐蚀反应规律应有的氧化速率或氧化层的剥落会出现阶梯状的热重信号则表示氧化膜从金属表面剥落。实际上使用非常灵敏的天平和小样品以期达到高的准确度会带来一些问题。当气体成分和温度变化时，由于阿基米德浮力发生变化，设备会产生测量误差，而且通过样品的气体流速变化时，动力学浮力发生变化，也导致设备产生测量误差。塞塔拉姆的 SETSYS EVO 热重分析仪采用悬挂式上天平技术，通过扣除空白的方式消除系统误差，并具有如下优势。

(a) SETSYS EVO高温热天平　　　　　(b) 悬挂式高温热天平结构剖面图

附图 4　高温热天平

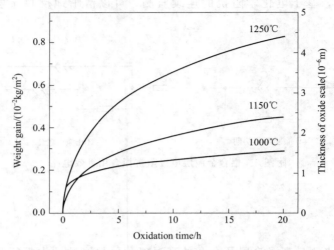

附图5　高温热天平记录的氧化动力学曲线

① 利用极细的金属或氧化铝挂丝将坩埚悬挂在天平上，最大程度减小排气体积，从而减小相应的浮力效应造成的热重基线漂移及噪音，对于某些实验甚至可以省略空白实验，大大提高了测试效率。

② 热重空白基线重复性好，天平分辨率达到了 $0.02\mu g$，对于重量变化微弱的实验，可以保证高的测试精度。

③ 悬挂式天平突破了坩埚的限制，可以用各种灵活的方式测试各种形态样品，如直接悬挂三层样品盘、网状吊篮，也可以直接悬挂整个块状试样。最大悬挂样品质量可达35g或100g。

④ 使用单一石墨炉体，可以实现1400℃或者更高的高温区的长时间恒温实验。其升降温速率可在 $0.01\sim100K/min$ 调控。石墨发热体由氧化铝炉管保护，因此可以使用包括氧气、氢气等氧化/还原性气体在内的多种反应气体。

# 3　常用表面处理国家标准

## 3.1　电镀、化学镀及镀层性能测试常用国家标准

| 序号 | 国家标准名称 | 国家标准代码 |
|---|---|---|
| 1 | 钢板及钢带 锌基和铝基镀层中铅和镉含量的测定　电感耦合等离子体质谱法 | GB/T 31927—2015 |
| 2 | 钢板及钢带 锌基和铝基镀层中铅、镉和铬含量的测定 辉光放电原子发射光谱法 | GB/T 31926—2015 |
| 3 | 钢板及钢带 锌及锌合金镀层中六价铬含量的测定　二苯碳酰二肼分光光度法 | GB/T 31931—2015 |
| 4 | 玩具镀层技术条件 | GB/T 29777—2013 |
| 5 | 表面化学分析 辉光放电原子发射光谱 锌和/或铝基合金镀层的分析 | GB/T 29559—2013 |
| 6 | 金属及其他无机覆盖层—钢铁上经过处理的镉电镀层 | GB/T 13346—2012 |
| 7 | 镀层饰品 镍释放量的测定　磨损和腐蚀模拟法 | GB/T 28485—2012 |
| 8 | 金属及其他无机覆盖层 钢铁上经过处理的锌电镀层 | GB/T 9799—2011 |
| 9 | 钢表面锌基和(或)铝基镀层单位面积镀层质量和化学成分测定 重量法、电感耦合等离子体原子发射　光谱法和火焰原子吸收光谱法 | GB/T 24514—2009 |
| 10 | 裸电线试验方法 第10部分:镀层连续性试验——过硫酸铵法 | GB/T 4909.10—2009 |
| 11 | 裸电线试验方法 第11部分:镀层附着性试验 | GB/T 4909.11—2009 |
| 12 | 裸电线试验方法 第12部分:镀层可焊性试验——焊球法 | GB/T 4909.12—2009 |

| 序号 | 国家标准名称 | 国家标准代码 |
|---|---|---|
| 13 | 裸电线试验方法　第9部分:镀层连续性试验——多硫化钠法 | GB/T 4909.9—2009 |
| 14 | 连续电镀锌、锌镍合金镀层钢板及钢带 | GB/T 15675—2008 |
| 15 | 金属覆盖层　化学镀镍-磷合金镀层-规范和试验方法 | GB/T 13913—2008 |
| 16 | 金属覆盖层　工程用铬电镀层 | GB/T 11379—2008 |
| 17 | 金属覆盖层　工程用镍电镀层 | GB/T 12332—2008 |
| 18 | 金属覆盖层　镍＋铬和铜＋镍＋铬电镀层 | GB/T 9797—2005 |
| 19 | 金属覆盖层　塑料上镍＋铬电镀层 | GB/T 12600—2005 |
| 20 | 紧固件　电镀层 | GB/T 5267.1—2002 |
| 21 | 金属覆盖层　锡电镀层-技术规范和试验方法 | GB/T 12599—2002 |
| 22 | 低频电缆和电线无镀层和有镀层铜导体电阻计算导则 | GB/T 18213—2000 |
| 23 | 金属覆盖层　锡-铅合金电镀层 | GB/T 17461—1998 |
| 24 | 金属覆盖层　锡-镍合金电镀层 | GB/T 17462—1998 |
| 25 | 金属覆盖层　金和金合金电镀层的试验方法　第六部分:残留盐的测定 | GB/T 12305.6—1997 |
| 26 | 金属覆盖层　银和银合金电镀层的试验方法　第三部分:残留盐的测定 | GB/T 12307.3—1997 |
| 27 | 磁性和非磁性基体上镍电镀层厚度的测量 | GB/T 13744—1992 |
| 28 | 金属覆盖层　低氢脆镉钛电镀层 | GB/T 13322—1991 |
| 29 | 金属覆盖层　工程用铜电镀层 | GB/T 12333—1990 |

## 3.2　涂料涂装工艺及涂层性能测试常用国家标准

| 序号 | 国家标准名称 | 国家标准代码 |
|---|---|---|
| 1 | 漆膜一般制备法 | GB/T 1727—1992 |
| 2 | 漆膜颜色表示方法 | GB/T 6749—1997 |
| 3 | 色漆和清漆　试样的检查和制备 | GB/T 20777—2006 |
| 4 | 测定耐湿热,耐盐雾,耐候性(人工加速)的漆膜制备法 | GB/T 1765—1979 |
| 5 | 清漆、清油及稀释剂外观和透明度测定法 | GB/T 1721—2008 |
| 6 | 清漆、清油及稀释剂颜色测定法 | GB/T 1722—1992 |
| 7 | 建筑涂料水性助剂的分类与定义 | GB/T 21088—2007 |
| 8 | 建筑涂料水性助剂应用性能试验方法　第1部分:分散剂、消泡剂、增稠剂 | GB/T 21089.1—2007 |
| 9 | 漆膜抗藻性测定法 | GB/T 21353—2008 |
| 10 | 涂料粘度测定法 | GB/T 1723—1993 |
| 11 | 涂料细度测定法 | GB/T 1724—1979 |
| 12 | 涂料固体含量测定法 | GB/T 1725—1979 |
| 13 | 色漆、清漆和塑料,不挥发含量的测定 | GB/T 1725—2007 |
| 14 | 色漆和清漆　颜料含量的测定 | GB/T 1747.2—2008 |
| 15 | 漆膜回粘性测定法 | GB/T 1762—1980 |
| 16 | 涂料遮盖力测定法 | GB/T 1726—1979 |
| 17 | 色漆和清漆　低VOC乳胶漆中挥发性有机化合物(罐内VOC)含量的测定 | GB/T 23984—2009 |
| 18 | 色漆和清漆　挥发性有机化合物(VOC)含量的测定　差值法 | GB/T 23985—2009 |
| 19 | 色漆和清漆　挥发性有机化合物(VOC)含量的测定　气相色谱法 | GB/T 23986—2009 |
| 20 | 色漆和清漆　涂层老化的评级方法 | GB/T 1766—2008 |
| 21 | 色漆和清漆　耐磨性的测定　旋转橡胶砂轮法 | GB/T 1768—2006 |
| 22 | 色漆和清漆用漆基　异氰酸酯树脂中二异氰酸酯单体的测定 | GB/T 18446—2009 |
| 23 | 色漆和清漆　人工气候老化和人工辐射曝露　滤过的氙弧辐射 | GB/T 1865—2009 |
| 24 | 色漆和清漆　涂层的人工气候老化曝露　曝露于荧光紫外线和水 | GB/T 23987—2009 |
| 25 | 色漆和清漆　耐中性盐雾性能的测定 | GB/T 1771—2007 |
| 26 | 漆膜、腻子模干燥时间测定法 | GB/T 1728—1979 |
| 27 | 漆膜颜色及外观测定法 | GB/T 1729—1979 |
| 28 | 漆膜划痕硬度测定法 | GB/T 6739—2006 |
| 29 | 漆膜冲击强度测定法 | GB/T 1732—1993 |

| 序号 | 国家标准名称 | 国家标准代码 |
|---|---|---|
| 30 | 漆膜柔韧性测试法 | GB/T 1731—1993 |
| 31 | 漆膜附着力测试 | GB/T 1720—1979 |
| 32 | 漆膜耐热测定法 | GB/T 1740—2007 |
| 33 | 漆膜耐霉菌测定法 | GB/T 1741—2007 |
| 34 | 涂膜、腻子膜打磨性测定法 | GB/T 1770—2008 |
| 35 | 腻子膜柔韧性测定法 | GB/T 1748—1979 |
| 36 | 厚漆,腻子稠度测定法 | GB/T 1749—1979 |
| 37 | 木器涂料耐黄变性测定法 | GB/T 23983—2009 |
| 38 | 涂料耐磨性测定 落砂法 | GB/T 23988—2009 |
| 39 | 涂料耐溶剂擦拭性测定法 | GB/T 23989—2009 |
| 40 | 涂料中苯、甲苯、乙苯和二甲苯含量的测定 气相色谱法 | GB/T 23990—2009 |
| 41 | 涂料中可溶性有害元素含量的测定 | GB/T 23991—2009 |
| 42 | 白色和浅色漆对比率的测定 | GB/T 23981—2009 |
| 43 | 水性涂料中甲醛含量的测定 乙酰丙酮分光光度法 | GB/T 23993—2009 |
| 44 | 涂料 用安德森滴管法测定涂料填充物颗粒度的分布 | GB/T 25266—2010 |
| 45 | 涂料中滴滴涕(DDT)含量的测定 | GB/T 25267—2010 |
| 46 | 色漆和清漆 铝及铝合金表面涂膜的耐丝状腐蚀试验 | GB/T 26323—2010 |
| 47 | 色漆和清漆 耐液体性的测定 第5部分:采用具有温度梯度的烘箱法 | GB/T 30648.5—2015 |
| 48 | 色漆和清漆 腐蚀试验用金属板涂层划痕标记导则 | GB/T 30786—2014 |
| 49 | 色漆和清漆 涂层老化的评价 缺陷的数量和大小以及外观均匀变化程度的标识 第1部分:总则和标识体系 | GB/T 30789.1—2015 |
| 50 | 色漆和清漆 涂层老化的评价 缺陷的数量和大小以及外观均匀变化程度的标识:第2部分:起泡等级的评定 | GB/T 30789.2—2014 |
| 51 | 色漆和清漆 涂层老化的评价 缺陷的数量和大小以及外观均匀变化程度的标识 第3部分:生锈等级的评定 | GB/T 30789.3—2014 |
| 52 | 色漆和清漆 涂层老化的评价 缺陷的数量和大小以及外观均匀变化程度的标识 第5部分:剥落等级的评定 | GB/T 30789.5—2015 |
| 53 | 色漆和清漆 涂层老化的评价 缺陷的数量和大小以及外观均匀变化程度的标识 第6部分:胶带法评定粉化等级 | GB/T 30789.6—2015 |
| 54 | 色漆和清漆 涂层老化的评价 缺陷的数量和大小以及外观均匀变化程度的标识 第7部分:天鹅绒布法评定粉化等级 | GB/T 30789.7—2015 |
| 55 | 色漆和清漆 涂层老化的评价 缺陷的数量和大小以及外观均匀变化程度的标识 第8部分:划线或其它人造缺陷周边剥离和腐蚀等级的评定 | GB/T 30789.8—2015 |
| 56 | 色漆和清漆 涂层老化的评价 缺陷的数量和大小以及外观均匀变化程度的标识 第9部分:丝状腐蚀等级的评定 | GB/T 30789.9—2014 |
| 57 | 色漆和清漆 防护涂料体系对钢结构的防腐蚀保护 第1部分:总则 | GB/T 30790.1—2014 |
| 58 | 色漆和清漆 防护涂料体系对钢结构的防腐蚀保护 第2部分:环境分类 | GB/T 30790.2—2014 |
| 59 | 色漆和清漆 防护涂料体系对钢结构的防腐蚀保护 第3部分:设计依据 | GB/T 30790.3—2014 |
| 60 | 色漆和清漆 防护涂料体系对钢结构的防腐蚀保护 第4部分:表面类型和表面处理 | GB/T 30790.4—2014 |
| 61 | 色漆和清漆 防护涂料体系对钢结构的防腐蚀保护 第5部分:防护涂料体系 | GB/T 30790.5—2014 |
| 62 | 色漆和清漆 防护涂料体系对钢结构的防腐蚀保护 第6部分:实验室性能测试方法 | GB/T 30790.6—2014 |
| 63 | 色漆和清漆 防护涂料体系对钢结构的防腐蚀保护 第7部分:涂装的实施和管理 | GB/T 30790.7—2014 |
| 64 | 色漆和清漆 防护涂料体系对钢结构的防腐蚀保护 第8部分:新建和维护技术规格书的制定 | GB/T 30790.8—2014 |
| 65 | 色漆和清漆 T弯试验 | GB/T 30791—2014 |
| 66 | 罐内水性涂料抗微生物侵染的试验方法 | GB/T 30792—2014 |
| 67 | 热熔型氟树脂涂层(干膜)中聚偏二氟乙烯(PVDF)含量测定 熔融温度下降法 | GB/T 30794—2014 |
| 68 | 船舶防污漆总铜含量测定法 | GB/T 31409—2015 |
| 69 | 船舶防污漆磨蚀率测定法 | GB/T 31411—2015 |
| 70 | 色漆和清漆用漆基 羟值的测定 滴定法 | GB/T 31412—2015 |

| 序号 | 国家标准名称 | 国家标准代码 |
|---|---|---|
| 71 | 色漆和清漆用漆基 脂松香的鉴定 气相色谱分析法 | GB/T 31413—2015 |
| 72 | 水性涂料 表面活性剂的测定 烷基酚聚氧乙烯醚 | GB/T 31414—2015 |
| 73 | 色漆和清漆 海上建筑及相关结构用防护涂料体系性能要求 | GB/T 31415—2015 |
| 74 | 色漆和清漆 多组分涂料体系适用期的测定 样品制备和状态调节及试验指南 | GB/T 31416—2015 |
| 75 | 防护涂料体系对钢结构的防腐蚀保护 涂层附着力/内聚力（破坏强度）的评定和验收准则 第1部分：拉开法试验 | GB/T 31586.1—2015 |
| 76 | 防护涂料体系对钢结构的防腐蚀保护 涂层附着力/内聚力（破坏强度）的评定和验收准则 第2部分：划格试验和划叉试验 | GB/T 31586.2—2015 |
| 77 | 色漆和清漆 耐循环腐蚀环境的测定 第1部分：湿(盐雾)/干燥/湿气 | GB/T 31588.1—2015 |
| 78 | 色漆和清漆 耐擦伤性的测定 | GB/T 31591—2015 |
| 79 | 紫外光固化涂料 贮存稳定性的评定 | GB/T 33327—2016 |
| 80 | 色漆和清漆 电导率和电阻的测定 | GB/T 33328—2016 |
| 81 | 色漆和清漆用漆基 氨基树脂 通用试验方法 | GB/T 33379—2016 |
| 82 | 红外辐射涂料通用技术条件 | GB/T 4653—1984 |
| 83 | 色漆和清漆 铅笔法测定漆膜硬度 | GB/T 6739—2006 |
| 84 | 色漆和清漆 弯曲试验(圆柱轴) | GB/T 6742—2007 |
| 85 | 塑料用聚酯树脂、色漆和清漆用漆基 部分酸值和总酸值的测定 | GB/T 6743—2008 |
| 86 | 色漆和清漆用漆基 皂化值的测定 滴定法 | GB/T 6744—2008 |
| 87 | 漆膜颜色表示方法 | GB/T 6749—1997 |
| 88 | 颜料在 105℃挥发物的测定 | GB 5211.3—1985 |
| 89 | 颜料装填体积和表观密度的测定 | GB 5211.4—1985 |
| 90 | 色漆和清漆 铅笔法测定漆膜硬度 | GB/T 6739—2006 |
| 91 | 建筑涂料 涂层耐碱性的测定 | GB/T 9265—2009 |
| 92 | 建筑涂料 涂层耐洗刷性的测定 | GB/T 9266—2009 |
| 93 | 色漆和清漆 标准试板 | GB/T 9271—2008 |
| 94 | 乳胶漆耐冻融性的测定 | GB/T 9268—2008 |
| 95 | 涂料黏度的测定 斯托默黏度计法 | GB/T 9269—2009 |
| 96 | 涂层自然气候曝露试验方法 | GB/T 9276—1996 |
| 97 | 涂料产品包装标志 | GB/T 9750—1998 |
| 98 | 色漆和清漆 杯突试验 | GB/T 9753—2007 |
| 99 | 涂料黏度的测定 斯托默黏度计法 | GB/T 9269—2009 |
| 100 | 涂层自然气候曝露试验方法 | GB/T 9276—1996 |
| 101 | 涂料产品包装标志 | GB/T 9750—1998 |
| 102 | 色漆和清漆 杯突试验 | GB/T 9753—2007 |

## 3.3　转化膜工艺及膜层性能测试常用国家标准

| 序号 | 国家标准名称 | 国家标准代码 |
|---|---|---|
| 1 | 铝及铝合金硬质阳极氧化膜规范 | GB/T 19822—2005 |
| 2 | 铝合金建筑型材阳极氧化与阳极氧化电泳涂漆工艺技术规范 | GB/T 23612—2017 |
| 3 | 铝及铝合金阳极氧化膜检测方法 第1部分：用喷磨试验仪测定阳极氧化膜的平均耐磨性 | GB/T 12967.1—2008 |
| 4 | 铝及铝合金阳极氧化膜检测方法 第2部分：用轮式磨损试验仪测定阳极氧化膜的耐磨性和耐磨系数 | GB/T 12967.2—2008 |
| 5 | 铝及铝合金阳极氧化膜检测方法 第3部分：铜加速乙酸盐雾试验(CASS试验) | GB/T 12967.3—2008 |
| 6 | 铝及铝合金阳极氧化膜检测方法 第4部分：着色阳极氧化膜耐紫外光性能的测定 | GB/T 12967.4—2014 |
| 7 | 铝及铝合金阳极氧化膜检测方法 第5部分：用变形法评定阳极氧化膜的抗破裂性 | GB/T 12967.5—2013 |
| 8 | 铝及铝合金阳极氧化膜检测方法 第6部分：目视观察法检验着色阳极氧化膜色差和外观质量 | GB/T 12967.6—2008 |

| 序号 | 国家标准名称 | 国家标准代码 |
|---|---|---|
| 9 | 铝及铝合金阳极氧化膜检测方法 第7部分:用落砂试验仪测定阳极氧化膜的耐磨性 | GB/T 12967.7—2010 |
| 10 | 铝及铝合金阳极氧化 阳极氧化膜表面反射特性的测定 | GB/T 20506—2006 |
| 11 | 铝及铝合金阳极氧化 阳极氧化膜影像清晰度的测定 | GB/T 20504—2006 |
| 12 | 铝及铝合金阳极氧化 阳极氧化膜表面反射特性的测定 | GB/T 20505—2006 |
| 13 | 铝及铝合金阳极氧化 阳极氧化膜绝缘性的测定 | GB/T 8754—2006 |
| 14 | 铝及铝合金阳极氧化 氧化膜封孔质量的评定方法 第1部分:无硝酸预浸的磷铬酸法 | GB/T 8753.1—2005 |
| 15 | 铝及铝合金阳极氧化 氧化膜封孔质量的评定方法 第2部分:硝酸预浸的磷铬酸法 | GB/T 8753.2—2005 |
| 16 | 铝合金阳极氧化 氧化膜封孔质量的评定方法 第3部分:导纳法 | GB/T 8753.3—2005 |
| 17 | 铝及铝合金阳极氧化 氧化膜封孔质量的评定方法 第4部分:酸处理后的染色斑点法 | GB/T 8753.4—2005 |
| 18 | 钢铁工件涂装前磷化处理技术条件 | GB/T 6807—2001 |
| 19 | 金属的磷酸盐转化膜 | GB/T 11376—1997 |
| 20 | 钢铁化学氧化膜 | GB/T 15519—1995 |
| 21 | 化学转化膜—钢铁黑色氧化膜规范和试验方法 | GB/T 15519—2002 |
| 22 | 不锈钢表面氧化着色 技术规范和试验方法 | GB/T 29036—2012 |

## 3.4 热喷涂工艺及涂层性能测试常用国家标准

| 序号 | 国家标准名称 | 国家标准代码 |
|---|---|---|
| 1 | 热喷涂 金属零部件表面的预处理 | GB/T 11373—2017 |
| 2 | 热喷涂沉积效率的测定 | GB/T 31564—2015 |
| 3 | 热喷涂热障 $ZrO_2$ 涂层晶粒尺寸的测定 | GB/T 31568—2015 |
| 4 | 热喷涂设备的验收检查 | GB/T 20019—2005 |
| 5 | 热喷涂涂层厚度的无损测量方法 | GB/T 11374—2012 |
| 6 | 热喷涂工程零件热喷涂涂层的应用步骤 | GB/T 19823—2005 |
| 7 | 热喷涂 抗高温腐蚀和氧化的保护涂层 | GB/T 29037—2012 |
| 8 | 热喷涂工程零件热喷涂涂层的应用步骤 | GB/T 19823—2005 |
| 9 | 热喷涂 抗拉结合强度的测定 | GB/T 8642—2002 |
| 10 | 热喷涂涂层材料命名方法 | GB/T 12608—1990 |
| 11 | 热喷涂涂层厚度的无损测量方法 | GB/T 11374—1989 |
| 12 | 热喷涂 自熔合金涂层 | GB/T 16744—1997 |
| 13 | 热喷涂铝及铝合金涂层 | GB/T 9795—1988 |
| 14 | 热喷涂锌及锌合金涂层 | GB/T 9793—1988 |
| 15 | 热喷涂 粉末 成份和供货技术条件 | GB/T 19356—2003 |
| 16 | 热喷涂金属件表面预处理通则 | GB/T 11373—1989 |
| 17 | 热喷涂 自熔合金喷涂与重熔 | GB/T 16744—2002 |
| 18 | 热喷涂 火焰和电弧喷涂用线材、棒材和芯材 分类和供货技术条件 | GB/T 12608—2003 |
| 19 | 热喷涂 金属和其他无机覆盖层 锌、铝及其合金 | GB/T 9793—2012 |
| 20 | 低压等离子喷涂 镍-钴-铬-铝-钇-钽合金涂层 | GB/T 18681—2002 |
| 21 | 堆焊焊条 | GB/T 984—2001 |
| 22 | 焊缝(及堆焊)金属拉伸试验法 | GB 2652—1981 |
| 23 | 焊接接头及堆焊金属硬度试验方法 | GB/T 2654—1989 |

## 3.5 化学热处理工艺及涂层性能测试常用国家标准

| 序号 | 国家标准名称 | 国家标准代码 |
|---|---|---|
| 1 | 渗碳轴承钢锻件 技术条件 | GB/T 33522—2017 |
| 2 | 高温渗碳 | GB/T 32539—2016 |
| 3 | 渗碳轴承钢 | GB/T 3203—2016 |
| 4 | 深层渗碳.技术要求 | GB/T 28694—2012 |

| 序号 | 国家标准名称 | 国家标准代码 |
|---|---|---|
| 5 | 钢件渗碳淬火回火金相检验 | GB/T 25744—2010 |
| 6 | 钢件渗碳淬火有效硬化层深度的测定和校核 | GB 9450—1988 |
| 7 | 烧结铁基材料渗碳或碳氮共渗硬化层深度的测定及其验证 | GB/T 9095—2008 |
| 8 | 精密气体渗氮热处理技术要求 | GB/T 32540—2016 |
| 9 | 钢件的气体渗氮 | GB/T 18177—2008 |
| 10 | 钢铁零件 渗氮层深度测定和金相组织检验 | GB/T 11354—2005 |

## 3.6 热浸镀工艺及镀层性能测试常用国家标准

| 序号 | 国家标准名称 | 国家标准代码 |
|---|---|---|
| 1 | 金属覆盖层 钢铁制件热浸镀锌层 技术条件 | GB/T 18592—2001 |
| 2 | 金属覆盖层 钢铁制件热浸镀锌层 技术要求及试验方法 | GB/T 13912—2002 |
| 3 | 栓接结构用1型六角螺母热浸镀锌(加大攻丝尺寸)A和B级5、6和8级 | GB/T 18230.6—2000 |
| 4 | 栓接结构用2型六角螺母热浸镀锌(加大攻丝尺寸)A级9级 | GB/T 18230.7—2000 |
| 5 | 锌覆盖层 钢铁结构防腐蚀的指南和建议 第2部分:热浸镀锌 | GB/T 19355.2—2016 |
| 6 | 热浸镀锌螺纹 在内螺纹上容纳镀锌层 | GB/T 22028—2008 |
| 7 | 热浸镀锌螺纹 在外螺纹上容纳镀锌层 | GB/T 22029—2008 |
| 8 | 连续热浸镀层钢板和钢带尺寸、外形、重量及允许偏差 | GB/T 25052—2010 |
| 9 | 热浸镀锌钢带生产线加热炉能耗分级 | GB/T 29728—2013 |
| 10 | 紧固件 热浸镀锌层 | GB/T 5267.3—2008 |

## 3.7 气相沉积工艺及镀层性能测试常用国家标准

| 序号 | 国家标准名称 | 国家标准代码 |
|---|---|---|
| 1 | 金属覆盖层 物理气相沉积铝涂层 技术规范与检测方法 | GB/T 31566—2015 |
| 2 | 物理气相沉积 TiN 薄膜技术条件 | GB/T 18682—2002 |

## 3.8 高能束表面处理常用国家标准

| 序号 | 国家标准名称 | 国家标准代码 |
|---|---|---|
| 1 | 钢铁件激光表面淬火 | GB/T 18683—2002 |

# ◆ 参考文献 ◆

[1] 张宏祥，王为．电镀工艺学[M]．天津：天津科学基础出版社，2002．

[2] 程秀云，张振华等．电镀技术[M]．北京：化学工业出版社，2002．

[3] 张允诚，胡如南，向荣．电镀手册（下册）[M]．第2版．北京：国防工业出版社，1997．

[4] 曲敬信，汪泓宏．表面工程手册[M]．北京：化学工业出版社，1998．

[5] 屠振密，郑剑，李宁，李永彦．三价铬电镀现状及发展趋势[J]．表面技术，2007，36（5）：59～63．

[6] 刘勇，罗义辉，魏子栋．脉冲电镀的研究现状[J]．电镀与精饰，2005，27（5）：25～29．

[7] 曾荣昌，韩恩厚．材料的腐蚀与防护[M]．北京：化学工业出版社，2006．

[8] 李鑫庆，陈迪勤，余静琴．化学转化膜技术与应用[M]．北京：机械工业出版社，2005．

[9] 姚寿山，李戈扬，胡文彬．表面科学与技术[M]．北京：机械工业出版社，2005．

[10] 郦振声，杨明安，钱翰城，高心海．现代表面工程技术[M]．北京：机械工业出版社，2007．

[11] 胡传炘，宋幼慧．涂层技术原理及应用[M]．北京：化学工业出版社，2000．

[12] 钱苗根，姚寿山，张少宗．现代表面技术[M]．北京：机械工业出版社，2007．

[13] 赵文轸．材料表面工程导论[M]．西安：西安交通大学出版社，1998．

[14] 张忠诚．水溶液沉积技术[M]．北京：化学工业出版社，2005．

[15] 胡传炘．实用表面前处理手册[M]．北京：化学工业出版社，2003．

[16] 曾荣昌，兰自栋．镁合金表面化学转化膜研究进展[J]．中国有色金属学报，2009，19：397～403．

[17] 曾荣昌，兰自栋．温度对镁合金AZ31表面锌钙系磷化膜耐蚀性的影响[J]．中国有色金属学报，2010，20：1461～1466．

[18] Guangming Liu, Fei Yu, Liu Yang, Jihong Tian, Nan Du, Cerium-tannic acid passivation treatment on galvanized steel, Rare metals[J]. 2009, 28(3)：284～288.

[19] ZHOU Wan-qiu, SHAN Da-yong, HAN En-hou, KE Wei. Structure and formation mechanism of phosphate conversion coating on die-cast AZ91D magnesium alloy [J]. Corrosion Science, 2008，50(2) 329～337.

[20] 王光彬．涂料与涂装技术[M]．北京：国防工业出版社，1994．

[21] 曹京宜，付大海．实用涂装基础及技巧[M]．北京：化学工业出版社，2002．

[22] 张学敏．涂装工艺学[M]．北京：化学工业出版社，2002．

[23] 童忠良．功能涂料及其应用[M]．北京：中国纺织出版社，2007．

[24] 上海市化学化工学会．粉末涂装[M]．北京：机械工业出版社，1991．

[25] 孙兰新．涂装工艺与设备[M]．北京：中国轻工业出版社，2001．

[26] 唐伟忠．薄膜材料制备原理、技术及应用[M]．北京：冶金工业出版社，2003．

[27] 王福贞，马文存．气相沉积应用技术[M]．北京：机械工业出版社，2007．

[28] 郑伟涛．薄膜材料与薄膜技术[M]．北京：化学工业出版社，2007．

[29] 王力衡，郑海涛译．薄膜[M]．北京：电子工业出版社，1998．

[30] 上海市化学化工学会．薄膜的基本技术[M]．北京：机械工业出版社，1991．

[31] 顾培夫．薄膜技术[M]．杭州：浙江大学出版社，1990．

[32] 陈昌存等译．薄膜技术基础[M]．北京：电子工业出版社，1988．

[33] 金曾孙．薄膜制备技术及其应用[M]．长春：吉林大学出版社，1989．

[34] 杨烈宇．材料表面薄膜技术[M]．北京：人民交通出版社，1991．

[35] 张济忠，胡平，杨思泽等．现代薄膜技术[M]．北京：冶金工业出版社，2009．

[36] D. S. Li, D. W. Zuo, R. F. Chen et al. Effects of methane concentration on diamond spherical shell films prepared by dC-plasma CVD[J]. Solid State Ionics, 2008, 179: 1263 ~ 1267.

[37] 吴子健．热喷涂技术与应用[M]．北京：机械工业出版社，2006．

[38] 胡传炘．热喷涂原理及应用[M]．北京：中国科学技术出版社，1994．

[39] 王海军．热喷涂技术问答[M]．北京：国防工业出版社，2006．

[40] 李德元，赵文珍，董晓强．等离子技术在材料加工中的应用[M]．北京：机械工业出版社，2005．

[41] 苏贤涌，周香林，崔华，张济山．冷喷涂技术的研究进展[J]．表面技术，2007，5：71 ~ 73．

[42] 胡传顺，王福会，吴维．热障涂层研究进展[J]．腐蚀科学与防护技术．2000，5：160 ~ 163．

[43] 丁传贤，刘宣勇，王国成．等离子喷涂纳米氧化锆涂层研究进展[J]．中国表面工程．2009，10：1 ~ 6．

[44] 徐滨士，刘世参，刘学蕙．等离子喷涂及堆焊[M]．北京：中国铁道出版社，1986．

[45] 姜焕中．电弧焊与电渣焊[M]．北京：机械工业出版社，1988．

[46] 鲍明远，孟凡吉．氧乙炔火焰粉末喷涂与喷焊技术[M]．北京：机械工业出版社，1993．

[47] 中国机械工程学会焊接学会编．焊接手册（第1卷焊接方法及设备）[M]．北京：机械工业出版社，1992．

[48] 侯清宇，高甲生．铁基合金等离子堆焊研究进展[J]．安徽工业大学学报，2003，20：13 ~ 16．

[49] 苏志东，王德权．核级阀门堆焊钴基合金工艺的研究[J]．阀门，2000，5，15 ~ 18．

[50] 金向红．带极堆焊工艺在化工设备制造中的应用[J]．化工设备与防腐蚀，1998，4：25 ~ 27．

[51] 张良成，丁必学．高速电渣堆焊的发展及其应用[J]．锅炉技术，2003，34：53 ~ 58．

[52] 单国际，董祖珏，徐滨士．我国堆焊技术的发展及其在基础工业中的应用现状[J]．中国表面工程，2002，4：19 ~ 22．

[53] 周永强，李午申，冯灵芝．表面工程技术的发展与应用[J]．焊接技术，2001，30：5 ~ 7．

[54] 孙希泰．材料表面强化技术[M]．北京：化学工业出版社，2005．

[55] 齐宝森，陈路宾，王忠诚等．化学热处理技术[M]．北京：化学工业出版社，2006．

[56] 潘邻．化学热处理应用技术[M]．北京：机械工业出版社，2004．

[57] 曲敬信．表面工程手册[M]．北京：化学工业出版社，1998．

[58] 谭昌瑶，王钧石．实用表面工程技术[M]．北京：新时代出版社，1998．

[59] 李金桂．现代表面工程设计手册[M]．北京：国防工业出版社，2000．

[60] 黄守伦．实用化学热处理与表面强化新技术[M]．北京：机械工业出版社，2002．

[61] 张九渊．表面工程与失效分析[M]．杭州：浙江大学出版社，2005．

[62] 李新华，李国喜，吴勇．钢铁制件热浸镀与渗镀[M]．北京：化学工业出版社，2009．

[63] 顾国成，刘邦津．热浸镀[M]．北京：化学工业出版社，1988．

[64] 李金桂，吴再思．防腐蚀表面工程技术[M]．北京：化学工业出版社，2004．

[65] 胡传炘．表面处理技术手册[M]．北京：北京工业大学出版社，2009．

[66] 李新华．钢铁制件热浸镀与渗镀[M]．北京：化学工业出版社，2009．

[67] 卢锦堂，许乔瑜．热浸镀技术与应用[M]．北京：机械工业出版社，2006．

[68] 刘邦津．钢材的热浸镀镀铝[M]．北京：冶金工业出版社，2005．

[69] 蔡珣．表面工程技术工艺方法400种[M]．北京：机械工业出版社，2006．

[70] 高志，潘红良．表面科学与工程[M]．上海：华东理工大学出版社，2006．

[71] 朱立．钢材热浸镀锌[M]．北京：化学工业出版社，2006．

[72] 姜银方，朱元右，戈晓岚．现代表面工程技术[M]．北京：化学工业出版社，2006．

[73] 张都清，刘光明，赵国群，管延锦．T91钢热浸镀铝及其在水蒸气中的循环腐蚀行为[J]．中南大学学报（自然科学版），2009，40（4）：956 ~ 962．

[74] 郦振声，杨明安，钱翰城，高心海．现代表面工程技术[M]．北京：机械工业出版社，2006．

[75] 钱苗根．材料表面技术及其应用手册[M]．北京：机械工业出版社，1998．

[76] 曾晓雁，吴懿平．表面工程学[M]．北京：机械工业出版社，2001．

[77] 周炳琨，高以智，陈倜嵘，陈家骅．激光原理[M]．北京：国防工业出版社，2000．

[78] 郑启光．激光先进制造技术[M]．武汉：华中科技大学出版社，2002．

[79] 刘其斌．激光加工技术及其应用[M]．北京：冶金工业出版社，2007．

[80] 黄卫东，林鑫，陈静，刘振侠，李延民．激光立体成形[M]．西安：西北工业大学出版社，2007．

[81]　关振中．激光加工工艺手册[M]．北京：中国计量出版社，1998.

[82]　刘江龙，邹至荣．高能束热处理[M]．北京：机械工业出版社，1996.

[83]　陈岁元，刘常升．材料的激光制备与处理技术[M]．北京：冶金工业出版社，2006.

[84]　王通和，吴瑜光．离子束材料改性科学与应用[M]．北京：科学出版社，1999.

[85]　张永康，周建忠，叶云霞．激光加工技术[M]．北京：化学工业出版社，2004.

[86]　M. S. Li，G. M. Liu，Y. M. Zhang，Y. C. Zhou. Influence of Al-La co-cementation on the oxidation of $Ti_3SiC_2$-based ceramic[J]. Oxid. Met. 2003，60(1/2)：179~193.

[87]　G. M. Liu，M. S. Li，Y. C. Zhou，Y. M. Zhang. Oxidation behavior of silicide coating on $Ti_3SiC_2$-based ceramic[J]. Mat. Res. Innovat. 2002，6：226~231.

[88]　刘道新，材料的腐蚀与防护[M]．西安，西北工业大学出版社，2006.

[89]　张鉴清，电化学测试技术[M]．北京：化学工业出版社，2010.

[90]　李美栓，金属的高温腐蚀，[M]．北京：冶金工业出版社，2001.